普通高等教育农业农村部“十三五”规划教材

草地管理学

第 3 版

张英俊　黄　顶　主编
董世魁　主审

中国农业大学出版社
· 北京 ·

内 容 简 介

本书被列为普通高等教育农业农村部“十三五”规划教材，重点介绍草地管理学的基础理论及相关的实用知识。全书共分11章，以草地系统中“环境—土—草—畜—人”链条为主线，重点围绕草地系统界面管理，主要内容包括绪论、草地非生物环境、草地植物生物学、草地植物生理生态、草地养分、牧草饲用价值、草食动物营养、放牧地管理、割草地管理、草地评价与培育、草地牧场系统管理，并附有植物的拉丁名。全书对近年来草地管理学领域中的热点问题做了介绍和探讨，并注重反映草地管理学的最新研究成果。每一章都给出了学习目的与要求，以及必要的思考题和参考文献，以便帮助学生更好地理解和掌握本章的重点和难点。本书内容新颖，理论联系实际，不仅可以作为高等院校草业科学专业本科学生的教材，也可供相关专业的师生及从事草地管理与利用的科技人员、管理人员参考。

图书在版编目(CIP)数据

草地管理学/张英俊，黄顶主编. -- 3版. --北京：中国农业大学出版社，2024.8.

ISBN 978-7-5655-3294-8

Ⅰ. S812.5

中国国家版本馆CIP数据核字第2024GE4389号

书　　名　草地管理学　第3版
Caodi Guanlixue

作　　者　张英俊　黄　顶　主编

策划编辑　魏　巍　童　云　宋俊果　　**责任编辑**　魏　巍　刘彦龙
封面设计　中通世奥图文设计中心
出版发行　中国农业大学出版社
社　　址　北京市海淀区圆明园西路2号　　**邮政编码**　100193
电　　话　发行部 010-62733489，1190　　读者服务部 010-62732336
编辑部 010-62732617，2618　　出　版　部 010-62733440
网　　址　http://www.caupress.cn　　**E-mail**　cbsszs@cau.edu.cn
经　　销　新华书店
印　　刷　北京溢漾印刷有限公司
版　　次　2024年8月第3版　　2024年8月第1次印刷
规　　格　185 mm×260 mm　　16开本　　21.25印张　　527千字
定　　价　62.00元

第3版编审人员

主　编　张英俊　中国农业大学
黄　顶　中国农业大学

副主编　刘　楠　中国农业大学
沈禹颖　兰州大学
曹文侠　甘肃农业大学
孙宗玖　新疆农业大学
王成杰　内蒙古农业大学
李志华　南京农业大学

参　编　(按姓氏拼音排序)
白　龙　沈阳农业大学
陈文青　西北农林科技大学
郝　俊　贵州大学
荆晶莹　中国农业大学
刘　伟　四川农业大学
罗海玲　中国农业大学
马红彬　宁夏大学
孙　娟　青岛农业大学
王先之　兰州大学
王晓亚　华南农业大学
王永新　山西农业大学
王忠武　内蒙古农业大学
吴春会　河北农业大学
许瑞轩　中国农业大学
杨高文　中国农业大学
殷秀杰　东北农业大学
张　浩　河南牧业经济学院
张志飞　湖南农业大学
周冀琼　四川农业大学
朱铁霞　内蒙古民族大学

主　审　董世魁　北京林业大学

第2版编写人员

主　编	张英俊	中国农业大学
	黄　顶	中国农业大学
副主编	刘　楠	中国农业大学
	沈禹颖	兰州大学
	王明玖	内蒙古农业大学
	曹文侠	甘肃农业大学
	孙宗玖	新疆农业大学
	王成杰	内蒙古农业大学
	李志华	南京农业大学
参　编	王先之	兰州大学
	王晓亚	华南农业大学
	王俊杰	内蒙古农业大学
	罗海玲	中国农业大学
	孙洪仁	中国农业大学
	周冀琼	四川农业大学
	王忠武	内蒙古农业大学
	杨高文	南京农业大学
	陈文青	西北农林科技大学
	郝　俊	贵州大学
	刘　伟	四川农业大学
	朱铁霞	内蒙古民族大学
	包赛很那	西藏农牧学院
	殷秀杰	东北农业大学
	马红彬	宁夏大学
	王永新	山西农业大学
	张志飞	湖南农业大学
	吴春会	河北农业大学
	陈　功	云南农业大学
	白　龙	沈阳农业大学
	孙　娟	青岛农业大学
	孙泽威	吉林农业大学
	荆晶莹	中国农业大学

第 1 版编审人员

主　编	张英俊	中国农业大学
副主编	王明玖	内蒙古农业大学
	沈禹颖	兰州大学
编　者	李志华	南京农业大学
	罗海玲	中国农业大学
	孙洪仁	中国农业大学
	邵新庆	中国农业大学
	沈禹颖	兰州大学
	王明玖	内蒙古农业大学
	王先之	兰州大学
	王俊杰	内蒙古农业大学
	张英俊	中国农业大学
主　审	朱进忠	新疆农业大学
	牟新待	甘肃农业大学
	师尚礼	甘肃农业大学
	张自和	兰州大学
	吴克谦	中国农业科学院北京畜牧兽医研究所

第3版前言

草业科学自发展以来，现已自成体系，主要包括草种质与育种、草地管理与利用、草地资源与生态、草产品加工等方向。草业包括草原、饲草和草坪等三大产业领域。由于区域和产业优势不同，在全国草业科学体系建设过程中发现全国不同区域成立的15个草业学院，草业科学学科在课程建设上各有不同，但草业科学学科方向和体系已逐渐一致。“草地管理学”作为草地管理与利用方向的重要内容，在各高校都属于核心骨干课程，原因在于草地管理是草业经济发展和草原生态保护建设的中心内容，草地管理学的知识理论框架与相关技术是草业科学学科的核心内容！

该教材自2009年第1版出版以来，一直秉持着系统管理的理念，将讲授的知识划分为理论原则部分与应用技术部分。到2019年，经过10年的教学应用，在吸收大量实践教学的基础上修订出版了第2版，并正式将教材名称修改为《草地管理学》。现在，5年过去了，随着新质生产力的提出，我们决定修订出版第3版《草地管理学》，该版将以第2版为基础，章节基本保持不动，编写队伍也基本不变，适当吸纳部分专家，将各章节内容根据最新研究内容进行优化完善。第3版内容将与配套出版的《草地管理学实习实验指导》进行衔接，同时由于该课程已作为线上课程进行建设，教材内容将更加通俗化，可读性增强。

由于编者水平有限，书中难免有不足之处，敬请广大读者和同行批评指正！

编　者

2024年6月

第 2 版前言

《草地与牧场管理学》教材自 2009 年出版以来，经过 10 年的教学应用，已被 20 余所院校草学专业和相关专业选用，作为专业核心必修课《草地管理学》的配套教材，受到师生的广泛好评。教学实践证明该教材体系完整、内容充实，反映了国内外草地管理学的有关新理论、新成就，在培养我国草业科学专业人才方面发挥了重要的、积极的作用。

草地管理学是草学学科体系的重要分支之一，随着时代的发展，草地管理学学科内容本身也有了较大的发展，领域也在不断拓展，为进一步提升教材质量，使教材能够更好地适应新形势下的教学需要，更好地服务于国家草原生态文明建设和草牧业可持续发展战略实施方面的人才培养，反映学科最新理论发展、技术突破和成果应用，我们对该教材进行修订再版，同时，根据学科发展将教材名称改为《草地管理学》。

本次修订适当调整了编写队伍，吸纳了全国 21 所院校承担该课程教学任务的一线教师。对内容进行了较大幅度的改动，调整了章节逻辑顺序：将第 1 版第 2 章融合到第 11 章，新增加了割草地管理作为第 9 章，并增加了各章节最新研究进展。第 1 章绪论部分增加了草地生态服务价值方面的最新进展，第 2 章增加了气候变化对草地生态和生产功能的影响，第 3 章增加了乡土草种在草地管理领域的研究进展，第 4 章增加了放牧草地和刈割演替过程，第 5 章增加了草地测土配方施肥内容，第 6 章增加了牧草营养对家畜生产的影响，第 7 章补充完善了草食动物日粮配方新技术，第 8 章补充完善了草畜平衡技术和放牧对草地生态环境影响的内容，第 9 章为新增章节，并将草产品加工、调制、评价内容融入该章节，第 10 章新增加了部分特殊草地培育技术，第 11 章将草地农业和牧场管理融为一体进行撰写。在编写与修订过程中，我们参考了国内外的有关书籍和教材，吸取了各书的经验，并引用了其中一些材料和数据，在此，谨向各书的编者和出版者表示深切的谢意。此外，对所有改动的章节补充更新了参考文献，方便读者查阅，并新增加了每个章节的学习目的和要求，以便服务于教学活动。

由于编者水平和时间所限，书中难免有不足之处，敬请广大读者和同行专家提出宝贵意见。

编 者

2019 年 6 月

第1版前言

草原/草地面积占陆地面积的1/3。我国草原面积为国土面积的41%。由于草地管理不当和对草地管理知识和技术掌握不够而造成草地严重退化。随着我国草地承包政策的实施，草地利用逐渐以牧场为经营单元。因此，本书抛开过去教科书以天然草原管理为对象，坚持草地管理应以草地农业生态系统管理为主，以牧场为经营单元，以系统管理为手段，通过掌握草地管理的原则知识和技术获得草地或草原的可持续发展。

《草地与牧场管理学》内容包括草地非生物因素，植物、家畜营养管理原则以及草地生产与培育等技术，涉及土—草—畜生产过程，是一本知识性、实用性很强的综合教科书。本着系统管理草地需要掌握的原则和技术为主要讲授内容，教材设计为原则篇和实践技术篇两部分，第二章到第七章为原则篇，第八章到第十一章为实践技术篇。

第一章为绪论，介绍草地概念、草地生态生产功能。草地管理由过去单一的草畜关系管理推广到草地生态系统管理，并且以草地功能为导向。绪论中阐述了世界草地生产与管理模式，分析了草地管理知识包括气候学、土壤学、植物学、畜牧学以及人文社会学。充分体现了"草地与牧场管理学"是一门交叉学科。

第二章为草地农业生态系统，作为原则篇的开篇，旨在引入系统生产的概念和草地农业生产结构和功能，尽可能多地利用系统生产过程中因催化潜势产生的系统耦合，避免系统相悖的发生。这是草地管理的系统基础。

第三章为草地的非生物环境，主要讲授气候因子中降水、温度、土壤、海拔、坡度等对草地发生和牧草生产的影响，介绍草地植物的生态适应型。本章将草地气候和土壤的适应管理作为草地管理的非生物环境基础。

第四章为草地植物的生物学，为传统教材《草原管理学》和《草地培育学》的代表章节，是草地管理学的生物学基础。本章保留传统教材章节中大部分精华内容，同时增加和吸收国外同类教材《Pasture Management—in South Africa》的禾本科牧草生长发育规律、牧草再生和光合产物分配等研究结果，使这个章节内容更加丰富。

第五章为刈牧与牧草生理生态，主要吸收国外同类教材内容。与传统教材《草原管理学》和《草地培育学》相比，本章属于新增内容。参考美国同类教材《Rangeland Management—Principle and Practice》一书的内容，主要讲授牧草再生与叶面积关系、植物刈牧类型及对放牧响应的生理特征、草地演替及影响因素等。

第六章为草地营养与施肥管理，与传统教材《草原管理学》和《草地培育学》相比属于新增内容，主要根据草地植物多年生和营养体刈牧利用的特点，讲授草地植物营养的特异性，包括营养元素利用、施肥配方等内容。

第七章为放牧家畜对营养物质需求，是草地家畜管理的基础，也是草畜平衡计算的基础。与传统教材《草原管理学》和《草地培育学》相比，本章属于新增内容。目前，草业科学的本科教育在部分学校基本没有设置动物营养等教学内容，但草畜关系是草地管理的核心，缺乏家畜营养需求不利于草地管理。因此，本章讲授内容包括放牧家畜行为、反刍家畜营养需求特点和日粮配方等。

第八章为草地评价与草地培育技术，属于草地管理实践篇。鉴于草地建植在牧草栽培学中讲解很详细，因此本章节仍以天然草地培育为主。本章主要讲授草地封育、划破草皮、松耙、补播等内容，同时增设退化草地等级划分、生态系统服务价值等内容。

第九章为草地牧草生产和质量评定，与传统教材《草原管理学》和《草地培育学》相比属于新增内容。本章主要讲授草地生产技术、产量与产品评价标准和技术，介绍常用的现代应用评价技术和标准。

第十章为草地放牧利用与草畜平衡技术，是本书的重点，也是传统教科书《草原管理学》和《草地培育学》中放牧合理利用章节的拓展，主要吸纳了一些新观念和新技术。本章不再将放牧作为单纯的利用技术，而是将其作为放牧系统来考虑。草畜平衡也不是简单的草与畜的关系，而是现有饲草料资源与家畜需求的关系。由此可知，引入控制放牧系统概念讲授草畜平衡技术，包括放牧系统分析、放牧合理利用基本要素、控制放牧系统饲料规划和预算等内容。

第十一章为牧场规划与管理，是所有讲解内容的综合体现。本书中所有的技术和科学都服务于牧场管理。合理的牧场管理计划和有序的管理策略是草地管理的前提。本章内容以介绍牧场布局与设计、牧场生产计划等为主。

本书的内容框架在 5 年前就已经确定。为了提高教材质量，本书吸纳了许多国内外相关教材的内容。通过对 4 届学生的讲解，根据学生的反馈意见，本书的系统性、科学性和实用价值得到肯定。本书尽可能反映草地科学的新近发展。

本书撰写分工如下：绪论张英俊；第二章沈禹颖、王先之；第三章王明玖；第四章李志华；第五章沈禹颖、张英俊；第六章沈禹颖、孙洪仁；第七章罗海玲；第八章王明玖、王俊杰；第九章王明玖、李志华；第十章张英俊、邵新庆；第十一章王明玖、张英俊。

本教材由于涉及内容广泛，引用国内外资料很多，书中被引用的图表资料等内容，由于我们无法同被引用者一一取得联系，请见谅并对你们的贡献表示感谢。同时，对所有在本书编著过程中给予支持的人们表示衷心感谢。由于作者水平有限，疏忽和不当之处在所难免，期盼各位同仁和读者指正。

本书除作我国高等农业院校有关专业教材外，还可供广大农业科技人员和中等农业学校师生参考。

编　者

2009 年 8 月 20 日

目　　录

第 1 章
绪　论

本章学习目的与要求

1. 掌握草地的概念及其生态服务功能。
2. 熟悉世界主要草地的类型及特点。
3. 了解草地管理学的内涵。

1.1 草地

草地是地球上最重要的生态环境，是人类文明的发源地，也是一种最重要的可再生资源。了解草地生态生产属性、世界草地类型及利用方式，有助于形成系统的草地管理观，复杂的草地生态系统决定着草地管理学不同于单一系统的学习，需要多学科知识的交叉掌握。

1.1.1 草地的概念

草地是世界上重要的陆地生态系统，面积约 5.250×10^9 hm^2，占除南极和格陵兰岛以外全球陆地面积的 40.5%，其中稀树草原 13.8%，灌丛草地 12.7%，无树草原 8.3%，冻原 5.7%。草地为世界提供 3/4 的能量。我国是世界草地资源大国，拥有草地面积近 2.7 亿公顷，约占国土面积的 27.6%，是耕地面积的 2 倍。

国际上狭义的草地或草原是指以草本植物为建群种、稀树或无树的土地类型。联合国教科文组织将植被中树木和灌丛盖度小于 10%的草地都定义为草原，而盖度为 10%～40%的草地植被被称为有树草原(wooded grassland)。《牛津植物学词典》中将草原或草地定义为：草原是指具有满足草地禾草植物生长但不完全满足树木生长的水热与人文条件，降水量介于荒漠和森林之间，也包括因放牧或火烧森林后偏途演替所形成的草地。

英文中表示草原和草地的词一般有 rangeland、pastureland 和 grassland。rangeland 主要是指天然植被覆盖的土地，家畜和野生动物采食与栖息的土地，包括天然草原、热带(或亚热带)稀树草原、灌丛地、荒漠、冻原、高寒草原、湿地和草甸。而 pastureland 主要指用于种植饲草，引入灌溉和施肥等农艺措施，建立围栏生产牧草或直接放牧利用的土地。grassland 泛指以生长草本植物为主的土地，与汉语“草地”名词相对应。

我国对草地或草原的定义有过不同论述。尤其需要指出的是王栋(1952)对草原与草地不同含义的界定。其草原的定义是指凡因风土等自然条件较为恶劣或其他缘故，在自然情况下，不适于耕种农作，不适于生长树木，或树木稀疏而以生长草类为主，只适于经营畜牧业的广大地区。而草地指凡是生长或栽培牧草之地，无论所生牧草之高低，也无论所生牧草为单纯的一种牧草或混生的多种牧草，皆谓之草地。由此可见，王栋先生的草原通常指天然草地，而草地则指栽培草地。随着人们认知的发展和实践中的应用，草地与草原的概念日渐趋同。尤其是草地作为中性词在实践中被广泛应用，在不需严格区分时，将草坡、草山、草滩、草甸等名词统称为草地。

一般而言，草地或草原是指主要生长草本植物，或兼有灌丛和稀疏树木，供家畜和野生动物采食和栖息的土地，通常为畜牧业重要的生产基地。同时，草地或草原常包含多种资源，如旅游地、景观地、野生动植物栖息地和狩猎地，也包括一定的水产和林产资源等。

1.1.2 草地生态系统服务功能

生态系统不仅为人类提供直接的生产和生活资料，还为人类提供各种间接的服务，其变化与人类的福祉密切相关。草地作为家畜和野生动物采食和栖息的地方，可提供饲草和畜产品等生产功能，这也是人们首先关注的基本功能。同时，草地作为重要的自然生态系统，有着极其重要的生态功能。有学者估算了我国 18 个草地类的生态系统服务价值，发现各类草地服务价值相差悬殊，从 24.1 美元/(hm^2 · 年)到 27 282.9 美元/(hm^2 · 年)，平均服务价值为 509.4 美元/hm^2。还有学者核算的青藏高原生态"资产"每年创造着近万亿元(9 363.9 亿元)的服务价值，其中 1.28×10^6 km^2 天然草地的生态服务贡献率达 48.3%。Costanza 等(1997)将生态系统服务划分为 17 项(表 1-1)，胡自治(2005)在其基础上，将草地生态系统服务内容划分为 15 项，即大气成分调节、气候调节、干扰调节、水调节、土壤形成维持、土壤功能养分获取、循环废物处理、传粉与传种、基因资源、避难场所、生物控制、原材料生产、饲草和食物生产、游憩和娱乐、文化艺术。赵同谦等(2004)将服务功能归纳为产品提供功能、调节功能、文化功能和支持功能四大类。在全球变暖、环境问题日益严峻的今天，中国陆地生态系统服务价值和净价值持续减少(曹世雄，2018)，草地的生态系统服务功能日趋重要。

表 1-1 生态系统服务项目一览表

序号	生态系统服务	生态系统功能	举例
1	气体调节	大气化学成分调节	CO_2/O_2 平衡，O_3 防紫外线，降低 SO_2 含量
2	气候调节	全球温度、降水及其他有生物媒介的全球及地区性气候调节	温室气体调节，影响云形成的产物
3	干扰调节	生态系统对环境波动容量、衰减和综合反应	对风暴防治、洪水控制、干旱恢复等主要受植物控制的环境保护的反应
4	水调节	水文调节	为农业(如灌溉)、工业和运输提供用水
5	水供应	水的贮存和保持	向集水区、水库和含水岩层供水
6	控制侵蚀和保持沉积物	生态系统内的土壤保持	防止土壤被风、水侵蚀，把淤泥保存在湖泊和湿地中
7	土壤形成	土壤形成过程	岩石风化和有机质积累
8	养分循环	养分的贮存、内循环和获取	固氮、碳、磷和其他元素及养分循环
9	废物处理	易流失养分的再获取，过多或外来养分、化合物的去除或降解	废物处理、污染控制、解除毒性
10	传粉	有花植物配子的运动	提供传粉者，以便使植物种群繁殖
11	生物防治	生物种群的营养动力学控制	关键捕食者控制捕食者种群，顶位捕食者使草食动物减少
12	避难所	为定居种和迁移种提供生境	育雏地、迁徙动物栖息地、定居物种栖息地或越冬场所
13	食物生产	总初级生产中可用于食物的部分	通过渔猎、采集和农作、畜牧收获的鱼、鸟、兽、作物、坚果、水果、乳、肉等
14	原材料	总初级生产中可用于原材料的部分	木材、燃料和饲料产品等
15	基因资源	独一无二的生物材料医药、材料科学产品	用于农作物和产品的抗虫和抗病基因、家养宠物和植物品种
16	游憩娱乐	提供休憩娱乐的活动条件	游泳、钓鱼运动及其他户外游憩活动
17	文化	提供非商业性用途的条件	生态系统的美学、艺术、教育、精神及科学价值

(引自 Costanza et al.，1997)

1.1.2.1 生产功能

辽阔的草原是传统牛羊肉生产的重要基地。尤其在我国，夏季放牧家畜一般都不需要补饲,草原可作为无污染、绿色有机肉食产品的生产基地。同时,天然草原上有许多重要的经济野生动物,如狼、狍子、旱獭、狐等;也分布有重要的经济植物,如蕨菜、黄花菜、白蘑、苦苣菜、野韭、沙芥、桔梗、百合等绿色食用植物;又如芦苇、大叶章、小叶章、芒、五节芒等高大禾草是传统的造纸原料,也是生物质能源植物;再如老鹳头、沙棘和西伯利亚杏等可供药用。

在畜牧业发达国家,栽培草地日益成为畜产品主要生产基地,而天然草原的畜产品生产功能在降低。如美国天然草原畜产品产量不足全国畜产品生产总量的 2%,美国和俄罗斯栽培草地占草地面积的比例为 10%～15%,欧洲超过 50%,新西兰超过 65%,而我国栽培草地仅占 3%。因此,大力发展栽培草地或农田种草,不仅可以提高畜产品的产量,同时减少对饲料粮的消耗,确保国家的食物安全。

1.1.2.2 生态功能

草地是在一定气候和土壤条件下形成的绿色植被,是重要的生态屏障。在我国,自大兴安岭,经内蒙古高原、黄土高原到新疆山地,这一大片辽阔的国土,几乎全部被不同类型的草地覆盖,为我国草原地区和南方及东部平原地带提供着重要的生态屏障。近年来,由于气候干旱和过度放牧利用,我国天然草地植被盖度降低,土地大面积裸露,草地退化、沙化、碱化不断扩大,草地生态屏障功能下降,导致沙尘暴频繁发生。

草的水土保持功能十分重要,在许多情况下,它比树的作用更突出。草强大的水土保持功能得益于草本植物发达的根系,而且主要以直径 ≤1 mm 的细根为主。实验表明,直径 ≤1 mm 的根系固结土壤、防止侵蚀的能力更为强大。另外,草本植物大量茎叶对地表的覆盖,可以减少降水对地表的冲刷,草原与其他植被防止水土流失的比较见图 1-1。

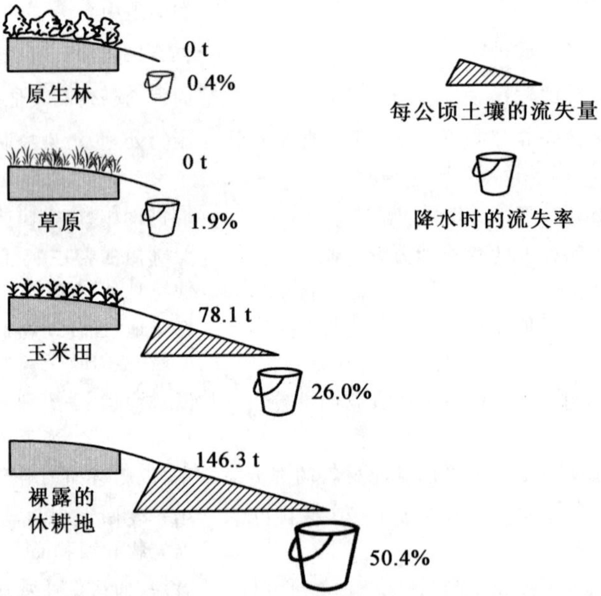

图 1-1 草原与其他植被防止水土流失的比较

牧草改良土壤的功能十分显著。草地植被在土壤表层下具有稠密的根系并残遗形成大量有机质。豆科牧草根系上生长大量的根瘤菌,能固定空气中的游离氮素,为草地生态系统提供氮肥。据报道,以豆科牧草为主的草地平均每公顷每年可固定空气中的氮素 150～200 kg,生长3年的紫花苜蓿草地每公顷可固氮150 kg，相当于330 kg的尿素。苜蓿根系含氮2%、磷0.7%、钾0.9%、钙1.3%，比禾谷类作物根系含量高3～7倍。同时，草地植物根系中的矿质元素，在吸收、积累、分解过程中，对土壤碳酸钙淋溶与积淀、钙积层形成和黏土矿物形成都有一定作用。

草地作为地球的“皮肤”，还具有净化空气、维持碳氧平衡和调节气候的功能。草地植物吸收二氧化碳，释放氧气。同时，草地可截留降水，且比裸地有较高的渗透率，对涵养土壤中的水分有积极作用。据报道，冰草草地的降水截留量可达50%。草地具有调节气温和空气湿度的能力。与裸地相比，草地上湿度一般较裸地高20%左右。由于草地可吸收辐射到地表的热量，故夏季地表温度比裸地低3～5 ℃，而冬季相反，草地比裸地高6～6.5 ℃。

1.2　世界主要草地

1.2.1　世界草地的分布

虽然世界上从海平面一直到海拔5 000 m山地都有草原或草地的分布，但大多数草原分布在海拔1 000～2 000 m的地区。草地与草原地区年降水量为25～90 cm(图1-2)，降雨以少雨多次为特点，雨季一般3个月左右(温带草原，雨季一般集中在夏季)。由于草本植物根系浅，截流了大部分雨水，雨水很少能渗入深层土壤(图1-3)，形成无树的草原景观。亚欧大陆的斯太普(Steppe)和北美高草草原普列利(Prairie)的景观形成皆缘于此。对于冬季降雨，夏季干旱的气候，由于灌木和乔木根可以吸收土壤深层(1 m以下)水分生长，而浅根草本植物由于干旱生长受到限制，这是美国加利福尼亚的中部河谷、欧洲地中海和非洲稀树草原形成的气候原因。

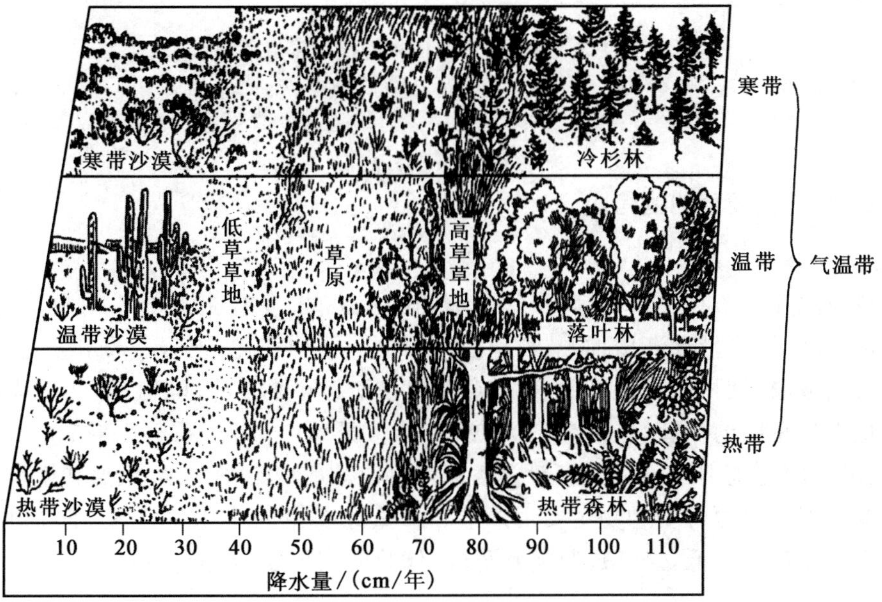

图1-2　世界草地分布

草原土壤一般富含有机质，质地良好，一些地方常被开垦为农田。在以沙性土壤为主的干旱地区（年降水量一般少于 300 mm）土层较浅的地方（小于 600 mm），以草本植物生长为主，土层较深的地方生长灌木。这是由于降水在土层较厚的沙壤土中易于下渗被灌木根系吸收，而土层浅则只能被草本植物根系吸收。在干旱以黏性土壤为主的地区，黏土生长草本植物，而壤土或沙土一般生长树木，原因是黏土不易透水，水分停留在表层，只能被根浅的草本植物吸收利用。

世界草原大致分布在南、北纬 22°～55°，绵延几千千米。草原类型中，温带草原和热带草原面积最大。具有代表性的草原类型主要有分布于欧亚的斯太普（Steppe）矮草草原，分布于北美的普列利（Prairie）和南美的潘帕斯（Pampas）为主的高草草原等，以稀树为特征的非洲萨王纳（Savanna）等草原。

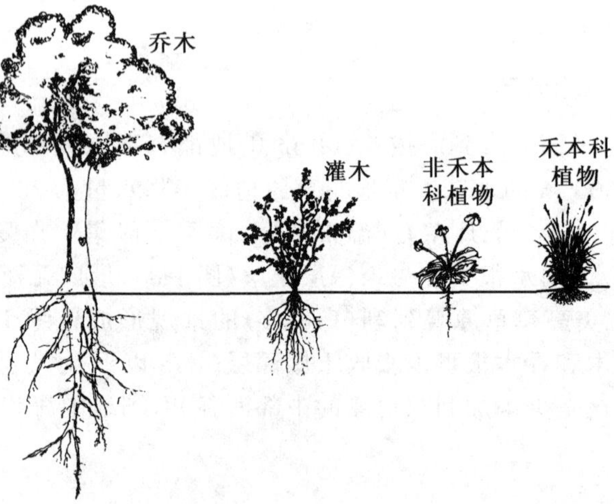

图 1-3 不同生活型植物的根系深度示例

（引自 Beasom et al.，2001）

1.2.2 世界主要草地的特点

1.2.2.1 矮草草原

矮草草原主要分布在加拿大、阿根廷南部和欧亚大陆，从靠近森林一侧向荒漠区推进时，年降水量逐渐降低，热量逐渐增加，从而引起草原的一系列变化，土壤有效水分越来越少，土壤淋溶程度逐渐减弱，钙积层渐趋于地表，植物高度、密度与种的数目渐趋降低。矮草草原植物区系组成也发生相应的更替，植被生产力变异很大，干草产量为 385～3 375 kg/hm^2，形成草甸草原、典型草原与荒漠草原 3 个亚型。矮草草原植被适应干旱气候，低温和生长季节短是产量低的主要原因。草原野生动物主要由羚羊和大量的啮齿动物，如草原鼢鼠等组成。矮草草原亚型荒漠草原产量更低，过度放牧非常危险，休牧时间要长，有的需要禁牧几年，以使草原能够恢复。

1.2.2.2 高草草原

高草草原所在区域，气候一般较矮草草原湿润，但很少有树木分布，只在山脚或河流周边分布有树木。高草草原一般土壤肥沃，因此常常成为农业开垦的对象。根据土壤水分，该类型草原划分为干旱草原、半干旱草原和湿润草原3种类型。每一种类型都有自己的植被特征。

理论上讲，高草草原撂荒地演替会向顶级森林演替。但许多地区高草草原并没有演替为森林，主要原因是火。因此，火在高草草原管理中十分重要。火对树木的伤害是致命的，但对草本植物伤害很小。高草草原草本植物通常属于地下芽，根在秋季贮藏了营养成分，供来年发芽用。因此，许多高草草原的管理措施常常是每年火烧草本植物一次。

1.2.2.3 稀树草原

稀树草原是热带草原的一类。根据降水和气温等生态气候条件不同，热带草原可分为稀树草原和热带次生草原。稀树草原大致位于赤道两侧南、北纬30°以内的地带，属于热带雨林和热带荒漠的过渡地带。稀树草原主要分布于非洲、大洋洲、南美洲及印度、东南亚和中国海南岛的热带、亚热带半干旱地区。非洲的稀树草原分布于赤道雨林的南北两侧，介于北纬15°和南纬25°之间，形成东西延伸的带。其北侧带宽400～550 km，东西长约5 000 km；其南侧带宽200 km，东西长约2 500 km。非洲的稀树草原总面积80多万 km^2，几乎占非洲面积的1/3。稀树草原年温度15～35 ℃，降水量500～1 500 mm，80%～90%的降水集中在雨季。夏季少雨而炎热，为明显的旱季，此时草本植物由于缺水而停止生长，但灌木和树木可以吸收土壤深层水分而生长，景观呈金黄色，雨季时呈绿色。

稀树草原植被中草本植物较单一，一般建群种或优势种只有1～2种。优势植物为须芒草族及黍族的高大禾草，散生树木以具刺的金合欢属植物为主。在靠近热带雨林一侧分布了以狼尾草属和白茅属植物为主的稀树草原，往北或往南，随干旱程度的增加，草群变低矮，以菅草最为丰富。稀树草原植物的生长期决定于干旱期的长度，一般为120～190 d。土壤高度淋溶，以砖红土壤化过程占优势，腐殖质分解快，积累量低。经常发生火灾对保持稀树草原的稳定起着一定作用，但同时也消灭了对火敏感的种类，促进耐火种类的发展，从而成为稀树草原演替的动力。南美稀树草原以委内瑞拉的面积最大，位于安第斯山脉与奥里诺科河之间，优势植物为黍属禾草，这里多被开垦，已很难找到原生植被。大洋洲稀树草原分布有金合欢，但却没有具刺的树和灌丛，散生树木的优势树种是桉树，优势草本植物为高大禾草，雨季繁茂生长，旱季干枯，营养价值很低。稀树草原的干草产量为10 000～50 000 kg/hm^2，是重要的养牛基地，也可饲养骆驼和山羊。

1.2.2.4 荒漠草地

荒漠草地是在降水稀少和强烈蒸发的极端干旱大陆性气候下形成的稀疏植被，年平均降水量在250 mm以下。水分的缺乏限制了绿色植物的生长，也限制着一切直接或间接依赖绿色植物为生的动物和微生物。

大部分荒漠植被用作草地，荒漠草地的植物分布稀疏，几乎全部为旱生种类。一般而言，植物与植物间的联系不及植物与其自然环境的联系密切。荒漠草地的植物生产量极低，土壤中有机物质积累极少；地面特别易形成结皮，妨碍了土壤对偶尔少量降水的吸收。

1.2.2.5 栽培草地

在草地畜牧业发达国家，栽培草地的面积一般占整个农业用地的40%～90%。新西兰、爱尔兰和波罗的海沿岸各国，栽培草地面积的比重更大，占农业用地的70%～95%。这些地区的栽培草地，播种的牧草以多年生黑麦草、白三叶草和紫花苜蓿为基本成分，此外还有鸭茅、草地早熟禾、草甸羊茅、无芒雀麦、红三叶草、地三叶草等。

栽培草地一般以多种牧草混播为主，尤其是豆禾混播。这主要是通过豆科牧草根瘤菌固氮，增加土壤氮素，提高土壤肥力。混合牧草质量好，粗蛋白质含量超过 20%。牧草干物质产量高，一般为 15～30 t/hm^2。饲养的家畜主要为高产奶牛、肉牛、半细毛羊和肉用羊。饲养方式在牧草生长季以放牧为主，非生长季以舍饲为主。这样的栽培草地单位面积的畜产品产量很高，达 300～500 畜产品单位/hm^2（畜产品单位：中等肥瘦的放牧肉牛增重 1 kg）。

1.2.3 中国草地

中国是世界第三大草地资源国。据 2000 年全国第 2 次成片草地调查，成片天然草地面积 3.9 亿 hm^2，与位居世界第一位、第二位的澳大利亚和俄罗斯的草地面积接近。按照全国草地资源调查拟订的中国草地分类系统，我国草地共划分为 18 类、53 个组、824 个草地型。18 类分别为：温性草甸草原类、温性草原类、温性荒漠草原类、高寒草甸草原类、高寒草原类、高寒荒漠草原类、温性草原荒漠类、温性草原化荒漠类、高寒荒漠类、暖性草丛类、暖性灌草丛类、热性草丛类、热性灌草丛类、干热稀树灌草丛类、低地草甸类、山地草甸类、高寒草甸类和沼泽类。其中，高寒草甸类在各类草原中比重最大，是青藏高原的主要草地植被；其次是温性草原类、高寒草原类、温性荒漠类，这四大类草地占全国草地的约 48.7%，其余 14 类草地分别占全国草地的 0.2%～6.4%（表 1-2）。

按热量和水分主导因素的差异，可将中国天然草地分布区划分为三大区域：①青藏高原高寒区。该区寒冷、干旱，不宜农林耕作，适宜放牧。②温带草原、荒漠区。该区干旱或超干旱，不宜农林耕作，只适宜放牧。③南方、华东山地和沿海滩涂区。该区地形起伏大或土壤瘠薄，多砾质，或积水、地下水位高，土壤含盐量高，不宜耕作、植树，适宜种草放牧。

表 1-2 各类型草地面积

面积大小顺序	草地类型	可利用面积/亿亩	占全国可利用草原面积的比例/%
	全国	49.67	100.0
1	高寒草甸类	8.83	17.78
2	温性草原类	5.46	10.99
3	高寒草原类	5.32	10.70
4	温性荒漠类	4.59	9.24
5	低地草甸类	3.16	6.36
6	温性荒漠草原类	2.56	5.16
7	山地草甸类	2.24	4.51
8	热性灌草丛类	2.02	4.06
9	温性草甸草原类	1.92	3.88
10	热性草丛类	1.71	3.45
11	暖性灌草丛类	1.47	2.95
12	温性草原化荒漠类	1.37	2.76

续表 1-2

面积大小顺序	草地类型	可利用面积/亿亩	占全国可利用草原面积的比例/%
13	高寒荒漠草原类	1.16	2.34
14	高寒草甸草原类	0.90	1.82
15	暖性草丛类	0.88	1.77
16	高寒荒漠类	0.84	1.69
17	沼泽类	0.34	0.68
18	干热稀树灌草丛类	0.10	0.20

注：可利用草原面积包含零星草地 4.8 亿亩（1 亩≈667 m^2），占全国可利用草原面积 9.67%

1.3 草地管理学

1.3.1 草地管理

草地生态系统是人类为了管理目的，将生态特点类似的地区划分在一起，包括生物和非生物两方面因素。草地生态系统及其产品如图 1-4 所示。

草地管理就是调控草地生态系统的各个生产要素，以获得最优的产品，为社会提供最优质的服务，并保持草地的可持续发展。草地管理包括两大基本内容：一是保护和改善土壤和植被，二是维持或增加草地畜产品的产量。

草地管理不是孤立地研究动物或植物，而是研究动植物之间的互作。草地管理的显著特点是通过管理草食家畜的放牧活动，实现植物生产和动物生产的可持续发展。早期的草地管理实践主要是通过调控家畜的放牧强度、放牧时间和放牧频率以减少放牧对土壤和植被的不良影响。近年来，草地管理的范围逐渐变宽，不仅管理家畜，而且包括管理草地系统的其他因素，如火、野生动物和人类活动等，不过草地管理的重点仍然是放牧家畜的管理。

草地管理必须遵循以下基本原则：①草地是一种可再生资源。②草地能够给人类提供食物和毛皮，相对于耕地来说，它的生产成本更低。③土壤、地形和气候特征决定着草地的生产力水平。④草地能够给社会提供许多不同产品和服务，如水、娱乐场所、矿产和开阔地。⑤在草地管理决策过程中，要综合考虑社会、经济、文化和技术等诸多因素。

1.3.2 草地管理与生产模式

世界草地管理与生产模式主要有如下类型。

1. 高度集约化草地畜牧业

如英国、法国、德国、荷兰、丹麦等多数欧洲国家及新西兰。这些国家的农牧业都比较发达，草地管理兴起较早，已有数百年历史。天然草地大部分都经过培育，进行粮草轮作，建立了临时栽培草地或永久草地。大量施用肥料，草地生产力高是其典型特点，如荷兰每公顷草地可以生产 600 个畜产品单位。这些国家实施集约型草地放牧制度，很早以前就采用围栏放牧、家畜混合放牧，以及放牧与割草相结合的利用制度。

2. 草地资源丰富,管理方式多样化

如美国、加拿大和澳大利亚等国家,草原面积大,草地畜牧业产值占农业总产值的 50%以上。栽培草地占草原总面积的 10%左右,包括饲草料基地和永久放牧地,采用了集约化经营方式。天然草原绝大多数未经改良,草原生产力并不高,每公顷草原生产力不超过 60 个畜产品单位,为粗放式经营。

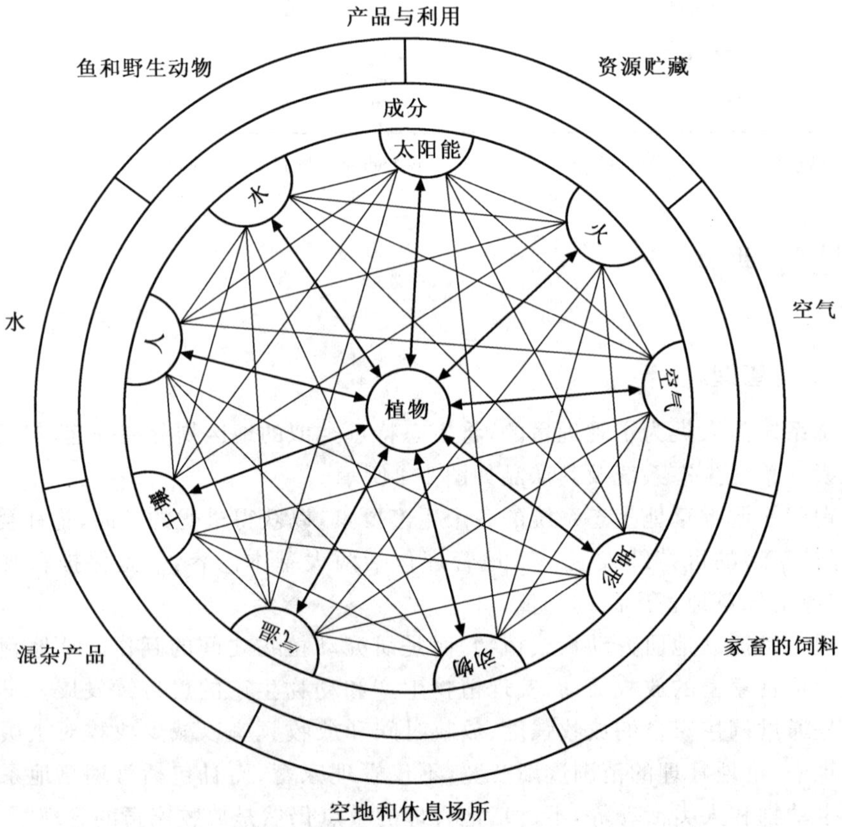

图 1-4　草地生态系统及其产品

(引自 Blaisdell et al. ,1970)

为了发展畜牧业,这些国家广辟饲料来源。首先,允许在国有林中放牧。美国各州共有森林放牧地 0.53 亿 hm^2,在中龄以上的森林中放牧,不但无损于林木,反而可以防止火灾。目前,国有林内已划出上万个放牧单元,每个单元都有饮水装置,以很低费用租给牧民使用并严格限制载畜量和放牧时间。通过这一措施,美国可利用天然草地面积扩大了 1/3。其次,充分利用作物秸秆,全美国每年约利用作物秸秆 3 亿 t。利用尿素在反刍动物瘤胃中可以合成氨基酸的特性,牛、羊食用高纤维粗饲料时辅以少量尿素,可以大大提高秸秆的饲喂效率。据计算,美国生产的谷物秸秆,如经尿素处理后充分利用,足可保证 5 000 万头牛的饲料。再次,建立集中的饲料粮生产基地,主要种植玉米和苜蓿等,保障精饲料和高蛋白饲草的供应。最后,生产实现区域化。在天然草地为主的中部平原地区,只养犊牛和母牛。一般 4 月中旬产犊,5 月中旬以后母牛与犊牛一起在草地上放牧,10 月中旬之后草枯黄,当年犊牛出售外地肥育,只留下繁殖母牛，冬季继续放牧仅补饲少量精料。犊牛多在玉米带或农区肥育，一般喂养250 d，体重达450 kg时屠宰。

3. 草地管理粗放，草地畜牧业不发达

亚洲和非洲的许多国家，如蒙古、沙特阿拉伯、阿尔及利亚、叙利亚等属于草地管理粗放，草地畜牧业不发达这一类型。其草地面积都占较大比重，但自然条件极差，生产力很低，以蒙古为例，其草地面积约1.2亿 hm^2，多数是天然放牧地。由于蒙古地处亚洲中部内陆，属典型的大陆性气候，温度变化剧烈，干旱少雨加以土壤瘠薄，草地载畜量很低，全国平均5 hm^2 草地养一头牲畜，且抵御自然灾害能力低。

我国栽培草地在生产中所占比例很低，天然草地生产一般未经改良，主要是以放牧方式为主的粗放式经营，与发达国家草地管理水平差距较大。

1.3.3 草地管理学简述

草地管理学是对草原资源本身的"管"，也是对草原生态系统各要素间关系的理解和协调疏导上的"理"，即对草原生态生产要素的有效组织与协调，包括草原上的动物及人类的一切活动的管理。草地管理学与其他学科的不同之处在于，它将许多学科的知识融为一体(图1-5)。草地管理主要包括3个要素：生物、非生物和人类活动及社会因素。

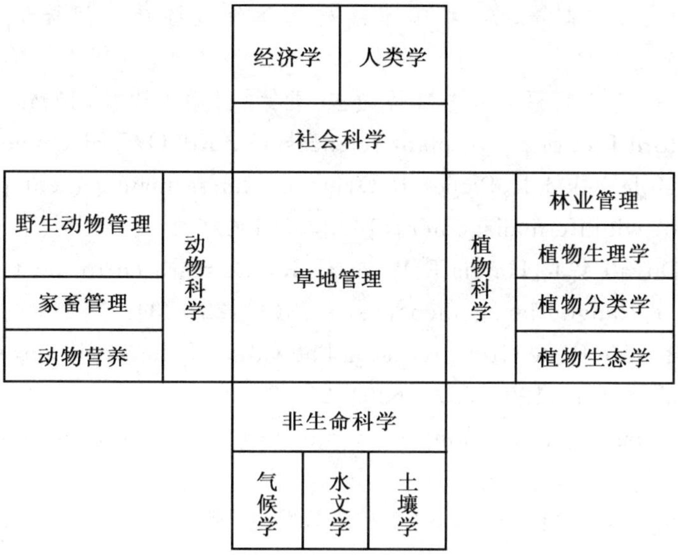

图1-5 草地管理学与其他学科的关系

(引自 Holechek et al.，2001)

早期的草地管理只关注于生物要素，特别是植物，因为植物是整个草地管理的基础，植物为放牧家畜提供食物。后来人们意识到，仅仅研究植物是不能完全解决放牧管理的问题的，因为植物受到土壤和气候等因素的影响，这些物理环境因素也是草地管理学的重要组成部分。不同的动物以不同的方式影响草地系统，动物生产力也不是一成不变的。因此，草地管理者只有对草地生态系统的家畜及野生动物的行为和营养需求有全面的了解，才能使草地获得最高的生产力。

草地管理学与人类社会密切相关。因此，草地管理决策过程要考虑到社会、经济、文化和技术等诸多因素。目前，美国的草原管理部分已转向对野生动物产品的管理，其食品生产成本较低，人们开始更多关注草地的娱乐功能。相反，在非洲的一些人口增长快的国家，草原管理的首要目的仍是获取最多的畜产品。

思考题

1. 简述对草地概念的理解。
2. 草地的生态服务功能主要包括哪些方面？
3. 简述草地管理的概念和内容。
4. 草地管理学与其他学科有哪些关系？

参考文献

[1] 曹世雄，刘玉洁，苏蔚，等. 中国陆地生态系统服务净价值评估. 中国科学：地球科学，2018，48(3)：331-339.

[2] 胡自治. 草原的生态系统服务：Ⅱ. 草原生态系统服务的项目. 草原与草坪，2005，1：3-10.

[3] 孙吉雄. 草地培育学. 北京：中国农业出版社，2000.

[4] 王栋. 牧草学通论. 南京：畜牧兽医图书出版社，1952.

[5] 赵同谦，欧阳志云，贾良清，等. 中国草地生态系统服务功能间接价值评价. 生态学报，2004，24(6)：1101-1110.

[6] 郑度，姚檀栋，等. 青藏高原隆升与环境效应，北京：科学出版社，2004.

[7] Allaby M. Oxford Dictionary of plant sciences. Oxford：Oxford University Press，1998.

[8] Beasom S L，Holechek J L，Pieper R D，et al. Range management principles and practices. Journal of wildlife management，1988，55(1)：202.

[9] Blaisdell J P，Duvall V L，Harris R W，et al. Range research to meet new challenges and goals. Journal of Range Management，1970，23(4)：227-234.

[10] Costanza R，d'Arge R，de Groot R，et al. The value of the world secosystem services and natural capital. Nature，1997，387(6630)：253-260.

[11] Holmes W. Grass：its utilization and production. Oxford：Blackwell Scientific Publications，1989.

[12] Suttie J M，Reynolds S G，Batello C. 世界草原. 张英俊，李兵，译. 北京：中国农业出版社，2011.

第 2 章

草地非生物环境

本章学习目的与要求

1. 掌握草地生态系统非生物环境要素及特点。

2. 了解气候变化与草地生产力的关系。

草地是由草地生物和草地非生物环境组成的完整生态系统。草地非生物环境也称草地物理环境，决定着草地的形成、发育和未来演变。草地都是在特定的非生物环境作用下产生的。可以说，有什么样的环境，就形成什么样的草地。因此，草地的类型划分往往与所处的环境相联系，草地的生产力也与环境密切相关。草地类型和生产力，又决定着家畜和野生动物的种类。人类对草地的科学管理，很大程度上依赖于对非生物环境的正确了解、认识、适应和适当控制。本章节讨论的草地非生物环境主要包括气候条件、土壤条件和地形条件。其中，气候条件和土壤条件是作用于草地生物的直接因素，地形条件通过影响气候条件和土壤条件而间接起作用。在一定的范围内，地形条件的复杂性，决定着气候条件和土壤条件的多样性，因而也决定着草地生态系统的多样性。在草地生态系统内部，各种要素相互影响，相互作用。非生物环境影响着植被、动物组成和微生物类型，非生物环境各要素之间也相互影响，相互制约。对于成熟的草地来说，草地生物也会对非生物环境产生影响，达到系统平衡状态。近年来不断引起人们关注的气候变化，对草地的结构和功能的影响也已经显现。草地经营者和管理者如何适应这种变化，不断调整管理策略，必将成为新的课题和挑战。

2.1 气候

气候条件在天然草地的形成和发展中起主导作用，决定着草地的类型、分布、生产力和利用潜力。了解气候条件的作用，是认识草地的基础之一；遵循气候规律，则是科学利用和管理草地的基本前提。在实践中，人类也总是自觉或不自觉地按照气候规律安排和组织生产，制订草地利用计划，实施草地建设工程，落实防灾减灾办法等。

在栽培草地的建植和管理中，气候条件是首先要考虑的因素，因为选择草种、确定生产目标、计划种植区域和种植地点、落实播种时间和方式、决定管理措施和利用方式等都与气候条件直接相关。在很大程度上，气候条件决定着栽培草地建植的成败，也决定着牧场效益的高低。栽培草地建设区划，也主要是基于气候区划而制订的。

在气候条件中，降水条件、温度条件、光照条件、风条件等是最基本的要素。在生态系统研究中，往往把以上基本气候要素称为气候因子，如水因子、温度因子、光因子、风因子等，它们相互联系，相互作用，相互影响，共同对草地和草地管理活动产生综合影响。其中，对天然草地和牧场管理来说，降水条件和温度条件是主要的制约因素。光因子等在栽培草地建植和管理中考虑较多。

2.1.1 降水

虽然包括草原在内的多数草地是在干旱缺水的条件下发育形成的，但水却是草地生产力和草地环境得以维持的基本条件。在我国草原地区，大气降水几乎是唯一的水分来源。在北方草原地区，降水绝大部分是以雨的形式产生的，而且主要集中在夏季，占全年的 50%～70%。降雨的高峰期与温度的高峰期相吻合，两者决定着草原植物群落的组成和分布，也构成了草原生产力形成的基本特征。降雪是草地在冬季主要的降水形式。降雪的多少，对草地本身和草地畜牧业生产具有非常重要的影响。降雪对草地生态系统十分有利，但若降雪过多、积雪过深或积雪时间过长，造成家畜和野生动物无草可食，往往对草地畜牧业生产和草地生态平衡产生重大负面影响，使牧民遭受严重损失。这种现象在北方牧区称作白灾，是危害畜牧业生产的严重自然灾害之一。如果降雪过少，同样对畜牧业生产不利。在北方农牧区，冬春季主要将雪水作为家畜和野生动物饮用水，积雪还在一定程度上避免了草地风蚀、扬沙，促进牧草春季返青。当无积雪或积雪很少时，家畜和许多野生动物就会因缺水体质变差，发生疾病以致死亡，这种现象被称为黑灾。近年来，由于全球气候变暖，草地上降水格局发生了明显变化，干旱、洪涝、黑灾、白灾等灾害发生频率有增加的趋势，对草地管理提出了新的挑战。

栽培草地建设往往选择在降水量相对较高的地方进行，以保证建植成功并形成比天然草地更高的生产力，降低管理成本。在北美地区，一般旱作栽培草地的年均降水量不低于300 mm；我国北方雨养条件下的栽培草地也主要选在年均降水量大于280 mm的地区。即使是灌溉栽培草地，不论水源是地表水还是地下水，也主要靠降水补给。越是优质高产的栽培草地，越需要高而稳定的降水条件或良好的灌溉条件。如北方栽培紫花苜蓿草地，必须保证有相当于约600 mm的降水条件，才能获得理想的草产量。

2.1.1.1　降水量与草原类型

不论是在全球范围内还是在我国境内，草原大多分布在降水量相对较低的区域。在这些区域，降水量不同，草地类型、草地的生产力、载畜量水平差异很大。北美草地多数的年降水量少于500 mm，其中在美国西部的普列利草原(Prairie)上分布的11个洲，80%年降水量少于500 mm。美国西部的大平原普列利草原东边大致以密西西比河为界，向西延伸到落基山脉，随着降水量的梯度减少，草原类型从东到西依次为高普列利(Tallgrass Prairie)、混合普列利(Mixed Prairie)、矮普列利(Shortgrass Prairie)和帕劳瑟丛生禾草普列利(Palouse Prairie)，继续向西南则发育为典型荒漠。墨西哥有75%的土地年降水量少于500 mm，其中40%不足250 mm，形成大量荒漠草地。在非洲，约50%的土地年降水量少于500 mm，约20%土地年降水量少于250 mm，加上明显的旱季和湿季交替的降雨模式，形成了世界上最大面积的稀树草原(Savanna woodlands)。澳大利亚草地主要由大面积的内陆荒漠组成，其中约70%的土地年降水量不足500 mm，约33%土地年降水量不足250 mm。南美洲降水量较高，有65%～75%的土地面积年降水量高于500 mm，因此，孕育了世界上面积最大的潘帕斯(Pampas)高草草原。新西兰南岛内陆的他萨克(Tussock)草原，年降水量也在500 mm左右变动。欧亚斯太普(Steppe)矮草草原由于地域辽阔，东西狭长，年降水量空间变动较大，其中欧洲部分年降水量多在500 mm以上，中亚和东亚部分一般少于450 mm。我国北方草原是欧亚斯太普草原的一部分，主要分布在大兴安岭以西的内蒙古高原、黄土高原和青藏高原上。年降水量由450 mm逐渐降低为250 mm左右，形成了草甸草原、典型草原和荒漠草原，继续向西延伸，年降水量在阿拉善西部已不足50 mm，形成了草原化荒漠、荒漠草地和戈壁等草地类型。

降水量是草地生产力形成的基础，不仅决定着草地类型分布，也决定着草地载畜水平。表2-1大体说明了美国不同地区草地年均降水量、草地类型、干物质产量和载畜率之间的关系。

表 2-1 美国不同地区草地年均降水量、草地类型、干物质产量和载畜率

地点	年均降水量/mm	草地类型	饲草干物质产量/(kg/hm²)	每年饲养一头450 kg重奶牛需要的草地量/hm²
堪萨斯东部	840	高普列利	4 592	1～2
奥克拉哈马东北	810	高普列利	3 441	2
得克萨斯东南	860	海滨普列利	3 115	2～3
阿拉巴马东南	330	北部混合普列利	388	21
北达科他西部	410	北部混合普列利	784	10
得克萨斯中北部	710	南部混合普列利	1 595	5
科罗拉多东北部	310	矮普列利	1 411	6
内布拉斯加西部	330	矮普列利	1 449	6
亚利桑那东南部	340	荒漠草地	384	24
新墨西哥中南部	219	荒漠草地	309	30
犹他西南部	180	盐化荒漠草地	239	45
佛罗里达中南部	1 520	淡水沼泽草地	3 703	2
加利福尼亚	200	一年生草草地	450	14
俄勒冈东北部	510	帕劳瑟丛生禾草草地	370	25
俄勒冈西南部	290	北美蒿灌丛草地	360	26
犹他中部	330	沙生冰草草地	495	11

同样,我国草地的生产力也主要由年均降水量来决定。虽然其他因素如温度、光照等也有影响,但降水量总是起关键性作用。表 2-2 表明了我国草地年均降水量、牧草生长期积温、草地类型和饲草产量的关系。不难看出,对多数天然草地来说,温度并不是生产力的主要限制因素,即使是在青藏高原的高寒草地,年均降水量仍起关键作用。但降水量和温度的配合,决定了草地类型的形成和分布。

表 2-2 我国不同观测区草地年均降水量、牧草生长期积温、草地类型和饲草产量

地点	年均降水量/mm	牧草生长期积温(≥0 ℃)/℃	草地类型	饲草干物质产量/(kg/hm²)
内蒙古呼伦贝尔中部	348	2 376	温带草甸草原	3 000～4 000
内蒙古锡林郭勒中部	270	2 725	温带典型草原	1 800～2 700
内蒙古锡林郭勒西部	205	2 989	温带荒漠草原	1 660～2 600
内蒙古锡林郭勒北部	142	3 130	温带荒漠	120～240
内蒙古阿拉善中部	114	3 768	温带荒漠	60～160
甘肃祁连山地区	196	3 111	温带荒漠草原	1 200～2 200
新疆昭苏	512	2 216	温带草甸草原	3 000～4 000

续表 2-2

地点	年均降水量/mm	牧草生长期积温(≥0 ℃)/℃	草地类型	饲草干物质产量/(kg/hm²)
新疆阿尔泰地区	181	3 248	温带荒漠草原	1 500～3 000
新疆克拉玛依地区	105	4 371	温带荒漠	100～180
青藏高原格尔木地区	36	2 570	温带荒漠	150～250
青藏高原都兰地区	179	2 046	高寒草原	360～660
青藏高原诺尔盖地区	648	1 359	高寒草甸	1 156～1 406
青藏高原狮泉河地区	86	1 556	高寒荒漠	110～165
广西那坡	1 422	6 841	热带热性灌草丛	2 350～5 150
四川西昌	823	4 203	亚热带热性灌草丛	3 750～6 560
山西五台山	580	4 300	暖温带暖性灌草丛	1 654

(引自中华人民共和国农业部畜牧兽医司和全国畜牧兽医总站,1996)

2.1.1.2　草地植物对水的生态适应

生物的一切生命活动都是在水分的参与下进行的。水是生物体的重要组成部分。大多数生物体的含水量在60%～80%,即使是干燥成熟的植物种子也含有12%～14%的水分。草地植物的一系列生物、生态学特征都与水有直接关系。对草地植物有重要影响的大气降水因素主要有年降水量、降水月份分配、相对湿度、降水强度和降水年变率等,这些因素决定着植物的水分平衡。

草地植物在整个生长过程中,只有维持体内的水分平衡,才能保证形成较高的生产力。植物的水分平衡,是指植物的水分收入(根吸水)和支出(叶蒸腾)的平衡。只有当水分的吸收、输导和蒸腾三方面的比例适当时,才能维持良好的水分平衡。植物每制造1 g干物质所需的水分克数,称为蒸腾系数。蒸腾系数越大,植物的需水量越大。一般野生植物的蒸腾系数为125～1 000。蒸腾系数的倒数,即植物消耗1 kg水所能生产的干物质克数,称为蒸腾效率。野生植物的蒸腾效率为1～8 g。耐旱性越强的植物,蒸腾效率越高。因此,水分供应的多少成为草地植物生产力高低的关键因素。

大多数干旱草地植物都有可以忍耐一定程度干旱缺水的自然能力,即具有不同程度的抗旱性。植物的抗旱性主要通过减少水分损失和增加水分吸收两个途径来体现。抗旱性强的植物大都具有相似的形态特征和生理特征,即在形态上,根系发达且入土较深,根冠比较大、叶片细胞小、叶脉致密、单位面积气孔数目多等,可以提高土壤水分利用效率,提高根系的吸水能力,有效利用深层土壤的水分,或保证细胞在收缩时不受机械伤害,有利于加强蒸腾作用;在生理方面,细胞液渗透浓度高,抗过度脱水的能力强。还有些植物体表具茸毛、蜡质、增厚的角质层等,对抵御高温干旱也具有一定作用。

由于草地水分自然供应状况差别很大,植物长期适应的结果就形成了不同的水分生态类型,常见的为旱生植物、中生植物和湿生植物3种类型。旱生植物是生长在干旱环境中,在较长时间的空气干旱和土壤干旱条件下仍能维持水分平衡和正常生长发育的一类植物。在气候炎热而干燥的草地上,旱生植物数量多,种类丰富,作用大,分布于北方草原、沙漠和沙地上的多数植物属于这一类型。旱生植物能从极端干旱的环境中吸收水分,同时在大气干旱的条件下,又能尽量减少水分的蒸腾,并以此来调节体内的水分平衡,大多具有很强的抗旱能力。因此，旱生植物是草地管理和生态保护的重要对象，是极其重要的植物资源类型。在旱生植物中，依据抗旱能力由弱到强进行分类，包括了中旱生植物、真旱生植物、强旱生植物、超旱生植物等过渡类型。湿生植物是一类生长于土壤水分经常处于饱和状态、大气水汽也经常处于饱和状态的潮湿环境中、不能忍耐较长时间水分不足、抗旱性最差的草地植物，如沼泽植物和多数草甸植物。这些植物主要生长在草地上许多隐域性环境中，如湖滨、河滩、湿地、高山、亚高山等地，往往形成较高的生产力，对维持局域草地生态和畜牧业生产具有重要意义。中生植物是既不能生长于湿土和水中，又不能生长于干旱土壤中，而只生长于水湿条件适中的土壤上的一类植物。中生植物类型多，分布广，数量大。大多数一年生植物和许多草甸草原植物都属于中生植物。中生植物具有一定的抗旱能力，可以抵御短时间的轻度水分缺乏，按对水依赖程度由大到小可再分为湿中生植物、典型中生植物和旱中生植物。许多中生植物的第一性生产能力、环境适应性和质量都比较适中，生产潜力很大，已成为在牧场管理中引种、培育、人工栽培的重要资源。

2.1.1.3 草地水分平衡

没有受到太多人为干扰的自然状态草地，一般都是当地水热平衡的产物，其中水分平衡起关键作用。当水分收支平衡时，草地会保持相对稳定的状态。而一旦这种平衡被打破，草地的结构和功能都会随之变化。草地在长期的自然演变过程中，已经适应了一定程度的水分收支平衡波动，如水分的四季变化和周期性的年度变化等，表现为很强的弹性适应。如果水分收支平衡波动幅度过大或波动时间过长，往往会超过草地能够忍耐的弹性限度，草地的稳定性就将被打破，会在新的水分状态下建立新的平衡，演变为新的草地类型。

草地的水分来源主要是大气降水，而失水途径则包括径流和蒸散(土壤水分的地表蒸发和草地植物的叶面蒸腾)，其中土壤水分除了参与植物的生理活动和构建植物体本身外，还具有重要的生态意义，表现在以下几个方面。

(1)植物所需要的水分，绝大部分来自土壤。大部分降水要先经过土壤的吸收和保存才能被植物长期利用。

(2)土壤水分是各种植物营养物质的良好媒介。绝大多数的土壤营养物质是以水溶液的形式被植物吸收和运输的。

(3)土壤水分的多少，影响土壤养分的有效性。在干旱草原上，由于土壤水分不足，土壤养分的作用往往难以发挥。

(4)土壤水分参与土壤物质的转化过程，有机态物质的矿化只有在水热条件适宜时，才有较高的效率。

(5)由于水的热容量很大，当土壤受热升温或辐射降温时，土壤水分的蒸发或凝结将会相应地吸收或释放大量的热量，避免了土壤温度本身的剧烈变化，起到调节土壤温度的作用。水分通过植物蒸腾和土表蒸发，可有效调节植物本身内外环境。

(6)土壤有效水分是各类草地生产力形成的关键。

水分径流是降水的再分配过程，多流走的区域表现为干旱，多接受的区域表现为湿涝。最典型的例子是我国北方沙化草地，地势高的坨地水分流失量大，表现为干旱、半干旱景观；沙坨之间的低地接受径流较多，往往形成草甸甚至沼泽草地。“坨甸相间”是科尔沁沙地、浑善达克沙地、毛乌素沙地等的常见景观，是局部水分分配不平衡造成的。在许多干旱草原的河流两岸、环湖区域、低洼地等，常见到偏湿的草地类型；沙漠中出现绿洲，都是水分径流再分配的结果。

草地植被层的水分平衡方程可表达为：

$$P=r+E+\Delta(I_v,S_p,S_s,S_m,S_g,\cdots)$$

式中：P 为降水量，mm；r 为径流量，mm；E 为腾发量，即土表蒸发量和植物蒸腾量的和，mm；$\Delta(I_v,S_p,S_s,S_m,S_g,\cdots)$分别表示草地植物对降水的截留、草被层蓄积的水分、土壤表面蓄积的水分、土壤内所蓄积的水分、地下水蓄积的水分等变化状况。

对于区域草地而言，平均降水量是比较稳定的，受大的气候因素影响，而局部因素影响很小。如一定区域的植树种草不会影响降水量。所以，降水量的大小往往不受人为控制。至于草地灌溉，是对降水的人为补充，必须有充足的水源；人工增雨则比较复杂，如果某时某地空中水汽总量是常数，那么此地人工干预增加了降水，彼地降水可能会减少。因此，在计划人工增雨时，必须对其全局影响做出正确评估。

径流量是一个不稳定的要素，影响的环节很多。降水强度大、植被缺乏、坡度陡峭、土壤硬实等，都会增加径流量。在相同降水量、相同降水强度的情况下，植被丰厚、枯落物量大且覆盖均匀、坡度平缓、土质松软的草地，能吸纳更多降水，减少径流量；而当植被减少、枯落物丧失、土质变差、坡度较大时，径流量会显著增加，降水的有效性降低。我国的黄河流域、松花江流域、长江流域和雅鲁藏布江流域多年稳定的径流系数分别为 18%、26%、49%和 72%。与流域降水量、降水强度及地形地貌有直接关系。对于具体的草地，径流量(r)与降雨强度(P)和地面坡度(P_s)成正比，与植被丰厚度(V_d)和土壤结构性(S_s)成反比，其关系式表达为：

$$r=f\left(\frac{P,P_s}{V_d,S_s}\right)$$

其中，P(mm/d)和 P_s(°)易于量化测定。而对 V_d 和 S_s 的准确测定是困难的，要通过试验获得。实践中，常按水文学要求测定流量、径流量、径流模数、模比系数、径流深、径流系数等，这些计量值之间是相互联系的。其中，河水流量(Q)是表示单位时间内通过过水断面的水量，以 m^3/s 计。计算公式为：

$$Q=VA$$

式中：V 为水流平均流速，m/s；A 为过水断面面积，m^2。

河水径流量(W)是一定时段(T)内通过过水断面的水量，以 m^3 计。计算公式为：

$$W=QT$$

式中：T 为径流时间，s。

径流模数(M)是单位面积上的径流量(产水率)，以 $L/(s\cdot km^2)$计。计算公式为：

$$M=\frac{1\ 000Q}{F}$$

式中：F 为流域面积，km^2。

模比系数(K)又称流量变率，是各时段的径流模数(M_i)与正常径流模数(M_o)之比。径流深(R)是一定时段内径流量在流域面积上的深度值，以 mm 计。计算公式为：

$$R=\frac{W}{F}\times\frac{1}{1\ 000}=\frac{QT}{F}\times\frac{1}{1\ 000}$$

式中：F 为流域面积，km^2。

径流系数(C)指某时段内径流深或径流量与同时段内的降水深(P)或降水总量(W_p)的比值。

$$C=\frac{R}{P}\text{或}C=\frac{W}{W_p}$$

草地腾发量也是一个不稳定的要素，受群落植物量、地表覆盖程度、水分供应状况、气流流动(风)、温度、太阳辐射、大气湿度、季节等诸多因素的影响。草地科学管理的目的是在不降低草地生产力和有限水分供应的情况下，减少水分腾发量。按照水分平衡原理，如若较大规模提高草地生产力，或建设高产栽培草地，则必须进行灌溉，以弥补腾发量增加的需要。

草地植物生长期间的水分平衡关系，可表达为方程：

$$W_o+r-W_1-f_c-F=0$$

式中：W_o 为植物生育初期根层贮水量，mm；r 为生育期降水量，mm；W_1 为植物生育末期根层贮水量，mm；f_c 为草地自然腾发量，mm；F 为水分流失量，mm。

当土壤水分充足时，可把 F 视为 0。当水分亏缺时，可以通过这个关系式推导出灌水量。当然，各项指标的测定都要按土壤学、水文学、植物生理学、草地生态学等专业化的要求进行。

草地土壤水分具有重力水、毛细管水和吸附水(吸湿水和膜状水)3 种存在形态(图 2-1)。这几种土壤水相互作用，对植物具有不同的生态作用。重力水充满土壤颗粒间的大孔隙，在重力的作用下，逐渐向下渗入到深层土壤直至进入地下水。经过根系层的重力水可以很容易地被植物根系吸收利用。由于重力水下渗的速度很快，绝大部分没有机会被植物利用。一般在刚刚降雨后，当土层渗水、保水性良好时，土壤中含有大量的重力水。毛细管水充满土壤颗粒间由小孔隙组成的毛细管。被毛细管的持水力支持的毛细管水，不受重力的影响，不会因重力的作用而向下移动，靠水的表面张力进行维持，称为毛细管悬着水。在地下水较深的干旱草原，毛细管水主要由大气降水补充。在有些沙漠地区，凝结水也往往补充为毛细管水。毛细管水是土壤水分的主体，植物能够利用的土壤水绝大部分是毛细管水。吸附水(吸湿水和膜状水)是植物不能吸收利用的土壤水分，但对植物的生存却必不可少。

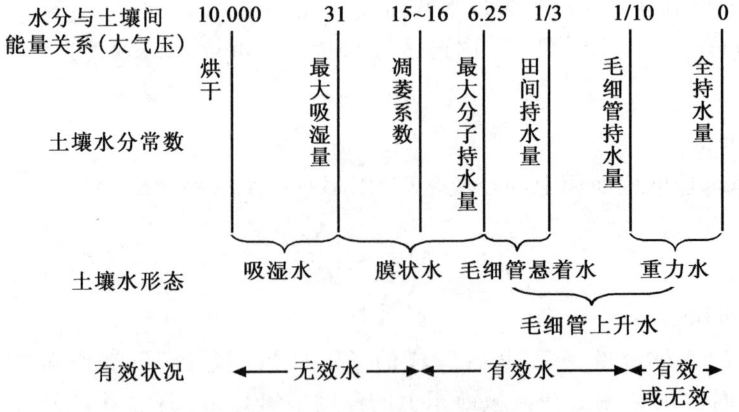

图 2-1 土壤持水量不同阶段的形态、能量指标和有效状况

(引自山西农业大学，1990)

此外，土壤的性质不同，也影响土壤水分的运动和分配。一般沙土吸水快，水的运动速度也快，表现为持水力差；黏土吸水慢，水的运动也慢，表现为持水力强；壤质土介于二者之间。团粒状土壤兼有沙土和黏土的双重特性，最有利于水分的吸收、保持和利用。在草地管理中，最主要的目的之一就是改善土壤的持水状况，保证水分的持续供应。所以，要保证降水尽量多地渗入土壤，减少径流流失，如保持地表有足够的粗糙度，不板结等；要保证土壤有足够强的持水力，降低重力水的下降速度，如增加土壤有机质，保持土壤良好的结构等；要保证把土壤表面蒸发量降到最低，如尽量多地保留地表枯落物覆盖，放牧地要把载畜率控制在适宜水平，调低牧草利用率，割草地要尽量提高留茬高度，或采用轮刈割，减少地表裸露度；栽培草地要加强管理，如深根系牧草和浅根系牧草混播、增施有机肥、合理耕作、控制杂草、适时灌溉等。

2.1.2　光照与温度

2.1.2.1　草地植物对光的生态适应

草地上的光照来源于太阳辐射。太阳辐射光波波长主要集中在 150～4 000 nm 的范围内，其中可见光波长为 380～760 nm，是由 7 种颜色的光组成，其能量约占太阳总辐射能的 49%。可见光的大部分能量被绿色植物吸收利用，被称作生理辐射。其中，红黄光和蓝紫光可以被植物的叶绿素吸收，用于光合作用，称为生理有效光。绿光则被植物全部反射或透射，不能被植物吸收利用，因此被称为生理无效光，这也是高等植物表现为绿色的原因。紫外光在太阳辐射能中所占的比重只有 1%，它能杀死原生质，并能抑制植物某些生长激素的形成，因此具有抑制植物茎生长的作用。青藏高原草地植物普遍低矮、短小，与紫外光照射强烈有关。紫外光还有促进动物皮肤合成维生素 D。波长 290～380 nm 的紫外光能够到达地面，其余大部分在大气层的外围被臭氧（O_3）层吸收。红外光和远红外光在日光中所占的比重最大，约占太阳总辐射能的 50%，在提高环境和生物体温度方面起主要作用，波长越长，增热效应越大。地表增热基本上是由红外光产生的。对高等植物来说，红外光能够促使茎的延长生长，促进种子的萌发。

天然草地植物对光照的适应性，使群落产生了成层现象，表现出垂直结构特征。需要强光和直射光的植物主要生长在群落上层；需要透射光或散射光的植物往往生长在群落底层。栽培草地植物种的选择要考虑对光的适应。种植牧草和饲料作物时，株行距、密度及混播的选择，都应考虑光的因素。育种时选择植物株型、叶形，甚至播种行向，也与光照有关。光是栽培草地生产力的决定性因素之一。

1. 光照强度及其对植物的生态作用

（1）光照强度及影响因素　光照强度指单位时间投射到单位面积上的太阳辐射能量，用 $J/(cm^2 \cdot min)$ 或 $J/(cm^2 \cdot s)$ 表示。太阳光线与地面的入射交角，称为太阳高度角或入射角，变化于 0～90°。入射角越大，太阳辐射穿越大气层的路径越短，大气层对太阳辐射的削弱作用就越小，单位面积光照强度越大。一般太阳入射角在低纬度地区较大，而在高纬度地区较小，因而在低纬度地区获得的太阳辐射能比高纬度地区高。

在同一地区，海拔越高，太阳辐射越强烈，山地中阳坡获得的光照强度较阴坡大。不同地区和地表不同部位，日照时数越长，太阳辐射量越大。一般在中低纬度夏季的高压带，如荒漠和草原地区，比其他地区有更强的太阳辐射量，这与入射角、日照强度和空气中水分含量有关。

（2）草地植物群落内部的光照强度　照射到地表的阳光，进入草地植物群落后，由于构成草地的各类植物对光的吸收、反射和透射作用，往往使群落内部的光照情况发生很大的变化。一般来说，生长良好的草地照射到叶面上的光有70%～75%被叶片吸收，有20%～25%被反射，透射下来的光为2%～10%(很少超过10%)。不同植物及植物的不同部位，对光线吸收、反射、透射的能力有很大不同。植物叶片对红外光反射量达70%，对红光波段的反射仅为3%～10%，对紫外光反射不超过3%，大部分被叶片截获。在可见光中，红橙光的80%～95%可被叶片吸收，而绿光被吸收的很少。

草地群落的组成与结构不同，对于光的反射、透射、吸收也有差别。在群落内部，由于植物叶片相互重叠和镶嵌排列，某一固定点的直射光照射时间常常是不连续的。在多数草原群落和荒漠群落中，植物结构较简单，分布相对稀疏，易于受到阳光的直接照射，群落内部光照强烈。光照一般不会成为植物生长的限制条件。但栽培草地和高产饲料地，内部光强常常有很大变化，受植物种类、配置方式、管理手段、生长阶段等多方面的影响。

(3)光照强度的生态作用及植物的光生态适应　植物细胞的增大和分化，细胞的分裂、伸长、质量增长和叶绿素的形成都与光照强度有关。不同光照强度，对植物的生长发育及形态建成有不同影响。适宜的光照强度是使植物体各器官和组织保持正常比例的前提。

光照强度还通过与环境温度和水的作用对植物产生影响。一般在同一地区或同一地块，光照越强，升温越快。温度升高，使多数草地植物的生理耗水量和环境耗水量增大。这些综合的生态作用，是植物群落多样性形成的重要保证。

光对植物的生态作用是一个复杂的过程，常通过生理作用反映。人们比较熟悉的阳性植物和阴性植物等，就是根据植物的光适应划分的。在植物的光生理研究中，光饱和点是指植物其他生态因子都保持恒定时，光合作用效率随光照强度增加而不再继续增加时的光照强度；植物的光补偿点则是植物光合作用和呼吸作用相等时的光照强度，这是植物开始生长和进行净生产所需要的最小光照强度。适应在强光照条件下生活的植物，一般光合作用的速率和呼吸速率都比较高。因此，其光补偿点和饱和点都较高，称为阳性植物。适应在弱光照条件下生活的植物，光合作用的速率和呼吸速率都比较低，其光补偿点和饱和点也都较低，称为阴性植物(图2-2)。

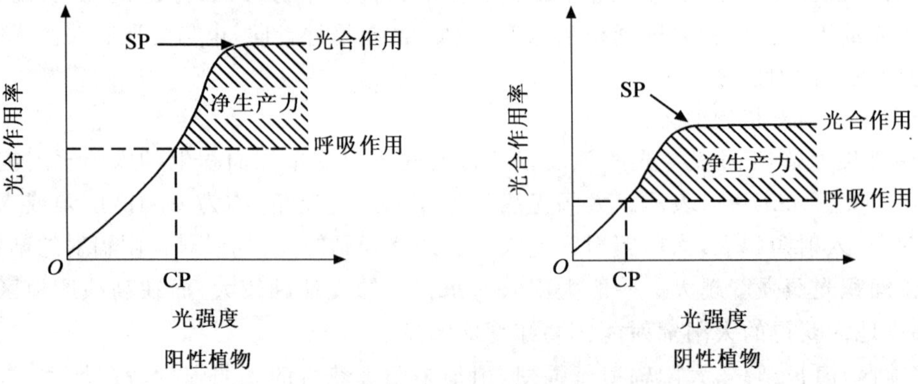

图2-2　阳性植物与阴性植物的光补偿点(CP)和光饱和点(SP)示意图

(引自李博等，2000)

阳性植物通常在全日照环境中才能生长良好，多生长于旷野和开阔地中。它们常常具有植株矮小，分枝多，节间缩短，叶片粗糙有毛，角质层和表皮较厚，机械组织发达，叶肉厚而具有明显的栅栏组织和海绵组织等特点。草原中大多数植物都属于阳性植物，越是干旱的草原，阳性植物越多。此类植物在部分遮阳的环境中常常生长不良。因此，在引种栽培植物时，不要把阳性植物栽种到北坡或遮阳较多的地方，也尽量少与高大植物混播。

阴性植物多生长在潮湿背阴的地方、密林深处、山地丘陵的背阴坡及植物群落的底层。它们的特点是叶子较薄，茎细长，角质层和机械组织都不发达，栅栏组织和海绵组织的区别不明显。此类植物在正常光照的5%～20%的弱光条件下仍可正常生长。引种阴性植物时，必须满足其遮阳的特殊要求，不可将其置于强光直射的环境中。

还有些耐阴性植物，在全日照环境中生长最好，但能忍受一定程度的遮阳，或是在生长发育的某个时期需要一定的遮阳条件。由于生长环境不同，其耐阴强度也不尽相同，如鸭茅、桔梗、党参、黄精等，此类植物在栽培引种中应注意满足其在某些生长发育阶段的遮阳要求。

一般情况下，植物个体对光的利用效率远远低于植物群落。在强光下，单株植物会很快达到光饱和点，多余的光能不能被充分利用。但对于植物群落而言，在强光下，上层植物叶片达到光饱和点时，内部和下部的叶片仍未达到光饱和点，随着光照强度的不断增加，群落的总光合作用效率仍可继续提高，并因此提高了植物群落的光能利用效率。所以，无论是天然草地还是栽培草地，保持合理的密度和较多的植物种类对提高生产力是必要的。对于特定地点的特定植物而言，影响植物光能利用效率的因素主要是叶面积指数，即单位土地面积上进行光合作用的叶面积总和与土地面积之比。在一定范围内，叶面积指数与光能利用率和植物生产力成正相关关系。但叶面积指数并非越大越好，如果产生了过多的叶片重叠和遮阳，反而不利于光合作用的进行。当水成为生长的限制因子时，如果植物植株密度过大或叶面积指数过高时，常出现死株或枯叶的现象，形成自疏。所以，在栽培草地管理中，合理密植非常重要。若以增加叶面积指数、提高光能利用率为目的，则必须满足水肥的要求。

2. 植物对日照长度的生态适应

(1)日照长度的变化　日照长度随纬度的不同和季节的不同而发生着规律性变化，但比较大的地形变化和云雾天气的多少，对某一特定地点的日照长度有影响。我国的草地都分布于北半球，特点是夏半年(春分到秋分)昼长夜短，冬半年昼短夜长。从南到北，随着纬度的增高，昼夜长短变化增大。地形的坡向不同，日照长度也不同，阳坡日照长，阴坡日照短。

(2)光周期及植物的光周期现象　光周期对动、植物的生长发育具有重要影响。由于光周期在一定地区和一定季节是固定不变的，使当地的生物在长期的进化中形成了与之相适应的生长发育节律，即生命活动的周期性现象，如植物的生长、开花、结实和秋季落叶等，都与光周期的变化有关。动物的许多行为，如觅食、交配、迁徙等也受光周期的影响。所以说，光周期是生命活动的定时器和启动器。

植物根据其对日照长度的反应，可以划分为短日照植物、长日照植物、中日照植物及中间型植物等多种生态类型。长日照植物是日照超过一定时数才能开花的植物，否则只能进行营养生长，这个日照时数称为临界光期。长日照植物日照时间越长，开花的时间越早。此类植物多起源于中高纬度地区。短日照植物是日照时数短于一定数值时才能开花的植物。此类植物日照时数越短，开花时间越早，而在长日照条件下不开花，只进行营养生长。短日照植物大多起源于低纬度地带。中日照植物开花所需的日照时间介于长日照植物和短日照植物之间。中日照植物对日照时数要求不严格,任何日照条件下都能开花。

了解植物的光周期现象对植物的引种栽培非常重要。一般在高纬度地区,如果引种以收获籽实为目的的短日照植物,常常会因开花期临近生长季末,气温过低而使种子难以成熟。但一些以营养器官为收获物的短日照植物,如许多牧草,由于短日照条件形成晚,开花结实期延迟或根本不能开花,营养体的产量和质量可能会因此提高。同理,低纬度地区如果引种长日照植物,也会产生同样的结果。但是需要指出的是,植物的引种栽培不能只考虑光周期一个因素。

2.1.2.2 温度

任何生物都必须在一定的温度条件范围内生存。草地植物的生长发育和生长发育的每个阶段,都只有在持续一定时间的适宜温度水平下,才能开始和进行。从植物的生长环境角度考虑,温度包括气温、土壤温度和水温,其中气温和土壤温度对草地植物有直接的意义。不同植物在对温度的长期适应中,形成了比较固定的温度要求,包括生长的最适温度及可以忍耐的最低温度和最高温度,即为植物生长的温度“三基点”。在“三基点”温度范围内,植物的生长速率会呈典型或非典型的正态分布。而植物的阶段性发育则和温度的积累有关,即一定的积温条件促进和形成植物的发育分化。草地植物对不良环境的抵抗力,在很大程度上指对低温和高温的抵抗力。在一般情况下,天然草地植物对生长地的温度条件已形成长期适应,能在一定的温度变化中正常生长发育;栽培草地植物往往对温度更加敏感,要求必须适应种植地的温度条件,否则会导致种植失败。如果种植的牧草属于引进的种或品种,要进行温度适应试验,主要观察忍耐最低温度、最高温度、温度变化和越冬率状况,同时确定生长要求的最适温度。如果种植的牧草属于当地的乡土种或品种,由于生长条件的改变,也要注意对温度新的要求。在许多情况下,温度对植物不是单纯起作用的,常与水分、湿度、风等因素配合起作用。所以,不论在研究中还是在生产中,经常把温度条件和其他条件共同考虑。

在栽培草地的建植和管理中,除了重视温度的变化外,有效积温和无霜期是重要的关注因素。尤其是在牧草种子生产中,有效积温不足或无霜期过短,会影响种子产量、成熟度及质量。

对包括家畜在内的草地动物来说,温度不仅影响其活动、行为、生殖、生产力等,也影响其生存,这是草地和牧场管理的重要课题。草地温度的变化主要是气温变化,进而影响土温的变化、水分蒸发和植物水分蒸腾等。

温度与降水、日照等因素配合,构成了区域草地的主要气候特征。在草地类型的形成中,温度和降水都起着关键作用。多数情况下,草地类型在经度方向上的变化,主要由降水和湿度因素控制;在纬度和高度方向上的变化,主要由温度和降水因素共同控制。世界上分布面积大且集中连片的草地,基本都遵循这一规律。我国青藏高原草地的形成主要由温度起作用,但其中不同类型的草地生产力基本由降水决定,其他地方的山地草地的垂直地带性分布,温度也起关键作用,如我国天山、祁连山、阿尔泰山、长白山、贺兰山等山地草地,美国的落基山脉、南美洲的安第斯山脉、欧洲的阿尔卑斯山、澳大利亚的大雪山、新西兰南岛中部等的山地草地都基本如此。

图 2-3 表明了我国草地在温度和降水控制下的空间分布变化序列。横轴代表水分的作用,典型草原处于核心位置,在草地中最具代表性。以此为出发点,向右代表水分增加,中生化过程加强,形成草甸草原,进一步会形成森林、草甸或沼泽;向左代表水分减少,旱生化过程加强,形成荒漠草原,进一步会形成荒漠。纵轴代表温度的作用,典型草原仍然处于核心位置,向

下代表热量改善，草地中喜暖的灌草丛增加，形成灌草丛草原，分布于典型草原的南侧。向上代表温度降低，海拔增高，适应低温、冰雪、强紫外辐射的植物增多，形成高寒草原。该图既反映了我国各类型草地的生态特点，又代表了其地理分布和类型间的相互关系。

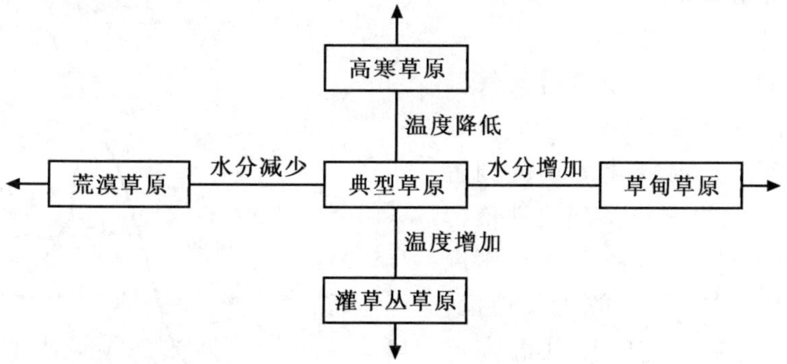

图 2-3　中国温带草原类型的形成与温度、水分的关系

（依据《中国东北草地生态学研究——祝廷成教授八十华诞文集》绘制）

1. 气温变化与草地管理

气温变化有日较差和年较差。不同草地的植物，对温度的日较差和年较差都有着不同的适应对策。在我国南方的热带和亚热带地区，温度变化幅度较小。在北方草原地区，昼夜温差较大，对家畜饲养形成了昼牧夜归的模式，和新西兰及澳大利亚昼夜生活在放牧地上的模式完全不同。在一年内，温度变化四季分明，草地植物只在暖季才能生长，表现出明显的“春华、夏茂、秋黄、冬枯”季相，这给草地畜牧业经营提出了一系列问题。虽然说水热条件对草地的形成和发展起关键作用，但事实上，北方草地家庭牧场的管理很大程度上都是围绕着温度这一关键因素进行的。草地与牧场管理的主要任务之一就是尽量减少温度年较差造成的不利影响，如延长植物生长季、饲草料加工贮藏、家畜对草地的季节性利用、牲畜棚圈建设等。

温带草地温度的季节变化，使草地牧草的供应出现周期性的不平衡现象。温度高的夏秋季牧草生长旺盛，供应充足，营养丰富，常有盈余。温度低的冬春季牧草无生长或生长量小，供应不足，营养缺乏，常有亏缺。在缺乏有效管理的情况下，放牧家畜的健康状况表现为“夏壮、秋肥、冬瘦、春乏”，在出现灾害时，死亡率往往很高，造成生产上有形和无形的巨大损失。

影响温度变化的因素是多方面的。一般随纬度升高，气温日较差和年较差都逐步增大。气温日较差的大小随纬度、季节而变化，又和地表性质、天气情况有关。气温年较差在低纬度地区很小，仅 1～2 ℃；中纬度地区气温年较差增大，一般可达 10～20 ℃；高纬度地区可超 30 ℃。草地上气温年较差也随地形和地面状况而不同。一般来说，凸形地的气温年较差小于凹形地的，植被覆盖地区的小于裸地的。

海拔高度对气温的影响也很强烈。一般情况下，海拔高度每升高 100 m，气温降低 0.5～0.6 ℃。山体上植物垂直分布带的形成与此有关。

不同的地形对气温有不同的影响。一般在坡向上，南坡气温通常要高于北坡。在平原地区，大气对流层的温度是随着高度升高而逐渐降低的。而在地形比较复杂的山地、封闭的谷地、盆地中，空气与地面接触面大，白天增热剧烈，加之地形闭塞，通风不良，不易散热，气温要比平地、凸地高；夜间，冷空气下沉，沿着坡面向下运动，将暖而轻的热空气托至上部，从而形成上部气温高、下部气温低的逆温层现象。这种现象在冬季的早晨经常可以看到。出现逆温现象时，大气层很难上下搅动，处于稳定状态。新西兰在山地草地的放牧管理中，利用这个原理进行围栏建设，结合施肥、补播等措施，使畜群根据温度变化自动调解采食区域和卧盘地点，达到对草地均匀利用和均一影响的目的。

2. 土温变化与草地管理

土壤温度对植物的生长发育有与气温同样重要的影响，它不仅对植物地下器官产生直接作用，也是气温变化的重要调解器。土壤温度的变化规律与其理化性质密切相关。在植物生长季节，白天的土壤温度往往高于气温。如在干旱的荒漠地区，中午和午后的表土温度有时比气温高出20 ℃以上。夜晚的土壤温度会略低于气温，最低值出现于将近日出的时候。土壤温度的日变化动态一般只发生在0 cm 左右的深度（图 2-4），这也是多数草地植物根系集中分布的土层范围。

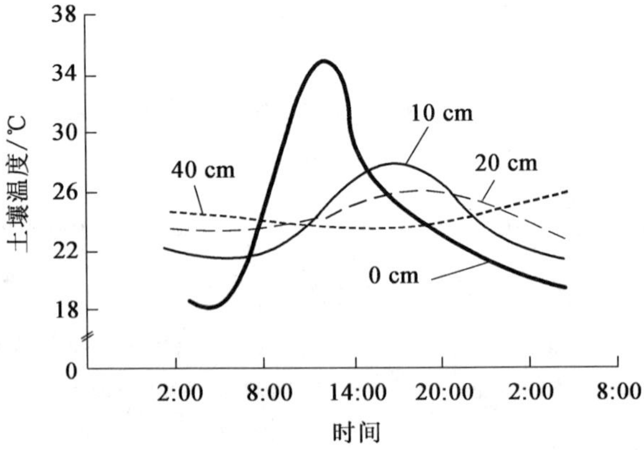

图 2-4　不同深度的土壤温度日变化动态

土壤温度的年变化动态，一般服从于大气温度的变化规律。在草地集中分布的中、高纬度地区，夏季昼长夜短，土壤贮藏热量增加，表现为土壤温度升高，土壤升温的深度越来越深；冬季昼短夜长，土壤接受的太阳辐射较少，土壤的热量散失大于热量的积累，表现为土壤温度由深层到浅层的逐步降低。越接近土表，土壤温度的变化幅度越大（图 2-5）。

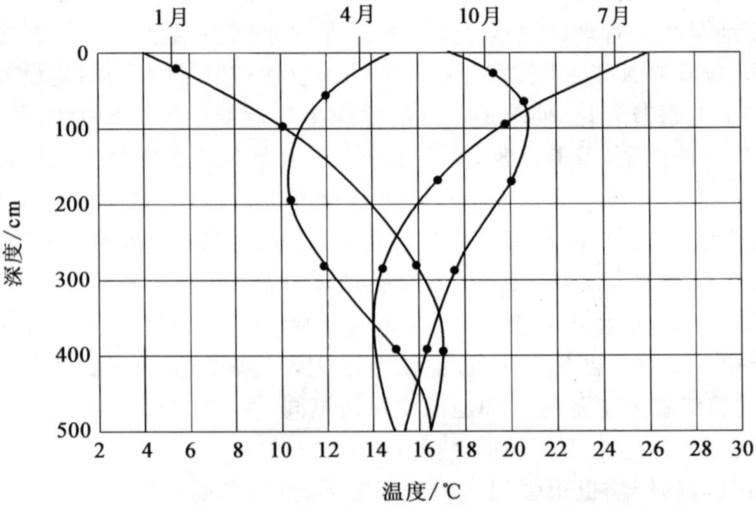

图 2-5　一年中土壤温度的垂直分布

草地土壤的局域温度差别很大，对牧草返青、枯黄、物候期、植物分布、家畜牧食行为等都有着不同影响。如果巧妙地利用这些差别，对畜牧业经营管理会非常有益。目前有的国家进行的牧场精细化管理，就是利用这个原理。

2.2　土壤

土壤是草地植物扎根固定、吸收水分和储存矿物质营养的地方。土壤本身有它自己的结构和理化性质，是介于无机物和有机物之间、含有微生物群落的特殊物质。草地土壤是在草地进化过程中，通过特定的物理、化学和生物学过程而形成的，为草地生物的生存提供着必需的矿物质元素、水分和基本环境，构成了草地生态系统的重要组成部分。土壤是草地生态系统中物质与能量交换的重要场所，同时，它又是生态系统中生物部分和无机环境部分相互作用的产物。母岩不同、气候不同，形成的土壤常常具有不同的理化性质，并生长发育着不同的生物区系。

由于植物根系和土壤之间具有极大的接触面，在植物与土壤之间发生着频繁的物质交换，彼此强烈影响，因而土壤是一个重要的草地生态因子。目前，人类的生产力水平和科学技术水平还难以通过控制和改变气候因素来改变土壤，但通过适当改变土壤性质而提高植物生产力水平，是可以做到的。在天然草地和牧场管理中，保护土壤不受或少受干扰和破坏，在保护和利用中培育、改良土壤是一项非常重要的任务。栽培草地完全可以通过合理的耕作、施有机肥、种植豆科牧草、草田轮作、计划放牧等措施使土壤得到改善，如增加肥力、改善土壤结构、改善土壤理化性状等。

2.2.1　草地土壤类型

草地土壤类型丰富，组成成分差别很大。根据土壤成分状况和变化，可以使人们比较容易地对草地状况做出判断，预测草地的未来演变方向。在自然状态下，草地土壤的组成成分比例很难达到以上介绍的理想状态。如内蒙古草甸草原黑钙土的有机质含量小于 8%；典型草原栗钙土的有机质含量小于 6%；荒漠草原棕钙土的有机质含量小于 3%；荒漠草地的沙土有机质含量不足 1%。经过长期的放牧和割草，或利用不当，有机质含量会明显降低。草地利用过重后，土壤空隙会减少，减少的量往往与利用压力呈正相关。在干旱季节，草地土壤的含水量常不足 15%，甚至更低。

草甸草原的地带性土壤主要为黑钙土和栗钙土。黑钙土主要分布在大兴安岭山麓丘陵，海拔 700～1 000 m，向西逐渐过渡到呼伦贝尔高原，并由北向南跨越额尔古纳旗南部、陈巴尔虎旗东部、牙克石西部、海拉尔东部和鄂温克旗东南部，西部与栗钙土地带相接，东部与灰色森林土镶嵌，组成草甸草原的地带性土壤组合，地形大部分为低山丘陵。在波状高原及河流阶地也有大面积分布。黑钙土地带土层厚 30～50 cm，0～20 cm 土层有机质含量约为 7.0%，全氮含量为 0.35%，pH 7.0～7.5。黑钙土地带广泛分布着线叶菊、羊茅、线叶菊和贝加尔针茅、羊草和杂类草草甸草原，草地生产力较高。栗钙土地带位于呼伦贝尔高原中西部，海拔 600～1 100 m，地形以波状起伏高原和低山丘陵为主。在黑钙土地带以西，是呼伦贝尔草原区分布面积最大的暗栗钙土地带。在栗钙土分布区，由于气温从东向西逐渐增高，湿润度由东向西逐渐降低，形成暗栗钙土地带和典型栗钙土亚地带。栗钙土地带土层厚 20～40 cm，0～20 cm 土层有机质含量约 3.0%，全氮含量为 0.2%，pH 7.5～8.5。

典型草原的地带性土壤主要为栗钙土。栗钙土是草原半干旱气候条件下的产物，其剖面是由栗色或灰棕色腐殖质层与紧实的灰白色碳酸钙淀积层所组成的。腐殖质层的厚度为25～45 cm，向下急剧转淡，过渡层明显；腐殖质贮藏量一般为0.4～1.3 t/km^2，表层有机物含量为1.5%～4.5%。土壤结构多呈细粒状、团粒状和粉末状，缺少团粒结构。杂类草层片不发达的大针茅草原和克氏针茅草原是典型栗钙土的主要群落类型；羊草草原的一些中生植物群落往往出现在草甸栗钙土上，也有些群落与碱化栗钙土紧密联系。在栗钙土带的西部区域，主要分布淡栗钙土，最常见的草原植被是种类贫乏的克氏针茅和短花针茅草原。

荒漠草原的地带性土壤主要为棕钙土。棕钙土是在最干旱的草原气候条件下形成的土类，集中分布在内蒙古高原和鄂尔多斯高原的偏西部。这一地带的土壤和植被都具有草原和荒漠的过渡性特点。

高山草甸土、亚高山草甸土、高山草原土和亚高山草原土是青藏高原高寒草地的主要土类。高山草甸土又称草毡土，土壤剖面上部有草皮层，具有3～10 cm厚的毡状腐殖质层，其下为10～20 cm的细腐殖质层，呈淡灰棕色或棕褐色，粒状或扁核状结构，向下颜色变暗，剖面总厚度不超过50 cm，砾石较多。土表层有机质含量为100 g/kg左右，高者为200～300 g/kg，胡敏酸与富里酸比值约为1.0，pH 6.0～7.0。亚高山草甸土（黑毡土）剖面分化明显，具有10～15 cm厚的草毡层。腐殖质层棕灰色，厚15～30 cm。层次间过渡明显，砾石含量多，下部有明显锈纹斑。有机质含量为150～200 g/kg，腐殖质组成以富里酸为主，胡敏酸与富里酸比值为0.5左右，pH 5.0～7.0。高山草原土（寒冻钙土）具有细暗色表层，在125 cm内有钙积层或钙积特征，或为石灰性土层。地表无草皮层，常为碎石、浮沙覆盖，偶见黑色地衣结壳，其下为暗棕或灰棕色土层，常为石灰新生体。土壤表层有机质含量10～40 g/kg。亚高山草原土又称冷钙土，剖面分化清晰，生草层厚3～5 cm，不形成草皮。腐殖质层厚10～25 cm，淡黄棕色，具弱粒状结构，有明显的钙积层，石灰多以白色假菌丝状、斑点状或脉纹状存在。有机质含量20 g/kg左右，pH 7.5～8.5。

2.2.2 草地土壤结构与性质

2.2.2.1 草地土壤结构

与其他生态系统的土壤一样，草地土壤也是由固相（土壤矿物质-土壤有机质）、液相（土壤-水分）和气相（土壤-空气）组成的三相复合系统。在多数类型的土壤中，矿物质是主要的组成部分之一，其质量可占土壤固体物质总质量的90%以上。土壤中，矿物质、有机质、土壤溶液和土壤气体相互联系、相互制约，构成一个统一体，其质和量随土壤类型不同而差异很大。一般情况下，最适于植物生长的土壤以容积计，固体部分的矿物质占土壤容积的38%，有机质占12%，孔隙（土壤水分和土壤空气）约占50%，其中土壤空气和土壤水分各占15%～35%。在自然条件下，土壤空气和水分的比例是动态的，此消彼长。当土壤水分含量最适于植物生长时，50%孔隙中有25%是水分，25%是空气（图2-6）。

除了上述成分之外，各类草地土壤都有其特定的生物区系，如细菌、真菌、放线菌等土壤微生物以及藻类、原生动物、轮虫、线虫、环虫、软体动物和节肢动物等。这些生物有机体及其组合，对土壤有机质的分解、转化、矿物质元素的生物循环等均具有重要的作用，并能影响、改变土壤的物理结构和化学性质，构成各类土壤所特有的土壤生物特征。土壤中的各种组成成分以及它们之间的相互作用，影响着土壤的性质和肥力，从而强烈地影响植物的生长。

土壤中含有几乎所有植物所需要的矿物质元素。这些元素中，有13种是任何植物的正常生长发育都不可缺少的，其中有 7 种属于大量元素（氮、磷、钾、硫、钙、镁和铁），6 种属于微量元素（锰、锌、铜、钼、硼和氯）。还有一些元素仅为某些植物所必需，如豆科植物必需的钴，藜科植物必需的钠，蕨类植物必需的氯。这些元素对植物发生作用的关键是其比例的平衡。这些土壤元素通过动物采食植物而变成动物的营养，有时野生动物甚至家畜也可通过舔食从土中直接获取。

有机质是土壤的重要组成部分，来源于生物有机体（动物、植物、微生物）的分泌物、死亡残体及其处于不同分解阶段的各种中间产物。土壤中有机质主要是新鲜的、半分解的非腐殖质类简单有机化合物和腐殖质类复杂有机化合物。非腐殖质类有机化合物主要是碳水化合物和含氮化合物。腐殖质是有机质的主体，是土壤有机质中比较稳定的部分，其最主要的成分是胡敏酸和富里酸。其他较重要的成分还有胡敏素、吉马多美郎酸等。土壤腐殖质对植物的营养具有重要的作用。腐殖质虽然不能直接作为植物的养料，但其中含有植物所需要的各种营养物质，而且有很高的代换吸收能力，能保留大量养分，成为植物营养成分的重要贮藏库，在植物需要时慢慢释放。

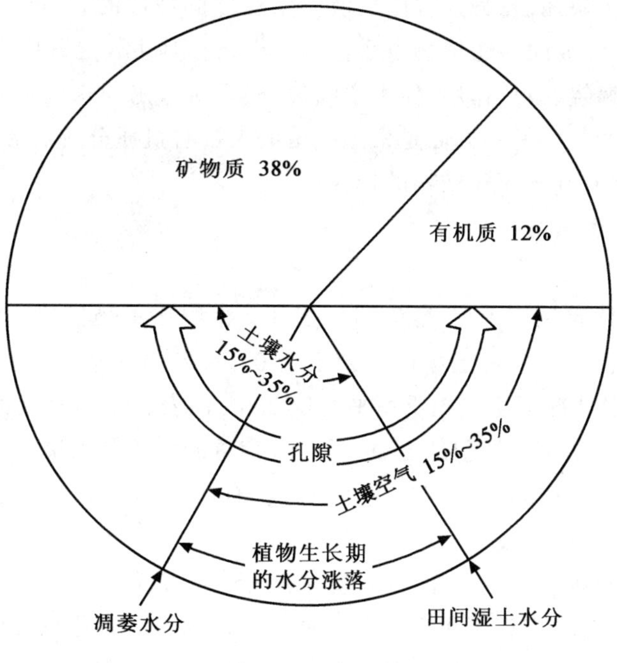

图 2-6　土壤各组成成分的容重百分比

（引自熊毅和李庆逵，1987）

2.2.2.2　草地土壤质地

土壤质地是指不同大小的土粒混合在一起构成土壤时所表现出的土壤粗细状况，即土壤的机械组成。根据不同大小的土粒的组成比例，可以把土壤分为砂土、壤土和黏土 3 个大类 9 个亚类。土壤结构是指土壤固相颗粒互相排列、胶结在一起而形成的团聚体，也称为结构体。它对土壤的通气性、保水性、土壤的热量交换以及植物根系在土壤中的生长发育状况均有重要影响。根据土壤结构体长、宽、高 3 个方向的发展状况，土壤结构通常被分为片状结构、柱状结构、块状结构、核状结构和团粒结构等。

草地放牧和割草等人为利用对土壤质地和结构有重要影响，影响的程度取决于利用强度、持续时间和利用时的草地状况。当利用强度较大时，土表易受侵蚀，往往造成上层土壤机械组成发生变化，细土粒比例降低，粗土粒比例增加。在土壤水分含量丰富时放牧过重，会破坏土壤结构，这种情况在放牧牛的河岸、湖滨、下湿地经常见到。

在各类不同类型结构的土壤中，团粒结构对多数植物的生长最为理想。一般经过长期耕作的土地，由于农机具的疏松和挤压，使大土块破碎，小土粒黏结，特别是人们有意识地施加有机肥料和石灰等物质，能促进土壤生物的活动，利于团粒结构土壤的形成。对天然草地来说，形成土壤团粒结构的外力条件有以下 4 方面：①土壤胶体的凝聚作用。无论是腐殖质胶体或无机胶体，它们在钙离子的作用下，都可以使分散的胶粒逐渐凝聚起来，产生微细的团聚体，然后经过多次的团聚，使微细的团聚体再团聚成团粒。②干湿交替作用。土粒都有湿胀干缩的性质，在干湿交替的条件下，湿土干缩和干土湿胀时都可能产生碎裂而把土块裂成小土团。③冻融交替作用。它和干湿交替作用类似，当土温降低，土壤水分冻结成冰时，一方面冰的体积增大，产生压力，使土块崩裂；另一方面从液体水变成固体冰时，土壤胶体产生脱水现象，具有黏结能力，使土粒黏结成团。④植物根系作用。植物在其生长过程中，庞大的根系伸入土壤中，一方面产生穿插、缠绕、挤压作用，使土块断裂；根系所分泌的有机质又有一定的胶结作用，能使细碎土粒黏结在一起。另一方面是根系残留的大量有机质分解后形成的腐殖质又增添了新的胶结物质，这些都有利于团粒结构的形成。

2.2.2.3 草地土壤性质

1. 物理性质

土壤的基本物理性质包括比重、容量和孔隙度。土壤比重是指单位体积内的土壤固体重量和同体积水重量的比值。一般土壤比重处于 2.6～2.7，其中砂土 2.66、沙壤土 2.70、壤土 2.71、黏土 2.74。一般情况下土壤比重用平均值 2.65 代表。土壤容重也称容积重或假比重，是指包括土壤孔隙在内的单位体积的土重。因此，容重的大小和土壤结构有密切关系，越是单粒组成的土体，团粒间排列越紧密，其容重也越大。有团粒结构的土壤，容重较小。一般的土壤容重为 1.0～1.6，变幅较大。

土壤容重是推算草地土重的依据，对计算施肥量(包括石灰施用量)和灌溉用水量都是重要的。土壤体积乘以容重，即得土重。根据土重和测得的土壤养分总含量，可以算出单位面积内一定土层深度中的土壤养分总含量，然后按照牧草生育需要的养分量，决定施肥量。同样，可以根据土重和测得的含水量算出单位体积内的土壤含水总量，然后根据牧草生育需要用水量，决定灌溉定额。

长期连续重度放牧的草地，土壤容重会增加，是判断草地放牧过重的依据之一。放牧造成的容重增加往往是非永久性的，一旦重牧的因素消除，经过一定时间后可以恢复常态。生产上，对草地进行封育，一方面，是为了增加植物活力，促进植物生长；另一方面，也是为了使草地土壤得到恢复。

土壤孔隙度也称孔度，是指一定体积的土体中，孔隙所占的体积和该总体积的比，常以百分率表示。土壤孔隙度是根据土壤比重和容重计算求得的。它们的相互关系如下。

$$
\begin{aligned}
\text{土壤孔隙度} &= 100\% - (\text{固体土粒占土壤体容积的百分率}) \\
&= 100\% - \frac{\text{土壤容重}}{\text{土壤比重}} \times 100\% \\
&= \left(1 - \frac{\text{土壤容重}}{\text{土壤比重}}\right) \times 100\%
\end{aligned}
$$

例如，某一砂性土壤，测得其容重为1.50，比重为2.65，则其孔隙度为：

$$\left(1 - \frac{1.50}{2.65}\right) \times 100\% = 43.4\%$$

土壤孔隙度主要受土壤结构和有机质含量的影响。植物生长不仅与孔隙度大小有关，而且也与空气孔隙（大孔隙）与毛管孔隙（小孔隙）的比例有关。孔隙只有分布适宜，既有小毛细管保蓄水分和养料，又有大孔隙通气透水，才能保证土壤中的水、肥、气、热协调一致，解决水肥、水气的矛盾。一般团粒结构的土壤，可以满足这样的条件。当草地放牧过重，或长期机械打草、反复压制后，会使土壤孔隙度减少。栽培草地如果利用年限很长，根系积累很多，会造成土壤孔隙度降低，通透性变差，要采取松土措施，满足牧草生长需要。天然草地也会发生根系絮结，土壤孔隙度自然降低的现象。一般以根茎性植物为主的草地易发生此类现象，常采用重耙、深松、浅耕翻等措施，人为增加土壤孔隙度。

2.化学性质

草地土壤的化学性质包括土壤酸碱性及缓冲性、土壤离子交换、土壤氧化还原反应等。其中，最重要的化学性质是土壤酸碱性。

土壤酸碱性是用土壤酸碱度来度量的，对土壤肥力、土壤微生物活动、土壤有机质合成与分解、各种营养元素的转化和释放及其有效性、土壤动物在土壤中的分布等都有着重要影响。

我国一般将土壤酸碱度分为5级，其中pH＜5.0为强酸性，5.0～6.5为酸性，6.5～7.5为中性，7.5～8.5为碱性，＞8.5为强碱性。我国草地土壤北方pH多等于或大于7.0，属于中性和碱性；南方土壤pH大多在7.0以下，属于酸性至强酸性土壤。潜在酸度是由土壤胶体吸附的H^+和Al^{3+}所形成的酸度总量，一般用交换性酸量表示。

土壤酸碱度对植物的生长发育具有非常大的影响。首先，影响土壤养分的有效性。在pH为6.0～7.0时，所有的矿物质元素都可以充分溶解，养分的有效性最高，适合大多数植物的生长发育。但在pH升高或下降时，有些养分的溶解度逐渐下降，甚至变成不可溶物质，植物的养分供应受到限制。在强碱性土壤中，常常会出现铁、硼、铜、锰、锌等元素的缺乏现象。在pH 7.5以上的石灰性土壤中，矿质磷由于和钙结合而降低有效性。在酸性土壤中，常常发生磷、钾、钙、镁的缺乏现象。在pH低于3.5或高于8.5时，大多数维管束植物根系会受到伤害而不能生存。其次，破坏土壤的结构。在土壤过酸的情况下，由于Ca^{2+}、Mg^{2+}的含量大大减少，H^+的增多会导致土壤胶体被破坏。而在碱性状况下，Na^+、K^+的大量存在也会使土壤结构破坏，土壤板结，调节水、气的能力也相应下降。再次，影响土壤微生物活动。土壤微生物适宜生长的pH范围一般都较窄。细菌最适宜于生活在中性的环境中，当pH值小于6.0或大于7.0时，硝化作用与一些腐生生物作用都会削弱，有机质分解缓慢，常常引起分解不完全的中间产物积累，既影响植物的养分供应，又可能在一定程度上毒害植物的根系。

3. 生物性质

草地土壤生物性质是土壤动物、植物和微生物在土壤中的相互作用所形成的一种生物化学和生物学特性。而从土壤发生学的角度讲，只有通过土壤生物的生活活动，岩石表面的风化物才能逐步转变为土壤。最为重要的土壤生物是土壤微生物(如细菌、真菌、放线菌)、藻类和原生动物等，它们种类繁多、数量庞大、繁殖速度快、活动强度大，在土壤物质转化过程中，参与各种生物化学作用，决定着土壤有机质的转化过程。草地土壤生物的丰富程度、活动程度、生物量高低已成为判断草地利用程度或草地状况的重要指标之一。

众多的土壤动物是土壤生态系统中重要的消费者和分解者，它们除参与土壤有机质的分解与转化外，死亡后的残体是土壤有机质的重要来源。

草地土壤微生物的作用重点体现在以下 2 方面。

(1)参与草地土壤有机质的矿质化作用和腐殖质化过程　草地土壤微生物是草地土壤生态系统中的分解者和还原者，它们直接参与动物、植物残体以及土壤有机质的分解和转化过程，将复杂的有机化合物逐步分解为简单的无机物，这种土壤有机物的逐步分解过程称为矿质化过程。矿质化作用的结果是释放出有机质中含有的各种矿物质养分，供植物再吸收利用和生长发育的需要。不经过矿质化作用的有机质是不能被植物吸收利用的。这就是为什么草地长期不利用或利用过少时，积累大量的枯落物，使植物生长势下降的原因之一。

土壤中的动植物残体以及土壤有机质，在土壤微生物的矿质化作用下分解形成大量多元酚、氨基酸、糖类物质、有机酸等中间产物，这些中间产物可脱离矿质化作用的途径而进入有机质的合成途径，通过微生物所分泌的酶的作用而发生缩合作用，重新合成为含氮高分子的有机化合物——腐殖质，这个过程称为腐殖质化过程。腐殖质在土壤中比较稳定，具有改善土壤理化性质，促进土壤保水、保肥能力的作用。

在土壤中，矿质化过程与腐殖质化过程既相互对立，又紧密联系。土温高，水分适当，通气状况良好，则土壤好氧微生物活动旺盛，以矿质化过程为主；相反，当土壤温度较低，土壤水分充足但通气状况较差时，则以腐殖质化过程为主。草地管理的内容之一就是促进 2 个转化过程。

(2)固氮(N)作用　绝大多数植物，特别是高等植物，不能直接利用空气中的分子态氮，只能利用化合物形式的氮。生物固氮在自然固氮作用中起主要作用，即某些微生物把空气中的游离氮固定转化为氮化合物的过程，大约 90%的自然固氮是由微生物完成的。

在生物固氮中起主要作用的是土壤中的固氮微生物，现已发现有近 50 个属，主要包括细菌、放线菌和藻类等。按照固氮微生物固氮时的生活特点，可分为非共生固氮微生物和共生固氮微生物。在草地生物固氮中，共生固氮微生物起关键作用。

共生固氮微生物必须和高等植物共生才能固定氮素。根据共生固氮菌与寄主之间的关系，可以将其分为豆科植物共生根瘤菌、非豆科植物共生根瘤菌、形成叶瘤的固氮细菌和根瘤真菌 4 种类型。其中，目前研究最多、最重要的共生固氮微生物是与豆科植物共生的根瘤菌，如与豌豆共生的豌豆根瘤菌、与三叶草共生的三叶草根瘤菌、与苜蓿共生的苜蓿根瘤菌等。根瘤菌是最常见的共生固氮形式，其固氮能力也最强。据估计，豆科作物每年固氮量常常超过 100 kg/hm^2，全球每年固氮量约 14×10^6 t。

根瘤菌是好气性细菌，分布于土壤中。当豆科植物根部分泌可溶性碳水化合物、有机酸等各种有机化合物时，就会吸引根瘤菌积聚于根毛周围。根瘤菌通过分泌多糖黏液，诱导根系分泌一种多糖消化酶，使根毛尖端的细胞壁松弛而使根瘤菌侵入根毛。随着根瘤菌的大量繁殖，侵入到根系的根瘤菌引起入侵部位的植物根系变性而形成不规则形状的根瘤。根瘤内的根瘤菌含有固氮必需的酶类，起着固氮的作用。根瘤菌利用豆科植物提供的水分、矿物质和能量，将大气游离氮固定为含氮化合物，在供给本身需要的同时，也供给豆科植物，形成豆科植物与根瘤菌之间的互惠共生关系。根瘤菌所固定的氮，除满足自身和寄主需要外，还有一部分被分泌到土壤中，可供其他植物利用。当寄主植物死后变成土壤有机质，也使土壤氮增加。因此，把豆科牧草和其他牧草混播或轮作，都可以增加草地植物产量。在生产实践中，一方面要为固氮菌的活动创造良好的土壤条件；另一方面通过用根瘤菌剂为豆科牧草接种，可以促使豆科牧草根系形成根瘤，牧草增产效果和土壤改良效果都非常明显。

2.3　地形地势

地形对气候条件和土壤条件有巨大影响，因而影响植被类型的分布。地形一般根据其外部形态、海拔高度和相对高度，划分为平原、丘陵、山地、高原和盆地 5 个基本类型。地形由于坡向、坡位、坡度、高差的不同，造成光照、温度、水分、风和土壤性质的巨大差异。在宏观尺度上，几大地形类型间的气候资源、土壤资源的分配与再分配有明显不同；在微观尺度上，山地、丘陵、沟谷等与周围平地的气候、土壤条件也有显著差别。因而，在地形的不同部位，相应地就会形成与气候和土壤条件相适应的草地类型。在我国，一些巨大的山系对草地的形成造成了直接影响。青藏高原对印度洋暖湿气流的阻挡，不仅形成了青藏高原草地本身，也使新疆、青海、甘肃等发育了广阔的内陆干旱荒漠。大兴安岭和阴山山脉对太平洋暖湿气流的阻隔，形成了内蒙古高原的大面积草原和荒漠。在众多地形中，山体上的植被垂直分布特征明显，往往分布有草原、草甸、荒漠、沼泽等草地类型。

2.3.1　海拔

我国的山地海拔每升高 100 m，气温下降 0.5～0.8 ℃，相当于北半球从低纬度向高纬度平移了 100～110 km 的距离。因此在高山上，不同高度会有不同热量气候带。如横断山脉在海拔 2 000 m 以下的谷地属于亚热带气候，形成山地热性草丛和热性灌草丛草地；海拔 2 000～3 000(3 500) m 的山体坡面属于山地暖温带气候，形成山地暖性灌草丛草地；海拔 3 000(3 500)～3 800(4 200) m 为山地温带气候，出现了山地草甸草地；3 800(4 200) m 以上为山地亚寒带气候，在迎风坡形成了高寒草甸，背风坡形成高寒草甸草原。降水条件也与海拔高度关系密切。天山南麓的底部为极干旱山地荒漠类草地；向上降水渐增，草地逐步更替为山地荒漠草原类和山地草原类；再向上降水达到最大，出现山地草甸草原类，在局部峡谷的阴坡出现寒温性针叶林；海拔再增高则降水减少，气温进一步下降，草地类型更替为干旱的高寒草原。

国外的情况也大致如此。如北美大草原的形成主要受落基山脉对水汽阻隔的影响，而美国东西部气候和植被的差异符合“霍普金斯生物气候定律”，在其他因素相同的条件下，北美温带地区，纬度每向北移 1°，经度向东移 5°，或上升 400 in(约 122 m)，植物的阶段发育在春天和初夏物候期延迟 4 d，秋季反之，而在晚夏和秋天则各提前 4 d。所以，在西部草原地区，低海拔部位在春季牧草返青可放牧时，几千米之外的山上还被雪覆盖着。在夏季，牲畜会逐渐向高海拔区域的草地放牧，到了秋季则随着温度下降和降雪增多而返回低海拔区域。这同我国天山、阿尔泰山、祁连山等山地草地放牧的季节格局极其相似。南美洲南部草地受安第斯山脉的影响明显，山地西侧降水量达 1 200 mm，东部草原降水量只有 200～300 mm；澳大利亚内陆大面积的荒漠草地主要是由于周边山脉对暖湿气流的阻隔造成的。即使是在国土面积很小的新西兰，地形对草地的分布也起着关键性作用。新西兰南岛山地西侧降水量超 2 000 mm，形成冰川和森林植被；越过高山进入内陆，降水量下降到 1 000 mm 左右，出现森林、森林与草原的交错类型；再到内陆的开阔盆地，降水量进一步下降到 500～700 mm，属于极度干旱区，出现了大面积的他萨克(Tussock)草地。

2.3.2 地势

地势的差异对草地的利用和管理产生巨大影响。草地利用计划、围栏分区、放牧单元划分、灌溉施肥计划、栽培草地建植、牲畜牧食行为调节等牧场管理行为都主要是依据地势的差异确定的。在考虑地势因素时，不仅要关注地理分布、海拔及相对高差等，更要关注坡向、坡位和坡度因素，这些因素对草地管理有着直接影响。

2.3.2.1 坡向

地势坡向一般可分为半阴坡(东坡)、阳坡(南坡)、半阳坡(西坡)和阴坡(北坡)。不同的坡向接受太阳辐射的强度和日照时间是不同的。在北半球，阴坡日照时间最短，太阳辐射的强度也最小；阳坡接受的太阳辐射强度大，时间也比较长，其所获得的总辐射量为阴坡的 1.6～2.3 倍。在一定的坡度范围内，阳坡接受的太阳辐射多于平地，而阴坡则少于平地。因此，在北半球中高纬度地区，阳坡温度高、湿度小、土壤水分蒸发量大、土壤干燥而瘠薄；阴坡则相反，温度低、土壤湿润、有机质积累多、土壤相对肥沃。不同的土壤适于生长不同的植物。但在低纬度地区，阴阳坡的这种差异缩小，纬度越低，差异越小。

半阴坡和半阳坡的生态条件介于阳坡与阴坡之间，但半阴坡的土壤条件更接近于阴坡，而半阳坡的土壤条件更接近于阳坡。

在春季，阳坡和半阳坡牧草返青早，牲畜可以提前在这些地方放牧；冬季，牲畜愿意选择温暖的阳坡和半阳坡采食；而在夏季，阴坡和半阴坡是牲畜的理想放牧场，主要是温度低、牧草生长发育缓慢，遮阳条件好。

2.3.2.2 坡位

坡位即山坡的不同部位。一般将山坡分为上坡(包括山脊)、中坡(即山腹)和下坡(包括山麓) 3 部分。山坡的坡面又有凹形、凸形和直线形 3 类。凹形坡面比较挡风，土壤较湿润，土层一般也较厚；凸形坡面易受强风侵袭，容易产生侵蚀和风化，土壤比较干燥，也较浅薄。因此，在凹形坡面上，由分水岭向下，土壤水分和土壤肥力均逐渐增加，所以植物生长的条件逐渐改善；而在凸形坡面上，土壤水分和土壤肥力由分水岭越向下越差。

一般情况下，在一个山坡上，山脊和上坡常常是凸形坡面，中坡则可能是凸凹相间的复合坡面，下坡则通常是直线形坡面。因此，坡位的变化，使得阳光、水分、养分和土壤条件也呈现有规律的变化。总的看来，由分水岭向下，坡面的光照不断减少，逐渐由剥蚀过渡为逐渐堆积，土层厚度不断增加，土壤水分和土壤肥力逐渐增高，整个生境向潮湿方向发展，所以植物生长的条件逐渐改善。在天然植被很少受到干扰的坡面上，经常可以看到从上坡到山谷分布着对水肥条件要求不同的一系列植物种。喜肥沃湿润的植物种分布于坡的下部，耐瘠薄、耐干旱的植物种分布于山坡的上部。这种情况在陡坡尤为突出，在其上部往往只能生长草本和灌丛。

在大兴安岭山地和丘陵草甸草原区，不同坡位的草原优势植物明显不同，上坡以线叶菊为主，中坡以贝加尔针茅和杂类草为主，下坡则以羊草、拂子茅等为主。

新西兰目前的草地管理已越来越多地考虑坡位的因素。在他萨克山地草地，他们往往把山坡的上、中、下部用围栏隔开，把阴坡和阳坡隔开，不同季节放牧不同部位。草地补播改良时，不同部位选择不同草种或品种。在山前平地上选择土层深厚的部位种植栽培草地，用于生产干草、牧草青贮饲料、育肥青绿饲料和建设集约化的划区轮牧草地。春季休牧季节的临时放牧地和冬季的牲畜饲喂区域也主要选择在山前平地或缓丘地。在北美草地的利用单元(range site)划分中，坡位也是重要的依据之一。

2.3.2.3　坡度

坡度是指坡面的倾斜度。不同坡度的山坡，因太阳辐射的高度角不同，所得到的太阳辐射是不同的，气温、土温和其他生态因子也随之发生变化。特别是水土流失的多少，受坡度大小的影响极大。坡度的大小与水土流失量呈正相关，坡度越大，水土流失越多，从而使土壤变得越浅薄、贫瘠。通常，平坦地土壤深厚，适于牧草生长，但有时排水不良。斜缓坡一般土壤肥沃，排水良好，最适宜于牧草生长；陡坡土层薄、石砾多、水分供给不稳定，草本植物可较好生长；在急险坡上，基岩裸露，土壤极少，植物稀疏。坡度越大，抗放牧干扰的能力越差，放牧过重后极易遭侵蚀。有时在坡地上经常见到沿等高线出现的"羊肠小道"，主要是放牧践踏的结果。"羊肠小道"密度越大，表明放牧越重，是放牧管理中应特别注意的问题。在确定草地载畜量时，随着坡度增大，利用率应降低。

坡度还影响放牧牲畜的自然分布。牲畜除了在夏秋季特别炎热或蚊虫叮咬猖獗时喜欢到坡顶采食或休息外，通常愿意在平地及缓坡上采食运动，爬坡会消耗很多能量。即使有围栏控制，牲畜也喜欢在坡下部采食。长此下去，会造成草地营养和植被分布的不均匀。在放牧管理中，通过饮水点的布置、采盐点的设计、利用不同适口性牧草的补播等措施，吸引牲畜到平时不愿意采食的区域活动，尤其是坡的上部，达到均匀利用坡地草地的目的。

生产上，作为打草场的草地要求坡度要小，多选在山麓或平地上，一为保证草的产量和质量，二为便于打草和晾晒等机械作业，三为有利于草的运输。

种植栽培草地及饲料地，一定要在平地或缓坡地上进行，以免造成水土流失。一般要求北方草地翻耕种草的坡度不大于25°，南方草地不大于15°。

2.4　气候变化与草地生产力

气候变化(climate change)是指在全球范围内，气候平均状态统计学意义上的巨大改变或者持续较长一段时间(典型的为30年或更长)的气候变动。气候变化的原因可能是自然的内部进程，或者是人为地持续对大气组成成分和土地利用的改变(工业排放、森林砍伐、草地开垦等)。简而言之，气候变化是指气候平均值和离差值中的一个或两者同时随时间出现了统计意义上的显著变化。平均值的升降，表明气候平均状态的变化，反映出气候变化的基本趋势；离差值增大，则表明气候状态不稳定性增加，气候异常更加明显。世界范围内的长期观测表明，以增温变暖为主要特征的全球气候变化正在发生，而这种变化正演变为全球最突出的环境问题。目前的证据表明，气候变化已经对地球生态系统和人类生存产生了明显影响，有的影响甚至是灾难性的，如极端天气频繁、冰川加速消融、永久冻土层融化、珊瑚礁死亡、海平面上升、生态系统改变、旱涝灾害增加、生物灾害加剧、致命热浪等。和人类生存密切相关的生态系统如珊瑚礁、红树林、极地、高山、热带雨林、草原、湿地等自然生态系统已经受到严重的威胁，生物多样性受到损害。气候变化对我国的影响也是严重的，表现为变暖趋势冬季强于夏季，高纬度地区强于低纬度地区；在北方和西部的温暖地区以及沿海地区降雨量将会增加，长江、黄河等流域的洪水暴发频率会更高；东南沿海地区台风和暴雨也将更为频繁。海平面上升最严重的影响是增加了风暴潮和台风发生的频率和强度，海水入侵和沿海侵蚀将引起经济和社会的巨大损失。

农牧业是受气候变化影响最严重的产业之一。虽然温度升高会延长植物生长期，减少霜冻危害，二氧化碳(CO_2)的“肥料效应”会增强光合作用，对农业增产有利，但春季和初夏许多地区干旱加剧，干热风频繁，土壤蒸发量上升，洪涝灾害增多等也造成农业减产。气候变化对草原畜牧业的影响总体上是不利的。我国草地牧区多分布于高纬度和高海拔地区，生态先天脆弱，气候变化的格局非常复杂，极端气候事件增多，气候变率增强，不可预测性变大。加上这些地区经济发展水平相对滞后，应对气候变化的能力不足，造成的损失往往更大。

科学地认识和理解气候变化及其影响，将使我们积极主动地参与到应对气候变化的行动中来。一方面，采取措施减缓气候变化的进程；另一方面，要提高适应和应对气候变化的能力，减少因气候变化而造成的损失。

气候变化以气候变暖为主要特征。其他气候变化现象都与气候变暖相联系。气候变暖是一种和自然相关的现象，即由于温室效应不断积累，导致地气系统吸收与发射的能量不平衡，能量不断在地气系统累积，从而导致温度上升，造成气候暖化。

全球气候为什么会变暖呢？研究表明，太阳辐射能与地球和大气放出的红外辐射达到平衡时，依据热平衡计算的地球平均温度(辐射平均温度)应该为 19 ℃。但实际上地表附近的温度为 15 ℃。这主要是大气中所含的水蒸气(H_2O)、二氧化碳(CO_2)、甲烷(CH_4)、臭氧(O_3)、氧化亚氮(N_2O)等气体引起的红外辐射(地球辐射)吸收现象导致的。这些气体可以使太阳的短波辐射完全通过而到达地球表面，但它们却吸收地面放出的长波辐射，阻挡了长波辐射向宇宙空间的耗散，从而引起全球表面气温的上升。这种现象被称为温室效应，类似于栽培农作物的温室具有保温效应一样。具有温室效应的气体称为温室气体。目前已经发现的温室气体有多种，其中最具代表性的是 CO_2。其他气体如 CH_4 和 N_2O 虽然在大气中含量较低，但热效应却是 CO_2 的多倍。尤其是在农业活动和家畜饲养中，这 2 种气体的排放较多，因而受到格外关注。本来这种温室效应为地球生物提供了适宜的生存环境，温室气体在参与生物与地球的循环中也达到了稳定的平衡状态，在一个相当长的时期内使温度也保持了稳定。可自工业革命以来，由于人类活动焚烧化石燃料，如石油、煤炭等，或砍伐森林并将其焚烧，或把草地开垦为农田，大量释放了 CO_2 和 CH_4 等温室气体，使其体积分数不断增加。同一时期，观测到大气温度提高与这些温室气体体积分数的升高高度相关。目前全球大气 CO_2 体积分数以每年 1.2～1.8 μL/L 速度增长。从全球来看，1975—1995 年，能源生产就增长了 50%，CO_2 排放量也相应地增长。预计到 21 世纪中期，大气中的 CO_2 体积分数将达到 500 μL/L，21 世纪末将达到 650～700 μL/L。大气中的 CH_4 体积分数每年也大约以 0.5%的速度递增。不论是在人口密集的大陆站点观测，还是对海洋、极地冰芯和粒雪等观测，温室气体体积分数的增加趋势都高度一致。照此下去，地球表面的预测气温有可能每 10 年上升 0.2 ℃，100 年后全球平均气温将大约增加 2 ℃(变异范围为 1.3～5.5 ℃)。

温室气体体积分数增加和气温升高的影响是多方面的，目前已经有大量的研究发现。其中，CO_2 体积分数增加导致气候增温对农业生态系统的影响是复杂的(图 2-7)。

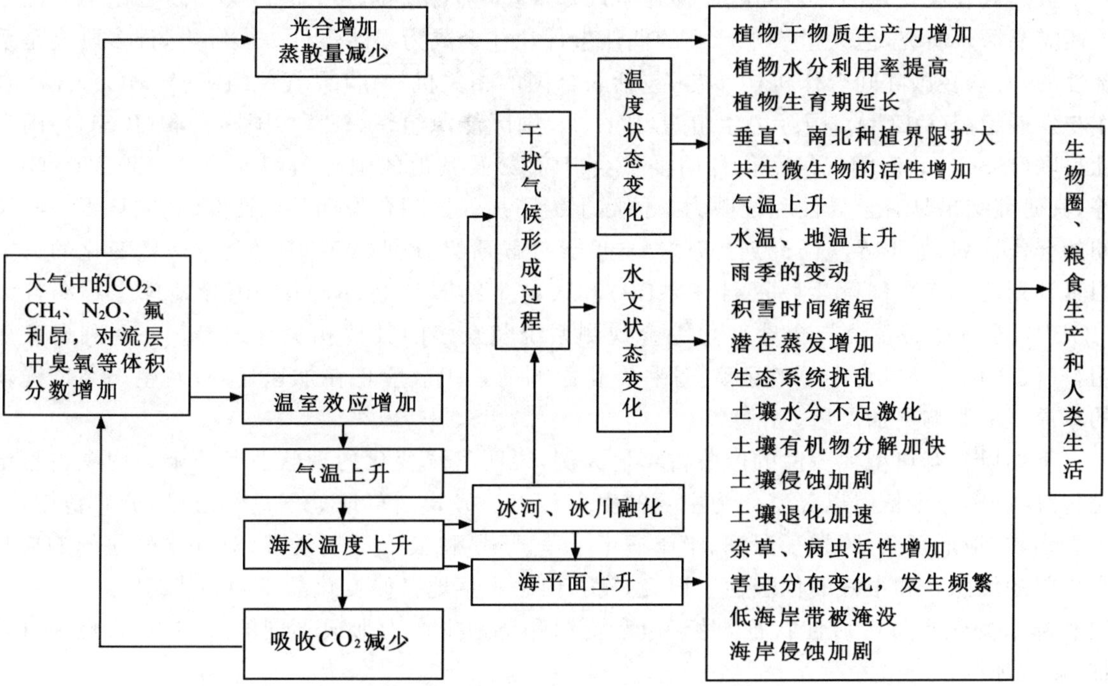

图 2-7　由 CO_2 体积分数增加导致气候增温对农业生态系统的影响

气候变化对草地的影响，是近年来研究的热点领域。根据"中国草原的生态功能研究"课题组发表的资料，认为在全球变暖的大背景下，我国草原地区年平均气温普遍升高，其中以冬季升温最为明显。整体上，草原区降水变化复杂，局地略有增加，大部分干旱化趋势加剧。草原旱灾出现概率增大，持续时间变长，生态系统受到水分胁迫的影响明显，草原土壤侵蚀程度趋重，肥力降低，初级生产力下降，草原景观呈现荒漠化趋势，退化程度加剧，碳汇能力减弱。

2.4.1　草原区气候变化

从全球范围的草原来看，气候变化普遍比较显著，影响严重。我国草原近年出现的持续高温干旱天气是历史上少有的，由以春旱为主，变成普遍的春夏连旱、夏秋连旱，甚至春夏秋连旱，冬季降雪不足，降水变率加大，灾害性降水事件增加。极端天气事件显著增加，预测难度加大，对草地生产力和牧民生活都造成一定影响。北美草原地区也出现了持续的高温热浪天气，干旱造成自然生产力下降，火灾加剧，沙尘暴事件增加。非洲草原在近几十年经常遭受干旱之苦，草地退化和灌丛化加剧，河流水量减少，家畜大量死亡，牧区贫困加剧。澳大利亚草原区近年来频繁出现的干旱、洪涝、山火等灾害，也与气候变化的不确定性有关。南美地区一直给人降水丰沛、水草丰美的印象，大片的热带雨林和潘帕斯高草草原，都是降水充足的象征。但近年来也常常遭受旱灾侵扰，连巴西的热带雨林区都出现了长时间无雨的旱化现象。联合国气候变化大会的资料显示，印度等东南亚国家也已经成为受气候变化影响的重要区域，这种影响在山地放牧区尤其明显。

虽然对气候变化的许多问题还存在争议，一些个别现象的产生是否与气候变化实质性相关还需要深入研究，但大量集中产生的偶然事件往往会成为必然事件。实际上，许多研究是系统性的，有众多国际间合作机构参与，包括联合国的相关机构、世界气象组织（WMO）、经济合作与发展组织（OECD）、国际卫生组织（WHO）、国际能源组织（IEA）、国际科联（ICSU）、国际社科联（ISSC）、政府间气候变化专门委员会（IPCC）及其他的国际组织或非政府组织（NGO）等，其研究结果具有全局性和说服力。国际上为了加强国际合作和共同研究，还制订了一些长期的合作计划，如世界气候计划（WCP）与世界气候研究计划（WCRP）、全球环境变化的人文因素计划（IHDP）、国际生物圈计划（IBP）和人与生物圈计划（MAB）、国际地球生物圈计划（IGBP）、全球生态系统与全球变化综合观测系统及众多的其他相关计划等。一系列研究表明，气候变化已经成为不争的事实，这种变化影响的累积效应正在加速显现，对生态系统脆弱的草原区的影响更加严重。

下面以具有典型代表性的内蒙古草地为例，说明气候变化的现状及其影响。内蒙古草地是传统牧区，至今依然以养畜作为主要的生存和生产方式。草地处于高纬度区，分布范围广，类型多样，地形复杂，跨越了湿润、半湿润半干旱、干旱和极干旱气候带，对气候变化的响应具有极强的敏感性和很好的代表性。研究表明，内蒙古草地气候变化的主要趋势是“暖干化”，温度和降水变化具有区域性特征，对草地水资源和草地生产力形成不同的影响，灾害性天气增加，影响加剧。

2.4.1.1 温度变化

分析表明，20 世纪全球地表年平均温度上升了（0.6±0.2）℃。近 50 年来我国地表温度上升了 0.6～0.9 ℃，变暖比全球平均值明显，而内蒙古草原牧区升温幅度更明显。内蒙古全区草原区在 1961—2009 年平均气温上升了 2.0 ℃，每 10 年升高 0.4 ℃，冬春季节每 10 年升温（0.4±0.3）℃，这与北半球近 100 年来冬春季温度变化趋势一致（图 2-8）。进一步分析草原区 24 个牧业旗县年平均气温发现，在 1960 年之后的 50 年里，每 10 年升高 0.5 ℃，50 年升高了 2.5 ℃。其中，冬春季节的升温最为明显，平均气温每 10 年升高（1.2±0.3）℃，升温主要发生在 20 世纪 80 年代中后期，并有 1 次明显的年代际突变过程，突变时间点在 1987 年，此后气温显著升高，尤其是冬季气温（图 2-8）。从 1987 年冬季开始，内蒙古草原牧区出现了连续 13 年的暖冬，较高的冬季气温使积雪的厚度和积存的时间都相对降低。冬季升温的特点还表现在平均最低温度的升温幅度大于平均最高温度的升温幅度。

2.4.1.2 降水变化

与温度变化对应的是降水的变化。20 世纪初以来北半球中高纬度陆地地区的年降水量呈现增加趋势。但内蒙古气象观测数据分析表明，降水量在减少。在 1960 年之后的 50 年里，东部牧区降水每 10 年减少 4.02 mm，中西部牧区每 10 年减少 3.04 mm，24 个牧业旗县每 10 年减少 2.66 mm。2000 年以后随着气候变暖和降水的减少，草原进入干旱少雨的枯水期，降水量较 20 世纪 90 年代减少 39 mm（图 2-8）。草原牧区不仅年降水量有所下降，降水格局也发生了一定的变化，强降水事件增加，集中的暴雨事件增多。

随着温度上升和降水减少，迅速形成响应的是草原水资源量的减少，表现为河水断流或无水，湖泊萎缩或干涸，地表径流减少，地下水位降低，湿地干化，低地盐碱裸露加剧等。

水资源是草地活力的基础，也是人畜生存的基础，任何变化或波动其影响都是深远的。通过对流经锡林郭勒草原闪电河流域的吐力根河、闪电河和黑风河年径流情况进行监测，发现实测径流深和径流量的总的趋势都在减少。3 条河流多年平均年径流深分别为 64.17 mm、43.25 mm 和 30.58 mm。20 世纪 50 年代至 80 年代均呈线性下降趋势。40 年间，3 条河流平均径流深分别减少了 43.96 mm、27.85 mm 和 12.87 mm。此期间，河水的年径流量均波动较大。20 世纪 90 年代，3 条河流的年均径流深有所恢复，分别比 80 年代增加了 19.47 mm、12.63 mm 和 4.79 mm。21 世纪前 10 年河水径流深又大幅下降，比 90 年代分别减少 27.98 mm、18.15 mm 和 3.18 mm，实测径流深也达到了历史最低值。3 条河流自 1950 年以来年均径流深分别减少了 51.45 mm、33.37 mm 和 11.26 mm，平均每年减少 1.03 mm、0.67 mm 和 0.23 mm。

锡林郭勒草原上的主要河流锡林河也有类似的现象。河水径流深由 20 世纪 60 年代的 147.98 mm 下降到 80 年代的 104.68 mm。90 年代由于 1998 年超高降雨的影响，平均径流深反弹，但到了 2010 年又进一步减少到 91.18 mm。其间，平均径流量也相应减少。2017 年和 2018 年由于冬春夏连续干旱，锡林河在 8 月中旬之前上中游水量明显减少，下游都处于断流

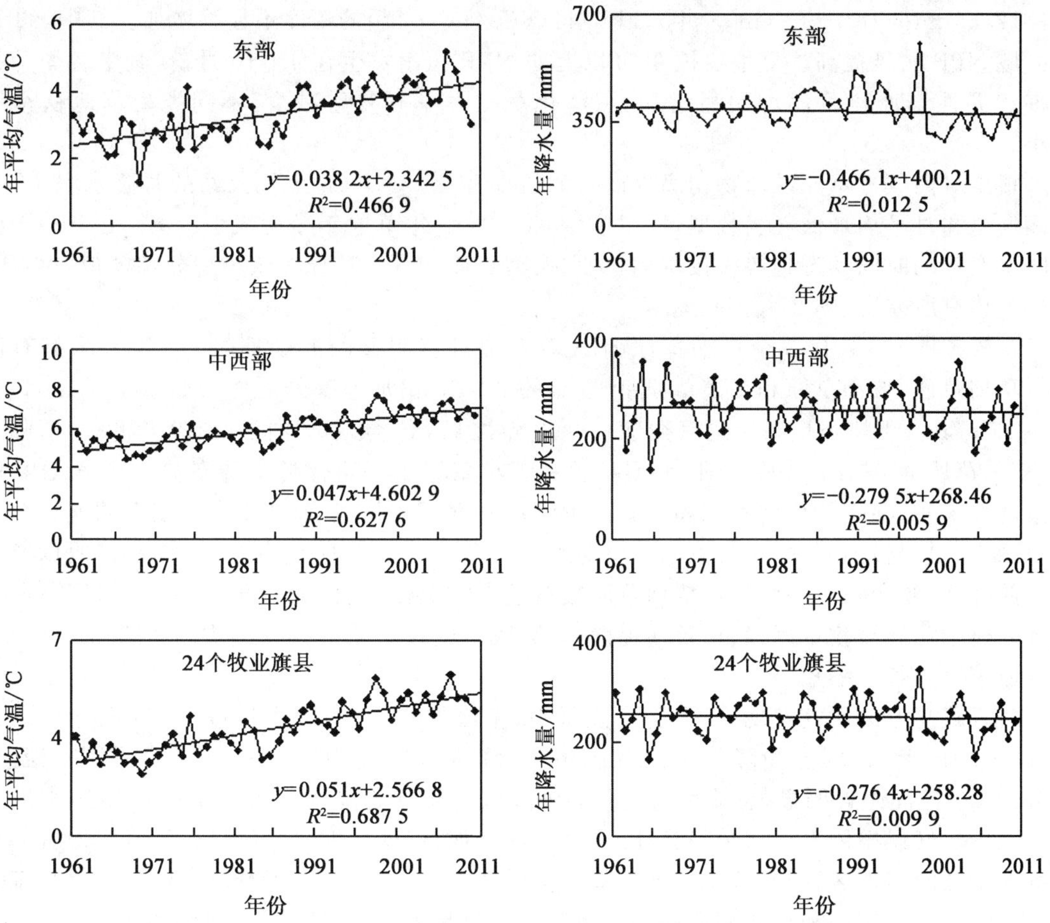

图 2-8　内蒙古草原 1961—2010 年不同区域年均气温和降水变化趋势

注：牧业旗县——是指以草地畜牧业单一经济类型、远离现代工业化城市的一类区域经济实体。

（引自杭栓柱，单平，王明玖，2014）

状态，成为季节性河流。

2.4.2 气候变化对草地净初级生产力的影响

在过去的100年中（1911—2010年），在气候变化的影响下，全球草地的净初级生产力（NPP）呈现空间的不平衡波动，整体提高了745.52 TG/年。其中，热带稀树草原的NPP则增加了1 887.0 TG/年，而冻原与高山草地、荒漠草地、温带湿润草地等的NPP均呈现下降趋势，下降幅度为700.0～25.0 TG/年不等。

通过长时间序列遥感和地面观测数据研究发现，1982—2015年我国温带草地地区年平均气温、最高气温和最低气温均表现出明显升高的趋势，最低气温对区域变暖的贡献较大，1993年气温开始发生突变；降水量年际波动较大，随时间不显著减少，1995年前后降水由增多向减少转变；全地区辐射呈阶段性变化特点，整体不显著减弱。从季节变化来看，春季暖湿化，夏季暖干化，秋季辐射显著减弱，冬季变化幅度较小。在空间上，99%以上的区域气温升高，66%左右的地区降水减少，53%的区域总辐射减弱。夏季气温升高和降水减少的区域占比较高，秋季辐射减弱和春季辐射增强的范围较广。同期，中国温带地区草地植被多年平均NPP为（312.55±16.18）g C/（m^2·年），以0.41 g C/（m^2·年）的幅度不显著增加。其中，约26%的区域NPP明显提高。草地植被99%以上的NPP积累发生在4～10月份，其中各季节盐生草甸和温性草原化荒漠均明显增加，沼泽化草甸春季和夏季减少，不同类型草地秋季增幅较小。

根据对内蒙古草原区植物初级生产力的长期监测，利用78个气象站的月降水量、月平均最高气温和月平均最低气温数据，模拟了1961—2010年草原年净初级生产力（ANPP）随温度和降水变化的时间动态趋势。按草甸草原、典型草原和荒漠草原3个类型分别模拟，ANPP的变化趋势有所差别（图2-9）。

在模拟的50年中，3个类型草原的ANPP都具有明显的波动性，1998年之前都有所增加。草甸草原、典型草原和荒漠草原每10年的ANPP增加速率分别为0.41 g/m^2、1.04 g/m^2和2.57 g/m^2，干旱类型高于湿润类型。1998年之后，各类型草原的ANPP都快速下降。其中，草甸草原的ANPP先降后升，典型草原和荒漠草原则一直保持下降态势。从ANPP的时间波动性来看，湿润的草甸草原和干旱的荒漠草原都比较强烈，而处于中间状态的典型草原则相对稳定。这与水热的配合及不同草原对水热变化的不同适应能力有关，将在其他章节里阐述。此外，气候变暖导致内蒙古草甸草原牧草返青日期提前、枯黄期推迟、生长季延长；典型草原气候暖干化导致牧草返青、枯黄期提前，多数牧草生长季缩短；草甸草原羊草生长季延长，典型草原羊草生长季缩短。

对青藏高原的研究发现，年平均气温每10年增加0.7 ℃，降水量每10年增加12.4 mm（1981—2010年）。气温和降水年内分配不均，降水主要集中在5—9月。年平均气温仅为−0.92 ℃，空间差异明显，总体由南向北逐渐降低。年平均降水量为404 mm，由东南向西北逐渐减少。气候整体上呈增暖趋势，降水量微弱增加，但区域差异性明显。高海拔地区的增温幅度大于低海拔地区，降水偏少的地区降水量增加显著。总体上，青藏高原西北部以暖湿化为主，而在西南部、东部和东北部的局部区域有暖干化趋势，在南部及东部的个别地区呈冷干化。青藏高原大部分草地30年间基本保持稳定，植被恶化区域面积略大于恢复面积。草地生物量和盖度总体上微弱下降。不同草地类型之间变化趋势存在差异，温性草甸草原、高寒草甸草原、暖性草丛生物量和盖度增加，山地草甸、暖性灌草丛生物量和盖度明显下降，其他草地类型无明显年际变化。

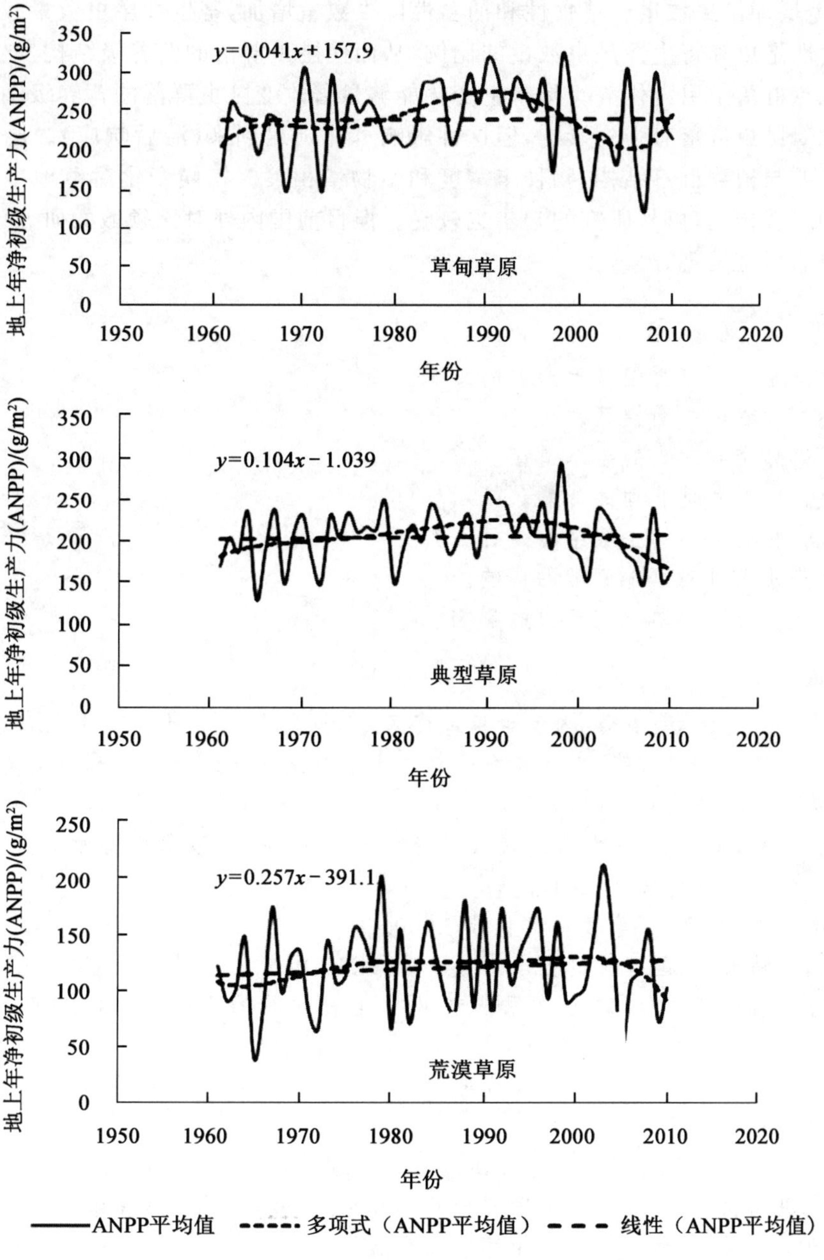

图 2-9　内蒙古 3 个类型草原 1961—2010 年 ANPP 动态变化

（引自杭栓柱，单平，王明玫，2014）

2.4.3　气候变化对草地生物多样性的影响

人口增长及人类活动对环境产生的深刻影响导致超出自然变化的全球或区域气候变化，这些变化又从不同尺度影响草地的生物多样性。对我国草甸草原的研究发现，植物群落与昆虫群落对增加大气温度的响应不同。温度增加使植物物种丰富度略有增加，但使植物总生物量和杂类草生物量显著升高，禾本科植物生物量则无明显变化。增温显著减少昆虫物种丰富度，但却显著增加昆虫数量。草食性和捕食性昆虫数量增加，寄生性昆虫数量减少。增温显著改变了草食性昆虫和寄生性昆虫数量的比例，从而使昆虫群落的营养级结构发生变化，即草食性昆虫在昆虫群落中更占优势。降水量变化能够显著改变昆虫群落的营养级结构。已经发生的气候变化对昆虫群落有强烈影响，但这种影响可能延迟到来（滞后响应）。昆虫对降水量变化的响应主要与植物群落结构、物种丰富度和生物量相关。气候变化对草地生物多样性的影响是一个相对缓慢的过程，研究的起步也较晚。但目前国内外对该领域的研究已经成为热点，未来会有更多研究发现。

思考题

1. 简述降水对草原类型与生产力的影响。
2. 简述草地水分平衡模型。
3. 简述草地植物对光的生态适应。
4. 简述温度对草地管理的影响。
5. 最适宜植物生长的土壤结构是什么？
6. 简述地形条件对草地管理的影响。
7. 简述气候变化对草地生产力的影响。

参考文献

[1]《内蒙古草地资源》编委会. 内蒙古草地资源. 呼和浩特：内蒙古人民出版社，1990.

[2] 刚成诚，王钊齐，杨悦，等. 近百年全球草地生态系统净初级生产力时空动态对气候变化的响应. 草业学报，2016，25(11)：1-14.

[3] 杭栓柱，单平，王明玖. 内蒙古适应气候变化战略评估——以草原畜牧业与水资源为例. 北京：科学技术文献出版社，2014.

[4] 李博. 生态学. 北京：高等教育出版社，2000.

[5] 李建东，方精云. 中国草原的生态功能研究. 北京：科学出版社，2017.

[6] 李夏子. 气候变化对内蒙古草原优势牧草生长发育的影响. 呼和浩特：内蒙古农业大学，2014.

[7] 刘安榕，杨腾，徐炜，等. 青藏高原高寒草地地下生物多样性：进展、问题与展望. 生物多样性，2018，26 (9)：972-987.

[8] 农业部草原监理中心. 中国草原监测. 北京：中国农业出版社，2015.

[9] 潘学清，冯国钧，魏绍成，等. 中国呼伦贝尔草地. 长春：吉林科学技术出版社，1992.

[10] 山西农业大学. 土壤学. 北京：中国农业出版社，1990.

[11] 孙向阳. 土壤学. 北京：中国林业出版社，1995.

[12] 王辉珠. 草地分析与生产设计. 北京：中国农业出版社，1997.

[13] 王明玖，张英俊. 退耕还草科学与技术. 北京：化学工业出版社，2004.

[14] 熊毅，李庆逵. 中国土壤. 北京：科学出版社，1987.

[15] 许鹏. 草地资源调查规划学. 北京：中国农业出版社，2000.

[16] 杨允菲，祖元刚. 中国东北草地生态学研究——祝廷成教授八十华诞文集. 长春：吉林科学技术出版社，2008.

[17] 于贵瑞. 全球变化与陆地生态系统碳循环和碳蓄积. 北京：气象出版社，2003.

[18] 于惠.青藏高原草地变化及其对气候的响应.兰州：兰州大学,2013.
[19] 张存厚.内蒙古草原地上净初级生产力对气候变化响应的模拟.呼和浩特：内蒙古农业大学,2013.
[20] 张煦庭.中国温带地区草地植被动态时空特征及其对气候变化的响应.北京：中国农业大学,2018.
[21] 张英俊.草地与牧场管理学.北京:中国农业大学出版社,2009.
[22] 中华人民共和国农业部畜牧兽医司,全国畜牧兽医总站.中国草地资源.北京:中国科学技术出版社,1996.
[23] 朱慧.气候变化和放牧对草地植物与昆虫多样性关系的作用.长春：东北师范大学,2012.
[24] Klein J A,Harte J,Zhao X Q. Decline in medicinal and forage species with warming is mediated by plant traits on the Tibetan Plateau. Ecosystems,2008,11(5):775-789.
[25] Klein J A,Harte J,Zhao X Q. Experimental warming causes large and rapid species loss,dampened by simulated grazing,on the Tibetan Plateau. Ecology Letters,2004,7(12):1170-1179.
[26] Lovett J V,Scott J M. Pasture production and management. Melbourne:Inkata Press,1997.
[27] Ma Z Y,Liu H Y,Mi Z R,et al. Climate warming reduces the temporal stability of plant community biomass production. Nature Communications,2017,8(1):15378.
[28] Shi G,Yao B,Liu Y,et al. The phylogenetic structure of AMF communities shifts in response to gradient warming with and without winter grazing on the Qinghai-Tibet Plateau. Applied Soil Ecology,2017,121(1):31-40.
[29] Simmons B L,Wall D H,Adams B J,et al. Long-term experimental warming reduces soil nematode populations in the Mcmurdo Dry Valleys,Antarctica. Soil Biology and Biochemistry,2009,41(10):2052-2060.
[30] Xiong J,Peng F,Sun H,et al. Divergent responses of soil fungi functional groups to short-term warming. Microbial Ecology,2014,68(4):708-715.
[31] Zhang K,Shi Y,Jing X,He J,et al. Effects of short-term warming and altered precipitation on soil microbial communities in alpine grassland of the Tibetan Plateau. Frontiers in Microbiology,2016,7:104.
[32] Zhang Y,Dong S,Gao Q,et al. Climate change and human activities altered the diversity and composition of soil microbial community in alpine grasslands of the Qinghai-Tibetan Plateau. Science of the Total Environment,2016,562(1):353-363.

第 3 章

草地植物生物学

本章学习目的与要求

1. 掌握草地植物的主要类型及其利用特点。
2. 熟悉禾本科、豆科、菊科等饲用植物的生长发育特性。
3. 了解草地植物繁殖与再生特性及其影响因素。

3.1　草地植物类别及其生物学特性

草地植物生物学是草地管理学的基础知识，学习不同生活型草地植物株丛形成类型、草地饲用植物生长发育与草地植物再生是理解复杂草地生态系统结构与功能的关键，尤其在刈牧等措施下，草地植物的再生表现是草地管理水平高低的表现。

3.1.1　生活型

植物的生活型是植物与环境相互影响且长期适应的株体形态、寿命和分异类型。把适应能力相似和对外界条件要求相近的植物，归为同一生活型。从草地植物的特点出发，通常采用德国学者克涅尔的植物生活型分类法，将草地植物分为乔木、灌木、半灌木、多年生草本植物、一年生或越年生草本植物、苔藓和地衣 7 个生活型。

3.1.1.1　乔木

乔木是多年生高大的木本植物（一般 4 m 以上），具有明显的主干和分枝，根深可超 10 m，树干和枝条在生命结束前不死亡。按叶形状，可分为针叶乔木（黑松）和阔叶乔木（加拿大杨）；按落叶与否，可分为常绿乔木（雪松）和落叶乔木（榆树）。乔木不是草地的主体部分，在草地上常以单株分散生长，或片状森林与草地相间分布，但对草地的形成、演变起着关键作用。有些树种如沙枣、梭梭、桑和枸杞的枝叶是优质的家畜饲料，粗蛋白质含量高，粗纤维含量低，含有多样维生素，可作干草、青饲和青贮之用。

3.1.1.2　灌木

灌木是多年生较低矮的木本植物（通常 4 m 以下），自基部分枝，成丛状，无明显的主干。在草原、荒漠和半荒漠地区的有些灌木如小叶锦鸡儿、白刺和霸王等都具有很好的饲用价值，为绵羊和骆驼所喜食。但也有如麻黄、沙冬青等有毒灌木，不为家畜所采食。

3.1.1.3　半灌木

半灌木是介于灌木和草本之间的一类植物。植株一般矮小，枝干丛生于地面。其主茎和主根木质化而枝条不完全木质化，当年枝条只部分木质化或木栓化，在冬季严寒时期其顶端 1/3 或草质枝条枯死后逐渐断落，如白沙蒿和木地肤。这类植物广泛分布于草原、荒漠和半荒漠地区，是这些地区秋季、冬季的主要饲用植物。

3.1.1.4　多年生草本植物

多年生草本植物的株高变异很大。地上部分枝条在开花结实后或生长季结束后都死亡，而地下部分为多年生的次年春季由分蘖节、根颈、根茎处的芽形成新的枝条，是草地上主要的生活型，也是家畜的主要饲用植物，如无芒雀麦和沙打旺等。这类植物能在较长时间内具有高产、稳产的特性，整个生长期内都能生产青草。青草被放牧或刈割后能再生。多年生草类的根系发达，在土壤中积累有机质，改善土壤结构，并且可削弱地下水上下运动，防止土壤盐渍化。

3.1.1.5　一年生或越年生草本植物

一年生草根据其萌发期不同分为两类：一类为春性一年生，早春种子萌发生长，并于开花结实后整个株体枯黄死亡，即在一个生长期内完成生活史，如马唐、狗尾草等；另一类为冬性一年生，习惯上也称越年生，夏秋季种子萌发、生长，第二年开花结实后整个株体枯黄死亡，即在两个生长季内完成整个生活史。如一年生早熟禾、荠菜等。一年生草主要分布于荒漠和半荒漠地区，其他类型草地一年生草类的比例很小。一年生草往往是春季牧场上主要的饲用植物。

3.1.1.6 苔藓

苔藓是高等孢子植物，广泛分布于冻原、沼泽和森林地区，耐践踏性低，在放牧地上几乎没有出现。家畜不喜食，故无饲用价值。

3.1.1.7 地衣

地衣是由真菌和藻类组成的一类共生植物，广泛分布于森林冻原、荒漠和半荒漠草地上，生长高度不超过 6 cm。壳状地衣无饲用价值，而枝状地衣是獐和鹿很好的饲料。枝状地衣生长缓慢，每年只能长 1 cm。

3.1.2 株丛类型

根据枝条的着生部位、叶量和生长的特点，草地饲用植物可分为上繁草、下繁草和莲座丛草 3 个株丛类型。

3.1.2.1 上繁草

株丛中多以生殖枝和长营养枝为主，高度超过 1 m，叶在茎上分布比较均匀。该类草刈割时叶片损失少，刈草后留茬产量不超过总产量的 10%，适合于刈割做调制干草和青贮饲料用。羊草、披碱草、猫尾草、紫花苜蓿、白花草木樨和红三叶草等都属于上繁草。

3.1.2.2 下繁草

枝丛中具有短营养枝，生殖枝少，生长高度为 40～50 cm。下繁草的大量叶片集中在株丛基部，茎上着生叶很少，刈割后留茬产量占总产量的 20%～60%，而且留茬的营养价值高。这类草适合于放牧利用。下繁草分蘖能力强。小糠草、针茅、冰草和白三叶草等都属于下繁草。在混合草群中与高大植物生长在一起时，其生长往往受到抑制；在与其他饲用价值良好的低矮草类组成的草群中生长良好，而且适宜放牧利用。

3.1.2.3 莲座丛草

株丛中只有根出叶，成簇状，没有茎生叶，或茎生叶很少。这类植物矮小，叶片着生部位低，一般集生在稍高于地面的短茎上的各节，全部叶片放射状向四周展开呈莲座状。莲座丛草在过度利用的草地上普遍出现。车前草、斗篷草、草地风毛菊和蒲公英等都属于莲座丛草。

3.1.3 植物寿命类型

研究草地饲用植物的发育速度和寿命在栽培草地建植中的草种选择和配置以及后期管理利用等方面有重要指导意义。根据发育速度和寿命长短，多年生饲用植物可分为短寿型植物、中寿型植物和长寿型植物 3 个类型。

3.1.3.1 短寿型植物

短寿型植物包括一年生植物、二年生植物和少年生植物。一年生植物是指在一个生长季内就可以完成生活周期，即当年开花、结实后枯死的植物，如稗草和雀麦等。二年生植物在播种当年以营养生长为主，第二年才开花结实，之后死亡。春季播种，当年产量很高；夏、秋播种，次年产量最高。草木樨属、饲用甜菜、胡萝卜和芜菁等属于该类型。少年生植物生长发育速度快，单播时生长的第二年产量最高，第三年产量逐渐下降，平均寿命为3～4年。红三叶草、杂三叶草和多年生黑麦草等属于该类型。

3.1.3.2　中寿型植物

中寿型植物生长发育速度较慢，播种后生长的第2年至第3年产量最高，生长到第4年产量开始下降，平均寿命为5～6年。紫花苜蓿、百脉根、草地羊茅、鸭茅、无芒雀麦、猫尾草和看麦娘等属于该类型。

3.1.3.3　长寿型植物

长寿型植物发育速度最慢，播种后生长的第4年、第5年产量最高，平均寿命为10年或更长。草地早熟禾、羊草、小糠草、紫羊茅、冰草、大看麦娘和白三叶草等属于该类型。

根据牧草的上述特性，合理选择和搭配牧草品种。短期利用（2～4年）的混播草地，必须包括短寿型和中寿型的植物；长期利用的混播草地，除了短寿型和中寿型植物外，还应包括长寿型植物。

3.1.4　枝条形成类型

多年生草本植物在生长发育过程中枝条的形成以及经过不断地刈割、放牧利用后的枝条再生，主要通过营养分蘖繁殖的方式进行。分蘖就是地表或地下茎节、根颈和根蘖上的腋芽形成新枝条的过程。分蘖一般在春季和夏季时期进行，并且消耗大部分的营养物质，是牧草适应各种不同环境的重要原因之一。根据新枝形成的特点，可将饲用植物分为根茎型、根蘖型、疏丛型、密丛型、根茎-疏丛型、匍匐型、轴根型、粗壮须根型、鳞茎型和块根型等类型。

3.1.4.1　根茎型

根茎型草类除地上直立茎以外，地下能分蘖出与地面平行或斜生的根状茎，主要分布在距地表5～10 cm处（图3-1）。在横走根茎的节上可以长出垂直的枝条，出土后能形成绿色的茎和叶。其根茎的长度不定，有的只有2～3 cm，有的则达到几十米。通常短的根茎具有很强的分蘖能力，长的根茎则分蘖能力较弱。每年从老的根茎上长出新的根茎，新的根茎长出新的枝条和叶片，依次形成了具有大量枝叶的根茎网，羊草（图3-2）便是其中一种。根茎型草容易絮结成草皮。

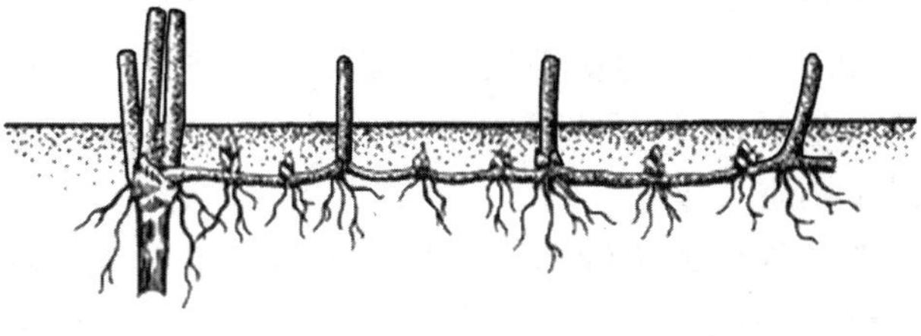

图3-1　根茎型

图3-2　根茎型草——羊草

(*Leymus chenensis*)

大多数根茎型草在土壤通气良好的草地上，根茎发达，具有很强的营养繁殖能力。当土壤空气不足时，分蘖节的节位便向上移动生长，以满足对通气的要求。也有少数根茎型植物如芦苇能在潮湿和通气不良的环境中正常生长。因为这类草具有发达的通气组织，叶片、茎和根中都有通气腔。在以根茎型草类为主的牧场上放牧时，应严格控制家畜的数量，不能大量集中，否则会破坏土壤结构，降低通透性，影响其营养繁殖能力，导致牧草产量下降。此类草地在管理过程中应通过采取划破草皮等措施，增加土壤的通透性，达到维持草地较长的生长年限和提高草地产量的目的。在我国天然草地上，根茎型草类很多，如羊草、赖草、拂子茅、无芒雀麦和芦苇等。

3.1.4.2　根蘖型

根蘖型草具有垂直的短根，入土深度 15～100 cm，在 5～30 cm 处垂直根长出水平根，水平根上形成新芽，这些芽长出地面形成枝条（图 3-3 和图 3-4）。垂直根和水平根的长短和粗细因种类和生存条件而不同，水平根长达 4～5 m，直径为 0.4～1.5 cm。刺儿菜、甘草、枪刀菜和欧大戟等都属于这个类型。

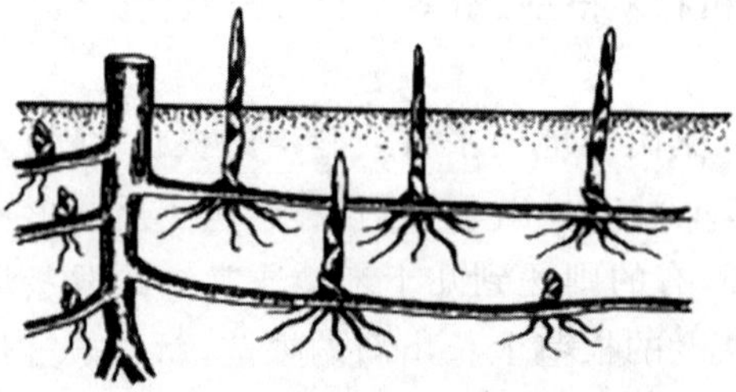

图 3-3　根蘖型

图 3-4　根蘖型草——欧大戟

(*Euphorbia virgata*)

根蘖型草具有很强的繁殖能力，尤其在疏松和通气良好的土壤上发育更好。这类草在荒漠和森林采伐地很多，通常是生长茂盛的杂类草。

3.1.4.3　疏丛型

疏丛型草具有短的茎节，其分蘖节处于地表下 1～5 cm，侧枝从分蘖节处以锐角的形式伸出地面，因而地表形成疏散的株丛（图 3-5 和图 3-6）。这类草的丛和丛之间缺少联系，因此，虽能形成草皮但不结实，极易破碎。在放牧过重时，丛间下凹形成很多小土丘，对草地和家畜均有害。所以放牧时不宜过重，水分过多时也不宜放牧。

疏丛型草的分蘖节接近地表，分蘖一般从株体的边缘部分开始。疏丛型草对土壤通透性要求不严，但对水分要求很严格，在渗透性好的黏壤土、腐殖土上生长最好。当土壤过于干旱或肥力不足的情况下，其老的株丛中央枝条死亡，形成大量的枯死残留物，不仅直接影响草丛的生长，同时使草地生产能力下降。在管理上应通过疏草作业除去残余物，结合施肥或松土覆盖等措施刺激植物生长，保持其旺盛的生长力。

禾本科牧草中的猫尾草、鸭茅、鹅观草、垂穗披碱草和多年生黑麦草等都属于疏丛型草类。这类植物主要以营养更新为主，寿命比其他根茎型牧草短，因此在混播草地上应进行种子繁殖，或通过补播等方式延长其寿命，维持草地较长的使用年限。

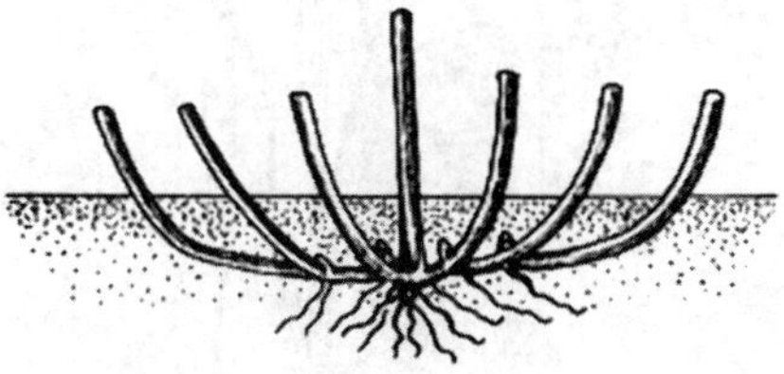

图 3-5　疏丛型

图 3-6　疏丛型草——垂穗披碱草

(*Elymus nutans*)

3.1.4.4　密丛型

密丛型草的分蘖节一般位于土壤表面，干旱地区接近地面。节间很短，由分蘖节上长出的枝条彼此紧贴，几乎垂直地面，因而形成密集的株丛(图 3-7 和图 3-8)。株丛枝条数多达几百个，其中心的接近地表，周围的稍微翘起。随着种植时间的增加，株丛直径不断扩大，其中心的枝条不断死亡，新的枝条从外围长出，往往形成"秃顶"的现象。

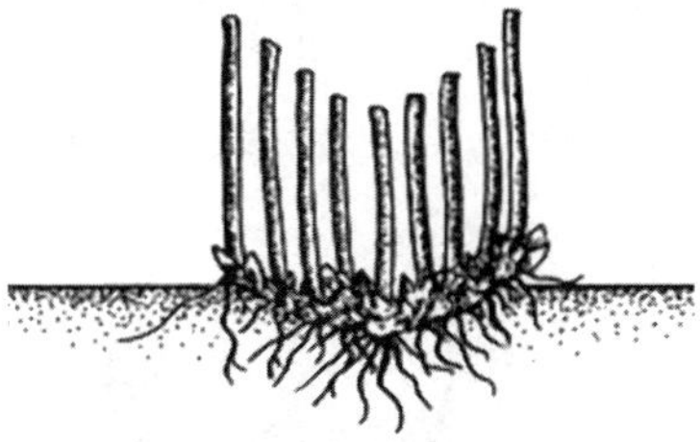

图 3-7　密丛型

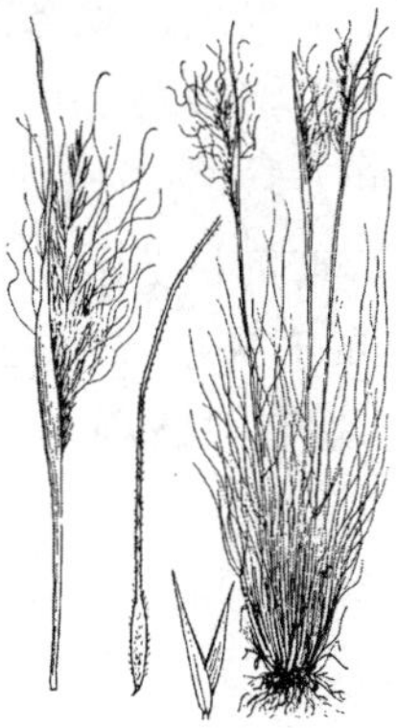

图 3-8　密丛型草——针茅

(*Stipa capillata*)

密丛型草的分蘖节位于地表之上，能在通气不良，土壤贫瘠的条件下生长良好。枯死枝条形成的有机质包裹于株丛周围，既可保持水分和便于通气，又有助于提高分蘖节和嫩枝对低温的防御能力。密丛型草类中部分植物具有菌根，根部的通气组织将空气中的氧气输送到根部，菌根上的好氧菌类正常发育，分解土壤中的有机质，供给植物生长必需的养料。

密丛型草生长缓慢，耐牧性强，但饲用价值较低。重牧或年限较长时容易形成草丘，常成为草地退化的标志。针茅、细茎针茅、芨芨草和马蔺等属于这类草。

3.1.4.5 根茎-疏丛型

根茎-疏丛型草的分蘖节位于地表以下，形成的株丛本身为疏丛型，株丛间具有短根茎，短根茎生长发育后可产生许多新的株丛，株丛与株丛间由短根茎相连，形成致密网状根系层（图3-9和图3-10）。因此，这类草是根茎型和疏丛型的混合类型。由根茎-疏丛型形成的草地，草皮平坦，富有弹性，坚韧，耐践踏性极强，土壤结构不易被破坏，不易形成土丘，是最理想的放牧草地。草地早熟禾、大看麦娘和卵穗薹草等属于此类型。

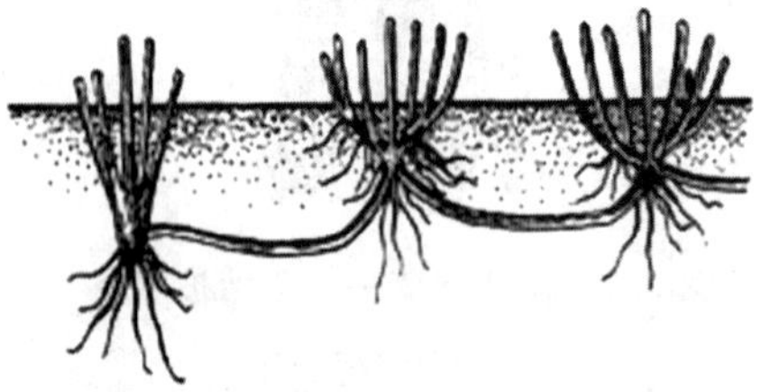

图 3-9 根茎-疏丛型

图 3-10 根茎-疏丛型草——草地早熟禾
(*Poa pratensis*)

根茎-疏丛型草在疏松而有结构的土壤中生长良好。为了提高其产量，在草地管理方面最好用富含有机质的土壤或直接用有机肥料进行表施作业。

3.1.4.6 匍匐型

匍匐型草从分蘖节上发出短枝条，并匍匐于地面上，匍匐枝的节间较直立，枝长而细。在匍匐枝的节处的腋芽向上形成枝和叶簇，向下形成不定根，固定于土壤中（图3-11和图3-12）。匍匐枝的节上可生出叶、芽和不定根，形成子株，子株发育初期从匍匐枝吸收营养。匍匐枝寿命短，当匍匐枝死亡后，匍匐枝节上产生的子株便脱离母体，形成独立的新个体。此类草有很好的营养繁殖能力，多分布于气候湿润的地区。匍匐型草由于产量低，一般不宜刈割和调制干草用，能经受过牧和践踏，适宜放牧利用。狗牙根、白三叶草、鹅绒委陵菜和结缕草等属于此类型。

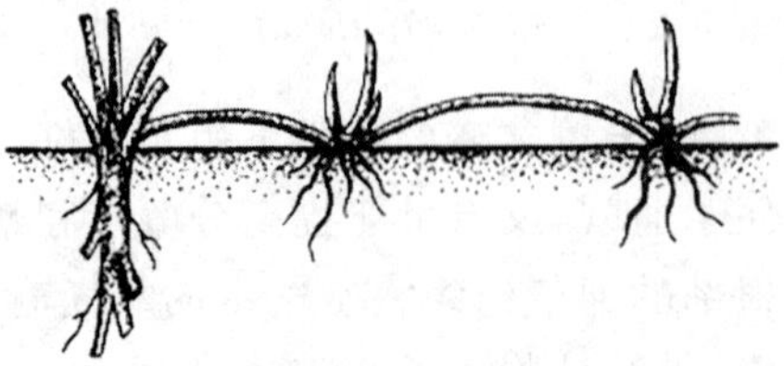

图 3-11 匍匐型

图 3-12 匍匐型草——白三叶草
(*Trifolium repense*)

3.1.4.7　轴根型

轴根型草又称根颈型，具有垂直而粗壮的主根（直径从 1 cm 到几厘米），由主根上生长出许多粗细不一的侧根，构成的根系为直根系。根深入土层一般从数十厘米到 2～3 m 或者更深（图 3-13 和图 3-14）。在茎的下部加粗部分，在土壤表层下 1～3 cm 处与根相融合在一起的地方称为根颈。根颈上有更新芽，由芽生长成分枝的枝条，并以斜角方向向上生长。枝条的叶腋也能形成芽，形成多枝的稀疏的株丛。在放牧或刈割利用后，无论是根颈上的更新芽，或者留茬上的枝条的腋芽都可再生出新的枝条。因此，利用过程中放牧不宜过重，刈割利用留茬不宜过低。

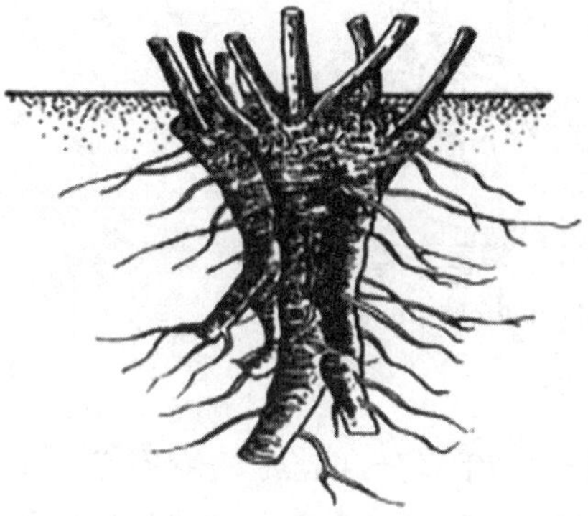

图 3-13　轴根型

图 3-14　轴根型草——紫花苜蓿（*Medicago sativa*）

轴根型草在通气良好、土层较厚的土壤中生长最好。属于这类草的主要是豆科牧草和菊科牧草，如紫花苜蓿、绛三叶草、沙打旺和蒙古蒿等。轴根型植物以种子繁殖为主，但有时进行营养繁殖，如黄花苜蓿在水平根上形成新芽，这些芽长出地面形成枝条，发育成独立的新植株。

3.1.4.8　粗壮须根型

粗壮须根型草具有短的根茎和数量多的分枝根，无明显向下生长的主根，类似于禾本科的根，但较禾本科的根粗，如酸模、车前（图 3-15）和毛茛属于这类。粗壮须根型草可进行种子繁殖或营养繁殖。

3.1.4.9　鳞茎型

鳞茎型植物在土壤表层以下 5～20 cm 处形成鳞茎，鳞茎实质为变态的地下茎和叶，其茎缩短呈盘状，特称"鳞茎盘"，其上着生密集的鳞叶及芽。鳞叶有各种不同的形状，或者是生长在绿叶的基部，或者是特化成肉质的茎生叶。鳞茎是一种特殊的营养器官和繁殖器官，也是贮藏器官。以鳞茎进行繁殖的草地植物，主要是单子叶植物。主根死亡早，靠茎生出不定根吸收营养，这种根每年不断更新。属于此类植物的有葱属、百合属和贝母属，其中葱属的野葱（图 3-16）和野蒜等在东北、内蒙古和青藏高原地区的草地中有特殊的饲用价值。这类植物主要靠鳞茎繁殖，也可以进行种子繁殖。

鳞茎植物在生态和地理分布上，适合于草原和半荒漠地区，尤其在高山草原地区及山地的旱生植物群落中常形成显著伴生种。因为它们具有鳞茎，处于较深的土壤中，而且在枯死的叶子保护下，有利于更新苗度过夏季干旱和冬季寒冷的不利环境。可见，产生鳞茎是该类植物对不良环境的特有适应特征。

图 3-15 粗壮须根型草——车前
(*Plantago asiatica*)

图 3-16 鳞茎型草——野葱
(*Allium chrysanthum*)

3.1.4.10 块茎型

块茎是地下茎末端形成膨大而不规则的块状，是适于贮存养分和越冬的变态茎。其顶部肥大，有发达的薄壁组织，贮藏丰富的营养物质。块茎的表面有许多芽眼，一般呈螺旋状排列，芽眼内有 2～3 个腋芽，仅其中 1 个腋芽容易萌发，能长出新枝，故块茎可供繁殖之用。常见的植物有块茎糙苏和紫芋等。

块茎具有贮藏营养的功能，也是一种特殊的营养更新及繁殖器官。块茎型植物多分布于山地草原地区，在发育不良的多石砾土壤条件下较为常见。

3.2 草地饲用植物的生长发育

草地饲用植物以禾本科和豆科为主，在高寒草地莎草科植物也为优势植物。图 3-17 是主要草原植物特征。禾本科植物茎空心、具有茎节，叶子细长且具有平行脉。莎草科和灯心草科植物很像禾草，但这些植物一般茎实心、无节。杂类草叶宽，有主根。灌木的茎木质化。

3.2.1 禾本科饲用植物的生长发育

3.2.1.1 禾本科饲用植物地上枝条生长发育

草本植物在生长发育过程中要经过若干个阶段，每个阶段彼此相互联系。一般禾本科牧草包括以下几个物候期：早春种子萌发或再生、分蘖、拔节、抽穗、开花、结实和枝条死亡，其中分蘖伴随着整个生活史。

禾本科植物种子萌发，首先吸水膨胀，原生质进入活动状态，胚乳里的有机物质迅速分解，营养输送到幼胚中，胚细胞代谢开始，同时合成新细胞。随着胚根鞘突破种皮，形成胚根，胚芽鞘也接着伸长，形成第一片叶。禾本科草种子胚的结构如图 3-18 所示。胚萌发以后接着形成几片叶片，包围其生长点。由于叶片的光合作用不断形成营养物质，生长点分

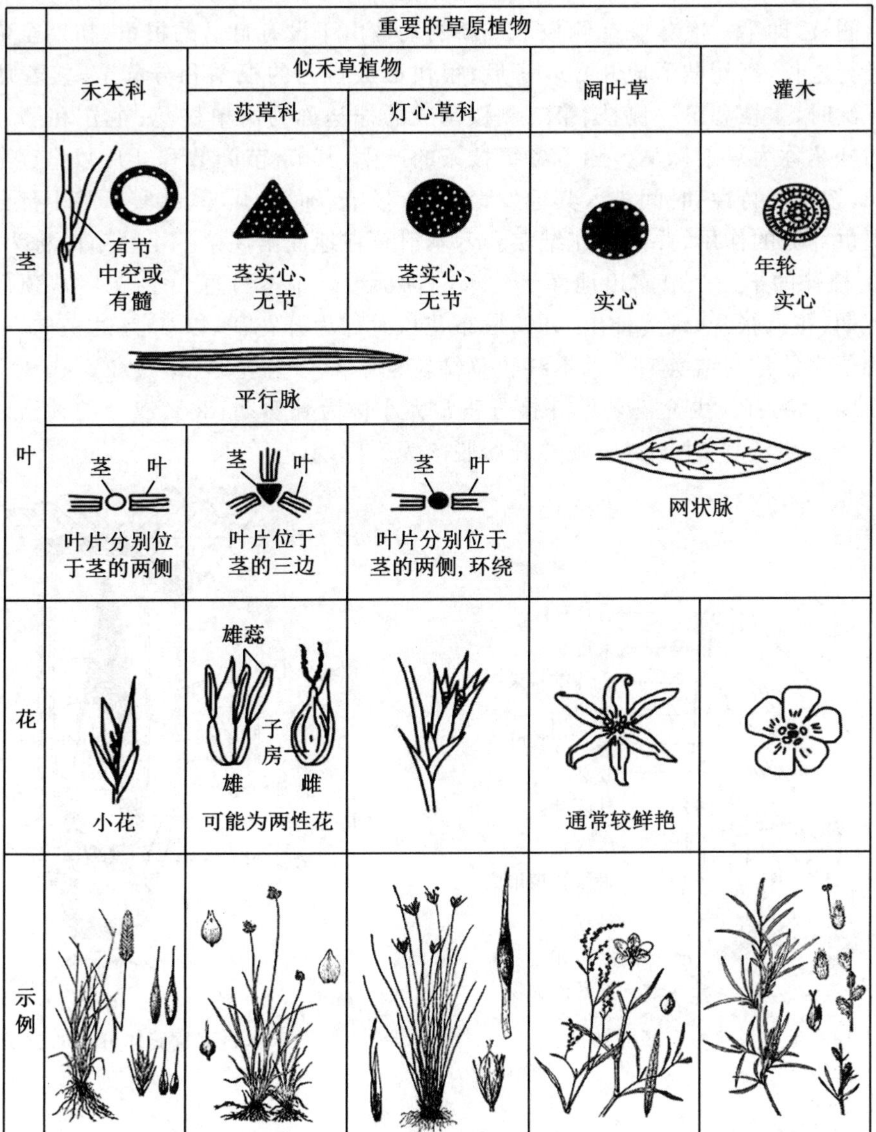

图 3-17　主要草原植物特征

（引自《中国植物志》编辑委员会，1979）

生细胞发育逐渐形成幼茎并开始延伸，这个茎称主轴或主枝。主枝的顶端在营养期一直由即将发育成的叶片组成，因此有时被称为“假茎（pseudo-stem）”。通常真茎（true stem）都位于主枝（shoot）的基部（图 3-19）。

随着幼茎的生长，距土表2～3 cm处形成分蘖节。分蘖节向下形成不定根，分蘖节上的腋芽向上发出侧枝，即第一次分蘖。侧枝形成新的幼枝由于没有自己的根系，初期全依靠主枝的营养物质进行生长，当幼枝形成几片叶子后，很快形成自己的根系和分蘖节，接着便开始下一次分蘖。分蘖时，主枝和第一侧枝、第二侧枝构成的株丛称为简单株丛；主枝和第二级以上的侧枝组成的株丛称为复杂株丛。随着各级枝条的产生，其节、节间数和叶片数量逐渐减少。侧枝不断生长，按生长特性、时间进入其他发育阶段（拔节、抽穗、开花、结实），其中部分枝条只起到制造和提供养分的作用，并不开花结实。禾本科草在地面出现第一个茎节时称为拔节期，一般以50%的植株的第一个节露出地面1～2 cm为标准。禾本科草50%花序从顶部叶鞘伸出时称为抽穗期；花冠张开，雄蕊伸出，开始散布花粉时称为开花期，以50%的植株开花为标准；由受精到种子完熟称为结实期。禾本科牧草结实期一般分为乳熟、蜡熟和完熟3个阶段。通常是以50%以上的籽粒内充满乳汁并接近正常大小称为乳熟期，80%以上的种子内含物变干呈蜡质状为蜡熟期，80%种子变坚硬并开始脱落为完熟期。

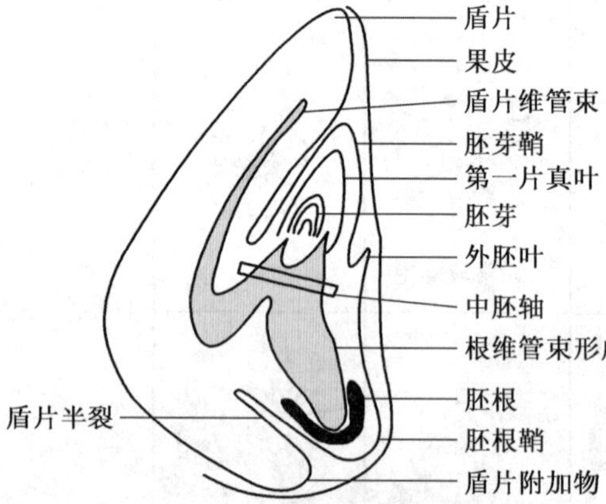

图 3-18 禾本科草种子胚的结构

（引自 Tainton，1999）

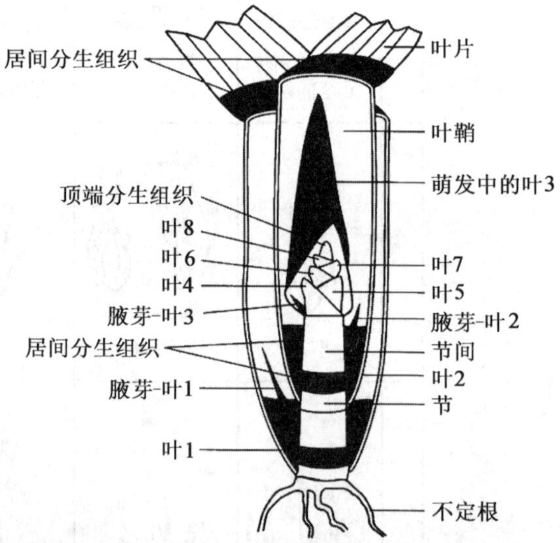

图 3-19 禾本科草营养体分蘖的纵切面示意图

（引自 Tainton，1999）

1. 分蘖与分蘖时期

主枝近地面可形成分蘖的节称为分蘖节。分蘖节上的芽生长发育形成枝条，同时产生不定根的过程称为分蘖。分蘖伴随着植物的整个生活史。分蘖强弱标志着植物利用养分的能力，对产草量有很大的影响，也是确定家畜开始放牧利用的时期。

分蘖在其整个生活史上具有很重要的意义。分蘖产生的每个枝条都可形成自己的根系，扩大了其占据的土壤面积，能促进植物充分利用土壤营养。禾本科草能靠分蘖增加生物产量（鲜草、干草和种子），同时间接地促进禾本科草的个体营养繁殖。禾本科草在生长期间，表现出两个稳定的分蘖时期，即春季分蘖时期和夏秋分蘖时期。春季分蘖时期形成的枝条是在上一年老枝条的分蘖节上产生的，这些分蘖节经过漫长的冬天和春天的萌生，贮藏的营养物质已被大量消耗。因此，它们与夏秋分蘖时期产生的枝条在营养物质含量相比要差一些。夏秋分蘖时期产生的新枝条，在其生长初期可利用已进入开花阶段的枝条和繁茂的母枝根系中的营养物质进行旺盛生长，产生大量分蘖。因为在这个时期多年生禾本科植物根内贮藏营养物质的积累量接近最大值，另外，秋季的短日照和低温限制了抽茎，也有利于分蘖形成。所以，多年生禾本科植物枝条的形成主要是在夏秋分蘖期。但由于植物种类和生物学特性不同，分蘖时期也不同。有些植物既能在春季产生分蘖，又能在夏秋产生分蘖，即春秋两季能形成分蘖，如苇状羊茅。属于两季都能形成分蘖的禾本科植物在产生分蘖的两个时期有一个间歇期，但间歇期出现的时期以及出现时间的长短又因种类不同有差异。分蘖间歇期的产生，有人认为由于可塑性物质转向形成主枝，此时茎秆生长加快；也有人认为由于生长激素向茎部转移，阻碍了侧芽的发育。另一类型植物分蘖时期在夏秋，如猫尾草。但有的植物也在整个生育期间不断形成短的枝条，如紫羊茅等。刈割和放牧利用饲草，对解除分蘖间歇期促进分蘖有重要意义。

2. 株丛枝条间的联系

从芽的形成到侧枝的形成，其株丛间无不体现出紧密联系。首先，芽只能依靠母枝的营养才能发育成幼枝，其幼枝为了形成自己的器官，必须通过母枝的根系从土壤中获得养分，同时幼枝没有其绿色器官，没有独立的同化能力，只有母枝提供有机物质才能生长发育。其次，当幼枝形成自己的根系和叶片器官后，才能同母枝分离开始独立生活。但是此时，侧枝并没有完全脱离母枝，反而利用母枝并对母枝的生长发育产生影响。有资料说明，切断侧枝的植物，各枝条的光合产物都有不同程度的提高，叶宽增加 50%，叶长增加 25%（表 3-1）。随着侧枝形成自己的根系和光合作用器官，母枝的机能减弱，但母枝和侧枝的生理联系一直保持着。

表 3-1　切除鸭茅(*Dactylis glomerata*)侧枝后母株叶片变化　　cm

项目	未切除侧枝	切除侧枝
叶宽	0.7	1.1
叶长	23.6	31.1

（引自内蒙古农牧学院，1999）

3. 枝条类型与发育

禾本科草的生长方式有顶端生长、基生生长和侧生生长。在整个生长期内，新器官的形成以及再生都具有这 3 种方式。多年生禾本科草类的枝条可以分为 3 个类型：生殖枝（具有茎和花序）、长营养枝（具有茎但无花序）和短营养枝（由叶鞘和叶片组成）。长营养枝和生殖枝都有一些叶片，其高度比短营养枝要高，至少高出 1～2 倍。长营养枝比生殖枝的叶量多，但比短营养枝要少。在发育的不同阶段，其枝条叶量的变化极其明显（表 3-2）。

表 3-2　无芒雀麦(*Bromus inermis*)生殖枝和长营养枝不同生育时期的叶量动态　　片

发育阶段	绿叶数量		干枯叶数量	
	生殖枝	长营养枝	生殖枝	长营养枝
抽穗	6	7	5	4
开花	4	8	6	5
结实	3	9	6	6

（引自内蒙古农牧学院，1999）

由表 3-2 可以看出，长营养枝比生殖枝的叶量多，并且随着发育阶段的递进，从抽穗到结实，其生殖枝的叶量不断减少，而长营养枝的叶量呈增加趋势。产生这种差异的原因是生殖枝在这个阶段中叶原始体的形成停止，形成了花序器官，而长营养枝的生长锥上仍然保持着叶的形成能力。

多年生禾本科草在夏秋开花、结实阶段，一边形成种子，一边分蘖节上的芽形成新的枝条，并且可一直持续到冬季寒冷来临前。夏秋开花、结实阶段形成的枝条和冬季前处于短枝状态的枝条能够越冬，长的营养枝通常在越冬前死亡。越冬的枝条次年一部分发育成生殖枝，结实后死亡，另一部分以营养枝的形式继续生活到生长季结束。春季形成的枝条，通常继续处于营养状态，在秋季形成的枝条有时在第二年春季开始时完全死亡。所有冬性禾本科草类，如小黑麦、多花黑麦草等一年生冬性牧草和草木樨、甜菜等大多数二年生牧草春季产生的枝条不具有通过发育阶段的条件，不能形成生殖器官。春性禾本科草类如大麦、燕麦等在土壤肥力较高和水分条件好的地区春季产生的枝条部分能发育成生殖枝。必须指出：多年生春性禾本科草类的生殖枝大多是由越冬枝产生的。

羊草为根茎禾草，在分布区经常形成单优群落，具有营养繁殖力强、抗逆性强、经济价值高等生物学、生态学和生产特性，是典型的无性系植物。羊草能够依靠营养繁殖的子代补充更新，这些子代虽然与亲株相连接，但也有独立生存的能力。

羊草种群在整个生长季均具有营养繁殖的潜力。在芽库的组成结构中，羊草种群的芽库均由根茎芽和分蘖节芽 2 种形式的芽组成。羊草等根茎禾草芽库的输出有 3 个途径：一个是生长发育为新的地上植株，一个是生长发育为新的地下根茎，一个是失去生活力而消亡。在东北草原，羊草为天然草地的优势种，在 4 月中上旬返青，部分植株 5 月下旬抽穗，6 月上旬开花，7 月下旬到 8 月初种子成熟，其后未抽穗植株(营养枝)进入果后营养生长期的同时，地下的芽逐步长出地面，成为新的植株。新植株一般只生长 1～4 片叶，且始终不拔节，被称为子株。营养枝和子株在 9 月末或 10 月初秋霜来临后，地上部分叶片枯黄，停止生长。在越冬后，这些地下芽能够继续生长为新的植株。

在东北草原生长季初期的 5 月份，不同利用方式草场的羊草种群均以分蘖节成株占较大比例，一般超过 50%，但在以后各月份，根茎芽成株的比例有增加趋势。在生长季内以根茎芽补充种群数量具有重要的生物学和生态学意义。因为根茎芽成株可以远离母株，避免母子代同时生活对资源与空间的直接竞争。

羊草种群的分蘖株有的为冬性枝条，有的为春性枝条。凡是分蘖株下部留有枯黄的叶鞘、叶片、叶尖，或留有任一干枯残痕的分蘖株均为冬性分蘖株，其余于本生长季出生的分蘖株为春性分蘖株。有的可分化为生殖枝，有的则一直处于营养生长状态。另外，羊草的根茎和分蘖节为多年生，使种群的根茎和由不同生活年限营养繁殖的分蘖株以及由根茎和分蘖节形成的营养芽都存在着年龄结构问题。

3.2.1.2 禾本科饲用植物根系生长发育

1. 禾本科草根系的生长发育

植物的根主要用于吸收水分和养分、固定植株，同时也是贮藏养分的仓库。根生长发育良好，有利于吸收土壤中的水分和矿物质等养分，满足植物生长发育的需要。了解各种饲用植物的根系生长发育的特点，为正确地制定农业管理措施和合理利用草地提供理论依据。

禾本科草的种子萌发后，胚根形成，胚芽鞘也接着伸长，形成几片营养叶后，在地面下不深处形成分蘖节，节上产生次生根，承担根的功能。胚根产生后能够生活几个月，然后逐渐枯死。胚根是否承担根的功能，与次生根的形成有很大的关系。当次生根形成延缓时，胚根起着供给植物营养和水分的作用；随着次生根的形成，胚根的营养功能逐渐丧失。次生根不断增加，并继续产生分枝根，统称为须根系，是禾本科植物根的共同特点。

禾本科草的须根大部分位于土壤表层 0～30 cm，稠密地穿插在土壤中。须根的入土深度随草种不同各异。下繁草（如紫羊茅和糙隐子草）的根系主体部分主要集中在 12～20 cm 深的土层内，而上繁草（如羊草、鸭茅、无芒雀麦、鹅观草和猫尾草等）的根系主体部分多分布在 25～30 cm 深的土层中。随着生长阶段的推进，根系发育逐渐加快，除须根外，禾本科草能形成许多支根，入土深可达到 1 m 或超过 1 m，根系入土深度因草种不同各异（表 3-3）。

表 3-3　禾本科牧草在各发育阶段根系入土的深度　　cm

发育阶段	无芒雀麦（*Bromus inermis*）	草地羊茅（*Festuca pratensis*）	鸭茅（*Dactylis glomerata*）	看麦娘（*Alopecurus aequalis*）	紫羊茅（*Festuca rubra*）	多年生黑麦草（*Lolium perenne*）
分蘖	80	60	65	50	50	65
抽穗	100	65	70	65	56	80
开花	125	100	80	65	65	100
结实	155	125	100	80	80	120
枯死	200	160	100	100	125	145

（引自内蒙古农牧学院，1999）

从表 3-3 看出，禾本科草在不同生长阶段，其根系的生长速度也不同，且与地上部分存在一定的相关性。根量的增长动态与其入土深度和地上部分生长势呈负相关。播种当年，禾本科草在生长初期生长缓慢，根系逐渐深入土壤，直至分蘖开始。在分蘖期，根系的生长和根量的积累增加；到了抽穗期，由于光合产物主要用于茎的生长，根系的生长势减弱；但在开花结实阶段，地上各个器官生长缓慢，根系生长又开始加快；开花结实后，随着冬季的来临，地上部分逐渐死亡，根系并不死亡，能过渡到翌年甚至更久，因此，根系的生长属于双峰类型。

羊草地下部器官包括根茎和须根两部分。羊草根茎主要执行贮存养料和无性繁殖的功能。羊草的根茎寿命较长，一般为 8～10 年。根茎的数量随着生长年限的变化而变化。有学者对羊草发育动态研究发现，其根茎数量在 1～3 年间增加迅速，第 4 年后增加速度下降，峰值在 5～6 年，6 年后开始下降。根茎生物量的变化也表现出相似的规律，根茎干重的高峰出现在第 3 年，第 7 年以后基本不再增加，同时许多老化的特征越来越明显，根茎的直径越来越细，革质化程度越来越高，分蘖能力也越来越低，养分含量也随之越来越少。根茎量在 1～3 年间羊草有性生殖能力较弱时增加迅速，说明这段时期是羊草无性繁殖旺盛时期。随着根茎的迅速增长，地上营养枝的分枝数也大量增加，第 4 年时根茎量开始下降，营养枝数也明显下降，养分的分配重点转向有性生殖，其次才供给营养枝和根茎的增殖。此时根茎的生长高峰期基本结束，许多老化的特征越来越明显，其直径越来越细，革质化程度越来越高，分蘖力越来越低，养分含量越来越少。羊草的须根相当于一般植物的根系，主要功能是吸收养料和水分。一般认为羊草须根增长年限较根茎长，一方面原因是须根是在根茎上发生的，它的增长高峰必然滞后于根茎的增长高峰；另一方面原因是它的扩展范围比根茎大得多，根茎是水平生长的，而须根是垂直生长的，可向土壤纵深发展，吸收更多的养料以提供生殖生长的需要。由于土壤中的养分终究是有限的，而且须根的生长依赖于根茎的生长，当根茎生长受阻后，须根的生长也必然会下降。

2.影响根系生长发育的环境因素

(1)土壤因素　禾本科草根系发育除了与其本身特性有关外，还受土壤性质和营养状况的影响。土壤的水分、质地、结构和温度等对多年生禾本科草的根系具有一定的影响。土壤湿度过高或过低，都会抑制根系的生长，适度干旱则促进根系的生长。土壤质地对禾本科草根系的生长影响很大。沙地中的禾本科草的根可长达数米，而且分布广泛，能充分利用土壤中的水分。另外，为了适应环境，在沙地生长的植物的根往往能形成沙套，可以防止土壤干燥时对根冠的影响，如沙生针茅、沙生冰草和沙鞭等。禾本科草根系的生长发育和土壤的结构有关，生长在具有团粒结构并且渗透性好的土壤中的禾本科草易形成较深、且分枝多的根系。

土壤营养状况也直接影响其根系的生长。当土壤上层的养料缺乏时，禾本科草能加深自己的根系，发育大量的须根和细的支根，以便在较深和较大的范围内吸收养分。适度的氮素供给有利于根系的良好发育和根中碳水化合物的积累，而高水平的氮素促进其幼枝的生长，抑制碳水化合物在根中的积累。研究表明，猫尾草在低氮水平下能产生分枝较多和粗壮的根系，而在高氮水平和中氮水平下形成较短、较细的根系。其他元素对根系发育也同等重要，磷、钾能刺激根的生长发育，钾缺乏时，根的生长受到抑制。微量元素，特别是钼和硼对根的发育有良好的作用。生长在栗钙土中的贝加尔针茅的根量和体积较黑钙土中生长的分别减少40%和31%，但长度增加18%。研究指出，这种现象是由于栗钙土的土壤肥力较黑钙土差，土壤表层水分不足，贝加尔针茅为了适应生长，根系向深处发展，以便吸收土壤深层中的水分，根系虽然入土较深，长度较在黑钙土中的长，但根系纤细，直径较小，质量轻，因此，干物质积累量和体积较在黑钙土中的少。

(2)光条件　光周期对根和根茎的发育也有影响。短日照不利于根系生长。例如，无芒雀麦根的质量在短日照条件下比正常日照(18 h)要少1倍。光照强度对禾本科牧草的根系也有影响，遮阳对根系发育有不良影响。如无芒雀麦遮阳到光照强度的0.08时，植株的质量减少1/2，地上部分质量减少35%，而根和根茎质量减少70%。

3.2.2　豆科饲用植物的生长发育

3.2.2.1　豆科饲用植物枝条的生长发育

豆科牧草和禾本科草同样要经历几个发育时期：种子萌发、分枝、现蕾、开花、结实、枝条死亡。首先，种子吸水膨胀，胀破种皮后胚根开始生长，接着是胚芽生长。豆科牧草的子叶先伸出地面，从胚芽中出现第一片真叶，随着出现第二片叶即为三出复叶，经过一段时间的生长，形成莲座叶丛。

豆科牧草紫花苜蓿在莲座叶丛以后便形成茎，其枝条就是由基部叶腋发育而成，并形成类似疏丛状株体，而后再从茎的上部腋芽发生分枝，然后在枝条上形成花蕾和花，最后形成果实和种子。在开花结实的同时，其基部又发生新的分枝，以便收获种子或刈割后又进入上述生长过程。至于如此反复生长多少次，因草种、气候条件和利用方式不同而异。紫花苜蓿等豆科牧草在秋季形成的新枝条，主要起制造并向地下部输送贮藏养料的作用，这些枝条越冬时死亡。

豆科牧草地上部与地下部的交界处膨大部分叫根颈。一些豆科牧草随着年龄的增长根颈逐渐伸入土中，有利于抵抗不利的越冬条件。由于豆科牧草更新芽大多集中在地表或暴露在外，而禾本科牧草的分蘖节多位于地下，因此，豆科牧草的越冬力低于禾本科牧草。秋季过晚的刈割或放牧，会消耗植株体内的光合产物，影响再生新叶和形成新枝，使其越冬力下降。

豆科牧草枝条形成的主要方式是由根颈的更新芽发育而成。除此以外，有些豆科牧草如白三叶草不仅从主根上产生形成枝条的芽，匍匐茎的节也会形成新的枝条；有些豆科牧草如黄花苜蓿根上也有形成枝条的芽。

3.2.2.2　豆科牧草根系的生长发育

豆科牧草的种子萌发后，随着胚根的伸长不但发育成主根，并且在其上形成支根，统称直根系。当根系进一步伸长时，支根上开始形成根瘤，根系越来越发达，接着主根上部开始增粗，在近地面处膨大，形成最初的根颈。此时，豆科牧草形成完整的根系。一般第一年根颈可达 2～3 cm，随着时间的增加，根系不断加粗和伸长，老根死亡，新根出现。5～6 年的紫花苜蓿的根颈直径可达 4～5 cm，并出现分裂现象。

依据根的入土深度，可将豆科牧草分为浅根系豆科牧草、深根系豆科牧草和中等根系豆科牧草。浅根系豆科牧草根系的主体部分分布于 40～50 cm 的土层中，如白三叶草、杂三叶草和广布野豌豆等；少数豆科草类如红豆草 80%以上根量分布在 0～30 cm 土层中；黄花苜蓿则主要分布在 14～28 cm 土层中。深根系豆科牧草，其主根入土深度达到数米，支根分布于 2 m 的土壤中，如紫花苜蓿、百脉根等。中等根系豆科牧草，根的入土深度界于以上两种之间，主根深 2 m，支根在 0.50～0.75 m，如紫云英、红三叶草等。同时，部分豆科牧草根的生长速度还会受地上部分生长情况的影响，如紫花苜蓿的根在其地上部分生长旺盛时期主要起输导运送水分的作用。主根生长缓慢，而在其地上部分生长缓慢或停止生长的阶段，主根就会加速生长。有研究表明，部分植物如柱花草，其基根角度还会影响其对磷等元素的吸收效率。

豆科牧草根系有大量的根瘤。根瘤菌的固氮作用是豆科牧草根系所特有的。根瘤菌可以通过体内一种具有催化能力的固氮酶的作用，将空气中的氮素转化为可供植物利用的氨态氮。由于根瘤菌的固氮作用，豆科牧草能在氮素缺乏的土壤中生长良好。豆科牧草根系有利于土壤中有机物质的积累，提高土壤肥力。利用这一特性，人们把豆科牧草作为轮作倒茬的主要作物，能明显减少生产成本和提高农作物产量与品质。在我国长江流域及其以南地区，早春种植一定面积的豆科牧草（如紫云英、金花菜和毛苕子等）作为饲料或绿肥，可以在土壤中积累有机氮素，为下茬作物提供基肥。据计算，种植苜蓿的土壤表层的腐殖质可达到土重的 0.4%～0.5%，每年每公顷可固定大气氮 300～345 kg。

豆科牧草对潜水较敏感，当豆科牧草根系的各个土层被潜水淹没时，根系常受到极其不良的影响，严重时会导致根的腐烂死亡。一般深根性和中根性的豆科牧草（如紫花苜蓿、红三叶草和紫云英等）受害较严重，但也有一些牧草（如牧地山黧豆、白三叶草等）对短期水淹有较强的忍耐性。

3.2.3　菊科蒿类植物枝条的生长发育

蒿类植物是菊科中饲用价值较大的半灌木，是绵羊、马、骆驼的主要饲用植物，广泛分布在荒漠和半荒漠地区。

蒿属植物地上部分主要是每年春季从根颈上产生的芽形成的多年生木质化分枝。这些芽通常只在秋季生长发育成短枝，短枝越冬后在第二年气候条件适宜时发育成分枝，形成叶和生殖枝，生长发育后形成主体，而其初生枝条早期死亡。在春季如果气候条件特别好时，母枝的芽也可不经过短枝状态直接发育成生殖枝，而在生长条件不良时，短枝会继续处于营养状态至下一年。冷蒿的植株在生长过程中多形成木质化短枝，从这些短枝上，又着生出草质短缩不育枝和生殖枝。霜冻后生殖枝逐渐干枯，大部分叶片逐渐脱落，而短缩不育枝在整个冬季多半保持多汁状态，同时较好地残留在根上，到第二年春季，不育枝除了被牲畜啃食外，残留部分可迅速再生。

蒿属植物枝条的生长和叶的形成具有明显的季节性。春季是枝条迅速生长和叶形成的主要时期。在气候炎热干旱夏季，叶片便逐渐干枯脱落。此时蒿属植物营养器官的生长基本停止，但花序的生长发育仍然继续进行。

伊犁绢蒿的枝条发育表现出明显的季节性。春季返青早，从3月中旬开始，返青时由上年的越冬芽和根颈部位的芽萌发形成枝条，但生长缓慢；4月上旬开始分枝，到5月中旬可形成每丛30～35枝，5月中旬以后，随着气温升高，分枝数量减少，枝条生长加快，出现第一个生长高峰；6月下旬开始生殖生长，植株高度生长缓慢，夏季温度进一步升高，蒸发量增大，生长处于休眠状态；8月中下旬后大量形成生殖枝；10月中旬种子成熟，从返青至种子成熟，生育期为180～210 d。10月中下旬可形成年内第二个生物量高峰，特别是秋季雨水较多的年份，可形成大量新枝。伊犁绢蒿具有一定的再生能力，其春季再生能力主要由被刈割后的短营养枝和长营养枝继续生长和利用后受到刺激的根颈部位上的芽长成新的营养枝所形成；秋季再生能力则主要由营养枝的顶芽长成新叶再生所形成，其再生能力在多次刈割或过度放牧后(即留茬高度极低时)下降明显。伊犁绢蒿生长发育节律与其生长的荒漠环境相适应。

蒿属植物属轴根系，入土一般不超过1 m，在土壤表面发育成强烈分枝的根系。春季为了充分利用土壤中的水分发育有短命根，这种根在干旱时期即枯死。

3.2.4 其他饲用灌木植物

3.2.4.1 柠条

柠条属豆科锦鸡儿属丛生灌木，又叫毛条、白柠条，是优良的落叶灌木饲用植物。枝叶可作饲草，具有很高的营养价值，适口性很强，种子加工后可作精饲料。

柠条寿命长，可生长几十年，甚至可超百年。播种当年的柠条，地上部分生长缓慢，第2年生长加快。柠条萌发力很强，一般从第3年开始大量萌枝，特别是经过平茬以后，能从根颈部萌生出大量枝条，形成稠密的灌丛，很好地覆盖地面，株高为40～70 cm，最高可达2 m左右。柠条在内蒙古一般在4月上中旬返青，5月上中旬现蕾，5月下旬至6月上旬开花，6月上旬至7月中旬为结实期，7月下旬至10月上旬进入果后营养期，10月中下旬进入枯黄期。

柠条地下根系极为发达，主根入土深，直播出土后半个月的幼苗，根长为苗高的7～10倍，当年生苗根深达70 cm。柠条在苗期阶段根的基本结构就已经初步形成，从形状上看属圆锥直根系，由一条主根和多级侧根组成。主根在根系中占主导地位，侧根的发展是随着主根的生长而不断递增，侧根从上到下依次排列，长度依次变短，侧根细而坚韧，分布均匀，比较大的侧根主要集中分布在主根的上部5～10 cm处。柠条和其他豆科植物一样有固氮根瘤菌，能固定空气中游离态氮，增加土壤含氮量。

3.2.4.2 驼绒藜

驼绒藜属藜科驼绒藜属，是荒漠区较为珍贵的野生优良饲用植物，其枝叶繁茂，适口性佳，是一种抗旱、耐寒、耐瘠薄的多年生半灌木。

驼绒藜种子的寿命较短，发芽能力一般只能保持 8～10 个月，超过一年则发芽较差。驼绒藜地上部分生长发育速度较快，枝条长、叶片大，枝叶繁茂，播种当年即可开花结实。株高达 70～124 cm，基茎粗 0.4～0.7 cm，再生性一般，一年只能刈割一次。花果期为 6—9 月。地下部分根颈较粗壮，常裸露地表，主根入土 60 cm 左右，侧根较多，根深平均为 145～170 cm。生长第 2 年根系集中于 0～40 cm 土层中，生长第 3 年的驼绒藜根量大量增加，集中分布在 0～80 cm 的土层中。根系质量和体积一般随土层深度的增加而逐渐减少，根系长度和表面积也随土层深度的增加而逐渐减少。

3.2.4.3　胡枝子

胡枝子属豆科胡枝子属，又名萩、胡枝条、扫皮、随军茶等，属直立灌木。鲜嫩的茎叶是草食性动物的优质青饲料，也可以作为高蛋白的饲料添加剂，具有很高的营养价值。

胡枝子枝叶茂盛，分枝多、细长，叶片宽大。从第 2 年开始，生长速度加快，株高为 1～3 m，现蕾至开花期株高日增长量可达 1.83 cm，人工栽培的二年生植株单株鲜重可达 2.03 kg。根系发达，主根能伸到地下湿土层，侧根发达，有根瘤，根系发育过程中主根增粗不明显，侧根生长速度快，着生在主根四周，集中在主根的中上部，约占总根量的 70%。

3.3　草地植物繁殖与再生

草地植物具有繁殖与再生的特性和能力，能够年复一年地繁衍下去。只有合理利用和管理草地，才能保持草地植物良好的繁殖与再生能力，维持草地较高的生产能力，实现草地的可持续性利用。

3.3.1　草地植物繁殖

3.3.1.1　种子繁殖

种子繁殖是指植物产生有性生殖细胞后，通过两性生殖细胞的结合，形成受精卵，进而发育形成种子，种子在合适的条件下萌发成长为新植株的过程。植物种子成熟脱落后，累积在土壤表面或土壤中，形成土壤种子库。土壤中的种子可以看作是植物群落的一部分，当外部条件适宜时，种子萌发成幼苗，草地植被更新或恢复提供了种子来源，特别是当植物群落受到灾难性破坏或扰动后，土壤种子库可以起到缓冲作用。Thompson 和 Grime(1979)依据种子休眠和萌发等特性，将土壤种子库分为短期土壤种子库(transient seed bank)和长期土壤种子库(persistent seed bank)。短期土壤种子库通常由生活史短、不经休眠、易萌发的种子组成，这些植物的种子成熟脱落后在当季便可萌发。如美国加利福尼亚州的一年生草地植物只能形成短期土壤种子库(Gibson,2009)。而有些植物的种子成熟脱落后，长期处于有活性且休眠的状态，在第 2 个生长季以后才能萌发，这类种子可形成长期土壤种子库，如止血马唐、羊草和针茅等植物的种子。土壤种子库类型与种子的生物学特征可能存在相关性，长期土壤种子库的种子小，易于进入深层土壤而不易被动物掠食，而短期种子库土壤中的种子大而平或长。种子在土壤中保存的时间与种子大小及种皮厚度有关，一般体积大、种皮厚的种子保存的时间较长，不过还需要依据种子的萌发特性来判断种子在土壤中的保存时间。总体来讲，持久种子库的种子比临时种子库的种子对受干扰生境的适应能力更强。

温度、光照长短和湿度是土壤种子库种子萌发的主要决定因素。不同植物种子对发芽温度的要求不同，而有些植物种子需要温度的变化来打破休眠，例如鸭茅和多年生黑麦草。种子的光敏素系统控制了种子萌发对日照长短的响应。一般红光促进萌发，而远红光抑制萌发。在绿色的植物群落下方，红光和远红光比例较低，因而会抑制一些植物种子的萌发，例如白三叶草和草地早熟禾。众所周知，种子吸水是萌发的第一步，而干旱胁迫会显著降低种子的萌发。其他因素，例如土壤的物理特征（如土壤板结）和化学特征（如 pH、NO_3^- 和盐碱等）也会影响种子萌发。

种子萌发后，幼苗的建植受到非生物因素和生物因素的影响，其死亡率较高。非生物因素包括，土壤的掩盖、低光、干旱和火烧等。在森林草原、草甸草原、亚高山和高山草原，植被郁闭过多和光照不足等导致幼苗逐渐死亡。在荒漠或半荒漠等植被稀疏的草地中，也会出现由干旱、营养物质缺乏等导致的幼苗枯死。生物因素包括动物采食、病原微生物、丛枝菌根真菌和物种间的竞争等。由于植物幼苗养分比较丰富，极易受到蝗虫等动物的采食，从而提高幼苗的死亡率。Janzen-Connell 假说提出，离母株植物越近，其死亡率越高，进一步研究表明，母株植物在生长过程中会在周围环境中累积很多具有宿主专一性的病原菌，这些病原菌会侵染该种植物的幼苗，抑制同种植物幼苗建植，而对其他植物没有影响，因而有助于维持群落中的植物多样性。成株植物与土壤中的丛枝菌根真菌形成互利共生关系，在土壤中产生大量的孢子和菌丝网络，在幼苗建植过程中，幼苗可以很快被菌丝或孢子侵染，并从中获得养分和水分，促进幼苗的建植。

一般天然放牧地和割草地中牧草种子繁殖比例很低，这主要是由于家畜的啃食和人工割草的干扰，导致牧草常常不能形成生殖枝，更不能产生种子。种子繁殖的幼苗，在生活初期仅仅依靠种子内有限的营养物质，生长非常缓慢，较营养繁殖的枝条在生长初期的速度慢得多。尽管种子繁殖在天然草地上所占的比例很小，但种子繁殖是营养繁殖的基础，对在天然植被中维持主要植被成分的生活力和产量具有决定性的作用。因此，在草地生产实践过程中，要特别注意主要植被成分的种子繁殖，在草地经营管理过程中采取一系列的利于牧草种子繁殖的措施，如定期休闲、延迟放牧、晚期割草等，保证草地有足够数量的种子繁殖，提高草地生产能力。

3.3.1.2 营养繁殖

营养繁殖是指用植物体的某一营养器官获得一株完整的植物。营养繁殖越强，植物占据的草地面积越大，产草量也越高，它能反映植物在草群中竞争能力的强弱。天然植被中很多草本植物具有专门的营养繁殖器官，如根茎、匍匐茎、鳞茎、块茎、分蘖节和根蘖等。

以根茎进行营养繁殖的草类，更新芽位于根茎的鳞片状脉内，这类芽发育成地上枝条的同时在地下形成根系，当根茎腐烂或者机械损伤切断根茎后，每一段根茎便形成一个独立的新的个体。以此方式进行营养繁殖的主要是禾本科和莎草科植物，其中莎草科的苔草属和嵩草属牧草其根茎保持生长状态和时间比禾本科长，长者可达 20 年左右。由于根茎型草类的根茎可以在地下纵横交错生长，在根茎上的芽及时补充母株死亡后的空间位置，根茎型草类容易形成单优群体，并且在适宜的条件下维持不变，如羊草、草地早熟禾和无芒雀麦等禾本科牧草及莎草科苔草属的草原苔草、寸草苔，嵩草属的西藏嵩草和长芒嵩草等。

以匍匐茎进行营养繁殖的草类，主要生长在气候湿润地区。这类草在母株茎生叶的叶腋内产生匍匐茎，匍匐茎的基本功能在于从母株分生子株，并在子株发育的初期供给其营养物质。匍匐茎平铺于地面生长，每个茎可以产生出叶、芽和不定根，与整体分离后可以产生新的个体，如鹅绒委陵菜、狗牙根和地三叶草等。

以鳞茎繁殖的草类，主要是单子叶植物中的百合科植物，在干草原、荒漠草原和山地草原比较多。鳞茎得到每年死亡的叶子保护下并处于较深的土壤中，是更新芽度过每年夏季干旱和冬季严寒的特有方式。此类草可以从顶芽和侧芽长出花茎，开花结实，又可从腋芽形成子鳞茎，进行营养繁殖，如蒙古韭、山韭等。

以块茎进行营养繁殖的草地，主要分布于山地草原地区。在发育不良的多砾石土壤条件下较为常见。此类草不仅具有地下茎，而且地下茎末端常肥大呈块状，是一种适应贮藏营养和越冬的变态茎，其表面有许多芽眼，作螺旋状排列。芽在生长季萌发，生长发育成新的地上枝条。此类草包括块茎糙苏、半夏等。

有些草地植物，虽然不具备专门的营养繁殖器官，但它们也能在其母株茎的基部茎节和根产生更新芽，形成地上枝条。多年生植物每年春季在解冻融雪后，生长出的地上绿色枝条主要借助茎基部的更新芽。在生长季内，牧草在放牧或刈割后重新长出的地上枝条，也是由茎基部的更新芽发育形成的，如紫花苜蓿、红豆草和百脉根等。

丛生禾本科草类也能在茎的基部分蘖节处形成更新芽，进而发育成地上枝条。丛生禾本科草由于分蘖的结果，它们的第 1 个枝条往往位于枝丛中央，由它产生的第 2 级枝条位于旁边，依次产生下一级枝条，若干年后株丛中央(较老的枝条)便形成一些枯死的枝叶，而活的枝条(年轻的枝条)在株丛四周外围，当株丛中央死亡的部分被土覆盖，其他植物便可在植株中央部分生长，并加速株丛的破坏。当破坏部分发生死亡时，整个株丛在地上部形成几个独立的小株丛。

还有一些草类，只有在某些特定的生长条件下或外界影响下才能表现出营养繁殖能力，如将地上部分用土埋后可以变成根茎、损伤根系后变成根蘖等。有研究表明，紫花苜蓿可通过叶片扦插或复叶扦插的方式获得成株，从而进行无性繁殖，对其喷施生根剂等还可提高其成活率。

有关草地植物营养繁殖的研究很多，有学者认为植物长期进行营养繁殖会导致有机体退化，有学者则认为无性繁殖系本身不是个体，不可能退化，其原因是植物的芽是幼嫩的，由芽产生的每个枝条，不仅能形成地上器官，而且能产生独立的根，这样有机体可能完全更新。

随着年龄的增长，牧草产量、光合产物和其生理活动都发生明显的变化，但芽和营养器官形成新枝条的能力在较大程度上保持一定的稳定性。研究发现，将不同年龄猫尾草植株的分蘖枝在相同的条件下栽培，其差异不大(表 3-4)。

表 3-4　不同年龄猫尾草(*Phleum pratense*)植株的芽形成枝条的高度　cm

芽的年龄	测定日期				
	8 月 1 日	8 月 10 日	8 月 20 日	8 月 30 日	9 月 10 日
2 年	11.4	—	24.5	40.0	56.5
6 年	9.1	16.4	30.3	44.4	51.3

(引自内蒙古农牧学院，1999)

在管理得当、利用合理的情况下，像羊草等植物主要以营养繁殖来维持种群的自然更新，并可在适宜的条件下保持其单优群落长久不变。适度的放牧利用可促进羊草和冰草种群的分蘖节上的芽形成新的植株。放牧强度、放牧时期、火烧和松土等草地利用和改良措施都会影响植物的繁殖，因此，多年生草类营养繁殖能力的下降，除了植物固有的生物学特性外，在一定时期内是由于环境条件的恶化所导致，并不是有机体的衰老。

3.3.2 草地植物再生

3.3.2.1 草地植物的再生性

植物经放牧和刈割后重新生长的特性称为再生性，这种重新生长的能力称为牧草的再生能力。再生能力是长期自然和人为选择的结果，其再生性的好坏是牧草生活力的表现，也是衡量其经济特性的一项重要指标。再生能力包括再生速度、再生次数和再生强度。再生速度指牧草利用后，单位时间内增长的高度(cm/d)。再生次数指在生长期内牧草能够忍受刈割或放牧利用的次数。再生强度指牧草利用后，单位时间内牧草增长的干物质质量(g/d)。再生强度常用两种方法表示：一种是以各次再生草干物质产量与第一次利用时干物质产量之比；另一种是每次再生草的干物质产量与全年干物质产量的总和之比，以“%”来表示。

植物放牧或刈割后再生的牧草为再生草。再生草的形成可以区分为以下 4 种类型。

(1)短营养枝继续再生　短营养枝高度较低，生长点位于植株基部，刈割或放牧后不易遭受破坏，鞘内叶的生长形成新的叶片。

(2)长枝(生殖枝和长营养枝)的继续生长　株丛中的一些长枝，只要生长点未被破坏仍可生长。生长点被破坏的长枝只是节间拉长，生长量有限。如果利用时没有触及它们的生长点，如一些多年生牧草在抽茎拔节阶段利用时，因生殖枝的生长点位于生殖器官的基部而不易被损伤，在这种情况下，长枝能够生长，但发育较弱，同未利用的长枝条相比，它具有残缺不齐的叶片和枝条。

(3)腋芽的继续生长　很多杂草类以及豆科草类，利用留茬中的腋芽长成新的枝条。

(4)位于地表和地下(如根茎等)芽的生长，形成新的枝条。

上述 4 种生长方式，有时以一种为主，有时可能兼有几种。一般来说，短枝的再生和由根茎、分蘖节、根颈、根蘖节上的芽形成的新枝条对产草量有较大意义。割草地和放牧地主要是这两种枝条，因为利用后短枝株丛拥有较多的叶片，可以利用自身的光合作用形成枝条。但如果放牧或刈割留茬过低，再生主要由休眠芽形成新枝条。

3.3.2.2 影响草地植物再生性的因素

草地牧草的再生能力取决于它们的生物学特性、放牧和刈割利用制度、牧草生长环境条件及光合产物的含量。

1. 生物学特性

不同牧草再生能力不同。豆科牧草普遍高于禾本科牧草，但在豆科植物中又因种类不同差别也很大。有的豆科植物再生能力强，生长迅速，再生草产量高，如紫花苜蓿、白三叶草等；有的再生能力弱，生长速度慢，产草量也低，如红三叶草、红豆草等。再生力强的禾本科牧草有：草地早熟禾、多年生黑麦草、羊茅、无芒雀麦和鸭茅等；再生力弱的禾本科牧草有：鹅观草、冰草和糙隐子草等。其他科草的再生能力相差很大，分布湿润气候条件下的莎草科中的苔草属和嵩草属植物其再生能力普遍较强，而菊科的蒿属植物再生速度比其他科的植物要更慢一些。

2. 利用时期

多年生草类第一次刈割和放牧的时期对其再生速度产生影响。牧草成熟后，干物质含量增加,但是消化率降低,因此调制干草收割期应选择干物质含量与消化率的最佳平衡点。另外,牧草刈割利用时不仅考虑第 1 次刈割时的产量,还要考虑再生草的产量,即全年的总产量。研究表明,调制干草的禾本科牧草刈割适宜时期为抽穗期至开花期,豆科牧草和其他双子叶植物为开花初期到盛花期。放牧草地的禾本科牧草适宜放牧的时期为分蘖期,莎草科应在分蘖停止(即叶片长到成熟叶片大小时)放牧,双子叶植物应在分枝期进行放牧。一般在生长早期,即在开花前进行刈割或放牧,再生草产量较高;刈割太晚,牧草的再生速度慢。但也应注意,草地过早放牧或刈割也不理想,因为这会导致第一次产量大大降低,从而影响草地全年的总产量。

3. 利用强度

放牧周期、放牧频率及放牧强度均与草地的利用强度有关。有学者曾对高山草地春季放牧地进行禾本科牧草放牧强度试验。结果表明,连续放牧 2～3 周的草地,其牧草的产量要比不放牧或连续放牧超过 3 周的产量都高,这说明牧草未经放牧的刺激,其产草量较低,同时也表明放牧过重也会降低牧草的再生力,特别是对牧草根系的生长产生影响。Launchbaugh (1975)对格兰马草进行的放牧观测试验也证实了这一点(图 3-20)。经过适度放牧,根系长度可达 121.9 cm,而重度放牧不足 30 cm,严重影响第 2 年的产量。

在牧草生长期适宜的刈割次数可促进牧草的再生,从而提高牧草的生产量,但频繁的刈割会使牧草丧失恢复生长和再生的能力。

草地放牧或刈割利用的留茬高度会影响牧草的再生。保持一定的留茬高度,有助于牧草的再生,因留茬中保存有光合产物,且留茬中大量的叶子可以进行光合作用,供给留茬中再生芽生长所需的营养物质及能量。可见,在一定限度内,适当的刈割和放牧可以刺激其再生。当然,留茬高度过高和过低都不利于牧草的再生。留茬过低,留茬叶量少,光合产物少,生长点保留的少。留茬过高,残存茎会消耗大量的水分和养分,从而抑制再生芽的生长。图 3-21 显示,如果作为代谢贮藏的大部分茎叶未被损伤,那么放牧将不会对牧草造成损害,如果没有这些代谢物质贮藏,植物最终将萎缩并且死亡。

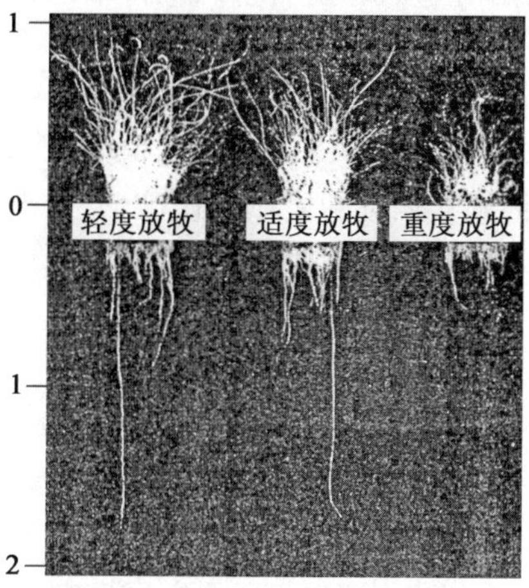

图 3-20　放牧强度对格兰马草(*Bouteloua gracilis*)地上部分和根生长的影响

(引自 Launchbaugh,1975)

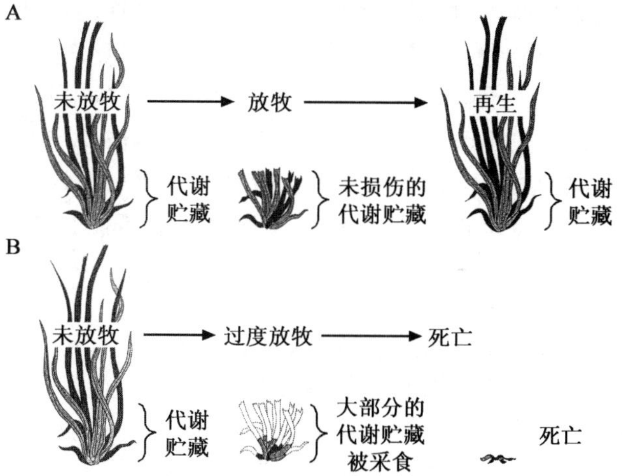

图 3-21　贮藏物质被采食导致植物死亡

(引自 Owen et al.,1998)

植物的光合产物对再生有决定性的影响。它是植物早春萌发生长和刈割后再生的先决条件。牧草地上部的叶片是光合产物合成的主要器官，叶片的多少及叶面积大小影响牧草有机物质的合成。据测定，不同种类的牧草，每平方米叶面积光合作用合成糖的速率是0.8～1.8 g/h。牧草刈割或放牧后，进入根部的营养源被阻断，只有靠地下器官和留茬中的光合产物来供给根部的生长。光合产物越多，再生形成的枝条越多，但过度利用，过多消耗贮藏的营养，会降低牧草的再生能力。

4. 环境因素与管理措施

牧草生长气候、土壤等环境条件以及农业技术措施等外界条件很大程度上影响牧草的再生。牧草的再生过程需要消耗大量的养分和水分，其中一部分来自自身的储存，另一部分需要从周围环境中获取。气象条件影响环境温度、光照强度和土壤养分，决定了牧草的养分和水分获取能力，从而调节牧草的再生能力。环境条件好能促进牧草的生长和再生，环境条件差或者某个因素不足就会影响牧草的迅速生长和再生，如干旱会极大地降低牧草再生。此外，土壤的生物、化学和物理因素都会影响牧草再生。如土壤团聚体结构稳定，通透性状况良好，能加强牧草再生，水分充足伴随着养分的可利用性增加，也有助于牧草再生。丛枝菌根真菌等土壤中的有益微生物，促进牧草的养分和水分吸收，提高其再生能力。而草地刈割等利用方式，可能会促进土传病害的传播，危害牧草再生。

刈割和放牧利用后，合理施肥、灌溉和松耙等农业技术措施均能刺激牧草的再生。春季施肥可以促进多年生牧草返青和生长，通常以施氮肥为主，配合施入一定量的磷肥、钾肥。牧草每次刈割或放牧利用后，通过合理追施氮肥可提高牧草的再生性和产草率。秋季施磷肥、钾肥，可促进牧草的根系发育和提高再生能力，利于牧草安全越冬。干旱地区和缺水地区的灌溉，能提高牧草的再生性。通常情况下，牧草早春返青后浇返青水，有助于牧草的繁殖和再生。禾本科牧草从分蘖到开花以前，豆科牧草从孕蕾至开花这段时间需要的水分最多，是最适宜的灌溉时期。此外，每次刈割后必须灌水，因为刈割后土壤水分蒸发量突然增长，对牧草生长发育损害很大。所以，刈割后浇水，可以为牧草再生供给必要的水分。在冬季积雪少而干旱地区的放牧地，在牧草的各发育阶段，都应适时、适量地进行灌溉，促进牧草的再生和维持草地较高的生产能力。

为了改善土壤的透气状况，加强土壤微生物的活动，促进土壤中有机物质分解，必须对草地进行松土改良。耙地可清除草地上的枯枝残株，以利于新的嫩枝生长，耙地还能促进根茎性草类的再生。掌握牧草再生特性及其影响因素，制订合理的利用制度和农业管理措施，对维持较高的牧草再生能力，提高草地总产量具有重要的作用。

思考题

1. 简述植物的生活型及各自特征。
2. 草地植物枝条的形成类型有哪些，特征是什么？
3. 概述禾本科植物的发育过程。
4. 多年生草本植物再生类型及其影响因素有哪些？

参考文献

[1] 曹致中. 草产品学. 北京：中国农业出版社，2005.
[2] 陈宝书. 牧草饲料作物栽培学. 北京：中国农业出版社，2001.

[3] 崔航，李立颖，谢小林，等. 不同基因型柱花草的根系构型差异及其磷效率. 草业学报，2013，22(5)：265-271.
[4] 东北农业大学. 草地学. 北京：中国农业出版社，1982.
[5] 董宽虎，沈益新. 饲草生产学. 北京：中国农业出版社，2003.
[6] 顾洪如. 优质饲草生产大全. 南京：江苏科学技术出版社，2002.
[7] 韩建国. 牧草种子学. 北京：中国农业大学出版社，1997.
[8] 洪杰，刘英俊，张明，等. 野苜蓿营养繁殖研究. 内蒙古草业，2005，17(2)：39-40.
[9] 贾慎修. 草地学. 北京：中国农业出版社，1982.
[10] 姜慧敏，宝音陶格涛. 黄花苜蓿根系生长特征研究. 中国草地学报，2014，36(1)：53-56.
[11] 李海燕，李建东，徐振国，等. 内蒙古图牧吉自然保护区羊草种群营养繁殖特性的比较. 草业学报，2011，20(5)：19-25.
[12] 李立，周泽生. 红豆草根系的研究. 水土保持通报，1993，13(6)：39-42.
[13] 南京农学院. 饲料生产学. 北京：中国农业出版社，1980.
[14] 内蒙古农牧学院. 草原管理学. 北京：中国农业出版社，1999.
[15]《内蒙古植物志》编辑委员会. 内蒙古植物志. 第二卷. 呼和浩特：内蒙古人民出版社，1978.
[16] 牛西午，丁玉川，张强，等. 柠条根系发育特征及有关生理特性研究. 西北植物学报，2003(05)：860-865.
[17] 牛西午. 柠条研究. 北京：科学出版社，2003.
[18] 潘瑞炽，董愚得. 植物生理学. 北京：人民教育出版社，1981.
[19] 蒲金涌，姚晓红，汪丽萍，等. 紫花苜蓿根系生长特征研究. 草业科学，2018，25(10)：43-47.
[20] 任继周. 草业大辞典. 北京：中国农业出版社，2008.
[21] 孙吉雄. 草地培育学. 北京：中国农业出版社，2000.
[22] 孙宗玖，安沙舟，李培英. 封育方式下伊犁绢蒿可塑性贮藏营养物质的动态变化. 草业科学，2008，25(10)：70-74.
[23] 王栋. 牧草学各论. 南京：畜牧兽医图书出版社，1956.
[24] 西北植物研究所. 黄土高原植物志. 第二卷. 北京：科学出版社，1992.
[25] 徐柱. 中国牧草手册. 北京：化学工业出版社，2004.
[26] 许志信. 草地经营. 呼和浩特：内蒙古大学出版社，1989.
[27] 杨青川，王堃. 牧草的生产与利用. 北京：化学工业出版社，2002.
[28] 杨允菲，李建东. 不同利用方式对羊草繁殖特性的影响及其草地更新的分析. 中国草地，1994(5)：34-37.
[29] 杨允菲，李建东. 松嫩平原几种根茎型禾草种群的营养繁殖及其持续更新分析. 草业学报，1996，5(2)：43-48.
[30] 易津，曹自成. 草地发育规律的研究. 内蒙古农牧学院学报，1988，9(1)：114-119.
[31] 易津，王学敏，乌仁其木格，等. 驼绒藜属植物生物学特性研究进展. 草业学报，2003，11(2)：87-94.
[32] 占布拉，陈世磺，张昊. 冷蒿的特性和生态地理分布的研究. 内蒙古农牧学院学报，1999(1)：1-7.

[33] 张慧敏. 胡枝子育苗造林技术. 山西林业,2017(2):24-25.
[34] 郑伟. 伊犁绢蒿的生态学特性及利用和保护研究进展. 草原与草坪,2013,33(3):68-75,83.
[35]《中国饲用植物志》编辑委员会. 中国饲用植物志. 第一卷. 北京:中国农业出版社,1987.
[36]《中国饲用植物志》编辑委员会. 中国饲用植物志. 第二卷. 北京:中国农业出版社,1989.
[37]《中国植物志》编辑委员会. 中国植物志. 北京:科学出版社,1979.
[38] 祝廷成. 羊草生态生物学. 长春:吉林科学技术出版社,2004.
[39] Cook C W. Carbohydrate reserves in plants. Utah: Agriculture Experimental Station Research Series,1966.
[40] Gibson David J. Grasses and grassland ecology. Oxford:Oxford University Press,2009.
[41] Launchbaugh J L. The effect of stocking rate on cattle gains and on native shortgrass vegetation in west-central Kansas. Kansas: Agriculture Experimental Station Bullet, 1975,394.
[42] Owen O S, Chiras D D, Reganold J. Natural resource conservation. 7th ed. London: Prentice Hall,1998.
[43] Parker K G. The nature and use of Utah range. Utah:Univ. Ext. Circ. ,1969.
[44] Tainton N. Pasture management in South Africa. South Africa: University of Natal Press,1999.
[45] Thompson K,Grime J P. Seasonal variation in the seed banks of herbaceous species in ten contrasting habitats. Journal of Ecology,1979,67(3): 893-921.
[46] van der Heijden M. G. A. Arbuscular mycorrhizal fungi as support systems for seedling establishment in grassland. Ecology Letters,2004,7(4): 293-303.

第4章
草地植物生理生态

本章学习目的与要求

1. 了解草地植物的生理代谢特点。
2. 掌握草地植物对放牧的响应类型与机制。
3. 掌握草地植物原生演替和次生演替的特点及其关键影响因子。

草地管理措施需要根据草地基本情况确定。放牧、刈割、灌溉和施肥等管理利用措施对草地植被的影响通过牧草植株个体表现来反映。牧草植株个体通过光合作用形成其生长所必需的碳水化合物、蛋白质、糖类、脂类、核酸和激素。叶片是植株进行光合作用的重要器官。因此，理解不同管理利用措施对草地植物群落或个体生理生态的影响，可为规划和制订适宜的草地管理方案提供理论指导。无论是天然草地还是栽培草地，其利用方式主要有两种：一是放牧家畜采食；二是刈割利用（适时刈割收获可利用牧草，并进一步加工调成草产品）。本章着重讨论刈牧（defoliation）干扰下牧草的生理生态响应。

4.1 草地植物生理代谢

草地管理通常以植物群落或种群为对象，但群落或种群对放牧、刈割、灌溉和施肥等管理利用措施的响应均受植物个体的影响。因此，理解植物个体生理过程是草地植物群落、种群生理生态响应的基础，也是草地管理利用的基础。草地植物管理通常基于以下 4 个基本原则。

（1）草地植物是放牧动物重要的能量来源。

（2）植物体内有机物质（糖、蛋白质、脂肪、核酸和激素）的形成主要依靠叶片的光合作用。

（3）植物不能从土壤中获得其生长发育所必需的所有原料。绿色植物的生长和生存需要依靠其叶片等组织的存在。

（4）叶片被采食或刈割后，其有机物质的生成能力降低。

上述原则中包含着复杂的生理代谢过程。代谢（metabolism）是维持生命活动过程中各种化学变化的总称。植物生理代谢主要研究水分代谢、矿质营养、光合作用、呼吸作用、植物体内有机物质（糖、蛋白质、脂肪、核酸和激素）的转化和运输等各种生理活动规律及其过程，它们是各项生命活动的基础和微观体现。

4.1.1 植物的水分代谢

陆生植物是由水生植物进化而来的，因此，水是植物生存和生长不可缺少的"先天"环境条件。植物细胞内的水分通常呈束缚水（与细胞组分紧密结合而不能自由流动的水分）和自由水（未与细胞组分相结合可以自由流动的水分）两种状态。自由水参与各种生理代谢过程，它的数量制约着植物的生理代谢强度，如光合速率、呼吸速率和生长速度等。自由水占植株总含水量的比例越大，则代谢越旺盛。束缚水不参与生理代谢过程，但植物需要微量的代谢强度以抵抗不利的外界环境条件。因此，束缚水的含量与植物抗性的大小有密切关系。

植物体不断地从外界环境中吸收水分，以维持正常的生命活动，但同时也不可避免地将水分散失到环境中。这样就形成了植物水分代谢（water metabolism）的 3 个过程：水分的吸收、水分在植物体内的运输和水分的排出（图 4-1）。

植物对水分的吸收主要包括植物细胞对水分的吸收和植物根系对水分的吸收。植物细胞吸水有吸涨吸水、渗透性吸水和代谢性吸水 3 种方式。种子萌发前的吸水，分生组织中形成的幼嫩细胞的吸水，植物细胞蒸腾时失水的细胞壁从原生质体中获取水分都靠吸涨吸水。渗透性吸水是植物细胞形成液泡后的主要吸水方式，靠渗透作用（osmosis）实现吸水。所谓渗透作用，是指水分从水势高的系统通过半透膜向水势低的系统移动的现象。代谢性吸水是指利用细胞呼吸作用释放出的能量，使水分经过质膜进入细胞的过程，由该方式获取的水分只占总吸水量的一小部分。

植物根系对水分的吸收分为主动吸水（active absorption of water）和被动吸水（passive absorption of water）2 种方式。由根系代谢活动引起的根系从外界环境吸水的过程称为主动吸水，其吸水动力为根压（root pressure），与地上部无关。被动吸水是指由植物地上部的蒸腾作用引起的根部吸水现象，其吸水的动力来自蒸腾拉力（transpiration pull），与植物根系的代谢活动无关。通常情况下，由于植物蒸腾作用较强，被动吸水是植物吸水的主要方式。只有在蒸腾强度较低（如春季叶片尚未展开）时或当蒸腾作用受到抑制时，被动吸水才不占主要地位。

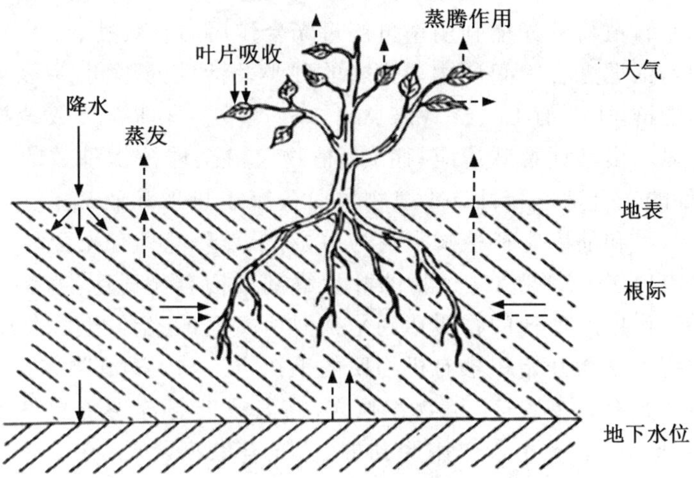

图 4-1　土壤-植物-大气连续体中水分流动途径

（引自 Sosebee et al.，1977）

水分在植物体内的运输途径一般为：土壤水分→根毛→皮层→内皮层→茎部导管→叶柄导管→叶脉导管→叶肉细胞→叶肉细胞间隙→气孔下腔→气孔→大气。运输动力主要有下端原动力——根压、上端原动力——蒸腾拉力、中端原动力——水分子间的内聚力和导管壁附着力。一般情况下，蒸腾拉力是水分上升的主要动力，但要使导管内的水柱保持连续不断，就必须依靠水分子间的内聚力（cohesive force）（可达 20 MPa）和水分子与细胞壁分子之间的附着力（adhesive force）（可达 100 MPa）。因此，3 种原动力常常相结合以保证水分源源不断地从植物的根部运送到各个器官。

植物吸收的水分只有极少部分用于自身的组成与代谢，绝大部分都散失到植物体外。水分从植物体散失到外界的方式有 2 种：一是水分以液体状态散失到体外，即吐水（guttation）现象（未受伤的植物如果处于土壤水分充足、气候潮湿的环境中，其叶片尖端或边缘液体外泌的现象）；二是以气体状态通过植物体的表面（主要是叶片）从体内散逸到体外，即蒸腾作用（transpiration），这是植物主要的排水方式。蒸腾作用的生理学意义为降低叶片温度，保护叶片不被太阳光灼伤。蒸腾过程中水变为水蒸气需要吸收热能，1 g 水变成水蒸气在 20 ℃时需要的能量为 2 444.9 J，30 ℃时需要的能量为 2 430.2 J。

4.1.2 植物的光合作用

植物通过叶绿素吸收太阳能，利用二氧化碳和水制造有机物并释放氧气的过程，称为光合作用。植物进一步将光合作用合成的单糖转化为多糖和淀粉作为能量储备，形成细胞壁的粗纤维和半粗纤维，或与氮结合形成蛋白质。植物生长所需的物质和能量主要通过光合作用获取，干物质中 90%～95%来自光合作用。照射到地面的太阳光能，只有可见光的一部分能被植物吸收利用。照射于叶面上的太阳能量并不能全部被叶片吸收，一部分被反射并散失到空间，一部分则透过叶片而没有被吸收。被叶片吸收的太阳能量大部分转变为生物能量。这些能量在植物的蒸腾作用和呼吸作用过程中发挥作用。植物的光能利用率(efficiency of solar energy utilization)是指单位面积上植物光合作用累积的有机物所含的能量与照射在同一地面上的日光能量的比率。植物的光能利用率可衡量光合作用的有效性。

植物光合类型是依据光合中间产物羧化酶的种类及活性的不同，以及叶绿体维管束结构差异划分的植物功能群，主要有 C3、C4 和 CAM 3 种类型。全球大多数植物属于 C3 类型，除光合适温偏低外未显示出其他特殊适应；而 C4 植物仅占全球植物种数的 0.005%，因其对高温、强光及干旱条件的光合适应特性，C4 植物主要分布于热带和亚热带干旱地区；CAM 植物以景天科、凤梨科、兰科和仙人掌科植物类群为主，对干旱环境具有光合和形态的双重适应性，主要分布于热带沙漠地区。C3 和 C4 植物的叶片解剖结构有显著区别(图 4-2)。植物光合作用的同化产物与呼吸作用所消耗的物质达到平衡时所接受的光照强度的下限称为光补偿点。光补偿点是光合作用下植物开始积累有机物质的平衡点。与 C3 植物相比，C4 植物具有更低的光补偿点和更高的光合效率。C4 植物在强光、高温或低温等逆境条件下有更好的防御功能，而 C3 植物在强光、高温下光合作用受到抑制，光合效率降低；在干旱条件下叶片气孔关

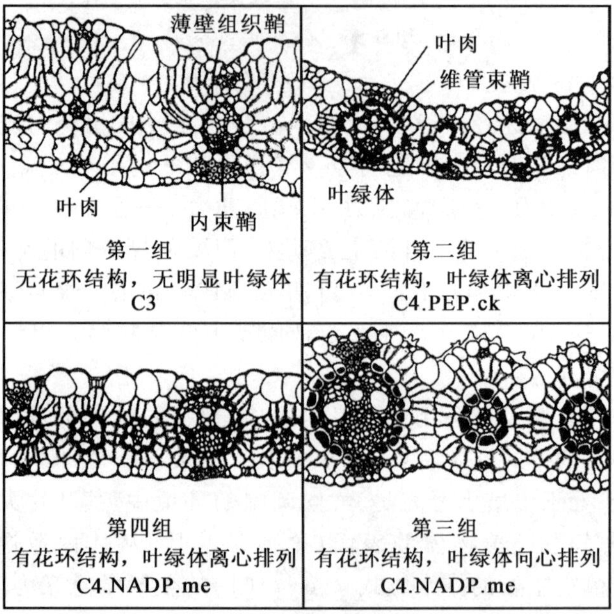

图 4-2　C3 与 C4 植物的叶片解剖结构

(引自 Tainton，1999)

闭，C4 植物能利用叶肉细胞间隙的低浓度 CO_2 进行光合作用，而 C3 植物则不能。从进化途径来看，C3 植物较原始，C4 植物更为进化（表 4-1）。C4 植物的最大光合速率约为 C3 植物的 2 倍。热带禾本科牧草以 C4 光合途径为主，另外，以 C4 光合途径为主的植物还包括莎草科和其他单子叶植物。

表 4-1　C3 与 C4 植物光合作用特征比较

项目	C3 植物	C4 植物
叶片结构	叶肉细胞排列松散，无明显的维管束鞘	维管束鞘的外侧密接一层呈环状或近于环状排列的叶肉细胞（“花环”结构）
羧化作用的最初产物	3 碳酸	4 碳酸
主要羧化酶	RuBP 羧化酶	PEP 羧化酶
光合速率最大值/[μmol/(m^2 · s)]	6～22	19～65
氧气对光合作用的抑制作用	有	无
光呼吸	高	低（仅在维管束鞘中）
CO_2 补偿点/(μL/L)	30～70	1～10
CO_2 饱和点/(μL/L)	500 或更高	200～250
^{13}C 的区别	高	低
叶绿体	单一结构	两种结构
气孔导度	高	低
叶肉导度	低	高
光饱和水平	低	高
最适温度	低	高
蒸腾	高	低
水分利用效率	低	高
氮利用效率	低	高
生产率	低～高	高

（引自：Fitter and Hay，1981；Devlin and Witham，1983；Salisbury and Ross，1985；Farquhar et al.，1989；Hay and Walker，1989）

4.1.3　植物贮藏营养物质及其动态变化

4.1.3.1　贮藏营养物质

植物在光合同化过程中所形成的有机物，一部分消耗于正在生长的器官，如茎、叶和根的形成；另一部分则运送到贮藏器官中贮藏起来，供植物在胁迫下（饥饿或养分合成受到障碍）利用。这种营养物质被称为贮藏营养物质。

植物的贮藏营养物质主要有糖类、脂肪和蛋白质 3 种。贮藏糖类最多的是淀粉，它是不溶于水的粒状物质。同化过程中形成的单糖是植物新陈代谢和植物营养的原始材料，单糖可转化为淀粉贮藏于叶片、果实、种子及其地下贮藏组织；在利用时，淀粉经过酶的作用水解转化为麦芽糖、葡萄糖供植物生长发育。脂肪在常温下是液态，不溶于水；脂肪填充在贮藏器官内，在利用时水解转化为甘油和脂肪酸，同时释放大量的热能。蛋白质以两种方式贮藏：一种以液态或胶体状态保存，另一种则以固体和结晶状态贮藏。蛋白质部分存在于溶液中（如细胞液），另外部分以胶体状态存在（如原生质）。蛋白质易于水解，经蛋白酶的作用可再分解为氨基酸，再经氨基酶的作用继续分解而被利用。

植物营养物质主要贮藏在果实、种子、木质部、分蘖节、根和地下贮藏器官中。一年生牧草的营养物质主要贮藏在种子中；越年生牧草，第一年贮藏在各类营养器官（如根和根茎）中，次年积累于种子中。多年生牧草营养物质主要贮藏于植物的根系、茎的基部、分蘖节（根颈）和根茎中，其中植物的茎基部、分蘖节以及根茎中贮藏的数量较多，而根系中较少。多年生牧草茎的基部和分蘖节都贮有大量的营养物质，高强度割草或放牧都将影响牧草生产。大量的根系和地下根茎也是重要的贮藏处所，地下部发育良好的牧草具有强大的再生力，能抵抗频繁的割草和放牧。

植物的贮藏营养物质主要有以下几个用途。

（1）早春萌发和利用后的再生　当牧草返青或再生时，新合成的养料已不能满足需要，必须靠贮藏的营养来恢复生长。

（2）夏季植物生长期，用于抵抗外界高温环境　在高温季节，植物生长减缓或受到抑制，贮藏物质可水解产生可溶性碳水化合物，用于渗透调节保持植物生活力。

（3）植物休眠也需贮藏的养分维持其生活力　休眠时期植物生命活动并未停止，仍然存在呼吸作用带来的能量消耗，因此必须有足够的贮藏物质进行补偿，另外贮藏营养物质也是植物休眠后萌芽的需要。

4.1.3.2　*贮藏营养物质的动态变化*

植物贮藏营养物质的消耗和积累动态与植物生长发育时期有密切联系。图 4-3 为典型草原植物一年中的主要生理事件，表示干旱夏季和寒冷冬季草原植物的典型生长模式。一般来说，植物发育最强烈的生长时期，贮藏养分含量最低；植物生长缓慢时，贮藏养分含量上升。当牧草萌发生长时不具备光合同化能力，主要依靠贮藏的营养物质；在萌发过程中，贮藏的营养物质含量急剧减少。植物分蘖以后，新枝具有足够的叶片进行光合作用，贮藏营养物质含量开

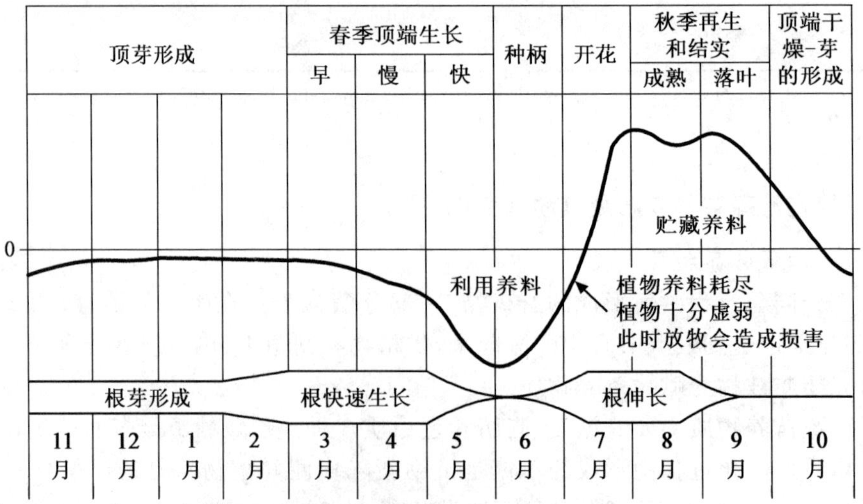

图 4-3　典型草原植物一年中的主要生理事件

（引自 Parker，1969）

始逐渐增加；碳水化合物贮藏一般从 4 叶片开始逐渐增加(图 4-4)，至春季分蘖结束前达到一个小高峰。当植物抽穗时，茎的强烈生长开始消耗养分，贮藏养分含量略有下降；抽穗后快速生长停止，贮藏的营养物质又开始增加，到结实前达到高峰。冬季休眠期，植物呼吸消耗贮藏营养物质(表 4-2)。

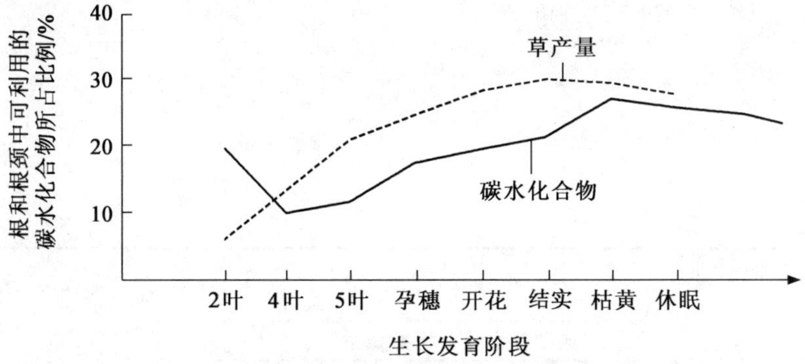

图 4-4　碳水化合物贮藏随植物生长发育的变化趋势

(引自 Cook，1966)

表 4-2　无芒雀麦和鸭茅贮藏物质含量动态(干物质基础)　　%

牧草名称	贮藏器官	春季萌发	分蘖	抽穗	开花	结实	死亡
无芒雀麦	地下部	10.05	34.60	20.50	27.35	31.25	15.35
	分蘖节	—	29.47	28.66	31.30	30.50	16.82
	茎	—	—	52.25	41.75	44.18	14.82
	叶	—	37.80	38.95	33.90	13.57	8.49
鸭茅	地下部	12.75	18.25	11.77	15.05	13.45	9.23
	分蘖节	—	25.80	24.80	34.35	36.65	18.78
	茎	—	—	37.15	36.20	37.62	11.80
	叶	—	19.30	26.45	22.40	12.15	—

多年生牧草贮藏营养物质积累动态与上述牧草生活周期所表现的营养物质动态规律基本相符合。牧草地下器官贮藏营养物质的量在春季萌发期最低，分蘖期含量最高。当地上器官强烈生长时(如拔节或抽穗期)，地下器官贮藏营养物质的量下降。这种下降说明牧草在拔节、抽穗时，光合作用制造的营养物质不能满足植物生长的需要，从而消耗地下器官贮藏的营养物质。

牧草贮藏营养物质的数量因植物种类、生存条件以及利用方式等的不同存在很大差异，其贮藏营养物质的消耗和积累动态也不一致。有的禾本科牧草从萌发开始贮藏养分含量一直下降，至拔节时降到最低；拔节后至种子成熟含量一直增加。植物在开花期，贮藏营养物质的数量能达到贮藏器官干物质重的 15%～70%。

有研究表明，放牧和刈割利用条件下牧草贮藏营养物质的积累与未利用牧草相比具有显著差异；放牧利用下的牧草贮藏营养物质含量较低，而刈割利用与未利用相比贮藏营养物质含量差异不显著(表 4-3)。放牧和刈割利用的时间和程度对贮藏营养物质的积累有很大影响。早期刈割或早春放牧强度过高，都会严重影响牧草贮藏营养物质的积累。另外，牧草贮藏碳水化合物对放牧的响应也与牧草种类有关。通过调研美国大平原(Great Plain)中的优势植物，发现格兰马草碳水化合物营养贮藏方式属于窄“V”形，该类型的植物比宽“V”形植物的抗牧性强(图 4-5)。

表 4-3 不同利用情况下多年生草根中贮藏营养物质的积累动态(干物质基础) %

生育期	未利用	放牧	刈割
分蘖	14.7	14.4	14.4
抽穗—现蕾	18.0	15.7	20.1
开花	20.9	16.0	20.2
结实	20.4	18.4	19.0
越冬前	25.0	24.3	22.6

(引自内蒙古农牧学院，1999)

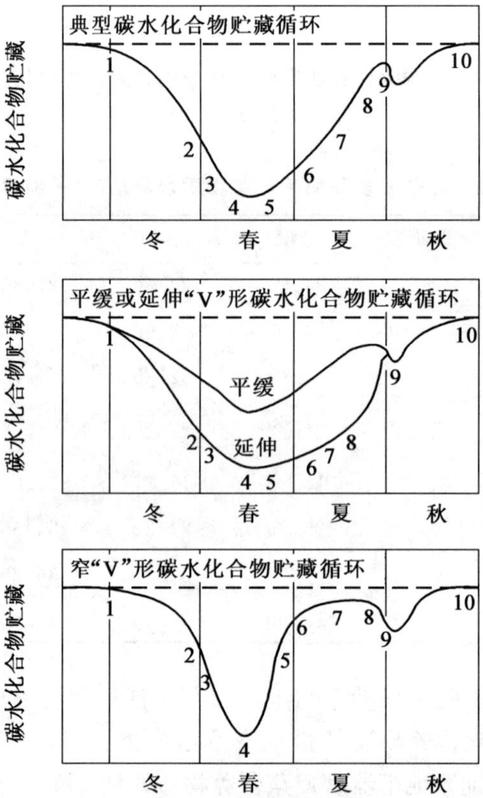

图 4-5 3 种类型草原植物碳水化合物贮藏循环

注：1 为冬季休眠；2 为叶片再生和顶芽膨大；3 为枝条伸长；4 为花芽发育；5 为开花；6 为果实发育；7 为种子脱落；8 为部分叶片掉落，大部分叶片变黄；9 为秋季再生；10 为秋季休眠。

(引自 Menke and Trlica，1981)

掌握草地牧草贮藏营养物质积累动态，对于合理利用多年生牧草和建立完善的草地利用制度极为重要。草地利用过程中应注意以下 3 点：首先，草地始牧期不能早于牧草分蘖期，终牧期不能太晚；其次，放牧强度不宜过大，也不可使动物采食量过低；最后，退化的草地要及时采取封育措施，另外通过施肥、更新等措施使草地复壮。

4.2 叶面积与草地生产

光合面积是决定草地产量的最主要因素。通常用叶面积指数(leaf area index,LAI)来表示单位面积内所有叶面积所占的比率。叶面积指数随植物种类、生长阶段、群体结构以及环境条件、栽培技术的不同而不同,如黑麦草的单叶面积较白三叶草更易受季节波动的影响。LAI是标志植物生态系统状态的重要指标,既能反映植物群落的生命活力,又是表征其诸多环境效应的主要参数。有研究表明,植物整个生长季叶面积指数的涨落动态可划分为上升期、相对稳定期和下降期,每个阶段的叶面积指数都与大于 0 ℃的积温存在较好的相关关系(图 4-6)。因此,即使单个植株能够得到充分的光照,单位面积的叶面积总量较低的群体其光合生产力也不会很高;当叶面积指数过高时,群体郁闭度过大,造成叶片间互相遮阳,植被冠层的中、下部叶因光照不足处于光补偿点以下,而上部因光照过度超过光饱和点,出现"上饱下饥"的现象时,群体平均光合利用率仍然呈降低的态势,从而使单位面积产量降低。因此,了解和掌握草地植物群落的最大光能利用率与产量的关系,有助于获得最佳产量。

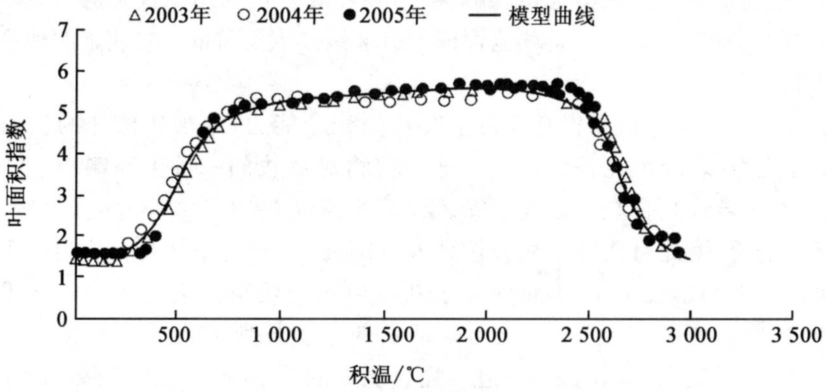

图 4-6　叶面积指数与积温的关系

(引自关德新等,2007)

4.2.1 叶面积形成与草地植物的光合特性

叶片的扩展与光合速率密切相关,同时也与植物体内能量物质贮存有关。叶片扩展速度和光合速率因种而异。从叶龄来看,当单叶扩展至最大时,光合速率达到峰值,随着生长进程的推进,光合作用总体水平下降。图 4-7 所示的是禾草在一个生长季内叶面积(LA)、光合速率(NAR)、绝对生长率(AGR)和干物质产量(DM)随生长进程的动态变化。图中 AGR 与 NAR 同期达到高峰,而干物质高峰出现在 3 个月之后。因此,延长草地生长期是获得较高干物质产量的保障。生长时间过短,平均生长率将持续低于理

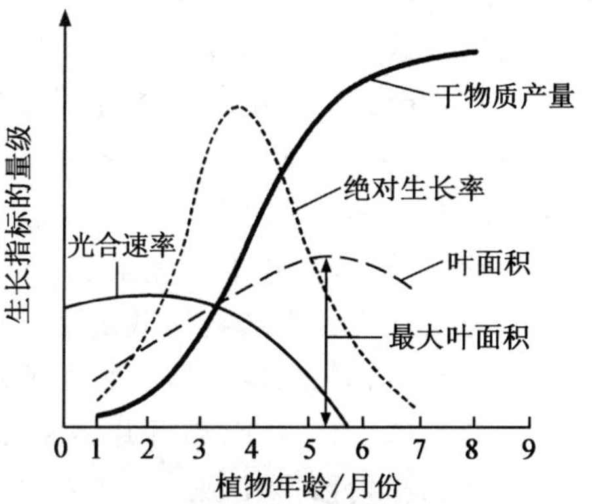

图 4-7　一个禾草分蘖的叶面积、光合速率、绝对生长率和干物质产量随生长时间变化的模型

论生长潜值，是一种生产浪费；若生长周期过长，叶面积和净光合速率下降又会导致叶面积增长速率和干物质总量的下降，这是一种资源浪费。

4.2.2 影响叶面积的因子

植物的叶面积生长潜势主要受遗传基因的控制，同时与被刈牧的时间和数量以及环境条件（如二氧化碳体积分数、光照、水分、养分和温度等非生物因子）有关。在胁迫条件下，叶片的生长受限程度比光合速率降低更为严重；氮亏缺和水分胁迫均会减缓叶片的伸展速度。温度是影响叶片生长的另一重要因子，决定了叶面积的大小、形状、生长速率和延展方向。某些物种的叶片扩展速度对温度敏感，温度变化几分钟即会对其产生影响。一般而言，高温下叶片的生长速度快于低温环境。当光合产物供应不足时，牧草将调用叶片基部临时贮存的单糖及发育过程中形成的其他代谢产物来维持生长的需求，直观表现为产量降低。

4.2.2.1 刈牧对草地光合和再生的影响

认识植物对刈牧的响应，必须明确 2 个基本原则。首先，刈牧移走了植物进行光合作用的组织，干扰并中断植物生长所需碳水化合物的供应。其次，草地植物的生长过程也是其保持自身与周围环境之间动态平衡的过程。在草地植物群落中，存在着可供利用的日光能与牧草群落结构所能截获日光能之间的动态平衡。这是草地管理中追求最佳生长与最大收获量的理论基础。

1. 光补偿现象

刈牧后草地植物往往通过提高现有及再生叶片的光合能力，来加快植株的生长速度以恢复整个植株的光合能力，表现为光补偿能力。这是植物对放牧的一种生理响应。随着刈牧的实施，植物冠层的移除导致光合能力迅速下降。在某些情况下，由于群落中不同叶龄叶片对光合贡献的重要程度不同，因此可能发生光补偿现象。刈牧后，植物整株光合能力的下降水平并非与减少的叶面积或生物量成正比，而是取决于刈牧后剩余牧草的活力状态。如果留茬更多的是那些成熟的、被遮的老叶，冠层光合能力降低的速率就比所移去的生物量的比例大。相反，如果刈牧后存留相对较大比例的嫩叶，冠层光合能力的降低速率就比所移去的生物量的比例小。因此，对冠层光合能力的评价要比评价单个叶片光合能力显得更为重要，更能反映草地刈牧后植物再生的潜力。

2. 叶面积对刈牧的响应

刈牧后牧草生产有机物质的能力取决于剩余牧草的叶面积指数及其光合能力。对于一直处于叶面积指数较高的营养生长阶段的草地，高强度刈牧导致草地群落的光通量急剧增加，残留牧草叶片可能无法适应急剧增强的光照强度，致使光合利用效率降低。当光合作用受阻时，维持牧草生长和生命活动所需的养分被呼吸作用消耗。频繁刈牧下，牧草剩余碳水化合物含量降低，导致再生生长因所需养分供应不足而受阻，严重者甚至死亡。重牧条件下，由于大部分光合组织被采食，叶片生长完全依赖体内贮存的碳水化合物，此时草地干物质积累表现为净损耗。只有当光合作用产物的数量足以补充呼吸作用消耗和因枯萎死亡损失时，才能获得生物量的净增长。频繁重度刈牧还将影响牧草根系的生长，降低根系对矿物质的吸收能力。

随着草地的生长发育，新叶片不断发育和生长的同时老叶片因衰老不断枯萎死亡，以保持草层处于叶面积指数饱和状态。频繁或强度刈牧可增加植物组织损失量，降低叶片组织因枯萎死亡的损失，延长营养生长阶段并推迟牧草衰老阶段的出现。这对于确定草地最佳收获期具有重要指导意义。

图 4-8 是草地刈牧后恢复生长的过程示意图。该图表示光合作用合成量、组织生产量、呼吸损失、枯死量及干物质净积累量之间的关系。牧草生长速率达最大值后器官组织的死亡速率急剧上升，提示在生长速率达最大值前利用草地可以有效避免资源浪费。

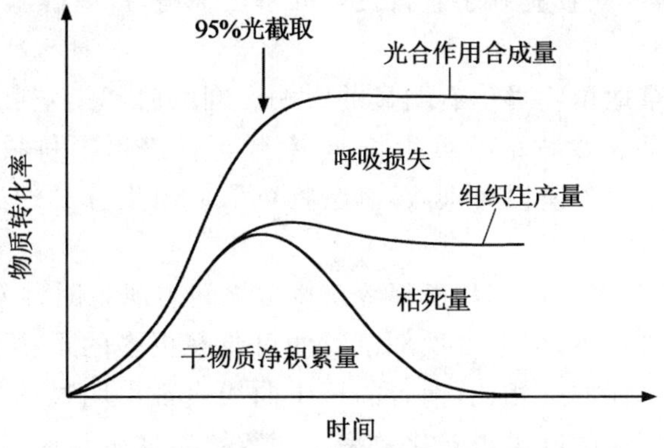

图 4-8 草地刈牧后恢复生长的过程示意图

（引自夏景新等，1994）

4.2.2.2 叶面积指数和刈牧管理的关系

1. 刈牧强度

草地生长和刈牧后再生具有明显的季节动态，干物质积累呈典型的"S"形曲线形态。当瞬时增长量接近于 0 时，草地干物质积累量达顶峰，可获最高产量；但当瞬时增长率最大时，收获量较少。在生产实践中，应尽可能获得较高的收获量并使草层处于最大的平均增长率的状态。刈牧强度一般用刈牧后牧草留茬高度来衡量。根据植物生长与叶面积指数（LAI）的关系，随着刈牧后留茬高度的增加，冠层光通量增加，干物质产量也随之增加；但也有研究表明，低茬刈牧可获得更多的牧草再生产量。牧草再生初期，轻度刈牧下干物质积累量高于重度刈牧；而再生后期，重度刈牧下干物质产量高于轻度刈牧。适当强度的刈牧可刺激新分蘖的产生，新生的幼嫩叶片一旦适应高光强条件将具有较高的光合能力，但是最低留茬高度不能小于 2.5 cm。极端气候条件和其他有害植被正常生长的现象对牧草生长不利。有研究指出，刈牧后留茬高度越高剩余牧草在草层中的比重和绿叶层高度增加越多，不但没有截获更多的光辐射还影响新蘖和叶的产生，最终导致单株蘖重的增加和蘖密度的下降。

2. 刈牧频率

刈牧频率是指一个生长季内草地刈牧利用的次数。频繁刈牧下，禾草分蘖密度趋于增加，但个体分蘖质量下降。多年生黑麦草草地上分蘖密度和个体质量遵循经典的 3/2 自疏规律。连续放牧的草地分蘖密度高于轮牧条件下的分蘖密度。过度刈牧导致剩余牧草中碳水化合物含量降低、根量减少，出现浅根化现象。在草地刈牧管理实践中，往往需要综合确定刈牧频率和刈牧强度以保证草地初级生产处于最佳状态，以提高家畜生产性能。

低频率、高强度的刈牧管理可获得最大牧草净积累。根据牧草生长和再生的"S"形曲线规律，牧草干物质积累接近最高产量时（即处在生长率下降前）收获是最佳利用时期。处于营养生长阶段的草地应在所有入射光均能被截获时刈牧，因此，刈牧时间应为 50%的蘖抽穗时期。此时不仅干物质积累量达到最大，而且牧草消化率也最高，对家畜营养供给具有重要意义。

高频率、低强度刈牧同样可以获得最大干物质积累。这种刈牧方式是基于避免牧草处于叶面积指数或冠层光截获量偏低的时期。长期轻牧可能造成群落叶面积保持最大状态，植物组织因较高的衰老损失量和草层结构退化而引起叶茎比降低等。晚春进行高强度刈牧可避免该现象的发生；秋季高强度刈牧有利于获得良好的草层结构，提高叶茎比。

3. 刈牧时间

开始刈牧的时间对草地植物再生有明显的影响。刈牧时间影响牧草的再生，同时与牧草顶端分生组织的位置有关。在牧草营养生长期，刈牧可促进禾本科牧草分蘖，增加干物质积累。当牧草生长进入繁殖生长阶段时刈牧，剩余牧草形成新生分蘖的速度比较慢且有滞后现象，很容易引起子蘖的死亡。

有研究表明，第一次和第二次刈牧所得牧草产量之间表现为倒数关系，即第一次早期刈割虽然收获的牧草干物质量较少，但第二次刈割时便可收获更多的干物质。刈牧繁殖生长阶段的草地群落与刈牧再生草地群落相比，前者的再生曲线表现出明显的生物量延迟现象。营养期开始刈牧的草层具有较快的叶组织转化效率。刈牧繁殖期生长阶段的群落，当再生生长得到恢复后，其生长速率明显加快。秋季和早春刈牧对生殖枝形成的影响较小，但会影响其与营养茎的比例。因此，早期频繁刈牧可控制牧草生殖枝的形成，延长草地营养生长的时间，从而收获较多的优质牧草干物质。

刈牧后的再生过程是植物调用体内物质贮备来补充再生所需的养分，并调整生理反应以维持牧草地后续生长的过程。刈牧干扰了植物对光的截取和光合作用的进行。刈牧强度决定了叶面积的恢复能力，从而影响草地植物有机物质的合成速率。科学的草地利用制度主要包括对刈牧时间和强度的优化，目的是获得大量的优质牧草并使草地保持稳定的生产状态。

4.3 草地植物对放牧的响应

自20世纪中叶以来，国内外众多研究学者分别从个体、种群和群落乃至系统水平研究了不同种类牧草在生理、形态和种群统计学等方面对不同刈牧制度的响应规律，阐明了不同刈牧制度对牧草的光合生理、资源分配和发育形态等的影响及牧草的反馈机制，如抗性、补偿或超补偿性生长的机制，极大地提高了草地生态系统及草地畜牧业可持续发展的能力。因此，目前普遍认为牧草刈割有关方面的理论与实践已相对完善，在此基础上易于制订出合理的草地刈牧制度。这对于防止草地退化、提高草地产量和改善牧草品质具有重要的现实意义。

4.3.1 草地对放牧响应的类型

4.3.1.1 草地对放牧的响应

草地植物因种类组成、所处发育阶段的不同，对放牧的响应各不相同。一般根茎禾草类植物较为耐牧，轴根型植物不耐牧。植物在分蘖期的耐牧性强于生殖期，这是由于处在种子繁育期的植物，其营养物质主要分配到生殖器官，而营养器官或分蘖节的营养供应不足，放牧后影响牧草的再生。因此，由于草地植物对放牧的响应不同而最终导致草地植物学组分的不同，如饲用价值较高的丛生和根茎禾草在过度放牧情况下逐渐衰退，而饲用价值低的杂类草数量不断增加，同时一年生杂草大量出现。在极度放牧地段，以羊草为主的草地优势植物会被寸草苔和矮葱等代替。

4.3.1.2　草地对放牧响应的类型

植物对放牧的响应分为两种：一种为避牧型，一种为耐牧型(图 4-9)。一般情况下，草地上大多数牧草都属于耐牧型，这是植物长期适应放牧环境的结果。耐牧型和避牧型植物对放牧的响应不同。耐牧型植物在放牧后会迅速生成新叶片和新蘖，生理上表现出补偿生长或超补偿生长，即加快植物光合作用使植物快速生长和恢复。避牧型植物主要通过各种方式避免或减少被动物采食。草地植物的避牧机制又可以分为形态避牧机制和生理避牧机制两种。

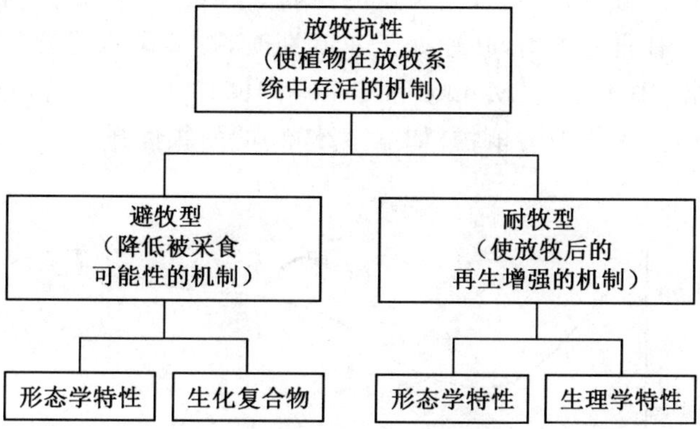

图 4-9　草地植物对放牧的响应类型

(引自 Briske，1986)

1. 形态避牧机制

形态避牧是通过控制草地植物被动物采食的难易程度及其适口性来间接实现的。根据避牧植物蘖和植株本身的反应，避牧机制分为 5 种(表 4-4)。采食的难易程度主要是通过控制植株的高度来实现，比如矮小型植物其枝条平卧、斜生生长或匍匐生长，其生长点靠近地面不易被动物采食，所以矮小植物具有较强的抗牧能力。也有一些植物的解剖结构或表面结构粗糙，如植物木质化程度高，表皮具有毛、刺、芒或表皮硅化等，致使植物的适口性显著降低，使得动物不愿采食该牧草。

表 4-4　耐牧型牧草的组织水平、避牧机制及形态学特征

组织水平	避牧机制	形态学特征
分蘖	组织易食性	节间部分的数量和长度、分蘖角度、叶长和角度、叶茎比、花序的芒或刺
	表皮特性	软毛、蜡状物、硅化作用
	叶片结构	叶片张力、存在维管束
植株	组织易食性	茎的积累、营养枝和生殖枝的比例
	种间关联	种间避牧机制的表现区别

2. 生理避牧机制

植物体内含有或能够分泌不同种类的次生代谢物质，如生物碱、强心苷、有机酸、单宁和鞣酸等，家畜采食后会造成中毒、引起不良反应，或植物的气味，使家畜拒食。这些次生代谢物包括高毒性化合物和高含量化合物。高毒性化合物是指植物体内含量少但毒性强的化合物。该类化合物在牧草被采食时其含量快速增加，包括生物碱、糖苷类物质等。高含量化合物是指植物体内含量较大的化合物，包括鞣酸、木质素和树脂等。植物要消耗很多营养物质来制造这些化合物。所以，一般情况下具有生理避牧机制的植物的生长速度和竞争能力都要低于不具备该机制的植物。

牧草对放牧的反应还与环境条件、植物生长点的活跃程度以及贮藏营养物质有关。在适宜的温度、水分和肥力条件下，植物的补偿性生长加快，耐牧性增强。植物在被采食后，贮藏的碳水化合物会迅速运往繁殖器官，刺激生长点的生长。当贮藏碳水化合物含量低于一定水平时会限制牧草的再生。有研究指出，叶片处于 4 叶期时，贮藏碳水化合物含量最低。因此，牧草 4 叶期时应禁止放牧(图 4-10)。Menke 和 Trlica (1981) 指出，具有快速积累碳水化合物功能的植物(如格兰马草)比积累慢的植物(如蓝茎冰草)的耐牧性强。

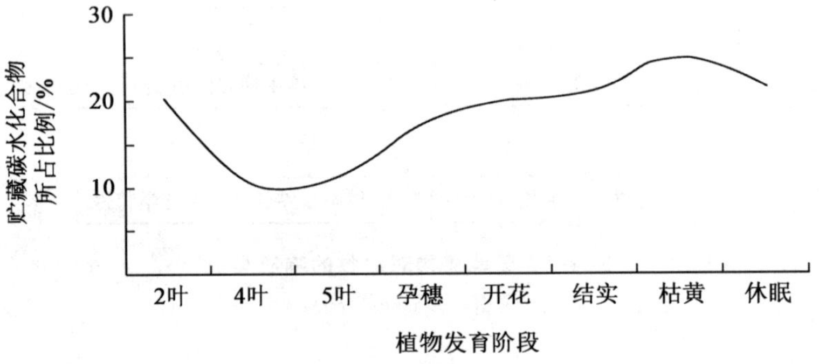

图 4-10 植物根和根颈中贮藏碳水化合物的变化动态

(引自 Cook，1966)

不同生活型的植物对放牧的反应不同。表 4-5 所列是提高禾草、阔叶草和灌木 3 种生活型植物抗牧性的途径。植物通常依靠这些反应来增强对放牧的抗性。图 4-11 中显示，被摘叶

表 4-5 提高植物抗牧性的途径

牧草类别	提高抗牧性的途径
禾草	具有较多无秆(无茎)的嫩枝
	顶芽萌发较晚
	被采食后能萌发出更多的芽
	营养枝与生殖枝比值较高
阔叶草	产出大量可用种子
	生长点发育较晚
	有毒物质和化学复合物降低其适口性
灌木	针、刺形成以防止被采食
	挥发油和单宁降低适口性
	分枝保护内部的叶片不被采食
	一年内生长的灌木种多数具有良好的适口性和营养价值
	顶端分生组织的移除会刺激腋芽的生长

后沙生冰草比蓝茎冰草光合速率快，蘖、叶等形成也快，因而对重度放牧的适应性强。通过比较格兰马草和扁穗冰草也发现同样的现象，格兰马草表现出更强的抗牧性。

但这里需要指出的是，牧草对放牧的反应较复杂，不仅植物种之间存在差异，而且种内的响应机制也有所不同，有时还会是多种机制即避牧和耐牧响应特征同时出现或交叉出现。

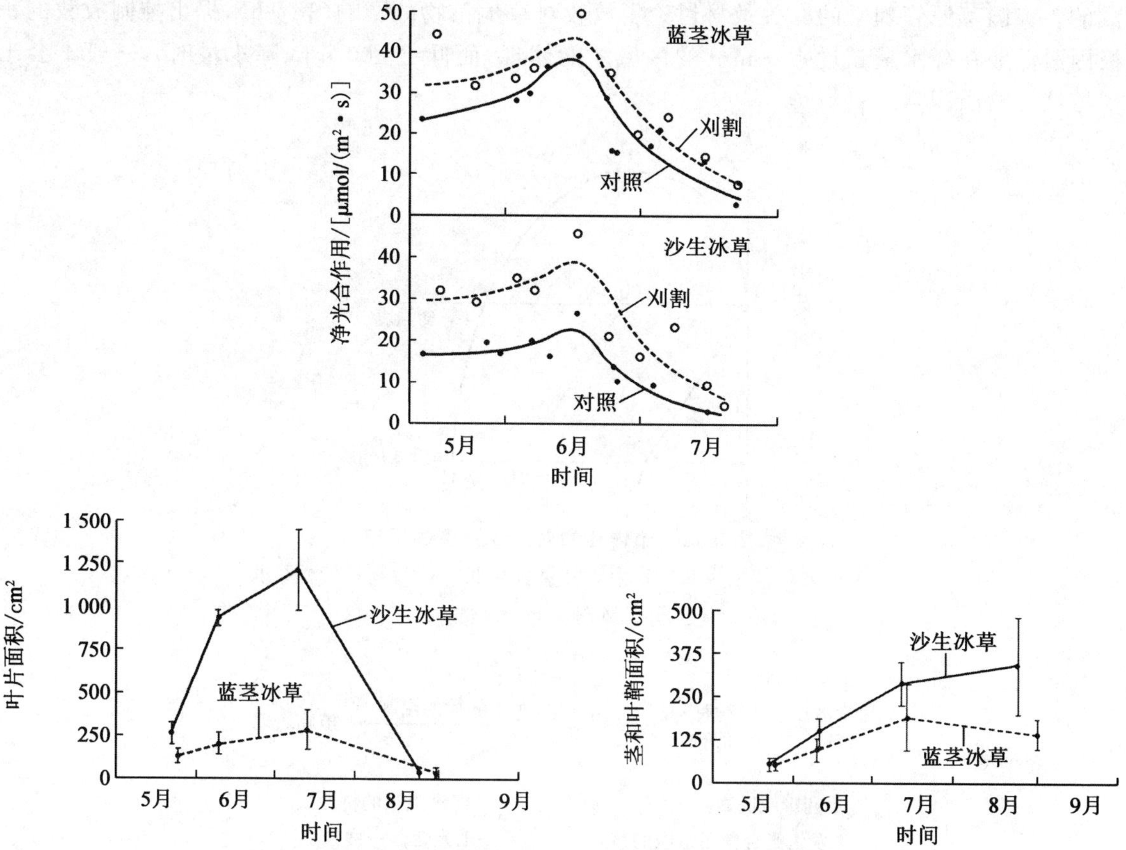

图 4-11　刈割与不刈割对蓝茎冰草和沙生冰草植物光合能力的影响(上图)，刈割后两种冰草叶片面积、茎和叶鞘面积的变化(左下图和右下图)

(引自 Caldwell et al. ,1981)

4.3.2　草地植物对放牧的响应机制

4.3.2.1　放牧优化理论

试验证明，适当放牧可以提高草地植物生产能力。McNaughton(1983)提出的放牧优化理论认为，食草动物与牧草之间存在协同进化关系，适度放牧将利于草地植被的发展。放牧优化理论中草地植物对放牧的反应有 3 种(图 4-12)。第 1 种，植物对放牧特别敏感，即使是家畜轻度采食也会造成植物伤害甚至死亡，属于欠补偿性生长(under compensatory growth)。第 2 种，植物开始时对放牧没有响应或不受放牧影响，当放牧达到一定强度时才会受到伤害，属于等补偿性生长(equal compensatory growth)。第 3 种，植物在放牧作用下快速生长，当放牧强度达到一定水平时植物生长也会达到一个最优化水平，但如果放牧超过这一强度，植物的生长将减速直至死亡，属于超补偿性生长(over compensatory growth)。McNaughton (1983)认为这 3 种植物反应方式在绝大多数草地生态系统中都存在。

4.3.2.2　中度干扰对多样性的影响

实际上，食草动物的牧食行为非常复杂，很难准确研究和理解。图 4-13 显示，草地植物的表现是由植物遗传因素加上特定环境条件下生长促进因素和消除放牧等不利因素共同作用形成的。美国草原管理学的有关教材讨论了放牧对草地植物的影响(表 4-6)，提出控制放牧的积极因素一般在降水量超过 400 mm 的区域才能体现，而低于 400 mm 降水量时，一般不会出现植被的物质积累。

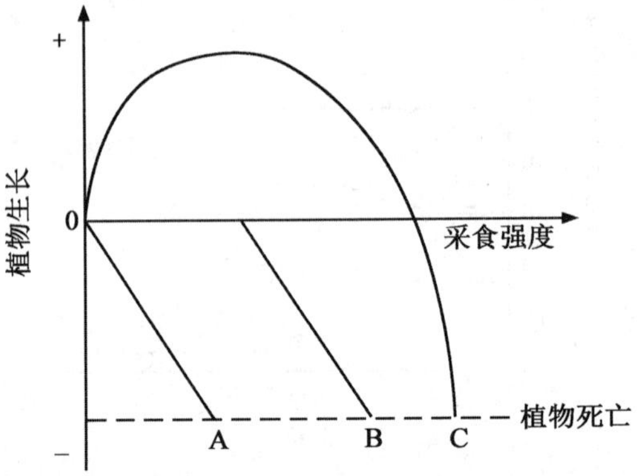

图 4-12　个体植物对放牧强度的反应

A 为欠补偿性生长　B 为等补偿性生长　C 为超补偿性生长

(引自 McNaughton，1983)

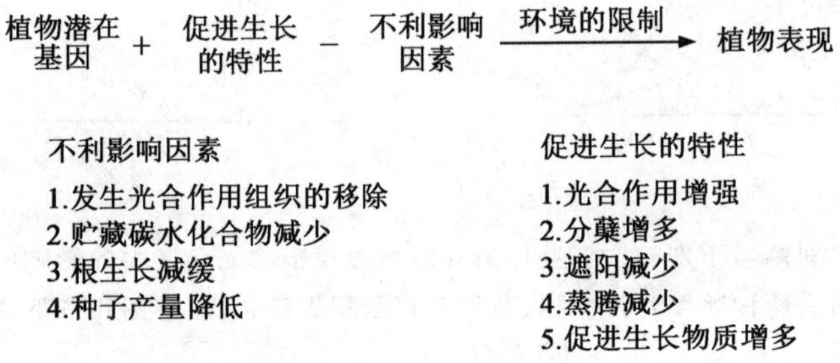

图 4-13　放牧对多年生禾草的影响

表 4-6　放牧对草地植物的影响

过度放牧	轻度或中度放牧
光合作用降低	光合作用增强
贮藏碳水化合物减少	分蘖增多
根生长减缓	遮阳减少
种子产量降低	呼吸损失减少
与杂草竞争力降低	促进植物生长因子的活动
草地覆盖物积累减少导致水土流失	减少多余地表覆盖物，刺激植物生长

(引自 McNaughton，1983)

4.4 草地演替

演替(succession)是生态学中最基本的概念之一,它代表群落中等时间尺度的变化。植物群落的演替是指在植物群落发展变化的过程中,由低级到高级,由简单到复杂,一个阶段接着一个阶段,一个群落代替另一个群落的自然演变现象。演替假说有多种,但比较成熟和被认可的是 Clements 的“顶级理论”,其核心理论是“大的景观是由气候控制的”。后来也有人提出土壤等对景观形成的作用。这种理论被称为“后顶级(polyclimax)理论”。图 4-14 描述顶级演替过程中的波动,这种波动多数是由气候变化等引起的。

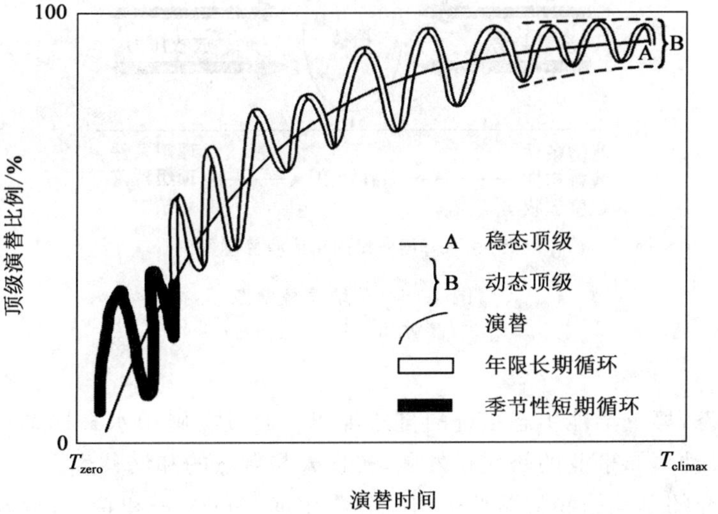

图 4-14 不同时间尺度上的顶级演替动态模型

近年来,有人提出草地演替模型(图 4-15)。图 4-15(a)是传统草地演替模型,图 4-15(b)是包含气候的变动。同时,还有人提出静态-过渡态或多稳定态(a state and transition or multiple steady state situation)的模型,泛指不同的管理、气候或放牧导致不同的相对稳定的状态。这种静态-过渡态模型对草地管理具有重要的理论指导意义。

按照发生的时间进程,演替可分为世纪演替、长期演替和快速演替。根据起始条件的不同,可将演替划分为原生演替和次生演替。按基质的性质可将演替划分为旱生演替和水生演替。根据控制演替的主导因素,可将演替分为内因性演替和外因性演替。按群落代谢特征,可将演替划分为自养性演替和异养性演替。

在党的二十大精神的指引下,草地演替不仅仅被视为一个生态现象,更被赋予了更深层次的意义。

首先,草地演替体现了提升生态系统多样性、稳定性、持续性的目标。在国家政策的引导下,积极推动草地生态的恢复和发展,使草地在演替过程中逐渐形成更加稳定、健康的生态系统。通过科学规划和有效管理,努力促进草地生态系统的多样性,为各种生物提供适宜的生存环境。

其次,草地演替也体现了人与自然和谐共生的理念。在草地演替的过程中,注重保护和恢

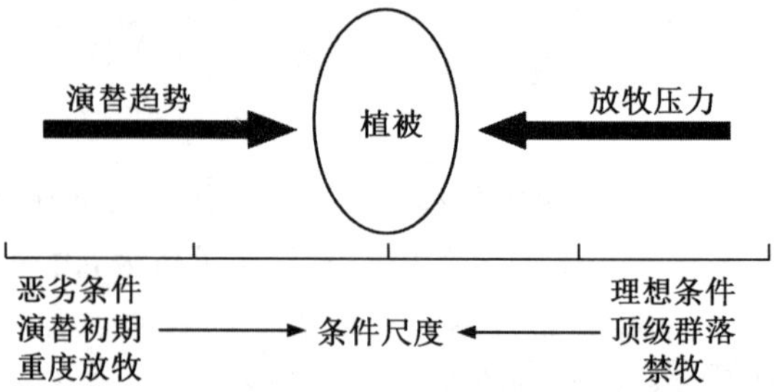

(a) 传统草地演替模型

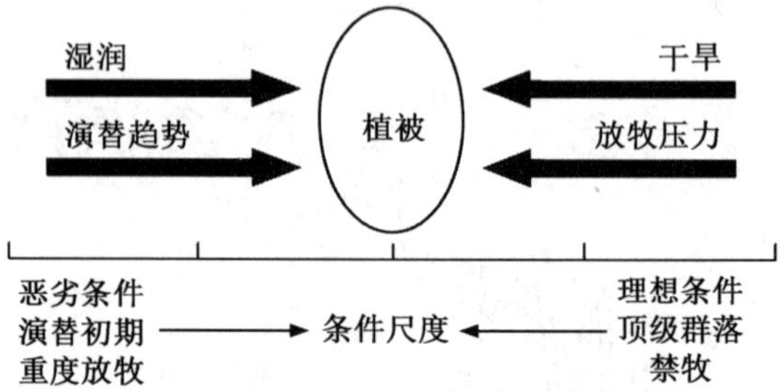

(b) 引入降雨变量的草地演替模型

图 4-15 草地演替模型

(引自 Westoby et al. ,1989)

复草地的自然状态，尊重草地生态系统的自然规律。通过实施山水林田湖草沙一体化保护和系统治理，努力推动草原事业的高质量发展，实现人与自然的和谐共生。

本节将着重介绍草地植物群落原生演替和次生演替的过程和特点，以及影响演替进程的关键因子。

4.4.1 草地植物群落原生演替

原生演替意指开始于原生裸地或原生芜原（完全没有植被并且也没有任何植物繁殖体存在的裸露地段）的群落演替。通常对原生演替系列的描述都是采用从岩石表面开始的旱生演替和从湖底开始的水生演替。这是因为岩石表面和湖底代表了两种极端生境类型，干旱和多水。在这样的生境上开始的群落演替，在早期阶段植物生活型的组成几乎一样。因此，可把它们作为一种模式加以描述。以下我们以旱生演替系列为模式介绍草地植物群落的原生演替。

旱生演替系列（xerosere）是从环境条件极端恶劣的岩石表面或沙地上开始的，主要经历以下几个演替阶段（图 4-16）。

（1）地衣苔藓植物群落阶段　裸露岩石表面的生境条件极其恶劣，土壤匮乏、光照强烈、气温变化大、十分干旱，不利于植物的生长。在这样的生境条件下，最先出现的是壳状地衣。壳状地衣凭借其假根分泌的有机酸腐蚀岩石表面，再加上风化作用及壳状地衣的残留物使得极少量的土壤形成。在壳状地衣的长期作用下，环境条件逐渐改善，叶状地衣和枝状地衣相继出现。在地衣群落发展的后期，苔藓植物出现。苔藓植物能够在干旱条件下停止生长，转入休眠，等到温和多雨时再大量生长形成群落。植物群落原生演替系列的这个阶段与环境之间的关系，主要表现在土壤的形成和累积，但对岩面小气候的影响不是很显著。

(2)草本植物群落阶段　在此阶段最先出现的是蕨类及一些被子植物中一、二年生的草本植物,大多属于矮小耐旱的物种。草地植物种群增加,取代了苔藓植物。在草本植物群落阶段,原有的岩面环境条件有了极大改变。首先,草丛郁闭遮阳面积增加,土壤增厚蒸发量减少,温度、湿度得以调节,同时土壤中的微生物活动增强,小气候逐渐形成,为多年生草本植物的出现创造了条件。若气候条件允许,该演替系列可继续向木本群落方向进行。

(3)亚顶级群落阶段　草本群落发展到一定程度时,一些喜阳的灌木开始出现。它们常与高草混生,形成高草-灌木群落。

(4)顶级群落阶段　灌木群落发展到一定时期,为乔木的生存提供了良好的环境。喜阳树种开始增多,随着时间的推移逐渐形成森林。最后形成与当地大气候相适应的乔木群落,最终形成地带性植被即顶级群落。

需要说明的是,在草地地区演替进行到多年生草本植物群落阶段就基本完成了。而在一些森林分布地区,草本植物群落又为木本植物创造了适宜的生境,演替继续进行最终形成乔木、灌丛和草本植物复合生长的森林群落。

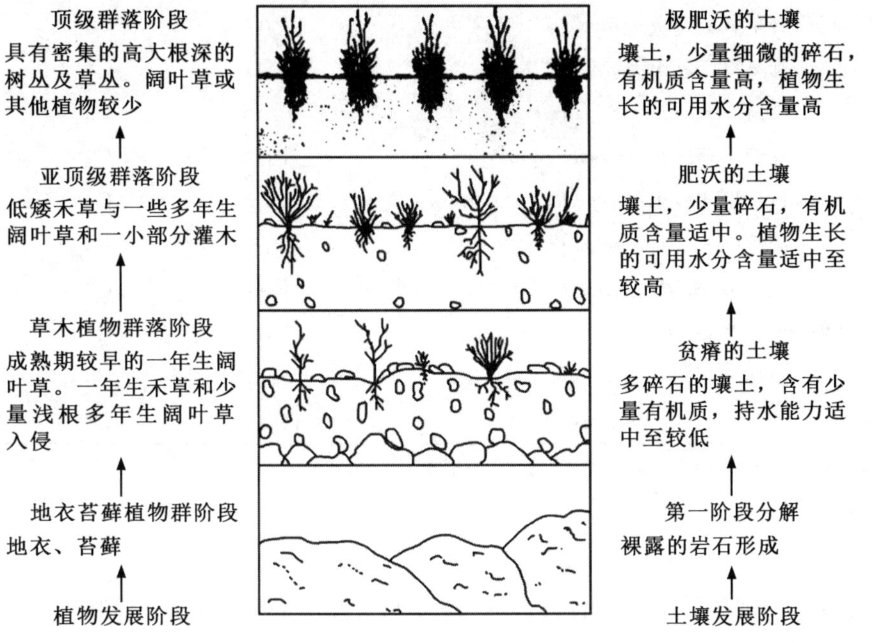

图 4-16　草地的原生演替

4.4.2　草地植物群落次生演替

4.4.2.1　次生演替

次生演替开始于次生裸地,也就是在植被已被破坏至某种程度的地方开始的群落演替。据此可以认为,次生演替的最初发生是由外界因素的作用引起的。外界因素除火烧、病虫害、严寒、干旱、水涝和冰雹等之外,最主要的是人类活动如森林采伐、草地放牧、割草和耕地放荒等。各种类型的次生植被,多数是在人为作用下产生的。在典型草原的自然恢复过程中,可通过围栏封育促进其恢复演替进程，而且随着演替的进行，群落中主要植物种的优势地位也发生明显变化（表4-7）。在典型草原群落恢复演替的初期阶段，C4植物对地表的覆盖和有机物的输入起关键作用，而C3植物对恢复中后期群落的稳定意义较大。由于C4植物具有较高的光合速率、高光饱和点、较低的CO_2补偿点、较高的水分和养分利用效率及抗逆性强等生物学特点，因而其生物产量和抵抗不良环境的能力等均高于C3植物，适应严酷环境的能力较强。而在自然条件较好的环境，C3植物通常在群落中占优势地位。

表4-7 不同恢复时期群落优势种与其生物学特性和生活型

恢复年限	植物种	生活型*	功能型	重要值
1	星毛委陵菜（*Potentilla acaulis*）	P，G	C3	0.21
	百里香（*Thymus serpyllum*）	P，S	C3	0.18
	狗尾草（*Setaria viridis*）	A，G	C4	0.22
2	万年蒿（*Artemisia gmelinii*）	P，SS	C3	0.17
	糙隐子草（*Cleistogenes squarros*）	P，G	C4	0.26
	苔草（*Carex korshinsky*）	P，G	C3	0.20
	狗尾草（*Setaria viridis*）	A，G	C4	0.15
4	冷蒿（*Artemisia frigida*）	P，SS	C3	0.26
	糙隐子草（*Cleistogenes squarros*）	P，G	C4	0.11
	达乌里胡枝子（*Lespedeza davurica*）	P，S	C3	0.11
6	冷蒿（*Artemisia frigida*）	P，S	C3	0.15
	大针茅（*Stipa grandis*）	P，G	C3	0.07
10	大针茅（*Stipa grandis*）	P，G	C3	0.12
	扁穗冰草（*Agropyron cristatum*）	P，G	C3	0.21
	羊草（*Leymus chinensis*）	P，G	C3	0.26

*P为多年生； A为1年生； S为灌木； SS为半灌木； G为草本。

（引自邵新庆等，2008，有改动）

4.4.2.2 次生演替的基本特点

自然植被遭到破坏后次生演替的趋向、速度及所经历的阶段，取决于原生植被受到破坏的方式、程度和持续时间。

首先，次生演替的趋向。通常情况下，当停止对次生植物群落继续作用时，次生植物群落的演替仍然趋向于恢复到受破坏前原生群落的类型。但过去各种植物种类组成的比例不可能完全重复出现。也就是说，复生后所形成的群落只是在类型上和原来的群落相同，但质量上已经不完全相同。

其次，次生演替的速度。由于大多数的次生群落甚至次生裸地上，仍保存着原有群落的土壤条件，甚至还保留了原来群落中某些植物的繁殖体，裸地附近也可能存在着未受破坏的群落，具有一定的土壤条件和种实来源，因此，次生演替系列中的最初阶段演替速度一般都较快。

最后，次生演替所经历的阶段。这完全决定于外界因素作用的方式和作用的持续时间，如羊草草地的放牧退化(消退)过程是逐渐进行的。在退化过程中的任何一个阶段,只要停止放牧、停止牲畜继续对群落的影响,群落就从该阶段开始恢复演替(复生)过程。

总之,原生植物群落的恢复演替是有条件的。这些条件一个是土壤,一个是种实来源。因此,如果原生群落在其整个分布区都受到破坏,而且因持续时间很长而被彻底破坏,那么即使气候条件适宜,群落的复生条件也已经不存在了。

综上所述,次生植物群落是外界因素,首先是人类经济活动的产物。各类次生群落的性质以及演替特点,至少取决于下列因素。

(1)外界因素作用的性质、方式、作用的强度和持续时间。

(2)原生植物群落受破坏的面积。

(3)次生群落中对原生群落的植物成分和土壤特性的保留程度。

(4)植物繁殖体的来源(种类、数量和距离)。

(5)所在地的气候、土壤及地形状况。

当我们研究次生群落时,可以根据以上各点去鉴别它们的特性、类型,掌握它们的演替规律和特点。

较长时期以来,对次生群落的利用和改造引起了普遍关注。各类次生群落中都有一些可利用的植物,例如含单宁的、芳香油的、油脂的、生物碱的原料植物或其他用途的植物。因此,在研究次生演替的同时,对于各种次生植物群落要按其可利用价值分别对待。对有一定经济价值者采用留优去劣的办法加以培育,以提高次生群落的产量和质量;对于经济价值不高的次生群落,则采用人工播种和种植的方法,用有经济价值的种类替代原来的植物,即对原有群落加以改造;对于一些已经达到可以利用程度的次生群落(如次生林)则进行利用,而对于一些具有保持水土、保护堤岸和防风固沙等作用的次生群落则加以保护。特别是在直接利用次生群落时,一方面要掌握它生长速度较快和具有较大可塑性以及易于改造的一些优点,同时又要注意它的不稳定性。任何次生群落只是次生演替系列中的一个阶段,如果利用不当会继续消退,并且恢复到原来的类型的可能性较小。

4.4.2.3　草地放牧演替

草地的放牧演替是次生演替中主要的一类。它的发生是逐渐而缓慢进行的。草地上的多数植物种类,正常情况下放牧可促进牧草发育,使其再生性增强,营养价值有所提高。因此,经过放牧的草地其生产力并非一定会衰退,关键在于放牧的强度是否合理。草地放牧演替主要是牲畜通过啃食和践踏对草地群落产生影响,主要包括以下几个方面。

(1)牲畜的践踏使得草地植物的柔弱部分和不耐践踏的丛生禾草草丛逐渐减少,直至完全消失,同时使得草地土壤结构被破坏。在湿润地段,土壤更趋坚实。在干旱地段,土壤则越来越松散,干燥度增加,土壤毛细管作用增强。这一变化有利于草地中旱生植物的增多。牲畜的过分践踏,会引起土壤表层盐分的增加,严重的将形成碱斑地降低草地群落的生产力。另外,牲畜的践踏还把草类种子踏入土中,促使其发芽,同时也可把种子携带到其他地方,使某些物种得以广泛分布。

(2)牲畜啃食植物地上部分,也会影响地下部分营养物质的积累,限制地下部分的发育。适口性好的草类被大量消耗,而适口性相对较差的植物种类得以旺盛生长。

(3)牲畜的粪便可为土壤提供大量肥料。

放牧演替的生理生态基础是在放牧适当的情况下,适口性好的牧草由于家畜采食增加光合作用，加快同化物质的合成。但对于适口性差、有毒有害牧草，则由于部分光合产物用于增加毒素的产生或者刺的生长，降低了自身植物的生长。在放牧过度的情况下，适口性好的牧草由于产生的光合产物不能维持植物根系、叶片的再生和繁殖等生理活动，造成它们的生长减弱甚至死亡。一段时间后，就被适口性差的植物替代。

草地群落的大多数植物种类具有一定的耐牧性。一般情况下，正常的放牧能促进草地植物的发育，增强其再生性并提高营养价值。因此，草地经过放牧不一定导致草产量下降，其关键在于控制放牧的强度。随着放牧强度的增大，草地群落就会逐步退化。

在草地放牧的次生演替系列中，可以按放牧强度分为适度放牧、重度放牧、过度放牧、极度放牧和不能放牧等阶段。各个阶段具有一定生活型的优势植物种类，并以此作为标志。草场的生产量也随草地群落的退化而逐级降低。过度放牧情况下，过度采食和强烈践踏导致草群中莲座状、根出叶和匍匐地面的植物大量出现；由于部分土地已经接近次生裸地，草地的恢复需经历更长的时间。放牧对草地植物种类的影响如图 4-17 所示。

因人类经济活动造成的植被次生演替还包括割草演替、耕种后撂荒地的植被演替等。

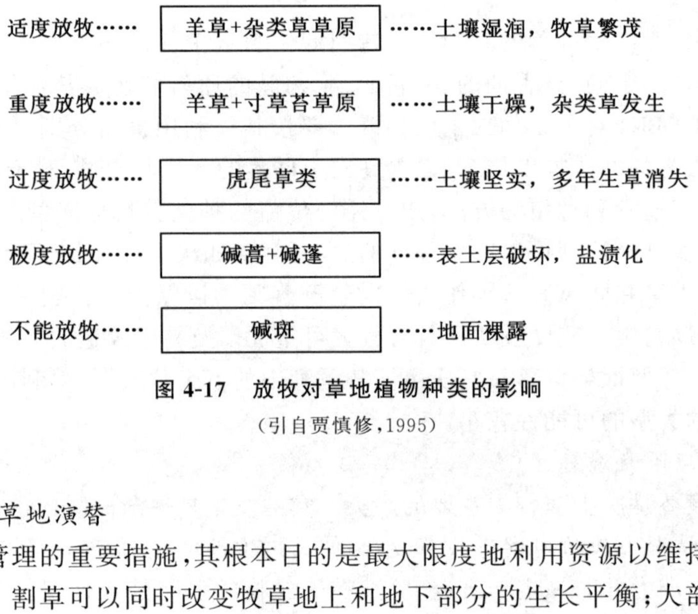

图 4-17　放牧对草地植物种类的影响

（引自贾慎修，1995）

4.4.2.4　割草地演替

割草是草地管理的重要措施，其根本目的是最大限度地利用资源以维持优良牧草的生产能力和生态功能。割草可以同时改变牧草地上和地下部分的生长平衡；大部分牧草耐受割草的能力有限，适度的割草能促进牧草的再生和分蘖（枝），提高牧草的产量和营养价值。但刈割强度过大，会使植物群落生物量下降，优质牧草减少。割草地演替是现代牧场、草场管理和草地生态研究的热点。展春芳等（2012）在呼伦贝尔地区对贝加尔针茅和羊草割草地的研究发现，多年刈割使贝加尔针茅株丛破碎化、小型化，羊草出现退化和矮化趋势，群落中蔷薇科、菊科和毛茛科等一年生植物有所增加。因此，经长期割草利用后的草地进入逆行演替（退化）阶段时，应及时采取 3～5 年的围封管理措施，保证草地群落中优良牧草的恢复。

在锡林浩特草原进行的连续 21 年（1982—2003 年）的割草研究发现，割两年休一年对羊草草原影响较大；在科、属和种水平上，群落种类组呈现明显下降趋势，由 1982 年的 9 科 17 属 17 种减少到 2003 年的 6 科 12 属 13 种。而割一年休一年对羊草草原的种类组成影响较小；虽然割草前几年科、属和种数都有所增加，但增幅不大。经过 10 年左右科和属的数量有所下降，而种数一直增加，且最后群落种数基本与起始时持平（图 4-18）。

割草会引起草原植物群落生物量的波动，总体可归纳为以下几类。

(1)下降型　羊草、黄囊苔草和小叶锦鸡儿属于此类，尤其羊草的生物量下降幅度较大。

(2)增加型　属于此类型的植物有洽草、冰草等，其中洽草生物量增加较为明显。

(3)波动较大型　属于这类的植物有黄蒿、变蒿、猪毛菜等，这些一、二年生植物波动较大，在群落中稳定性差。

(4)相对稳定型　大针茅、糙隐子草等属于这一类植物，这些植物受刈割的影响较小，生物量变化不大。

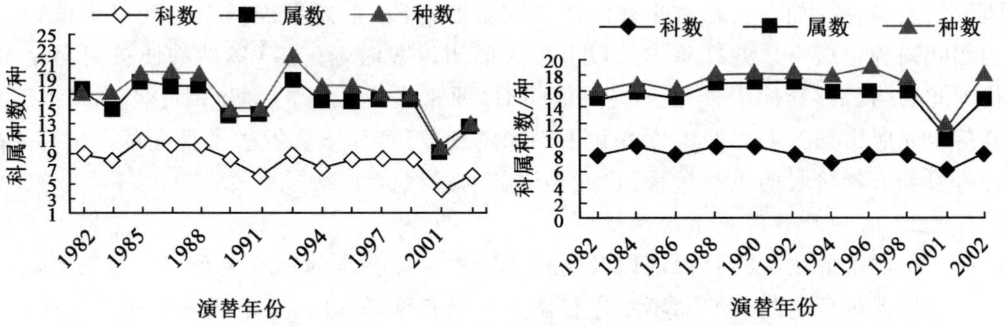

(a)割两年休一年　　(b)割一年休一年

图 4-18　不同割草间隔时间对羊草草原群落构成的影响

(引自孙永明，2012)

4.4.3　影响演替进程的关键因子

由上述可知，演替是生物因子与外界环境中各种生态因子综合作用的结果。气候、水、热等因素是演替的重要驱动因子，而放牧和火烧是草原植被演替的主要影响因子。由于演替的复杂性，目前人类对于影响演替进程的机制了解得还不够全面。因此，我们在此提到的只是部分原因，大量的研究工作还有待进一步开展。

4.4.3.1　植物繁殖体的迁移、散布和动物的活动性

植物繁殖体的迁移和散布普遍而持续发生。因此，任何一块地段都有可能接受这些扩散而来的繁殖体。当植物繁殖体到达一个新环境时，植物的定居过程就开始了。植物的定居包括植物的发芽、生长和繁殖 3 方面。我们经常可以观察到这样的情况，植物繁殖体虽到达了新的地点但不能发芽，或是发芽了但不能生长，或是生长到成熟但不能繁殖后代。只有当一个种的个体在新的地点能够繁殖定居时才算成功。任何一块裸地生物群落的形成和发展，或是任何一个旧的群落被新的群落所取代，都必然包含植物的定居过程。因此，植物繁殖体的迁移和散布是群落演替的先决条件。

对于动物来说，植物群落成为它们取食、营巢和繁殖的场所。当然，不同动物对这种场所的需求是不同的。当植物群落环境变得不适宜它们生存时，它们便迁移出去寻找新的合适生境。与此同时，又会有一些动物从别的群落迁来建立新的栖居地。因此，每当植物群落的性质发生变化的时候，居住在其中的动物区系实际上也在作相应的调整，使得整个生物群落内部的动物和植物又以新的联系方式统一起来。

4.4.3.2 群落内部环境的变化

群落内部环境的变化是由群落本身的生命活动造成的，与外界环境条件的改变没有直接的关系。但在有些情况下，也是群落内物种生命活动的结果，为自身创造了不良的居住环境使原来的群落解体，但为其他植物的生存提供了有利条件进而引起演替。据 E. L. Rice 的研究，在美国俄克拉荷马州草原弃耕地恢复的第一阶段，向日葵的分泌物对自身的幼苗具有很强的抑制作用，但对第二阶段的优势种北美草原三芒草的幼苗却不产生任何抑制作用。因此，以向日葵占优势的先锋群落很快被北美草原三芒草群落所取代。

由于群落中植物种群特别是优势种的发育而导致群落内光照、温度和水分状况的改变，也可为演替创造条件。如在云杉林采伐后的林间空旷地段，首先出现的是喜光草本植物。但当喜光的阔叶树种定居下来并在草本层以上形成郁闭树冠时，喜光草本植物便被耐阴草本植物所取代。此后当云杉延伸于群落上层并郁闭时，原来发育很好的喜光阔叶树种便不能更新。随着群落内光照由强到弱以及温度变化由不稳定到较稳定，依次发生了喜光草本植物阶段、阔叶树种阶段和云杉阶段的更替过程，也就是演替的过程。

4.4.3.3 种内和种间关系的改变

组成一个群落的物种在其内部以及物种之间都存在特定的相互关系。这种关系随着外部环境条件和群落内环境的改变而不断进行调整。当密度增加时，种群内部的关系紧张化，种群间竞争能力强的得以充分发展，而竞争能力弱的则逐步缩小自己的地盘甚至被排挤到群落之外。这种情形常见于尚未发育成熟的群落。

处于成熟、稳定状态的群落，在接受外界条件刺激的情况下也可能发生种间数量关系重新调整的现象，进而使群落特性或多或少地改变。

4.4.3.4 外界环境条件的变化

虽然决定群落演替的根本原因存在于群落内部，但群落之外的环境条件诸如气候、地貌、土壤和火等常可成为引起演替的重要条件。

气候决定着群落的外貌和群落的分布，也影响群落的结构和生产力。演替顶级理论假说认为，气候是决定演替的最终因素，其驱动因子是湿度和温度。在无干扰的情况下，顶级植物在有利的湿度和温度条件下很快可以恢复。无论是长期的还是短暂的气候变化，都会成为演替的诱发因素。地貌（地表形态）的改变会使水分、热量等生态因子重新分配，反过来又影响到群落本身。大规模的地壳运动（如冰川、地震、火山活动等）可使地球表面的生物部分完全毁灭，从而使演替从头开始。小范围的地表形态变化（如滑坡、洪水冲刷）也可以改造一个生物群落。土壤的理化特性对于置身于其中的植物、土壤动物和微生物的活动产生重要影响，土壤性质的改变势必导致群落内部物种关系的重新调整。放牧和火是草地演替的主要干扰因子，其强度影响演替的进程。火烧可以造成大面积的次生裸地，演替可以从裸地上重新开始。火也是群落发育的一种刺激因素。它可使耐火的物种更旺盛地发育繁殖，而使不耐火的物种受到抑制。

当然，影响演替的外部环境条件并不限于上述几种。凡是与群落发育有关的直接或间接的生态因子都可成为演替的外部因素。

4.4.3.5 人类活动对演替的影响

人类活动对植物群落演替的影响远远超过其他自然因子。人类的社会活动通常有其确定的目的性和意识性，对自然生态环境起着促进、抑制、改造和建设的作用。砍伐森林、开垦土地等活动，导致生物群落面貌的改变，如草地经营管理、沙漠治理等，便是人类活动干预引导群落沿其自然演替发展的轨迹前进，将演替的方向和速度置于人为控制之下。

思考题

1. 植物光合作用的重要性体现在哪些方面？
2. C3 和 C4 植物的区别有哪些？举例说明。
3. 草丛叶面积发育特点与草地利用强度有什么关系？
4. 简述草地植物的抗牧类型和抗牧机制。
5. 群落演替的类型有哪些？
6. 论述放牧与演替的关系。
7. 演替的驱动力和关键影响因子是什么？

参考文献

[1] 关德新，吴家兵，王安志，等. 长白山红松针阔叶混交林林冠层叶面积指数模拟分析. 应用生态学报，2007，18(3)：499-503.
[2] 贾慎修. 草地学. 北京：中国农业出版社，1995.
[3] 内蒙古农牧学院. 草原管理学. 北京：中国农业出版社，1999.
[4] 邵新庆，王堃，王赟文，等. 典型草原自然恢复演替过程中植物群落动态变化. 生态学报，2008，28(2)：855-861.
[5] 孙永明. 刈割方式对草原植物群落演替的研究. 呼和浩特：内蒙古大学，2012.
[6] 夏景新，樊奋成，王培. 刈牧对禾草草地的再生和生产力影响的研究进展. 草地学报，1994，2(1)：45-55.
[7] 杨尚明，金娟，卫智军，等. 刈割对呼伦贝尔割草地群落特征的影响. 草地学报，2015，37(1)：90-96.
[8] 展春芳，卫智军，王颖杰，等. 割草地群落特征与土壤化学性质对利用年限的响应. 草地学报，2012，34(3)：48-53.
[9] Caldwell M M，Richards J H，Johnson D A，et al. Coping with herbivory：Photosynthetic capacity and resource allocation in two semiarid Agropyron bunchgrasses. Oecologia，1981，50(1)：14-24.
[10] Cook C W. Carbohydrate reserves in plants. Utah：Agric. Exp. Stn. Res. Ser.，1966：31.
[11] Devlin R M，Witham F W. Plant Physiology. 4th ed. Boston：Willard Grant Press，1983.
[12] Farquhar G D，Ehleringer J R，Hubick K T. Carbon isotope discrimination and photosynthesis. Ann. Rev. PlantPhysiol. Plant Molec. Biol. 1989，40(1)：503-537.
[13] FitterA H，Hay R K M. Environmental physiology of plants. London：Academic Press，1981.
[14] Hay R K M，Walker A J. An introduction to the physiology of crop yield. England：Longman Scientific and Technical，1989.
[15] McNaughton S J. Compensatory plant growth as a response toherbivory. Oikos，1983，40(3)：329-336.

[16] Menke J W, Trlica M J. Carbohydrate reserve, phenology, and growth cycles of nine Colorado range species. J. Range Manage. 1981, 34(4): 269-277.

[17] Salisbury F B, Ross C W. Plant physiology. 3rd ed. Belmont: Wadsworth Publishing Co., 1985.

[18] Tainton N. Pasture management in South Africa. South Africa: University of Natal Press, 1999.

[19] Westoby M, Walker B, Noy-Meir I. Opportunistic management for rangelands not at equilibrium. J. Range Manage. 1989, 42(4): 266-274.

第5章 草地养分

本章学习目的与要求

1. 掌握草地植物的养分需求特点。
2. 熟悉土壤中营养元素的存在形态和特点。
3. 掌握草地施肥管理原则与配方施肥方法。

养分是草地植物生长的重要物质基础，现代草地养分管理的目标是草地生态系统可有效利用自然资源，草地植物生长获得均衡的养分供应，同时保证土壤健康。草地养分管理不仅受立地条件的影响，还与施肥、刈牧和割草等过程管理密切相关。草地施肥的目标是避免因土壤有效养分亏缺而引起的牧草生长受限。在施肥过程中，应合理控制化肥用量，推广有机肥料和生物肥料的使用，以减少对土壤和水体的污染。同时，要注重提高草地的生态功能和生产能力，促进生态系统的良性循环。因此，全面了解矿质元素的循环规律，掌握牧草利用各种土壤养分的能力，是草地合理施肥的首要前提。

5.1 草地利用方式对草地养分的影响

草地利用方式对草地生态系统的养分流失有决定性的影响。土壤、植物和动物是构成放牧草地系统养分循环系统的三大养分库(图 5-1)。施肥、动物排泄物是该系统中主要的养分输入源，动物排泄物的外流以及动植物产品的输出则是该系统中主要的养分输出源。

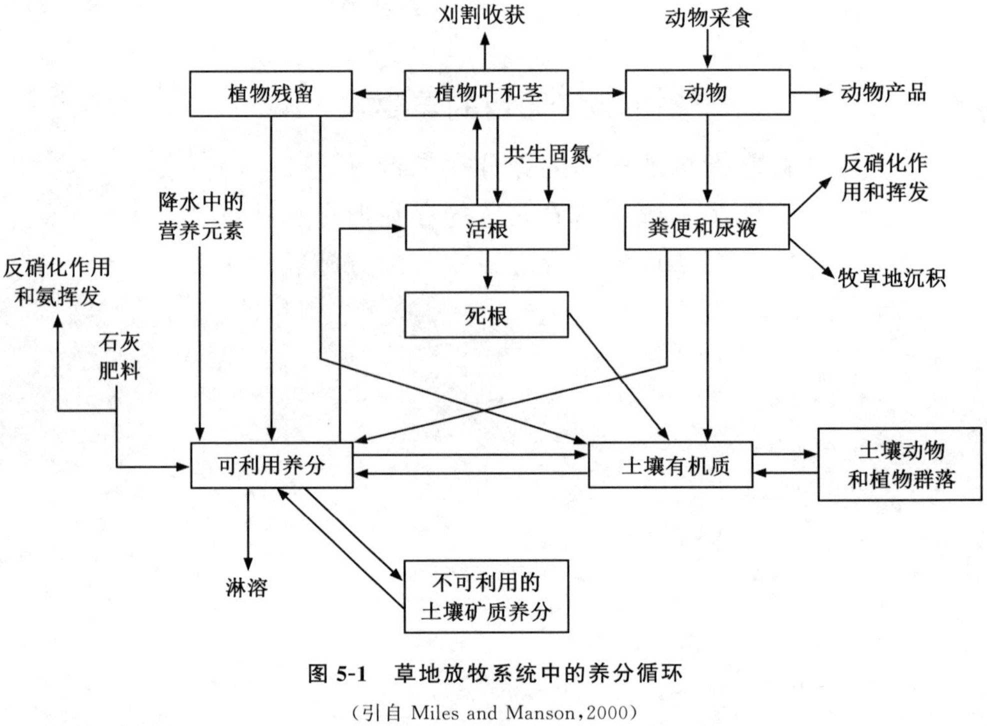

图 5-1 草地放牧系统中的养分循环

(引自 Miles and Manson，2000)

以割草利用为主的草地，为维持其持续高产必须投入一定量的肥料。以禾本科牧草为主的草地，尤其需要加强氮肥和钾肥的投入。在土-草系统中，91%～97%的氮保留在土壤中，只有 3%～9%的氮存于植物中，植物吸收的氮素中又有 70%通过根系和凋落物途径返回土壤。以长期放牧利用为主的草地，家畜采食牧草获得的绝大多数营养元素会通过家畜代谢后的排泄物返还于草地系统，如放牧利用下的新疆伊犁绢蒿荒漠草地土壤 0～30 cm 中全氮和速效氮含量增加。在畜-草系统中，氮转移的途径是动物排泄，家畜粪便对草地氮营养的补偿性贡献不可估量。因此，以放牧利用为主的草地，对肥料投入的需求较低。以间歇式放牧为主的草地则处于上述两种情形之间。表5-1列举了几种牧草对养分需求的差异，而表5-2则反映了两种生产力水平下牧草中各营养物质的转移量。

表5-1 几种草地植物中主要营养元素含量 kg/10 t

牧草种类	氮	磷	钾	钙	镁
紫花苜蓿 (*Medicago sativa*)	320	28	67	280	74
多花黑麦草(*Lolium multiflorum*)	450	28	400	55	22
白三叶草(*Trifolium repens*)	480	38	180	150	30
披碱草(*Elymus natus*)	314	21		38	

(引自 Miles and Manson，2000)

表5-2 两种生产水平下牧草中各营养物质的转移量

项目	牧草总产量(干物质)3 000 kg/hm²		牧草总产量(干物质)10 000 kg/hm²	
	含量	3 000 kg 牧草干物质中转移量	含量	10 000 kg 牧草干物质中转移量
氮	2.0%	60 kg	4.0%	400 kg
磷	0.2%	6 kg	0.6%	60 kg
硫	0.2%	6 kg	0.4%	40 kg
钾	1.5%	45 kg	3.5%	350 kg
钠	0.05%	1.5 kg	0.5%	50 kg
钙	0.5%	15 kg	1.2%	120 kg
镁	0.1%	3 kg	0.3%	30 kg
氯	0.2%	6 kg	2.5%	250 kg
铁	50 mg/kg	150 g	300 mg/kg	3 000 g
锰	20 mg/kg	60 g	150 mg/kg	1 500 g
锌	15 mg/kg	45 g	60 mg/kg	600 g
铜	5 mg/kg	15 g	15 mg/kg	150 g
钴	0.05 mg/kg	0.15 g	0.25 mg/kg	2.5 g
碘	0.1 mg/kg	0.3 g	0.5 mg/kg	5.0 g
硼	3 mg/kg	9 g	15 mg/kg	150 g
钼	0.1 mg/kg	0.3 g	4 mg/kg	40 g
硒	0.05 mg/kg	0.15 g	1 mg/kg	10 g

5.2 大量元素

牧草中大量元素的含量范围一般为1%～5%，包括碳、氢、氧、氮、磷、钾6种元素。碳、氢、氧可从大气及水中得到，在此不再讨论，本节主要讨论氮、磷、钾3种大量元素。

5.2.1 氮

氮是牧草吸收量最大的元素，也是最重要的营养元素。牧草的生产力取决于在一定温度和水分组合下的土壤氮素有效性。草地系统中氮的来源多样，其中最主要的来源包括人工施肥、豆科牧草的共生固氮以及家畜排泄物。

5.2.1.1 草地土壤中氮形态

多年生草地土壤中98%的氮是短时间内无法被植物所利用的有机氮，必须通过某些土壤微生物的矿化作用，使其转化为铵态氮(NH_4^+-N)，通过微生物再转化成为硝态氮(NO_3^--N)。此过程通常被称为硝化作用。铵态氮和硝态氮均能被牧草植物直接吸收利用。

土壤微生物代谢所需营养元素的来源有两个：一是已经存在于土壤中的可利用养分；二是分解土壤有机质。当有机质分解的氮供不应求时，微生物将从土壤氮库中获取氮源以满足自身的代谢需求，这时氮被转换为不能为植物所利用的有机氮形态，这一过程被称为氮固持。

1. 影响氮矿化的因素

草地生态系统中土壤无机氮以铵态氮为主要形式，土壤铵化量占总氮矿化量的50%～69%，内蒙古森林和草原生态系统氮素矿化速率分别为0.83 mg/(kg·d)和0.72 mg N/(kg·d)，约是农田生态系统的一半。草原优势种不同，其土壤氮素矿化速率不同，羊草草原的平均净氮矿化率为0.333 kg/(kg·d)，贝加尔针茅草原为0.316 kg/(kg·d)，克氏针茅草原为0.211 kg/(kg·d)。

氮矿化过程受土壤有机质含量及牧草管理措施的影响。适宜温度和水分组合条件有利于微生物的生长，当温度从5 ℃升至35 ℃时，氮矿化速率急剧增加，土壤中有效氮高峰通常在雨热同期的夏季出现。土壤碳氮比(C∶N)可有效地指示有机氮的释放状态，当C∶N小于25∶1时，土壤氮可被迅速矿化；当C∶N为(25～30)∶1时，氮固持占主导地位，几天或几周后才有净矿化氮产生；当C∶N大于30∶1时，氮固持发生而导致无机氮储备枯竭。

从表5-3中可看出，豆科植物的碳氮比较低，而禾草及其秸秆中的碳氮比相对较高，所以豆科牧草残茬更容易分解，有利于提高土壤含氮量。施氮肥可适当促进土壤碳氮比的降低。

表5-3 不同植物材料的碳氮比(C∶N)

植物材料	C∶N
三叶草根及地上部分	(12～20)∶1
禾草根[施氮350 kg/(hm^2·年)]	(25～30)∶1
牧草凋落物[施氮350 kg/(hm^2·年)]	<25∶1
禾草根及地上部分(低施肥率下)	(40～50)∶1
沤制厩肥	20∶1
玉米秸秆	60∶1
小麦秸秆	80∶1
锯末	400∶1

(引自Haynes，1986；Whitehead，1986)

pH是影响土壤氮矿化的另一个重要因素，偏酸环境中氮矿化受到抑制，在酸性土壤上施用石灰后，加速了有机质的分解速度，使无机氮含量迅速增加，牧草产量随之提高。翻耕等措施加速氮矿化进程，有报道指出，在英国，放牧3年和8年的草地翻耕后1年，矿化氮分别达到201 kg/hm^2 和306 kg/hm^2。

2. 草地植物利用氮的特性

永久草地利用多年后，受益于植物残留物（包括茎和根）积累、放牧动物排泄物等贡献，土壤有机质和全氮含量逐年增加，平均每年增加量为50～150 kg/hm^2，具体增加量因有机物质输入量不同而异。管理良好的草地，土壤碳氮比相对稳定在10左右（表5-3）。土壤有机氮的积累在很大程度上取决于土壤中由腐殖质增加而增加的氮含量，而不是氮输入。牧草利用水平可调控土壤有机物质的投入，进一步影响表层土壤中氮的累积。当牧草经放牧利用超过70%时，是消耗氮库储量的过程。一年生牧草和作物地由于耕作频繁，有机质氧化分解而呈现负积累，也是消耗氮库储量的过程。

草地氮流失的途径有动植物产品的输出、排泄物的沉积（大部分以尿液排出）、淋溶、挥发和反硝化作用等。带负电荷的硝态氮随着土壤水分自由移动，易产生氮淋溶。土壤渍水条件下，反硝化菌促使硝态氮转化为气态氮和氧化亚氮流失到空气中去。当土壤温度超过5 ℃时，反硝化速率随着温度的增加而增加，冬季反硝化作用明显降低。一般来说，排水良好的土壤中氮的淋溶要高于反硝化作用中氮流失量。

通常因生产动物产品而流失的氮量很少。投入40 kg/hm^2 氮就能补偿所有用来生产奶和肉所消耗的氮。放牧草地可出现与刈割系统不同的高强度氮素流动过程：牧草植物对氮的快速吸收，使氮素利用率较高，氮淋溶强度增加（表5-4）。奶牛生产系统往往会出现硝态氮积累情况，导致氮淋溶现象，因此，对草地-奶牛系统氮淋溶的研究是发达国家环境保护重点考虑的问题之一。

表5-4 多花黑麦草地氮的输入、输出和储存变化 kg/(hm^2·年)

项目	方式	黑麦草刈割利用	黑麦草放牧利用
氮的输入	化肥	420	420
	固氮	0	0
	大气沉降	15	15
	牧草	300	29
	淋溶	33	160
氮的输出	反硝化作用	20	40
	氨的挥发	0	120
氮的储存	土壤有机质	70	100

Cease等（2012）在内蒙古典型草原（羊草和针茅为优势种）的研究中发现，当草地被重度放牧时，会导致植物中氮含量过低，并引起喜碳水化合物的植食性动物蝗虫的种群数量激增，最终导致草地植物被大面积啃食引起草地退化（图5-2）。

5.2.1.2 土壤氮供应与牧草生长

当牧草生长所需各种养分得到满足，氮供给充足时，植物生长旺盛，叶色深绿。氮亏缺时，植物矮小，叶片发黄，禾本科牧草中下部叶片通常呈褐色，氮素沿着叶脉输送到叶的顶部，由于氮素优先从老组织中向幼嫩组织中转移，缺氮时，幼嫩叶组织仍能保持绿色。植株干物质氮含量一般为1%～5%。禾草对氮的需求很高，主要通过须根系从土壤中吸收氮素。施用的化肥只有 50%～70%被牧草正常吸收。

表 5-5 说明了牧草干物质产量与氮供应的关系。随着施氮量的增加，羊草产量亦显著提高。当最高氮肥施用量为 232.8 kg/hm^2 时，羊草产量达到最高，但其增产效益有所下降。

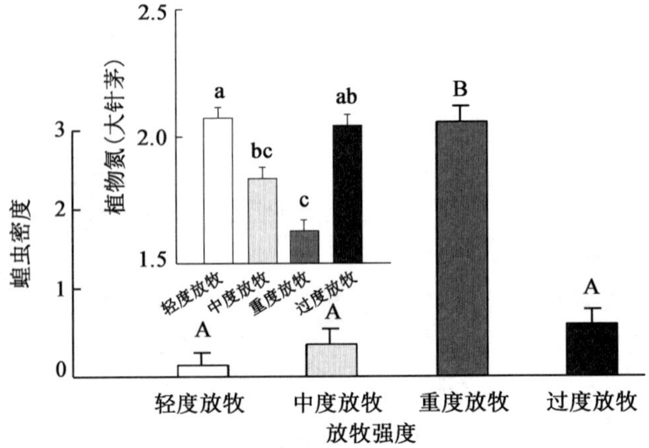

图 5-2 放牧强度对蝗虫种群密度与植物氮含量的影响

(引自 Cease et al.,2012)

注：图中不同大写字母表示差异极显著($P<0.01$)，不同小写字母表示差异显著($P<0.05$)。

表 5-5 不同供氮水平对羊草产量的影响

氮水平/(kg/hm^2)	产量/(kg/hm^2)	增产率/%	氮肥增产效益/(kg/kg)
0	5 848.2[a]	—	—
60	6 785.7[b]	16.0	15.6
120	12 276.8[c]	109.9	53.6
180	12 812.5[d]	119.1	38.7
240	14 241.1[e]	143.5	35.0

(引自苏富源等,2015)

注：同列数据中，肩标不同小写字母表示差异显著($P<0.05$)。

一般情况下热带禾本科草中单位氮获得的干物质要高于温带禾本科草。如对曲画眉草而言，每提供 1 kg 氮得到的干物质为 60 kg，而多花黑麦草则只有 25～34 kg 干物质。多年生黑麦草在供氮量为 0～300 kg/hm^2 时，每千克氮可得到平均 23 kg 干物质。

施氮下，草地刈割时间间隔越长，产量越高，多花黑麦草每 4 周和每 8 周刈割产量差异可达 4 t 之多(图 5-3，表 5-6)。

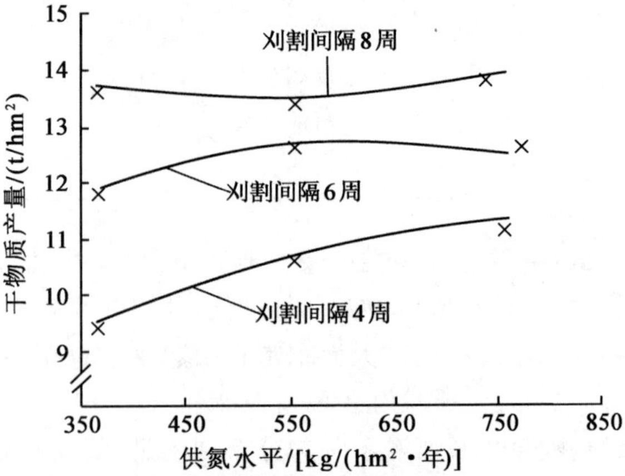

图 5-3 不同供氮水平下，刈割频率对多花黑麦草产量的影响

(引自 Miles and Bartholomew,1984)

羊草不同生育期干物质积累呈“S”形

动态变化(图 5-4)，生育前期生长缓慢，拔节到开花期干物质积累明显加快，干物质积累量占总积累量的 68%左右，到生育期后又趋于平缓。施氮量为 140 kg/hm^2 时，干物质最大积累量和积累速率的增加最为明显。

表 5-6　多花黑麦草再生草产量及其营养组成与施氮量的关系

项目	收获间隔/周				
	1	2	4	8	12
施氮量/(kg/hm^2)	干物质产量/(kg/hm^2)				
28	56	347	1 893	5 029	6 160
84	67	515	2 498	6 070	8 221
140	56	482	2 878	7 269	8 355
196	45	504	2 923	7 269	9 061
施氮量/(kg/hm^2)	可消化有机质含量(占干物质的量)/%				
28	65.9	63.6	68.8	60.3	52.5
84	68.1	65.9	66.8	57.1	51.7
140	66.8	64.5	66.5	57.7	50.3
196	67.7	64.9	64.0	58.1	51.5
施氮量/(kg/hm^2)	粗蛋白质含量/%				
28	19.5	25.0	12.8	6.6	5.8
84	22.1	31.5	15.9	8.6	5.8
140	24.3	34.8	19.4	9.8	7.3
196	23.6	35.6	23.6	11.2	7.4
施氮量/(kg/hm^2)	硝态氮含量(占干物质的量)/%				
28	0.11	0.05	0.01	0.01	0.01
84	0.27	0.34	0.03	0.01	0.01
140	0.30	0.63	0.10	0.02	0.01
196	0.32	0.77	0.37	0.05	0.01

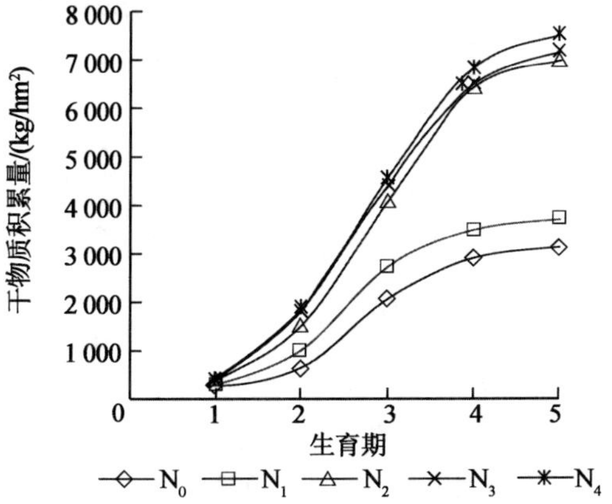

图 5-4　氮肥对羊草干物质积累量的影响

注：N_0，N_1，N_2，N_3，N_4 分别表示年施氮量为 0，60，120，180，240 (单位：kg/hm^2)

1. 返青期　2. 拔节期　3. 抽穗期　4. 初花期　5. 盛花期

(引自苏富源等，2015)

施肥过程可能会严重影响牧草植株营养性能和可溶性化合物的积累，进而影响其适口性和可消化性。随着氮施用量的增加，多花黑麦草非结构碳水化合物总量呈下降趋势。土壤氮、磷存在着一定的互作，同一施氮水平下，随土壤磷水平由 7 mg/kg 提高到 16 mg/kg 时，多花黑麦草非结构性碳水化合物含量增加（表 5-7）。因此，在同一氮供应水平下，随草地磷供应量的提高，动物的采食率、牧草干物质消化率和家畜体重均增加。

表 5-7　施氮和不同土壤磷水平对多花黑麦草非结构性碳水化合物含量的影响　%

施氮量/(kg/hm²)	土壤磷水平/(mg/L)		
	7	10	16
0	16.0	19.8	22.1
35	12.9	13.8	15.9
70	11.8	11.7	12.7

（引自 Miles and Manson，2000）

此外，施氮肥有利于提高羊草植株氮、磷、钾养分含量。施氮 180 kg/hm² 时，整个生育期植株的氮、钾含量分别增加 49.8%和 19.7%；施氮 240 kg/hm² 时，植株各生育期平均含磷量增加 25.4%（图 5-5）。

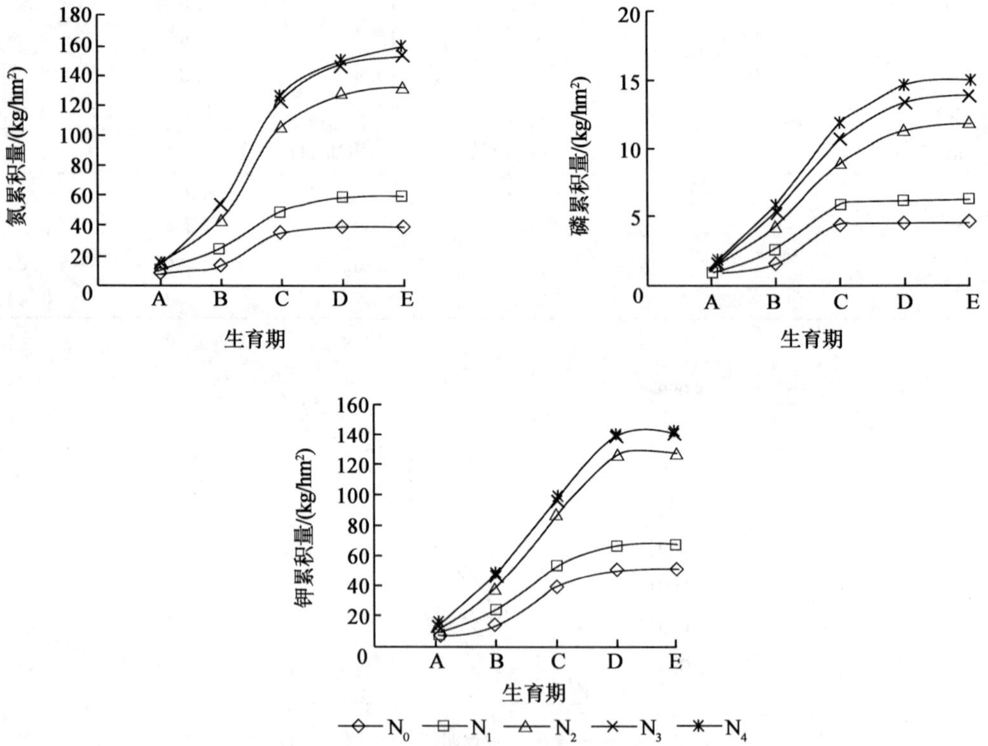

图 5-5　氮肥对不同生育期羊草氮、磷、钾积累量的影响

注：N_0，N_1，N_2，N_3，N_4 分别表示年施氮量为 0，60，120，180，240（单位：kg/hm²）

A. 返青期　B. 拔节期　C. 抽穗期　D. 初花期　E. 盛花期

（引自苏富源等，2015）

5.2.1.3 氮肥及施肥管理

草地施肥打破了土壤养分的固有平衡,缓解了群落对限制性元素的需求,有利于植物干物质的形成和积累,提高群落生物量。在一定范围内,随着施肥水平的增加,草地的地上生物产量也随之提高。针对不同地区气候、土壤的差异,施肥阈值的确定并不唯一。对于欧亚大陆成熟或退化草地而言,每年105 kg/hm^2 的氮素施用量较为适宜,若超过这个用量,群落生物量、物种多样性、功能群结构的变化将不再明显。此外,在内蒙古典型草原割草场,氮素施入量为78 kg/hm^2 时,对群落生物量有明显提高,而当用量超过300 kg/hm^2 时,施肥对草地生物量的增加效果并不明显。在内蒙古地区的研究表明,生长前2年披碱草产量随氮肥施用量提高而提高。在青藏高原,氮肥对多叶老芒麦增产效果显著高于磷肥,在施氮量为0～220 kg/hm^2 时,多叶老芒麦产量随施氮量的增加而增加,短芒老芒麦在氮、磷、钾为63.75 kg/hm^2、34.5 kg/hm^2、31.5 kg/hm^2 配比施肥下获得最高产量。

一般而言,草地最佳施氮量取决于对产量的预期水平。草地不同预期产草量水平下需施氮量见表5-8。不同种类牧草在3种施氮水平下的干物质产量见表5-9。

表5-8 草地不同预期产草量水平下需施氮量

预期产草量/(t/hm^2)	施氮水平/[$kg/(hm^2$ · 年)]
低产	60～150
中产	175～250
高产	275～375

表5-9 不同种类牧草在3种施氮量水平下的干物质产量

种类	干物质产量/(t/hm^2)		
	低产	中产	高产
狗牙根属(*Cynodon* spp.)	5～8	9～13	14～16
毛花雀稗(*Paspalum dilatatum*)	4～6	7～12	13～16
棉毛马唐(*Digitaria eriantha*)	4～6	7～12	13～16
鸭茅(*Dactylis glomerata*)	4～6	7～11	12～15
苇状羊茅(羊茅)(*Festuca arundinacea*)	4～6	7～11	12～15
多花黑麦草(*Lolium multiflorum*)	4～6	7～11	12～16
多年生黑麦草(*Lolium perenne*)	4～6	7～11	12～14

(引自 Miles and Manson,2000)

在干旱、低温或其他养分缺乏等限制因素下,即便给予高施氮量,牧草也不会有明显的增产。此外,施氮肥过多,可能造成根区氮的淋溶流失。牧草体内硝酸盐含量过高也会对动物产生不利的影响。

最佳施氮时间是在放牧和刈割之后立即使用,施氮量取决于生产水平的需求及牧草利用的时间间隔。通常施氮量在40～75 kg/hm^2 就能使牧草再生达到最高水平。在高海拔地区,越冬时期的低温限制了植物生长,建议减少或不施氮。

豆科植物的生物固氮能力受土壤、气候和管理方式的影响。土壤酸化或养分匮乏都可能造成豆科牧草固氮能力下降。土壤水分受限或涝渍都可能严重影响生物固氮过程。良好的排灌和施肥管理对豆科牧草的生物固氮非常重要。紫花苜蓿的固氮能力在建植初期或刈割后较弱，施氮肥不仅可以增大产量也会增加苜蓿体内氮含量，而对于生长 2 年以上的苜蓿草地，施氮肥则会抑制根瘤菌活性。

禾本科牧草与豆科牧草共生时，氮的来源有以下几方面：豆科牧草生物固氮，可以通过豆科牧草与禾本科牧草根系实现氮之间的转移，也可直接伴随着生物固氮一起完成，豆科牧草衰老部分以及被放牧践踏的茎叶的再分解形成的氮素也可使禾本科牧草受益。当放牧强度合理，豆禾比例恰当时，豆禾混播草地基本能够维持氮的平衡。但对于单播禾本科牧草的草地，无论是放牧还是刈割利用，都必须认真考虑氮的供给，否则将直接影响牧草产量。

当禾本科牧草和豆科牧草混播群落中，若豆科牧草的生物固氮量不足以满足禾本科牧草达到最大干物质产量所需的氮素要求时，大量使用氮肥会抑制豆科植物的生物固氮。如每公顷投入 100 kg 氮肥时固氮量为 50 kg/hm^2，不施氮则会达到 300 kg/hm^2，相对于单一禾本科牧草来说，混播草地施氮量比正常应低 25%～50%，可更好地发挥豆科牧草的生物固氮作用。春天土壤矿化能力最低，施用氮肥能极大地提高禾本科、豆科混播群落中豆科牧草的固氮水平。南方草地建植当年，豆科的固氮能力较弱，每公顷施用尿素 200 kg 左右，有利于草地成功建植。豆禾混播草地或豆科草地成功建植后，考虑经济效益问题则不再施用氮肥。一般情况下，施 1 kg 氮肥而牧草干物质产量增加 10 kg 时的施氮水平被认为是最佳的。

5.2.2 磷

5.2.2.1 草地土壤中磷形态

受成土母质和风化强度等因素影响，土壤中全磷含量变化很大。磷在土壤中以有机和无机两种形式存在。无机磷组分多与铁、铝、钙、氟等其他元素以化合物形式出现，且多为难溶物质，也可能粘在黏土和其他无机土壤组分的表面。无机磷的释放与土壤 pH、氧化还原电位以及土壤有机质含量有关。石灰质土壤中，无机磷通过土壤中的有机酸、无机酸作用，转化成易溶磷酸盐。酸性土壤无机磷在低氧化还原电位和 pH 升高情况下实现有效化。有机磷组分存在于腐殖质、作物、动物以及微生物残渣中。土壤有机磷的水平随土壤有机质的提高而上升。有机磷与有机氮一样有矿化和固持过程，其含量因磷吸附与固持等过程而降低。有机磷经过细菌作用，逐步释放出磷酸，才能供给植物吸收利用。

植物中可利用磷总量一般经过矿化—固持、吸附—解吸附和溶解—沉淀过程而获得。图 5-6 显示不同形态的磷的转化过程。溶液中的磷以及能从胶质表层中释放出来用以补充从植物根系中转移的磷就是所谓的易氧化磷。有机质中持有的磷、不溶的无机化合物和胶体表

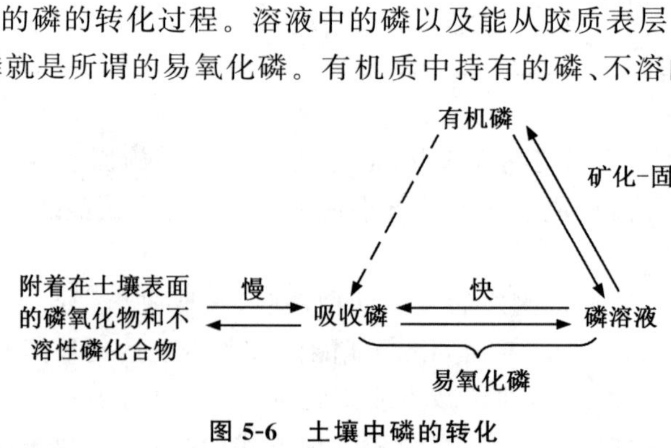

图 5-6 土壤中磷的转化

（引自 White，1979）

面封闭固持成的羟基酸复合体，组成了不易氧化的组分。

无论 pH 低或高，土壤中磷的有效性越低，淋溶作用都越小。只有在 pH 为 6.5 附近的一个狭窄范围内，土壤有效磷较高。在质地较粗的土壤中，牧草对磷素的吸收量高于在细质地土壤。在潮湿土壤中，水溶性磷迅速分解，释放的磷元素易被植物吸收。磷若与土壤成分发生反应，则称为吸附，其溶解度降低。

5.2.2.2　*土壤磷供应与牧草生长*

磷是所有活生命有机体必需的大量元素。它涉及植物体内许多生理功能，包括以 ATP 形式的能量转移、碳水化合物的转移、淀粉转化为糖类等。同时，也是细胞核遗传物质的组分。植物根系吸收的磷以磷酸二氢根离子为主。牧草植物体内全磷含量依生长期不同而异。在适宜的供磷水平下，植株磷含量一般为 0.25%～0.4%。植株体内磷含量大致为氮或钾含量的 1/10。

不同牧草种对磷的需求及个体从土壤中获取磷的能力存在很大差异。禾本科植物对土壤磷的利用率低于豆科植物，豆科植物可通过分泌有机酸，增加土壤磷的有效性。紫花苜蓿生物固氮需要较高的 ATP 参与，苜蓿体内的磷浓度远远低于氮和钾，磷充足的临界水平为 0.25%，群体中有 1/10 苜蓿开花时体内含磷量低于 0.23% 则可认为是缺磷。磷供应充足时头茬苜蓿植株含磷量为 0.26%～0.70%，充足磷水平为首次刈割时植株上部 152 mm 处磷浓度为 2.6～7.0 g/kg。热带牧草对磷的利用效率高于温带牧草。温带牧草在胁迫条件下对磷的反应更强烈，施用过多的磷肥对披碱草属牧草增产意义不大。一般来说，生长早期比成熟期需要更多的磷，磷可促进建植期牧草根系的生长和分枝能力，从而提高栽培牧草与杂草间的竞争能力。

温度与土壤磷有效性成正相关，随着土壤温度的降低，土壤磷的有效性也随之下降。植物对磷的反应最高峰往往是在缓慢增长期，这一点在实践中很重要，注意及时配合施磷，不要让土壤磷含量过低成为植物生长的限制因素。

磷在根瘤形成过程中发挥着重要作用，对根瘤菌活性的影响也较大。在满足对磷的需求下，豆科牧草的生物固氮才能实现。禾本科牧草与三叶草混播时，在缺氮条件下，表现出比单播或施氮条件下要求更高的磷供应水平。

一般情况下，牧草产量随磷氮组合率增加而增加，主要是由于氮诱发了植物对磷的吸收。土壤严重缺磷时，仅施用氮肥对牧草磷含量无提高意义。铵态氮（NH_4^+-N）较硝态氮（NO_3^--N）有更强的促进磷吸收的作用，得益于 NH_4^+ 的硝化作用所营造的酸性环境在一定程度上增加了土壤磷的溶解度。

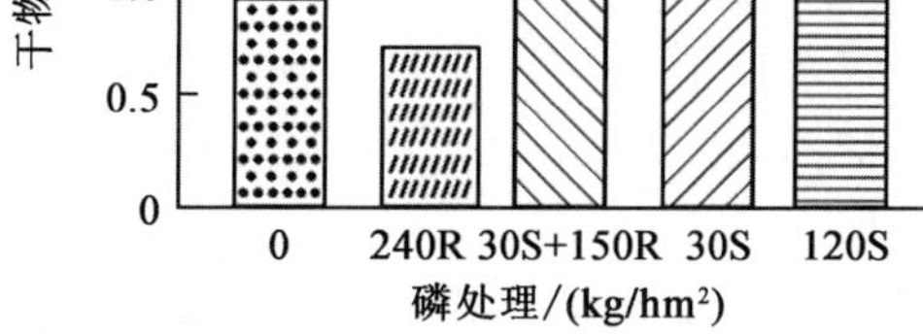

图 5-7　施用不同磷肥（R 为磷矿粉；S 为过磷酸钙）对灌溉条件下头茬高羊茅干物质产量的影响

（引自 Miles and Manson，2000）

5.2.2.3　*磷肥及施肥管理*

无机磷肥按其溶解性可分为两类：速效磷肥和水溶性磷肥。磷肥包括过磷酸盐、过磷酸铵、磷酸二氢铵和磷酸氢二铵。对牧草而言，只有水溶性磷肥和速效磷肥是有效的（图 5-7）。表 5-10 给出了几种磷肥的化学组分。需要注意的是厩肥中的有机磷很容易矿化，故施用有机肥可促进有机磷组分的形成。

表 5-10 可溶性磷肥的主要成分 %

肥料形式	磷	氮	钙	硫
过磷酸钙（粒状）	8.3～10.5	—	20.0～22.0	10.0～12.0
重过磷酸钙	19.6	—	16.0	3.0
氨化过磷酸钙（AMP）	12.2	3.8	17.1	9.8
磷酸一铵（MAP）	22.0	11.0	0.7	1.8
磷酸二铵（DAP）	20.0	18.0	0.4	—

（引自 Miles and Manson，2000）

实验室测定结果是确定植物磷需求量的唯一可信方法。需要注意的是牧草生长对磷响应的阈值因品种不同而异，土壤质地也会影响磷的吸收，在沙土中要比黏土高（图 5-8）。当肥料以基肥方式施入 10～15 cm 土壤中时，黏土对磷的需求为 10 kg/hm^2，壤土为 7 kg/hm^2，沙土为 3 kg/hm^2。如果以追肥方式加入，则黏土、壤土磷的需求量为 5 kg/hm^2，沙土为 3 kg/hm^2。

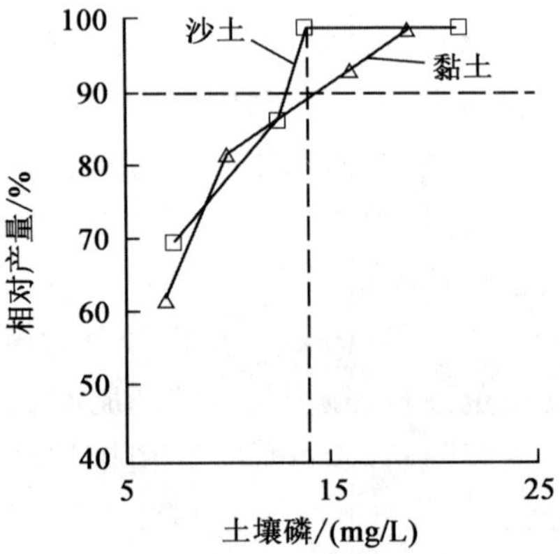

图 5-8 多花黑麦草响应土壤磷含量的阈值

（引自 Miles and Manson，2000）

对我国草原植被 C∶N 和 N∶P 及其影响因子进行分析发现，草原植物普遍缺氮，这也是导致其 N∶P 值低于全球水平的主要原因。内蒙古草原的植物群落 N∶P 值相对稳定，当 N∶P＜21 时，认为内蒙古草原草本植物主要受氮限制；而当 N∶P＞23 时，则以磷限制为主。

对呼伦贝尔羊草草甸天然割草场的研究也表明，氮是限制该地区植物生长的重要因素之一，而磷处于一个相对平衡的状态。因此，在施肥管理过程中，应适当降低或完全不施加磷肥，而适量施加氮肥，才能使群落呈现适中的化学计量比。

当土壤中磷含量为每年每公顷 14～18 kg（或 32～41 kg P_2O_5）时，说明土壤不缺磷。我国南方多为酸性红壤，普遍缺磷是限制南方草地生产能力的主要因素之一，施用磷肥时应以强碱性的磷肥（如钙-镁-磷或钙-镁-磷-钾肥）为主，以中和土壤的部分酸性，而不宜施用普钙等酸性磷肥。施用磷肥时，钙-镁-磷 300 kg/hm^2 基本能满足植物正常生长需要，最低不小于 200 kg/hm^2，最高不超过 500 kg/hm^2。对内蒙古锡林浩特典型草原的研究发现，土壤全磷含量在禁牧条件下最高，不同放牧制度下同层土壤全磷含量差异显著，20～40 cm 土壤磷含量以禁牧区最高，轮牧区次之，自由放牧区最低。可见，禁牧固持土壤中磷元素，对土壤磷积累表现出正效应。

苜蓿播种时常施用磷肥，尤其是低磷土壤。建植苜蓿草地磷肥的施量一般较低。传统耕作建植苜蓿草地一般 N∶P_2O_5∶K_2O 为 1∶3∶1。充足磷肥是苜蓿建立强大根系的必需条件。追施磷肥的效果在贫瘠土壤和低温条件下非常有效，但追施的量不宜太高。

5.2.3 钾

5.2.3.1 草地土壤中钾形态

土壤钾库巨大,但是能被植物直接吸收和利用的却很少。土壤钾素根据对植物的有效性可分为 3 种:非交换矿物态钾、交换态钾和水溶态钾。非交换矿物态钾是指存在于相对未风化的结晶盐中或者是黏土矿物中间层的钾(如伊利石和蛭石中的钾),这些钾只有经过分化以后,成为交换态钾才能为植物所利用;交换态钾是指黏土和有机质表层负电荷所吸附的钾离子;水溶态钾则是指以离子形态存在于土壤溶液中的钾。这 3 种形态的钾之间存在着一种平衡关系。非交换矿物态钾和交换态钾之间的转化十分缓慢,而交换态钾和水溶态钾之间的平衡却很迅速。在大多数土壤中,土壤速效钾的供给主要来源于交换态钾和水溶态钾。

5.2.3.2 土壤钾供应与牧草生长

钾素最主要的作用是促进植物的代谢,钾几乎参与了所有植物生长发育过程中的生理生化反应。缺钾可能导致植物抗旱抗寒能力下降、易倒伏和对真菌感染的敏感性增加。在温带草原中,钾集中在植物的地上部分,禾本科牧草和豆科牧草中钾含量一般为 1.5%～3%,植物含钾量在成熟期急剧下降,钾在植物中的移动性很强,缺钾时植物体会不断地从衰老的器官向新生幼嫩的组织中转移,老叶最先出现缺钾症状,通常表现为叶缘和叶尖焦黄卷曲。

禾本科牧草密集的须根系能够有效地利用土壤钾素,在土壤钾素有限的情况下,禾本科牧草比豆科牧草生长得更好。在禾草和豆科牧草混播草地中,为了保证豆科牧草的正常生长,必须供给充足的钾肥。

在放牧利用下,被牧草吸收带走的大部分钾会重新回到草地中,通常不需要补充额外的钾。连续宿营放牧和每天移入放牧对钾的需求也不同。植物的含氮水平很大程度上影响了植物的需钾量。如果钾供给量充足,随着施氮量的增加,植物对钾的吸收量也增加,即增加氮的供给量可以提高钾含量,从而获得最大产量。如当牧草干物质氮含量从 8 g/kg 提高到 48 g/kg 时,钾含量也由 19.7 g/kg 提高到 38.7 g/kg。

5.2.3.3 钾肥及施肥管理

目前使用最广泛、最经济的钾肥是氯化钾,其钾含量达到 50%。其他的单一钾肥还包括价格较高的硫酸钾和硝酸钾。有机肥料中所含的钾都可以被植物吸收利用。厩肥和液体粪肥是常常被忽略的有效钾肥来源。

氮肥的使用量和草地利用方式等也会对钾肥产生影响。提高氮的供给量可以提高牧草的产量,同时也可以增加植物对钾的需求量。当钾肥需求得到满足时,才能达到对氮肥良好的响应。钾缺乏时,氮水平即便在 500 kg/hm^2 时,狗牙根干物质不会超过 9 t/hm^2。在氮素亏缺的情况下,只有同时补充钾,才能促进植物对氮的响应。在牧草刈割利用系统中,在高氮供应下,往往会发生土壤钾素亏缺,及时补充钾肥特别重要(表 5-11)。

在云南进行的施钾肥试验证明,石灰岩土需钾量(K_2SO_4)最高(200 kg/hm^2),亚高山草甸土需钾量(K_2SO_4)最低(50 kg/hm^2),其他类型土壤需钾量(K_2SO_4)在 75～150 kg/hm^2。未进行土壤分析时定植肥用量(K_2SO_4)一般为 100 kg/hm^2,基本能满足不同类型土壤中草地植物的生长要求。钾过量会造成植物奢侈吸收，同时影响植物体内镁的有效性。一般每千克牧草干物质中含有 20 g 钾时，足可以维持植物最高生产水平。另外，钾的施用量往往根据氮的施用量进行校正，一般每施 3 kg 氮肥需要加施 2 kg 的钾肥，在富钾土壤中也需要再施 1.5 kg 的钾肥，但以不超过牧草干物质的 20 g/kg 水平为准。

表 5-11　氮肥和钾肥混施对狗牙根Ⅱ号干物质产量的影响　kg/hm^2

生长时间	施氮量/[$kg/(hm^2$·年)]	施钾量/[$kg/(hm^2$·年)]		
		0	200	400
生长第一年				
	100	8 400	9 928	10 884
	300	9 348	10 429	10 478
	500	8 567	10 095	10 185
生长第四年				
	100	2 851	3 997	3 830
	300	3 993	10 458	9 958
	500	4 893	13 138	12 891

（引自 Tainton，2000）

高产苜蓿草地对钾的需求较高，苜蓿营养生长期刈割往往带走大量钾素，钾量不足会导致苜蓿草地退化，尤其在苜蓿-禾草混播中，由于禾草吸钾能力往往强于苜蓿，钾肥对维持苜蓿草地高产和维持草地混播比例稳定非常重要。

苜蓿对钾的需求量高于其他任何一种元素。苜蓿的高产是建立在高钾的基础上的。苜蓿对钾的吸收常会发生奢侈吸收，刈割移走的植株中钾几乎不是植物生长所必需的。供应足够的钾对禾草-苜蓿混播地尤为重要，因为禾草对钾的竞争力通常高于苜蓿。苜蓿草地杂草和禾草入侵，多数与可利用钾不足有关。苜蓿需钾肥量高，但施肥仍然推荐以土壤诊断为主。如果施钾肥高于 372 kg/hm^2 时，要分多次施入，以防苜蓿氯中毒。

钾充足时，苜蓿叶中可降减糖浓度较低，说明钾将光合合成物质从源转移到库。苜蓿氮积累随钾的含量增加而增加。钾不足，会降低酶的活性，从而导致根瘤固氮率降低。根瘤固氮率降低是钾限制茎生长的次级反应。钾也参与氨基酸合成蛋白质。表 5-12 表明钾与苜蓿叶组织中钾浓度、净光合速率、RuBP 羧化酶活性、光呼吸及暗呼吸有密切关系。缺钾将降低苜蓿组织中的钾浓度，降低净光合率、RuBP 羧化酶活性及光呼吸，而提高暗呼吸。

表 5-12　钾对苜蓿叶组织中钾浓度、净光合速率、RuBP 羧化酶活性、光呼吸和暗呼吸的影响

培养液钾浓度/(mmol/L)	叶中钾浓度/(mg/g)	净光合速率(CO_2)/[$mg/(dm^2$·h)]	每毫克蛋白质 RuBP 羧化酶活性(CO_2)/(μmol/h)	光呼吸/(dpm/dpm^2)	暗呼吸(CO_2)/[$mg/(dm^2$·h)]
0.0	12.8[a]	11.9[a]	1.8[a]	4.0[a]	7.6[a]
0.6	19.8[b]	21.7[b]	4.5[b]	5.9[b]	5.3[b]
4.8	38.4[c]	34.0[c]	6.1[c]	9.0[c]	3.1[c]

注：同列数据中，肩标不同的小写字母，表示差异显著（$P<0.05$）。

（引自洪绂曾，2009）

Michael和Stanley研究钾肥的施量和种类对苜蓿光合和氮固定的影响，结果表明，施高水平硫酸钾(673 kg/hm^2)比未施硫酸钾处理苜蓿每株枝条数增加51%，枝条质量增加20%；同时，测定植株中可降减糖为0.78%，而未施硫酸钾处理的为1.28%，表明缺钾苜蓿的光合组织中有糖的积累。叶绿素浓度随钾含量增加而直线上升，施高水平硫酸钾肥的碳净交换率(CER)比对照平均增加28%。施硫酸钾还可以增加每株苜蓿的根瘤数，硫酸钾肥使苜蓿固氮率由对照的每株乙烯12.3 nmols/min提高到56.8 nmols/min，从而表明苜蓿固氮对钾和硫有需求。Barta指出，施钾肥可以促进苜蓿刈割后再生生长，增加生物固氮，原因可能是大量钾调运到根瘤参与氨基酸的合成和利用。

Kitchen指出，钾营养可以增加苜蓿抗性，苜蓿枝条数和质量都随体内可溶性钾含量增加而增加。钾也与苜蓿根淀粉含量和利用有关。钾缺乏将导致根中淀粉和蛋白质浓度降低。淀粉和蛋白质的合成酶都需要钾的参与。James研究表明，在盐碱地钾营养的活性与Na^+水平密切相关，通常出现的叶片边缘失绿常常是由于植株体内含有高于正常水平达10倍的钠离子。在缺钾的盐碱土壤，一般都会发现苜蓿体内的钠浓度很高。

5.3 中量元素

中量元素是相对较新的概念，以往的资料中将中量元素归入大量元素范畴，目前有的资料将植物吸收量介于氮、磷、钾及微量元素之间的元素统称为中量元素。事实上，某些植物对中量元素，如硫的需求可能与大量元素相当。中量元素包括钙、镁、硫3种元素，它们的含量为牧草干物质的0.01%～1%。

5.3.1 硫

5.3.1.1 草地土壤中硫的形态

在多数土壤中大量的硫以有机形式存在。植物摄取硫的直接来源是无机形式的硫(SO_4^{2-})，硫循环在许多方面都与氮循环相似，如硫的矿化、固持等。牧草生长过程中摄取的大多数硫来自生长时期的矿化作用，依靠传统的土壤测试结果不能判定土壤硫供应的状态。硫被土壤表面吸附的程度介于能力很弱的氮与能力很强的磷之间，硫淋溶一般发生于沙质土壤中。

5.3.1.2 硫与牧草生长

在植物体内，硫酸根逐渐合成为有机分子，主要是构成蛋白质的单个氨基酸。重要的含硫氨基酸是半胱氨酸和甲硫氨酸。植物体内硫的含量与磷相近(干物质中含量为0.15%～0.4%)，并随着植物年龄的增加而降低。日粮中硫含量若超过0.30%，会造成硫中毒，绵羊和奶牛的饲料摄取量及随后的畜产品产量都会减少。

在集约型草地利用中，植物的硫年摄取量为15～40 kg/hm^2。禾本科牧草及豆科牧草硫浓度相似，但禾本科牧草积累硫的能力要比豆科牧草强。足够的硫供应对于促进牧草生长及豆科牧草的生物氮固定具有重要作用。若无足够的硫摄入，豆科牧草的生物固氮功能会急剧降低。

有机质含量低的土壤一般含硫量低。相对于土壤理化性质而言，大气硫沉积的程度对硫循环有更重要的作用。沿海地区通过海雾散布大量的硫，而在工业区附近和城市中心，石油燃料燃烧释放的硫化合物（主要是 SO_2）可以沉积到雨水中，形成我们通常所说的酸雨，直接对环境产生不良影响。土壤中硫的主要输入源是大气，其值范围是 0.1～110 kg/(hm^2·年)。

土地利用方式也会显著影响草地中硫的收支平衡。在放牧条件下，植物吸收的硫会转变为粪肥和尿液，因此，排泄物中的硫浓度远大于短期植物的需求量，造成淋溶丢失的硫量比较大。

土壤硫的有效性取决于有机质矿化、固持和淋溶。矿化过程受环境因素的影响，总氮与总硫的比值常作为硫缺乏的指数。对禾本科牧草及豆科植物而言，N∶S 值在 14～18 为宜，土壤有机质丰富时，C∶S 约为 50∶150，土壤硫固持现象发生在土壤硫含量低于 0.15%时。

传统的磷肥中硫的含量占有一定比例，但随着肥料工业的发展，以富含磷而几乎不含硫的过磷酸盐肥料为主，因此，需要重视对硫肥的施用。

5.3.2 钙

钙从土壤进入植物体后，一部分以离子状态存在，一部分形成（如草酸钙等）沉淀，另一部分与有机物（如果胶酸、蛋白质）结合。钙有如下生理功能：①与果胶结合，促进细胞膜的形成并强化细胞膜；②中和植物体内有机酸等有毒物质；③可能是碳水化合物代谢所必需的元素；④促进根生长；⑤具有一定的抗病作用；⑥具有信使功能，通过钙浓度变化，把胞外信号转化为胞内信号。

缺钙时，细胞分裂不能进行或不能完成，形成多核细胞。缺钙初期幼叶呈淡绿色，继而叶尖出现典型的钩状，生长点死亡。在被子植物中，缺钙果实畸形，如梨的核带苦味，番茄及胡椒的花末端腐烂。钙是不易移动元素，难以被重复利用，因此，缺素症状首先出现在上部幼茎、幼叶上。目前未观察到过量症状。

5.3.3 镁

镁以离子形态进入植物体后，一部分与有机化合物结合，另一部分以离子形态存在。镁是叶绿素的组成物质之一，又是光合作用过程中酶的活化剂，对光合作用有重要作用；镁还是碳水化合物转化和降解以及氮代谢过程中多种酶的激活物质，故它与碳水化合物转化和降解以及氮代谢有关。镁是核糖核酸聚合酶的活化剂，DNA、RNA 及蛋白质合成中氨基酸的活化过程需要镁的参与；镁是核糖体等许多亚单位的稳定剂，在核酸和蛋白质代谢中有重要作用。

镁是易移动元素，当植株缺镁时，叶片失绿，故症状首先从下部叶片开始，普遍表现为叶肉变黄而叶脉仍保持绿色，这是与缺氮症状的主要区别。严重缺镁时，引起叶片的早衰与脱落。在木本植物中，叶片的绿色范围呈箭头状；失绿范围的边缘可能变为深红色。目前未见镁过量引起的中毒症状。草地缺镁易引起放牧家畜缺镁症发生，因此，草地建植时主要以钙镁磷的方式施用，定植肥用量为 300～500 kg/hm^2，施氮肥能促进牧草中镁的含量增加。

5.4　微量元素

5.4.1　钼

5.4.1.1　钼的功能

钼是一种痕量元素，因其在蛋白质合成及共生固氮过程中的重要作用而受到特别关注。在植物中，钼是许多关键酶的组成成分，如细胞质内可以产生硝酸盐的硝酸还原酶。如果钼缺乏，植物蛋白的浓度会下降，含钼的固氮酶在共生固氮中起催化作用，缺钼时根瘤的质量及固氮作用都会下降。严重缺钼的植株会呈现各种缺钼症状，如叶片由绿减淡为黄色，生长矮化。

5.4.1.2　常用钼盐及施用浓度

草地优势种适宜生长的钼浓度是0.1～1.0 mg/kg干物质。钼供应过量，超过1.0 mg/kg干物质，虽然不会对生长产生不利影响，但可能导致动物铜缺乏。钼缺乏症主要存在于酸性土壤中，施用石灰可增加钼有效性。豆科牧草对钼需求量通常要比禾本科牧草多，苜蓿对钼缺乏尤为敏感。

常用的钼盐有钼酸钠、钼酸铵和氧化钼(表5-13)，施用量是250～500 g/hm^2，叶面喷洒是克服钼缺乏的有效方法，使用量是20～100 g/hm^2。将钼混合到种子包衣材料内，可满足豆科牧草对钼的需求。相对不易溶解的氧化钼也可通过包衣方式施用，施用量是100 g/hm^2(氧化钼152 g/hm^2)。

表5-13　常用微量元素来源与成分

营养元素	来源	营养元素含量
钼	钼酸钠	39% 钼
钼	钼酸铵	54% 钼
钼	三氧化钼	66% 钼
硼	硼酸	17% 硼
硼	硼砂	11%硼
铜	氯酸铜	47% 铜
铜	硫化铜	25% 铜
锌	氯酸锌	48%～50% 锌
锌	硫酸锌	23% 锌
锰	二氯化锰	17% 锰
锰	硫酸锰	23%～38% 锰
铁	硫酸亚铁	19% 铁
铁	硫酸铁	23% 铁

(引自 Tainton，2000)

5.4.2 硼、锌、铜、锰、铁

5.4.2.1 硼

禾草类草地一般不缺硼，以豆科牧草为主的高产草地上硼缺乏较常见，以干草生产为目的的苜蓿草地尤为典型。

硼在高 pH、低硼有效性的土壤中以阴离子形态出现。由于沙土中易发生硼淋溶丢失，所以沙土中缺硼现象比黏土和壤土中普遍。

土壤施肥和叶面喷洒都可以解决硼缺乏问题。长期利用的豆科草地建议施硼肥，施肥量为 2 kg/hm^2，南方草地建植时，定植肥用量一般为 5 kg/hm^2。对于高产的豆科草地，例如苜蓿草地，通过对叶片分析可以检测出硼的含量，苜蓿及白三叶草的叶面顶部适宜的硼浓度是 25～30 mg/kg。当硼缺乏时，叶面喷洒的硼含量应当为 0.2～0.4 kg/hm^2。

5.4.2.2 锌、铜、锰和铁

锌、铜、锰和铁在化学上被划分为重金属。它们在土壤中以阳离子形式存在。锌和铜以较强的吸附能力附着在土壤有机物质上。草地上锌、铜、锰和铁缺乏很少发生。如果土壤含量水平很低则建议使用锌肥。过量的铜会对植物和动物产生危害，因此，施用含铜肥料要格外谨慎。建植草地时，定植肥硫酸锌施用量以 5 kg/hm^2 即可。

罗建川(2018)对呼伦贝尔草原刈割草场上常见的 20 种植物中矿物元素的含量进行了分析和对比(表 5-14)。钙、镁、锰、锌在不同植物中的含量分别为 3.31～6.63 mg/kg、0.95～5.41 mg/g、19.12～78.78 mg/kg 和 15.44～24.31 mg/kg，变异系数分别为 14.99%、39.34%、37.08%和 10.63%。钙在蓬子菜(*Galium verum*)中含量最高，在芨芨草(*Achnatherum splendens*)中含量最低；镁在披针叶黄华(*Thermopsis lanceolata*)中含量最高，在克氏针茅(*Stipa krylovii*)中含量最低；锰在二裂委陵菜(*Potentilla bifurca*)中含量最高，在马蔺(*Iris ensata*)中含量最低；锌在克氏针茅中含量最高，在披针叶黄华中含量最低。

表 5-14 呼伦贝尔草原常见植物元素含量 mg/kg

物种(*n*)	Ca	Mg	Mn	Zn
克氏针茅(*Stipa krylovii*)(10)	4.22	0.95	30.36	24.31
鸢尾(*Iris tectorum*)(4)	5.15	4.32	24.57	18.54
羊草(*Leymus chinensis*) (16)	4.51	1.66	40.96	23.54
小叶锦鸡儿(*Caragana microphylla*)(6)	5.60	2.78	55.41	21.05
日阴菅(*Carex pediformis*)(4)	5.56	1.40	57.19	23.66
披针叶黄华(*Thermopsis lanceolata*)(5)	5.63	5.41	61.48	15.44
蓬子菜(*Galium verum*)(4)	6.63	2.62	48.56	21.66
马蔺(*Iris ensata*)(4)	5.75	4.28	19.12	18.18
麻花头(*Serratula centauroides*)(10)	5.56	2.78	20.27	21.60
裂叶蒿(*Artemisia laciniata*)(4)	6.49	3.43	66.74	20.33

续表 5-14

物种(*n*)	Ca	Mg	Mn	Zn
狼毒(*Radix euphorbiae lantu*)(5)	6.22	3.90	48.35	19.85
菊叶委陵菜(*Potentilla tanacetifolia*)(5)	6.17	2.78	72.15	22.08
箭头唐松草(*Thalictrum simplex*)(4)	6.43	3.02	44.39	23.00
芨芨草(*Achnatherum splendens*)(4)	3.31	1.34	32.45	22.96
二裂委陵菜(*Potentilla bifurca*)(4)	6.34	3.73	78.78	18.86
柴胡(*Radix bupleuri*)(5)	6.55	2.35	53.38	23.51
草木樨状黄芪(*Astragalus melilotoides*)(4)	6.01	2.41	36.29	21.90
糙隐子草(*Cleistogenes squarrosa*)(4)	5.57	1.88	49.64	23.50
变蒿(*Artemisia commutate*)(4)	6.17	3.01	62.34	21.80
扁蓿豆(*Medicago ruthenica*)(6)	5.47	2.97	29.01	20.71

(引自罗建川,2018)

5.4.3　钠

牧草植株体内钠含量因品种而异。许多植物能相对容易地将根部的钠转移到叶片中,而有些植株会在根内积累钠而很少将钠转移到叶片中,前者称作稀盐植物(salt-diluting plant),后者称作拒盐植物(salt-excluding plant)。表 5-15 所列为一些牧草和饲料作物的吸盐类型划分。要注意的是,高羊茅叶片中钠的含量在生长初始时很低,而在刈割后会迅速增加,钠肥的补充量需要根据草地植物所处的生长时期和利用阶段而定。

表 5-15　部分牧草与饲料作物的吸盐类型划分

稀盐植物	拒盐植物
盖氏虎尾草	雀稗(*Paspalum* spp.)
一年生黑麦草	苜蓿
多花黑麦草	红三叶草
鸭茅	粟(*Setariaitalica*)
白三叶草	玉米(*Zeamays* L.)
大麦	大豆(*Glycinemax* L. Merr)
燕麦	

20 世纪 80 年代后,在低钠土壤上施用钠盐或钠肥开始得到重视。一些稀盐植物种生长所需的钾可以由钠来代替,一是可以增加可利用牧草产量,二是可减少钾肥的需要量。典型的钠施用量是 100～200 kg/hm^2。提高牧草钠含量后温带牧草的适口性得到改善,奶牛的乳脂率相应得到提高。放牧反刍动物的钠需求量为 0.04%～0.18%,而泌乳母牛的需求量要比这一水平略高。

5.5 配方施肥

配方施肥有多种，如地力分区(级)配方法、目标产量法、田间试验配方法、肥料效应函数法和养分丰缺指标法等。

目标产量法主要以养分平衡法进行配方，在草地生产中常见。其原理为，用目标产量的养分吸收量减去土壤供应量，不足部分通过施肥补足，使植物目标产量所需要的养分数量与土壤和肥料供应的养分量之间达到平衡。平衡供应养分理论和平衡施肥还有一种含义，即按植物对养分的需求在时间上的持续性和阶段性来考虑纵向平衡。植物对养分的需求和吸收在时间上是持续的，并非瞬时即刻行为。同时也存在阶段性，即不同生长发育阶段对养分的需求和吸收存在差异。因此，需依照植物对养分的需求在时间上的持续性和阶段性平衡供应养分和平衡施肥。纵向平衡施肥不仅有利于植物的生长发育和产量增加，而且可提高肥料的利用率。图5-9列举了牧草相对产量在缺磷状态下对供磷水平的积极响应(实线)，而当土壤磷亏缺缓解后，牧草产量对同一供磷水平不再有积极响应，被称之为肥料效应的维持期(虚线)。因而在掌握土壤肥料现有供应水平下确定配方施肥是很有必要的。

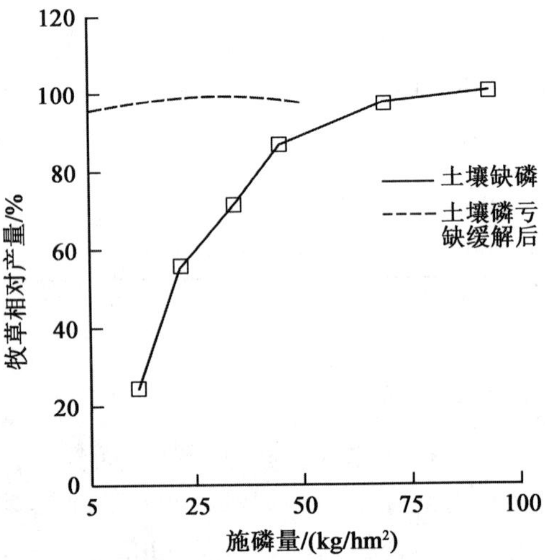

图 5-9 红壤中牧草相对产量对施磷的响应

(修改自 Carter，1958)

土壤肥料需要量的计算公式为：

$$肥料需要量=\frac{目标产量养分吸收量-土壤养分供应量}{肥料养分含量\times肥料当季利用率}$$

式中：

$$目标产量养分吸收量(kg/hm^2)=目标产量(kg/hm^2)\times牧草养分含量(\%)$$

$$土壤养分供应量(kg/hm^2)=土壤质量(kg)\times土壤速效养分测定值(mg/kg)\times校正系数$$

$$土壤质量(kg)=土地面积(hm^2)\times土层厚度(m)\times土壤容重(g/cm^3)$$

$$校正系数=\frac{空白田产量\times牧草单位产量养分吸收量}{土壤质量\times土壤速效养分测定值}$$

校正系数随着土壤有效养分测试值的变化而改变。土壤有效养分测试值高时，校正系数较小；有效养分测试值低时，校正系数较大，有时甚至会超过100%。

空白田产量需通过田间试验获得，植物单位产量养分吸收量可通过实验室化学分析测出植株养分含量，再乘以基础值计算求得。

肥料当季利用率则需要通过田间试验获得，计算公式为：

$$某元素肥料当季利用率=\frac{施肥区该元素植物吸收量-空白区该元素植物吸收量}{施入肥料中该元素总量}\times 100\%$$

通过该式可计算出纯品的肥料养分含量，乘以肥料纯度，即可得到实际肥料养分含量。在生产实践中，也可从肥料的包装上查到实际养分含量。

不同养分的肥料当季利用率不同，通常磷肥的当季利用率最低，一般为10%～25%；氮、钾肥料利用率相当高，一般为40%～65%。同一肥料在不同植物上表现的当季利用率也各不相同，通常喜肥、耐肥植物的利用率较高。肥料的当季利用率因化肥种类而有较大差异，而且也受牧草种类、土壤、气候、栽培技术等的影响。表5-16给出了部分栽培牧草对氮、磷、钾肥料的吸收量，可供参考。

表5-16　部分牧草100 kg干草(14%含水量)产量吸收氮、磷、钾的大致数量　　kg

草种	生育期	N	P_2O_5	K_2O
紫花苜蓿	花期	2.43	0.55	2.22
紫穗槐	花期	1.81	0.37	1.04
沙打旺	花期	1.65	0.54	0.67
白花草木樨	盛花期	1.93	0.43	1.50
黄花草木樨	盛花期	2.12	0.33	1.86
白三叶草	分枝期	3.19	0.26	2.06
绛三叶草	花期	2.67	0.77	1.13
红三叶草	分枝期	2.20	0.24	1.86
无芒雀麦	抽穗期	1.64	0.28	2.10
猫尾草	抽穗期	1.85	0.30	2.56
鸭茅	抽穗期	2.47	0.35	2.57
牛尾草	抽穗期	1.65	0.38	2.15
紫云英	盛花期	1.93	0.33	1.87
秣食豆	花期	2.35	0.57	1.66
山黧豆	盛花期	3.10	0.96	2.46
猪屎豆	盛花期	2.51	0.31	0.75
柽麻	初花期	1.35	0.51	1.31
田菁	花期	1.14	0.57	0.97
金花菜	花期	2.73	0.71	2.02
箭筈豌豆	盛花期	1.82	0.28	1.67
毛叶苕子	孕蕾期	3.02	0.45	3.35

5.6 植物组织判别法

通过观察植物外部形态的某些异常特征以判断其体内营养元素不足或过剩的方法，主要凭视觉进行判断，较简单方便。但植物因营养失调而表现出的外部形态症状并不都具有特异性，同一类型的症状可能由几种不同元素失调引起；因缺乏同种元素而在不同植物体上表现出的症状也会有较大的差异。因此，应充分调查，深入分析，具体试验，综合考虑，才能得到一个比较正确的结论。表 5-17 所列植物养分缺乏的症状表现，仅供参考。

表 5-17 植物养分缺乏症状诊断的常规方法

植物组织	症状	缺乏元素
老叶和成熟叶	基部叶片干焦和死亡，植株浅绿，基部叶片黄色，干燥时呈褐色，茎短而细	氮
	基部叶片干焦和死亡，植株深绿，常呈红色或紫色，基部叶片黄色，干燥时呈暗绿色，茎短而细	磷
	基部叶片未干焦但色杂或缺绿，叶缘杯状卷起或卷皱，有时呈红色，有坏死斑点，茎细	镁
	基部叶片未干焦但色杂或缺绿，叶缘杯状卷起或卷皱，在叶脉间或叶尖和叶缘有坏死小斑点，茎细	钾
	基部叶片未干焦但色杂或缺绿，叶缘杯状卷起或卷皱，坏死斑点大而普遍出现于叶脉间，最后出现于叶脉，叶片厚，茎短	锌
嫩叶	顶芽死亡，嫩叶初呈钩状，后从叶尖和叶缘向内死亡	钙
	顶芽死亡，嫩叶基部浅绿，从叶基起枯死，叶捻曲	硼
	顶芽仍活但萎蔫，无坏死斑点，茎尖弱	铜
	顶芽仍活但缺绿，坏死斑点小，叶脉仍绿	锰
	顶芽仍活但缺绿，无坏死斑点，叶脉仍绿	铁
	顶芽仍活但缺绿，无坏死斑点，叶脉失绿	硫

思考题

1. 简述草地植物营养元素的需求特点。
2. 豆科牧草、禾本科牧草以及豆禾科牧草混播对氮、磷、钾元素的需求。
3. 氮和磷有什么互作效应？
4. 土壤碳氮比对土壤有机氮矿化有什么影响？
5. 氮和钾有什么互作效应？
6. 为什么要施用钠盐？
7. 举例说明草地施肥量的确定方法。

参考文献

[1] 丁小慧，宫立，王东波，等. 放牧对呼伦贝尔草地植物和土壤生态化学计量学特征的影响. 生态学报，2012，32(15):4722-4730.

[2] 洪绂曾. 苜蓿科学. 北京：中国农业出版社，2009.

[3] 侯采云，张志学. 苜蓿肥效试验. 草与畜杂志，1989,4:9-11.

[4] 李世卿，王先之，郭正刚，等. 短期放牧对青藏高原东北边缘高寒草甸土壤及微生物碳氮含量的影响. 草地学报，2013，35(1):55-60.

[5] 刘楠，张英俊. 放牧对典型草原土壤有机碳及全氮的影响. 草业科学，2010，27(4):11-14.

[6] 刘杏认，董云社，齐玉春. 温带典型草地土壤净氮矿化作用研究. 环境科学，2007,28(3):633-639.

[7] 罗建川. 刈割和放牧对呼伦贝尔草原“土-草-畜”矿物营养元素的影响. 北京：中国农业科学院，2018.

[8] 苏富源，郝明德，郭慧慧，等. 施用氮肥对人工羊草草地产量及养分吸收的影响. 草地学报，2015，23(4):893-896.

[9] 曾庆飞，贾志宽，韩清芳，等. 施肥对苜蓿生产性能及品质影响的研究综述. 草业科学，2005，22(7):8-15.

[10] Bartholomew P E, Miles N. Factors affecting the nitrogen requirement of pasture grasses in Natal. Technical Communication-South Africa Department of Agriculture,1984,187:122-126.

[11] Bélanger G, Richards J E. Dynamics of biomass and N accumulation of alfalfa under three N fertilization rates. Plant and Soil, 2000, 219(1/2):177-185.

[12] Carter E D. Fertilizer investigations with special reference to phosphate use on the lateritic soils of Kangaroo Island. In:Proceedings of the Australian Agrostology Conference, 1958,(1):33.

[13] Cease A J, Harrison J F. Heavy livestock grazing promotes locust outbreaks by lowering plant nitrogencontent. Science, 2012, 335(6067):467.

[14] Haynes R J. Mineralnitrogenintheplant-soilsysterm. London:Academic Press,1986.

[15] Miles N, Bartholomew P E, MacDonald C I. The influence of lime and phosphorus on the growth of white clover on highly weathered Natal soils. S. Afr. J. plant Soil,1985,2(2):61-67.

[16] Miles N, Manson A D. Nutrient of planted pastures. Pietermaritzburg: University of Natal Press, 2000.

[17] Tisdale S L, Nelson W L, Beaton J D. Soilfertility and Fertilizers. New York:Macmillan Publishing, 1985.

[18] White R E. Introduction to the principles and practice of soil science. Oxford:Blackwell Scientific Publications, 1979.

[19] Whitehead D C. Sources and transformations of organic nitrogen in intensively managed grassland soils. The Netherlands:Martinus Nijhoff Publishers, 1986.

[20] Whitehead D C. Nutrient elements In grassland soil-plant-animal relationships. London:

CABI publishing, 2000.

[21] Yang L L, Zhang F S, Mao R Z, et al. Conversion of natural ecosystems to cropland Increases the soil net nitrogen mineralization and nitrification in Tibet. Pedosphere, 2008, 18(6):699-706.

[22] Zhu Y P, Sheaffer C C, Vance C P, et al. Inoculation and nitrogen affect herbage and symbiotic properties of annual Medicago species. Agronomy Journal, 1998, 90(6):781-786.

第 6 章

牧草饲用价值

本章学习目的与要求

1. 掌握牧草的养分组成、特点及其动态变化。
2. 了解影响牧草营养的因素。
3. 了解牧草营养对家畜生产的影响。

牧草的饲用价值是评定草地质量的主要指标之一。牧草的饲用价值通常是通过营养物质含量、营养物质的消化率、代谢率和能量等来反映的。不论是天然草地还是栽培草地、半栽培草地，不同的植物种群或植物类群，都具有不同的饲用价值，因而可以满足家畜的不同需要。牧草的饲用价值受许多因素的影响，表现出动态性和波动性。不同生长发育阶段、不同气候条件以及不同的管理利用方式等都会对牧草的饲用价值产生影响。我们研究牧草饲用价值的目的就是在草地可持续利用的前提下，使牧草的主要饲用价值最大限度地满足家畜的生长发育和生产需要，从而获得最优的效益。

6.1 牧草营养与动态

6.1.1 牧草的营养成分

各类牧草经化学分析所含的营养成分参见图 6-1。在生产中，常以粗蛋白质、粗脂肪、粗纤维、无氮浸出物、粗灰分含量的多少来表示牧草营养价值的高低。一般来说，牧草中粗蛋白质、

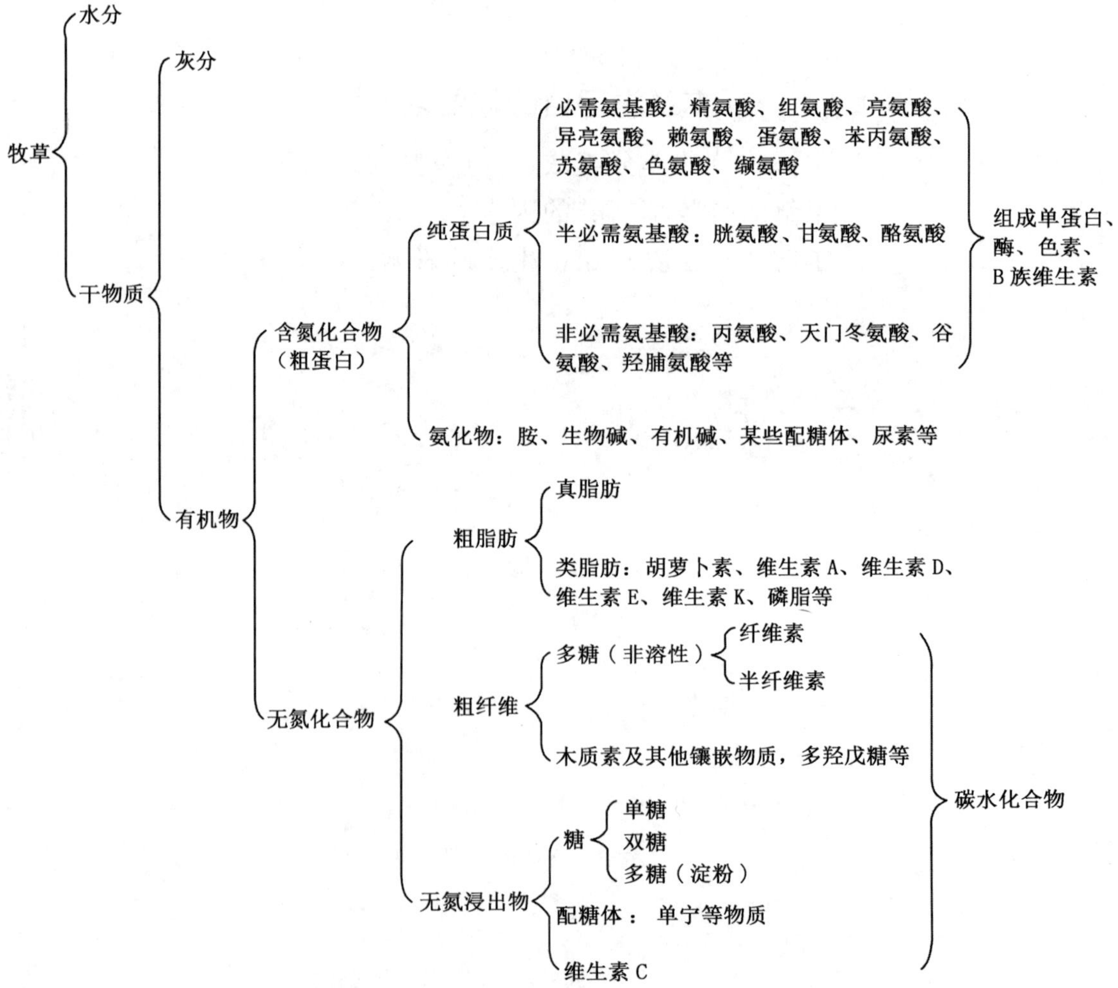

图 6-1 牧草的营养成分

粗脂肪、无氮浸出物和有益矿物质含量越高，粗纤维含量越低，则牧草的营养价值就越高。但对于许多草食家畜(如反刍家畜)来说，粗纤维也是必不可少的营养物质。

6.1.1.1　粗蛋白质(crude protein，CP)

牧草中的含氮物质总称为粗蛋白质，包括纯蛋白质与氨化物两部分。纯蛋白质中的氮在新鲜牧草中约占总氮量的 70%，在干草中约占 60%。氨化物也称为非蛋白质含氮物，包括未结合成蛋白质分子的个别氨基酸、植物体蛋白质的分解产物(如氨基酸、硝酸盐等)以及以无机氮形式形成的蛋白质中间产物。在正常情况下，非蛋白氮占饲用植物总氮量的 5%～10%，在植物生长旺盛时期和发酵饲料中含量最多。牧草中的纯蛋白质和可溶性蛋白质含氮化合物可以完全被家畜消化利用。过去曾长期认为氨化物的营养价值不大，但科学试验证明，牧草中的氨化物不仅对反刍家畜具有与蛋白质同等的营养价值，而且由于氨化物中主要部分为游离氨基酸，故对非反刍家畜的蛋白质营养也有重要意义。

康奈尔净碳水化合物和蛋白质体系(Cornell Net Carbohydrate and Protein System，CNCPS)是美国康奈尔大学的学者于 20 世纪 90 年代提出的一种基于瘤胃功能、微生物生长规律、饲料的瘤胃消化和外流及动物生理模型的饲料评价体系。它把饲料的化学分析与植物的细胞组成成分及反刍动物的消化特点结合起来，使分析结果更有参考价值。目前，CNCPS 模型已广泛应用于美国、加拿大等国家。CNCPS 包括两大部分：一是净蛋白质体系，二是碳水化合物模型(见粗纤维部分)。CNCPS 中蛋白质体系是根据蛋白质在瘤胃内的降解特性而将饲料中的蛋白质部分划分为 5 个组分，分别为 PA、PB1、PB2、PB3 和 PC。其中组分 PA 为非蛋白氮(NPN)，是在瘤胃里能够迅速溶解的粗蛋白质组分。化学分析时，PA 蛋白组分是指能溶于硼酸-磷酸盐缓冲液，但在蛋白质变性剂(如三氯乙酸)溶液中却不能被沉淀的那部分粗蛋白质。PC 组分为结合蛋白质，是与木质素、单宁及热变性蛋白(如美拉德反应的产物)等结合的蛋白质，不能被降解；其不可以在酸性洗涤剂中溶解，即酸性洗涤不溶蛋白(ADFIP)。PB 组分为真蛋白质，是饲料蛋白质中潜在降解的部分。PB 包括 PB1、PB2 和 PB3 3 个组分，它们在瘤胃中的降解速度不同。PB1 可在瘤胃中快速降解，为粗蛋白质中溶于硼酸-磷酸盐缓冲液并且能被 TCA 沉淀的那部分蛋白质；PB3 是不溶于中性洗涤剂但可以溶于酸性洗涤剂的部分，即中性洗涤蛋白(NDIP)减去酸性洗涤蛋白(ADIP)；PB2 组分是饲料粗蛋白中除去 PA、PB1、PB3 和 PC 组分后而剩下的那部分蛋白质。一部分 PB2 可在瘤胃中降解，另一部分则进入肠道中。PB2 的降解与饲料的消化率及流通率有关。

所有牧草中都含有蛋白质，但其含量各不相同。如豆科和菊科牧草中蛋白质的含量要比禾本科牧草高。同一种牧草的蛋白质含量也随生长阶段而变化。幼嫩的牧草蛋白质的含量高，开花以后含量迅速降低。牧草中叶片和嫩枝的蛋白质含量高于茎秆，籽实中往往含有最高的蛋白质。

6.1.1.2　粗脂肪(ether extract，EE)与脂肪酸(fatty acid，FA)

牧草中的粗脂肪可分为真脂肪与类脂肪两大类。真脂肪由脂肪酸与甘油结合而成；类脂肪由脂肪酸、甘油及其他含氮物质等结合而成。用乙醚浸泡牧草样本所得的醚浸出物中，除真脂肪外，也含有其他溶于乙醚的有机物质，如叶绿素、胡萝卜素、有机酸、树脂及其他化合物等，故总称为粗脂肪。

粗脂肪是各类家畜重要的营养物质，消化率高。脂肪的燃烧能约为无氮浸出物的2.25倍。牧草中粗脂肪含量越多，它的营养价值也越高。饲草料中脂肪含量变化较大，高者在10%以上，低的不到1%。饲用植物因部位不同脂肪含量也不一样，一般以籽实中含量较高，茎叶中次之，根部含量最少。豆科植物的脂肪含量高于禾本科植物。在各类牧草中，杂类草脂肪含量较高，如菊科牧草，平均粗脂肪含量超过5%。实际上，由于粗脂肪中除了有少量甘油三酯可提供能量外，其他浸出物并不能提供能量，所以生产中很少检测牧草中的粗脂肪含量，比如苜蓿干草。

人体所需不饱和脂肪酸的重要来源是反刍动物源性食品（肉类和乳制品等），而牧草是家畜日粮中脂肪酸的重要来源。脂肪酸是动物必需的营养素之一，是细胞膜的主要成分，是大多数生物活性物质的前体。根据化学结构不同，脂肪酸可分为饱和脂肪酸（saturated fatly acid，SFA）和不饱和脂肪酸（unsaturated fatty acid，UFA）；不饱和脂肪酸又可分为单不饱和脂肪酸（monounsaturated fatty acid，MUFA）和多不饱和脂肪酸（polyunsaturated fatty acid，PUFA）。常见的脂肪酸有棕榈酸、硬脂酸、油酸、亚油酸和亚麻酸等。饲料（牧草）中的脂肪酸测定采用三氟化硼法和氢氧化钾-氯化氢法两种脂肪酸甲酯制备方法，然后应用配有毛细管柱和火焰离子化检测器的气相色谱对脂肪中的脂肪酸进行定量分析。

6.1.1.3 粗纤维（crude fiber，CF）

粗纤维是植物细胞壁的主要成分，也是牧草中最难被消化的营养物质。采用常规分析法分析牧草成分，常把碳水化合物区分为粗纤维和无氮浸出物。但粗纤维实际上是一类具有不同营养价值和不同化学性质的物质，它包括纤维素、半纤维素、木质素、热损蛋白和硅质等。

早期在测定粗纤维的过程中，样品经过酸、碱的处理，一部分木质素和半纤维素被溶解，因此测出的粗纤维含量少于实际含量，并使无氮浸出物的含量也发生误差。20世纪60年代以来，Van Soest等提出范式分析法（图6-2），该方法建议用中性洗涤消化法溶解出细胞内容物，分离出中性洗涤纤维（NDF），包括半纤维素、纤维素和木质素；再用酸性洗涤消化法分离出半纤维素，留下酸性洗涤纤维（ADF），包括纤维素和木质素；然后用72%的硫酸进行消化，分离出纤维素，得到酸性洗涤木质素（ADL）。这样就能确切地反映牧草细胞壁中结构性碳水化合物的组成情况。

纤维素是细胞壁的主要成分，理化性质稳定。家畜体内无分解纤维素的酶，但能被家畜体内的微生物部分分解，最后产生挥发性脂肪酸，如乙酸、丙酸和丁酸。这些酸能被胃壁吸收，其营养价值与淀粉相近。

半纤维素是复合多糖（戊聚糖、葡萄糖醛酸和少量已糖），大量存在于植物细胞次生壁中。半纤维素比纤维素更易溶于酸和碱，其消化机制和可消化性与纤维素非常类似，能部分地被家畜利用。一般而言，禾本科牧草中半纤维素的含量比豆科牧草高。

木质素是粗纤维中最稳定的物质，化学结构尚不完全清楚。一般认为，木质素是一种高分子的稠环芳香烃，存在于植物细胞壁内。它不能被动物消化酶分解，也不受瘤胃和肠道微生物的作用。另外，热损蛋白（ADF-N或ADF-CP）是指牧草贮藏不当（如过热等）引起的蛋白质变性，导致消化率降低。干草和青贮饲料都会产生热损蛋白，难以被消化。硅酸盐类也是不能被消化的物质，存在于灰分中。

中性洗涤纤维的含量随牧草的成熟而增加。牧草的部位不同，其含量也不同。一般茎部多，叶、花、果部位少。中性洗涤纤维代表着饲草的容积，消化速度，决定着动物的饱腹度。中性洗涤纤维的含量与家畜干物质采食量呈负相关，即中性洗涤纤维含量增加，家畜采食潜力降低。

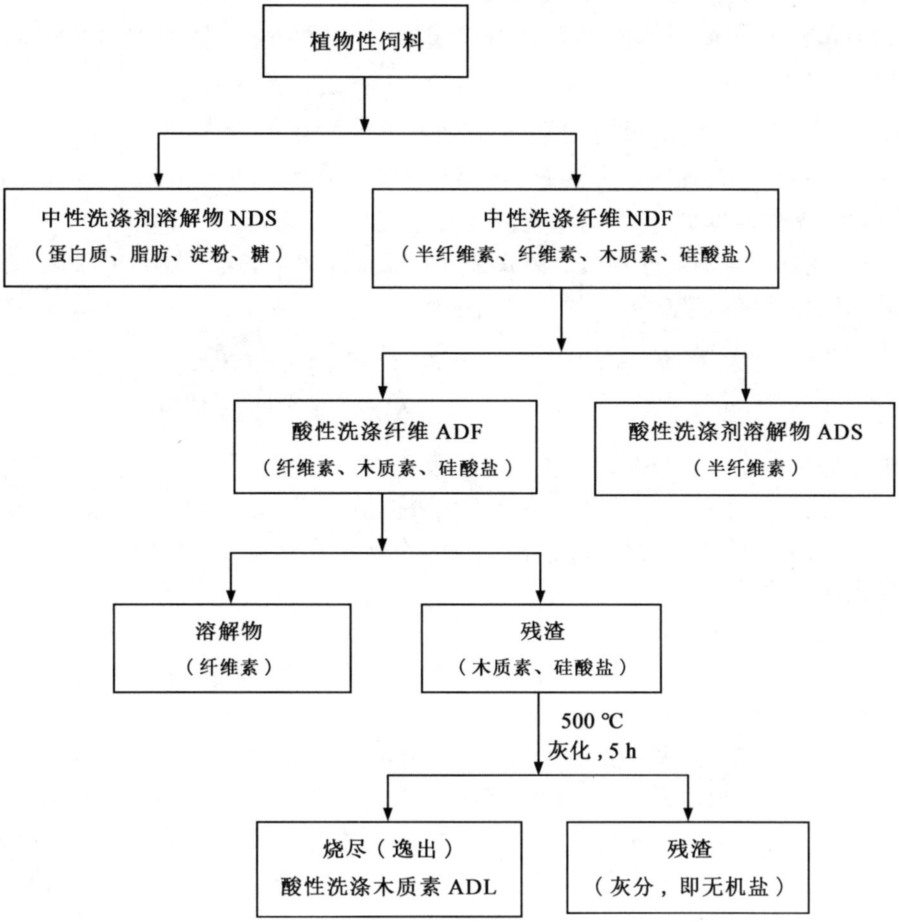

图 6-2　范式分析法

CNCPS 中从牧草的降解速率角度将碳水化合物组分剖分为 4 部分，分别为：快速降解碳水化合物(CA，主要为糖类)、中速降解碳水化合物(CB_1，主要由淀粉和果胶组成)、慢速降解碳水化合物(CB_2，主要为可消化纤维部分)和不可利用碳水化合物(CC，主要为植物细胞壁部分)。

6.1.1.4　*无氮浸出物*(nitrogen free extract，NFE)

无氮浸出物是牧草常规化学分析中的一项指标，或称可溶性碳水化合物，包括葡萄糖、果糖、蔗糖、果聚糖和直链淀粉，是家畜的能量物质。无氮浸出物的含量一般是用公式推算得到的，即 NFE(%)＝100%－(水分%＋CP%＋EE%＋CF%＋粗灰分%)。根据牧草中无氮浸出物的多少，可以评定其营养价值的高低。一般无氮浸出物含量高的牧草，其营养价值就较高。肥育家畜和泌乳家畜需要较多的无氮浸出物。牧草中一般均含有较多的无氮浸出物，但以禾本科植物的籽实和根茎类饲料含量最多。大多数植物贮存的碳水化合物是淀粉，特别是在种子、根和块茎中。淀粉对各种家畜都有很高的可消化性和利用价值。

6.1.1.5　牧草总可消化养分

1910年美国首先开始用饲料的总消化养分（TDN）评定饲料的营养价值，以后在加拿大、拉丁美洲和日本也广泛采用这种方法。1958年以后，美国制定新的能量体系代替总消化养分体系。以总消化养分评定饲料的营养价值比用前面介绍的营养物质含量更有意义。饲料TDN可用以下公式求得：

$$\mathrm{TDN}=X_1+X_2\times 2.25+X_3+X_4$$

式中：X_1 为可消化粗蛋白质（DCP）含量，%；X_2 为可消化粗脂肪（DEE）含量，%；X_3 为可消化粗纤维（DCF）含量，%；X_4 为可消化无氮浸出物（DNFE）含量，%。

目前，有人用计算可消化干物质的公式来计算总消化养分，这样DDM＝TDN。不同的饲草料也可采用酸性洗涤纤维（ADF）的负效应进行计算，公式如下：

$$\text{苜蓿 TDN}=(96.35-\mathrm{ADF}\times 1.15)\times 100\%$$

$$\text{玉米饲料 TDN}=(87.84-\mathrm{ADF}\times 0.70)\times 100\%$$

用总消化养分体系判定牧草营养价值有很大优点。它把4项可消化养分合并为1个单一数值，便于饲草间进行比较。它的缺点一是不代表能值，二是在计算公式中未曾考虑到饲草在消化道发酵产生的 CH_4 气体的能量损失。因此，在评定牧草营养价值的工作中，用总消化养分不及用代谢能更为精确。

6.1.1.6　粗灰分（crude ash，CA）

牧草经高温燃烧后即得粗灰分。粗灰分主要含矿物质等元素，是一系列无机元素的概称。牧草中的灰分主要有钙、磷、铁、铜、钴、钠、钾、氯、硒、锌、锰、钼、氟等多种元素，在实验室利用原子吸收法和色谱法确定这些元素的含量。牧草中含有丰富的矿物质，对家畜来说是必不可少的营养物质。家畜需要量最大的矿物质是钙和磷，不但要求一定的数量，而且要求钙和磷有一定的比例[(1～2)∶1]；其次是镁和钾。一般牧草中都含有钙和磷，而籽实中却是磷多钙少。通常豆科牧草的钙和磷比禾本科牧草高，但钾和钠则比禾本科牧草低。牧草中钠和氯一般含量不足，所以放牧家畜需要补给食盐。

牧草中矿物质的含量取决于牧草种类、生长时期、土壤类型和环境条件等因素。有些矿物质随牧草的生长而减少，如钙、磷等，需要施肥补充；有些则逐渐增加，如钠和硅。牧草的部位不同，粗灰分的含量也不一样。一般是茎叶中粗灰分的含量较多。

6.1.1.7　维生素

家畜对维生素的需要量虽然不多，但对确保家畜健康是必不可少的。青草中含有丰富的维生素，尤其是胡萝卜素。胡萝卜素与叶绿素一同存在于绿色植物的叶子中，是橙黄色的天然色素，进入动物体内可转化为维生素A。青草中缺少维生素D，但含有麦角固醇。晒制的干草由于紫外线的作用，能把麦角固醇转化为维生素D。牧草在调制贮存过程中，胡萝卜素往往受到破坏，使牧草整体质量下降。因此，可用胡萝卜素的保存量作为判断牧草质量的重要指标。

6.1.2　牧草的消化率

牧草的消化率是指家畜消化吸收的营养物质量占食入量的比值。被家畜摄入的营养物质量用食入量减去粪便中排泄的量表示。这种方法测得的牧草消化率一般称为表观消化率(apparent digestibility)。因为在家畜粪便中含有代谢产物(肠胃道脱落细胞,分泌的各种消化液未被利用的部分以及分泌的黏液),所以测定的消化率低于真实消化率(true digestibility)。测定牧草养分的真实消化率需要将上述代谢产物与未经消化的食物分开,这是一件较困难的工作。目前,一般都应用表观消化率,真消化率只有理论上的意义。

经测定,各种牧草有机物质的消化率为 55.0%~75.0%,粗灰分的消化率为 22.7%~67.0%。其中粗蛋白质的消化率为 48.0%~81.9%、粗脂肪为 15.7%~81.5%、粗纤维为 35.9%~74.4%、无氮浸出物为 60.2%~86.1%。

牧草消化率的高低,通常用估计值的可消化干物质(DDM,%)表示。当牧草酸性洗涤纤维值增加时,这个估计值降低。以苜蓿为例,计算 DDM 的经验公式为:

$$DDM=(88.9-ADF\times 0.779)\times 100\%$$

能量代谢是评定牧草营养价值的重要指标,各国采用的评价体系又不尽相同。俄罗斯和英国都采用代谢能体系(燕麦饲料单位和淀粉当量)评定牧草的营养价值。

6.1.3　牧草的营养动态

多年生草类的营养价值取决于蛋白质、矿物质和粗纤维等含量的多少。通常蛋白质、矿物质含量越高,粗纤维含量越低,牧草营养价值越高;反之,牧草营养价值越低。牧草的营养价值也受生长期的影响,不同的生育时期,其营养价值也不同。生长初期,含水量较多,干物质少,营养价值较高;随着牧草的生长,水分减少,干物质含量增加,营养价值降低。干物质的成分随牧草的生长而发生显著变化(表 6-1)。

表 6-1　各类牧草在生长期间营养成分的比较(绝干基础)　%

科名	营养成分	发育阶段				
		分蘖、抽穗、孕蕾	开花	结实	干枯的牧草	再生草
豆科	粗灰分	7.8	8.8	9.0	7.7	11.1
	粗蛋白质	19.4	18.4	14.6	8.4	18.9
	纯蛋白质	13.1	14.1	—	6.5	14.1
	脂肪	3.3	3.5	2.6	2.4	3.4
	粗纤维	26.4	27.8	30.1	42.3	25.7
	无氮浸出物	43.1	41.9	42.7	39.2	40.9
禾本科	粗灰分	8.6	7.7	7.8	7.7	9.1
	粗蛋白质	14.9	10.4	8.8	5.8	14.8
	纯蛋白质	12.2	8.6	7.2	5.0	10.7
	脂肪	3.5	2.9	2.8	2.6	3.6
	粗纤维	28.8	31.2	32.5	36.3	28.4
	无氮浸出物	45.0	47.8	48.1	47.6	44.1

续表 6-1

科名	营养成分	发育阶段				
		分蘖、抽穗、孕蕾	开花	结实	干枯的牧草	再生草
莎草科	粗灰分	7.2	7.5	7.8	9.0	6.1
	粗蛋白质	17.1	14.5	12.1	7.1	15.9
	纯蛋白质	16.1	12.4	10.2	5.5	13.8
	脂肪	3.7	3.1	2.3	2.6	3.5
	粗纤维	24.6	25.4	27.4	32.5	25.6
	无氮浸出物	47.4	49.6	49.8	47.9	48.9
菊科	粗灰分	9.6	9.7	8.1	8.0	10.5
	粗蛋白质	13.6	11.2	10.4	8.0	15.9
	纯蛋白质	10.5	9.3	9.8	6.5	12.9
	脂肪	5.1	4.3	6.4	3.4	5.7
	粗纤维	28.0	29.3	32.2	42.0	22.7
	无氮浸出物	43.4	45.5	42.9	38.6	45.2
藜科	粗灰分	19.3	21.0	23.0	15.8	19.6
	粗蛋白质	15.0	13.6	9.8	8.4	20.0
	纯蛋白质	15.4	13.4	—	—	—
	脂肪	2.2	2.3	2.5	2.1	2.6
	粗纤维	23.0	23.0	22.7	30.4	23.7
	无氮浸出物	40.5	40.2	42.0	43.6	34.1
十字花科	粗灰分	15.4	14.0	12.3		
	粗蛋白质	24.7	20.4	13.9		
	纯蛋白质	14.1	10.8	11.0		
	脂肪	3.5	3.7	3.3		
	粗纤维	18.2	25.5	33.4		
	无氮浸出物	38.2	36.4	37.1		

(引自内蒙古农牧学院,1999)

从表 6-1 中可以看出,蛋白质和脂肪在生长旺盛时期含量较高,随着牧草的生长发育(开花、结实),其含量呈下降趋势,而粗纤维、无氮浸出物含量反而增加。计算其粗蛋白质在分蘖分枝期占干物质的比例,按由高到低的顺序为:十字花科、豆科、莎草科、禾本科、藜科、菊科;粗纤维含量正好相反。到结实期,粗蛋白质含量下降约 50%,粗纤维增加 50%~70%。

牧草总的灰分含量随着生长不断下降,分析其矿物质含量与营养价值呈现一定的关系。磷是衡量牧草品质优劣的指标,一般含磷量越高,其营养价值越高。因为磷与蛋白质代谢相关,并与粗脂肪和硫的含量成正比,与粗纤维、总灰分含量成反比。牧草的叶比茎富含磷、钙、氮。随植物成熟,叶片的磷、氮含量逐渐降低,而钙的含量增加;茎的氮、磷、钙的含量也都呈下降趋势。

随着牧草的生长,维生素含量也发生变化。胡萝卜素、维生素 C、维生素 B_1、核黄素和烟酸含量在植物幼嫩时期较高,随牧草的成熟,逐渐下降。牧草的胡萝卜素含量与氮素含量呈正相关，一般蛋白质含量高，其胡萝卜素含量也高。但枯草的维生素 D 的含量比青草高。

牧草营养价值的表示方法有多种，有的用可消化蛋白质含量和饲料单位表示（一个饲料单位相当于 1 kg 燕麦籽实的营养价值），也可采用淀粉当量表示（一个饲料单位的营养价值相当于 0.6 kg 淀粉价值）。

通过对营养价值动态的变化分析，草地放牧利用不应迟于抽穗现蕾期，因为早期放牧利用牧草营养物质丰富。而调制干草时应在开花期时期刈割，此时获得的可消化蛋白质和饲料单位数最高。

6.2　影响牧草饲用价值的因素

6.2.1　影响牧草营养成分变化的因素

牧草中营养成分的含量不是固定不变的，常因牧草种类、生长阶段、生长环境和管理因素不同而有很大变化。

6.2.1.1　牧草种类

如果在同一生长阶段进行比较，牧草种类之间的营养成分差异较大。一般来说，豆科牧草的蛋白质和矿物质（尤其是钙、磷、镁、铜、钴）含量比较高，且营养价值随牧草的成熟下降较慢；禾本科牧草的碳水化合物含量较高，幼嫩时也含有较多的蛋白质，可超 14%，但随开花和成熟，营养含量下降快。因为茎和叶内的可溶性碳水化合物移位到花序，细胞壁的成分增加，叶、茎比例变小。莎草科草类在抽茎前营养价值很高，粗蛋白质和无氮浸出物含量可分别达 17% 和 47%；抽茎后含量迅速下降。灌木类植物在冬季能保持较多的养分（蛋白质、维生素 A 和碳水化合物）。灌木嫩枝钙的含量比禾草高 8 倍，磷的含量高 61%。藜科植物富含灰分。菊科植物脂肪含量较高。

植物的光合类型也会影响牧草的营养价值。C3 和 C4 植物光合作用产物分别为三碳化合物（温带禾草类和双子叶植物）和四碳化合物（大多数热带禾草类）。C4 植物相对于 C3 植物光合效率高，能累积更多低营养价值的干物质。C4 牧草含有低水平的非结构碳水化合物，因而降低反刍动物微生物蛋白生产效率，而且 C4 植物叶片中中性洗涤纤维量（240～520 g/kg）比 C3 植物（230～400 g/kg）的高。

6.2.1.2　生长阶段

生长阶段是影响牧草营养成分和营养价值的最重要因素。一般来说，随着植物的生长，结构性碳水化合物（纤维素和半纤维素）和木质素的含量增加，蛋白质和脂肪的含量逐渐减少。因此，蛋白质与粗纤维的含量呈负相关。

粗灰分的含量随牧草成熟而降低，在禾草中钙和磷尤其是这样。镁的含量在返青期逐渐提高，但以后快速下降，至夏季时又升高，秋季达到最高值。

维生素的含量随牧草生长而发生变化。青草中富含胡萝卜素和维生素 C。随牧草成熟，其含量迅速降低。此外，牧草生长前期，维生素 B、核黄素及烟酸的含量都较高。表 6-2 表明猫尾草在不同生长阶段营养成分的变化。

表 6-2 猫尾草在不同生长阶段的营养成分 %

取样日期	粗蛋白质	粗纤维	粗脂肪	粗灰分	胡萝卜素	水分
5月20日	18.4	20.3	3.5	8.0	0.03	77.2
5月26日	18.8	23.2	3.6	8.5	0.03	81.6
6月2日	14.2	26.3	3.7	7.2	0.02	79.0
6月10日	10.6	28.7	2.9	7.7	0.01	80.6
6月16日	9.2	30.8	3.0	6.9	0.01	76.1
6月23日	7.1	32.6	2.2	6.5	0.07	72.2
6月30日	6.3	30.4	2.1	6.0	0.07	65.5
7月7日	6.8	31.2	1.8	6.1	0.07	65.2
7月14日	5.5	32.1	1.6	5.6	0.09	65.0

6.2.1.3 环境条件

气候和土壤肥力等对牧草的营养成分有较大影响。温带地区由于降水量分布较均匀，天气冷凉，禾本科牧草生长成熟得较慢，故在较长时间内可保持较高的营养价值。但在温暖的气候条件下，禾本科牧草成熟得快，蛋白质和磷的含量迅速下降到很低的水平，而粗纤维的含量很快增加。在湿润的热带地区，牧草生长茂盛，但粗纤维的含量通常较高，影响到适口性。光照强度大和高温将促进细胞壁比例增加，木质化程度增高。在干旱地区，成熟后的牧草干枯很快，使营养价值和消化率变低。牧草中糖和果聚糖的含量明显受阳光的影响。一般来说，在阴天牧草中可溶性碳水化合物的含量比晴天低。降水量也可影响牧草中矿物质的成分，例如，在干旱时期，植物常常积累钙，但在土壤水分高时，钙的含量较少。据报道，热带地区的禾本科牧草和豆科牧草中磷、钙的含量比温带的低。但热带的豆科牧草比温带的豆科牧草含镁量高，温带禾草中镁的含量只有热带禾草的1/2。

土壤类型可影响牧草的营养成分，尤其是矿物质的含量。牧草通常对土壤中矿物质的不足有明显的反应，或影响其生长，或降低组织中元素的含量。土壤酸碱度可影响植物对矿物元素的吸收。在石灰质土壤上，牧草对锰和钴吸收不良。牧草中钼的含量低，与土壤呈酸性有关。

6.2.1.4 管理因素

灌溉、施肥、刈割、放牧、围栏和火烧等都可影响牧草营养成分。适当灌溉会促进牧草的营养生长，保证其再生和鲜嫩状态。施肥能影响牧草中矿物质的含量。目前，已知氮肥可以增加牧草中粗蛋白质的含量，并影响酰胺和硝酸盐的含量。氮肥可抑制禾本科牧草中果聚糖的含量。此外，肥料也可通过改变草地的植物学成分间接地影响牧草的营养价值。例如，草地施氮肥时，可以刺激禾本科牧草的生长而抑制豆科牧草的生长。磷肥可促进豆科牧草生长，进一步使禾草生长加快。草地施用微量元素后，会使这些元素在牧草体内积累。

草地适当刈割可以使牧草中的蛋白质和脂肪的含量保持在较高水平，而粗纤维含量降低。草地放牧不足，牧草变得粗老，营养价值和消化率都降低。过度放牧，将导致一些优良牧草消失，并出现一些劣质植物，结果使草地植物的营养成分相应发生变化。围栏便于草地的放牧管理，但若围而不用，牧草就会老化，营养价值降低。有的牧草如芨芨草等含纤维较多，家畜采食困难，适当火烧后会提高其营养水平。

6.2.2　影响牧草消化率的因素

在牧草营养价值变化的同时，消化率也相应发生变化。影响牧草消化率的因素与影响牧草营养成分的因素有着密切的联系。主要因素有牧草种类、生育期、环境条件、管理条件及家畜种类。

6.2.2.1　牧草种类

由于各类牧草的形态结构和营养成分含量不同，消化率也千差万别。若与处于同一生长阶段的各类牧草相比较，它们的消化率是不同的。细胞壁最难消化，属于结构性碳水化合物，占干物质成分的 30%～80%，其中木质素的含量决定了牧草的可消化程度。木质素越多，消化率越低。牧草种之间在细胞壁含量上有很大不同，这种不同不仅是形态上和解剖上的，而且与影响植物细胞壁含量的环境因素有关。以木质素含量为例，热带禾草比温带禾草含量高，茎中比叶中含量高，豆科比禾本科含量高。又如粗纤维含量，热带禾草平均为 33.9%、豆科为 30.3%；温带禾草为 26.0%、豆科为 25.3%。有研究指出，热带豆科牧草的平均消化率为 56.6%，温带豆科牧草为 60.7%；热带禾草的消化率为 68.2%，温带禾草的消化率为 55.4%。因此，不同种牧草的消化率是不同的（表 6-3）。随着牧草成熟，不同牧草的消化率变化也是不同的。某些温带禾草从生长早期直至开花仍然保持较高的消化率，而热带禾草的消化率在生长期一直处于下降状态。牧草成熟时细胞壁更加木质化，因此也更难以消化。蒿属植物含有挥发油，它可以抑制瘤胃微生物的活力，故蒿属植物的消化率较低。

表 6-3　几种牧草 5 月份收割的有机物消化率　　%

牧草名称	有机物消化率	牧草名称	有机物消化率
晚熟多年生黑麦草	83	鸭茅	77
草地羊茅	81	牛尾草	72
猫尾草	79		

此外，牧草的构造不是均一的。它是由叶片、茎秆、花序和根系组合而成的，其中每一部分都是由具有专门功能的组织构成。每种组织的化学和物理特性不同，取决于它们在同化、运输、支持和存活方面的不同作用，因而使植物各部分的消化率有明显的差别。测定表明，未成熟的植物，茎比叶鞘或叶更易于消化，但随着成熟，茎的消化率迅速下降，其下降速度比叶片快 6 倍，叶鞘消化率的下降速度比叶快 3 倍。

热带禾草叶片的消化率低于温带禾草。一般情况下，禾本科牧草、禾谷类作物和豆科牧草叶片的消化率比灌木和乔木高。禾本科牧草叶鞘消化率的变化范围大于叶片，但叶鞘和叶片消化率间为正相关。如果年龄和发育阶段相同时，叶鞘的消化率一般比叶片低 10%。

6.2.2.2　生育期

生育期是引起牧草消化率变化的一个主要因素。不论是禾本科牧草还是豆科牧草，与其营养物质的变化规律一样，随着成熟，消化率逐渐降低（表 6-4）。牧草有机物质的消化率与粗纤维的含量成反比。通常，禾草抽穗前的消化率比较恒定，抽穗后消化率很快下降，每天约下降 0.5%。如以分蘖期营养物质的消化率作为 100%，则抽穗期为 90%～95%，开花期为

85%～90%，结实期为 80%～85%，干枯期为 60%～70%。

表 6-4 各生育期禾本科牧草与豆科牧草的营养物质含量及其消化率 %

类别	生育期	项目	有机物	粗蛋白质	粗纤维	无氮浸出物
禾本科牧草	分蘖至拔节期	营养含量	92.58	12.97	23.05	52.49
		消化率	83.22	74.75	80.74	87.63
	抽穗初期	营养含量	92.86	10.34	34.30	43.58
		消化率	70.62	68.11	70.31	72.09
	开花期	营养含量	93.93	9.32	35.71	46.00
		消化率	65.80	60.00	63.10	69.44
	谢花期	营养含量	94.24	6.64	34.44	50.49
		消化率	59.40	46.93	55.19	65.15
豆科牧草	孕蕾期	营养含量	89.31	19.30	20.10	47.49
		消化率	70.29	81.80	42.40	79.40
	开花期	营养含量	90.41	13.00	27.56	47.25
		消化率	62.15	73.00	33.60	73.70

在牧草生长期内，消化率的逐渐降低是由随着牧草的生长，茎叶比例发生改变以及植物化学成分变化引起的。牧草生长早期叶多茎少，而到生长后期叶量减少，茎的比例增大。牧草茎和叶的化学成分随牧草生长变化速度的不同也是不同的。如牧草的粗纤维在茎中迅速增加，而在叶中增加较慢；相反，可溶性碳水化合物在叶内较稳定，而在茎中逐渐减少。

6.2.2.3 环境条件

环境条件对牧草干物质的消化率有重要影响。在亚热带和温带地区，牧草干物质的消化率春季最高，仲夏和晚夏下降，秋季增加，冬季再次下降。出现这样的变化，可能是由温度、日照长短和气候变化引起的。已有研究证明，热带牧草受到强烈日照，造成木质化程度增高和消化率降低。

高温对热带和温带禾草干物质的消化率有决定性的影响，但对豆科牧草的影响较小。高温可促进牧草的生长和茎的发育，尤其对热带禾草影响更大。无论热带还是温带禾草，在高温条件下地上部分的细胞壁含量增加，木质化程度加剧。某些牧草，如胡枝子属在高温下单宁的积累增加，因而降低了其消化率。

干旱可抑制牧草的生长。已经证明，土壤含水量低不影响牧草的消化率。土壤水分胁迫可减慢牧草的生长，延迟茎的发育，导致草地上牧草叶片增多，出现消化率提高的现象。美国有研究指出，在干旱年份可产生质量好的牧草，有利于家畜增重，其原因可能是减慢了茎的发育，叶有更好的可食性，或者因牧草中水分少，采食量增加。

6.2.2.4 管理因素

管理对牧草消化率的影响是复杂的。对于施肥的影响，有人在综合分析了 80 篇文章后指出，氮肥对牧草中干物质消化率的影响有的是正面的，有的人认为无影响，有的人认为是负面的。无论大量施氮肥将增加或不增加嫩叶的消化率，都会降低草地上成熟植物的老叶和茎的消化率。施氮肥对茎秆的消化率影响小。有人在用臂形草和非洲狗尾草进行的盆栽实验中发现,施氮肥后消化率增加0.5%或不到0.5%;向大田栽培的东非狗尾草施用氮肥时,该草茎秆消化率增加了2.7%。研究表明,磷肥和钾肥对禾草干物质的消化率或细胞壁的含量影响不大。但有人报道,施钾肥可使紫花苜蓿干物质的消化率增加。Fernandes等(1970)发现,钾肥提高了热带禾草粗纤维的消化率。

放牧或刈割可以打破植物生长发育的节律,再生草保持幼嫩的生长状态,使消化率保持稳定,如多年生黑麦草从4—11月份每隔20 d刈割一次,其消化率一直保持在75%以上。灌溉对牧草消化率的影响还没有肯定的结论。

6.3 牧草营养对家畜生产的影响

牧草是草食家畜日粮中主要组成部分,一般占日粮的60%以上,牧草中大量的纤维类物质可为家畜提供消化代谢过程中所需要的能量,通过参与动物代谢形成畜产品。牧草本身的物理特性,如体积大、吸水性强等,以及纤维素发酵所得的挥发性脂肪酸具有一定的化学刺激作用,决定了牧草可调控草食家畜的采食量。此外,牧草中的粗纤维能促进家畜瘤胃的蠕动和进行正常反刍,能够消除因进食精料引起的如采食量下降、酸中毒等各种问题,从而维持瘤胃的正常生理功能与健康。牧草还为家畜提供了丰富的矿质元素、微生物等必需营养素。总之,牧草的营养价值、饲用价值决定草食家畜的生产现状。

6.3.1 牧草营养对家畜健康的影响

仅饲喂精饲料容易引起反刍家畜(尤其是幼畜)瘤胃液pH降低、瘤胃乳头凝集和角化不全等症状,而补饲粗饲料能明显提高瘤胃液pH、促进瘤胃肌肉层的发育及维持瘤胃壁健康。为避免瘤胃酸中毒和其他代谢疾病的发生,NRC(2001)奶牛营养需要建议,在以青贮玉米或青贮苜蓿为主要粗饲料来源和以粉碎的干玉米为主要淀粉来源时,泌乳牛日粮干物质中至少应含有25%的NDF,且其中必须有19%(DM基础)来自粗饲料。

瘤胃微生物的生长需要钙、磷、硫、钾、钠、镁、钴等矿质元素。反刍动物缺镁症主要表现为痉挛,多发生在犊牛和羔羊中。家畜于牧草茂盛的草地上放牧时,采食大量生长旺盛的青草,青草中镁含量低,会发生缺镁症。硫是保证瘤胃微生物最佳生长的重要养分。缺硫可抑制瘤胃内微生物的活动,从而降低反刍动物的食欲。微生物所需要的硫除了来自日粮中降解蛋白质外,其余要从牧草中获取。钠、钾、氯参与维持机体内电解质平衡,饲粮电解质平衡程度影响动物的代谢过程,调节体内酸碱度和缓冲体系。对于反刍动物来说,调节饲粮电解质平衡主要目的是稳定瘤胃的pH。饲粮的离子状况影响动物生长和抵抗应激的能力,电解质平衡失调会引起奶牛产后瘫,引发酸中毒或碱中毒。

针茅属植物是我国北方天然草原的主要建群种和优势种,也是重要的优良牧草,在我国分布于新疆、青藏高原和内蒙古草原区。但多数针茅颖果成熟后,其坚硬的芒刺常常刺伤家畜皮毛和口腔,导致羊皮遭受损害,皮毛质量下降,严重的口腔伤害甚至导致家畜无法进食而死亡,给家畜健康和当地畜牧业生产带来很大影响。在豆科牧草较多的草地进行放牧利用或饲喂豆科牧草的过程中,要注意反刍家畜臌胀病的发生。臌胀病是一种急性的反刍动物消化系统紊乱疾病。臌胀病有两种类型:一是日粮以精料为主的肉牛(全精料日粮)容易发生育肥场臌胀病；二是放牧家畜过多采食多汁的豆科牧草，使瘤胃中形成大量稳定泡沫，气体滞留在瘤胃，使瘤胃的嗳气功能受抑制。一般认为，苜蓿、白三叶草、红三叶草等豆科牧草体内的可溶性蛋白质是臌胀病发生的原因，而这些豆科牧草体内的抗臌胀病因子（浓缩单宁）含量非常低。

此外，草原上有毒植物对家畜的健康产生威胁。如在内蒙古科尔沁草原的蕨，又称蕨菜，属凤尾蕨科多年生草本植物，含有氰甙、黄芪甙和硫铵毒酶等物质，可抑制动物骨髓机能，引起血小板及颗粒白细胞减少。牛中毒后精神抑郁、步态踉跄，泌乳家畜停止产奶，妊娠母畜会发生流产。草乌头，又称北乌头，为毛茛科多年生草本，含有乌头碱、次乌头碱等许多生物碱，毒性很强。家畜中毒后出现呕吐、腹痛和腹泻，并逐渐出现嗜睡、昏迷、失去知觉等现象，最后导致心力衰竭。

6.3.2 牧草营养对家畜生产性能的影响

牧草中纤维含量是影响反刍动物干物质采食量和消化率的主要因素。饲料颗粒只有在经过咀嚼和微生物降解之后、减少到 2 mm 以下时才能离开瘤胃。在瘤胃中滞留的时间越长，饱腹感越强，采食量就越低。而牧草中的中性洗涤纤维含量是影响饲料消化和颗粒度的主要因素。因此，牧草的中性洗涤纤维含量越高，家畜采食量越低。酸性洗涤纤维包含纤维素和木质素，而木质素基本不能被瘤胃微生物降解。因此，牧草的酸性洗涤纤维含量越高，消化率也就越低。高营养水平的日粮可以在很大程度上提高动物的生产性能，其原理是日粮营养水平越高，食糜通过瘤胃的速度就会越快，从而使得过瘤胃营养物质的含量增加，进而降低了由于发酵而导致的营养物质的损失。能量是动物营养需求的主体，能量的缺乏会导致生长减慢、繁殖力下降、毛的质量和数量下降（包括纤维断裂），如果严重缺乏能量，还会导致动物死亡。缺乏能量可能是由于饲料不充足或饲料质量差所造成的，缺乏能量比缺乏其他营养素更能限制绵羊的生产性能。母羊的能量需要量随生产阶段的不同变化很大。在妊娠晚期和泌乳期，充足的能量供应至关重要。蛋白质或矿物质的缺乏将使能量缺乏变得更为复杂。在大多数情况下，饲喂优质牧草、干草或青贮，能够满足绵羊的能量需要。

通常认为补饲粗饲料提高采食量是用于改善瘤胃内环境的。当饲喂幼畜全精饲料时，大量易发酵碳水化合物（尤其是淀粉）快速发酵产生大量挥发性脂肪酸，加之幼畜瘤胃发育不完全，使得瘤胃液 pH 降低，甚至导致瘤胃酸中毒，最终抑制采食。相反，采食粗饲料有利于维持适宜的瘤胃内环境，相应提高家畜采食量和平均日增重。研究发现补饲苜蓿较全精饲料组提高了断奶前和断奶后犊牛的干物质采食量（DMI），但是苜蓿以全混合日粮（TMR）形式饲喂较颗粒化饲喂提高了断奶后 DMI（Ebnali，2016）。对于产奶量来说，适当的粗精比（粗饲料与精饲料比例）是保证奶牛健康以及在较高的乳脂率下增加产奶量的关键。奶牛泌乳所需营养从饲料中获得，不可或缺的营养物质之一就是粗纤维，它在瘤胃内酵解产生乙酸和丁酸是合成乳脂的重要原材料。40%～70%的乙酸被乳腺吸收，并且合成脂肪。苜蓿经过青贮发酵后，部分蛋白质水解为氨基酸和非蛋白氮，在瘤胃微生物作用下合成机体所需的蛋白质，在一定程度上提高了蛋白质的利用价值，有效提高了干物质和粗蛋白质消化率。此外，苜蓿青贮还可以降低中性洗涤纤维、酸性洗涤纤维和酸性洗涤木质素的含量，改善适口性，提高营养物质利用率和牧草转化率。刘建仁等（1996）研究发现，添加苜蓿青贮可提高日粮中粗蛋白质含量，而且苜蓿中的蛋白质分子与脂肪、碳水化合物有机结合，消化过程中避免了瘤胃微生物的分解，可为奶牛提供更多的过瘤胃蛋白质，提高产奶量。

6.3.3　牧草营养对畜产品品质的影响

日粮蛋白质及能量水平对胴体瘦肉率起着至关重要的作用。蛋白质能量水平适宜的日粮，既能提高日增重及瘦肉率，又能有效地降低饲料成本。在摄入的有效能量过多或饲料中能量比例(即能量与蛋白质含量的相对比例)过高的情况下，食入的一部分能量就以脂肪的形式沉积在体组织(主要是脂肪组织)中，使家畜肉的脂肪含量增加。此外，蛋白能量水平还会影响肌间脂肪及肌内脂肪含量，从而对家畜肉的风味、嫩度和多汁性等特性产生影响。饲粮类型是影响家畜体组织脂肪代谢的关键因素。家畜肌肉组织中脂肪酸沉积受饲粮脂肪酸组分的强烈影响。饲料成分影响羊肉风味，甚至会产生特殊的气味。放牧能够改善畜产品脂肪营养与风味，放牧羊肉的特殊香味与放牧草场野生牧草(药用植物)含有的芳香族化合物有关。精饲料饲养的羔羊肉品质和胴体质量低于放牧饲养，差别主要在皮下脂肪颜色、胴体肥瘦和肉的风味上。此外，放牧家畜肌肉中含有更多的不饱和脂肪酸、瘤胃酸和 n-3 脂肪酸，而饱和脂肪酸含量较低。而且，其肌肉组织具有较高水平的抗氧化性。牧草中 60%的脂肪酸是 n-3 系列脂肪酸，α-亚麻酸(ALA，C18:3n-3)是最主要的 n-3 脂肪酸。新生的多年生黑麦草和鸭茅中含有高达 75%的 ALA，开花期苜蓿含有 48%的 ALA。高比例的 ALA 是改善羊肉 PUFA/n-3 脂肪酸沉积与风味的直接原因。

对反刍动物而言，日粮中的不饱和脂肪酸可经瘤胃微生物的氢化而形成饱和脂肪酸，然后经小肠吸收进入体组织。所以，饲料的脂肪酸组成对反刍动物体脂的软硬程度影响不大。然而，日粮中脂肪酸组成对改变乳脂量和乳脂品质却有不同的效果。改善乳品质的重要途径之一就是提高乳液中不饱和脂肪酸以及共轭亚油酸(conjugated linoleic acids，CLA)含量。日粮组成是影响反刍动物体内 CLA 合成的主要因素。通过提高日粮脂类底物和改善奶牛瘤胃内环境都可以提高反刍动物乳制品和肉制品中 CLA 的含量。牛乳中乳脂率更大程度地受日粮中精饲料与粗饲料的相对比例影响，当粗饲料比例加大时，乳脂率上升，反之，则下降。苜蓿干草在瘤胃内挥发性脂肪酸产量较高，单位质量苜蓿干草挥发性脂肪酸产量高于玉米秸秆和稻草。挥发性脂肪酸中的乙酸是合成乳脂的前体物，提高瘤胃内乙酸的产量可以提高乳脂率。苜蓿干草的乙酸产量在粗饲料中是最高的，用苜蓿干草代替玉米青贮、羊草和玉米秸秆可以提高乳脂率。另外，苜蓿干草粗蛋白质含量高，粗蛋白质瘤胃降解率和碳水化合物降解率也较高，微生物蛋白质合成量高，有利于提高乳蛋白率和乳蛋白产量。

思考题

1. 简述各生育期牧草营养成分的动态特征。
2. 影响牧草消化率的因素有哪些?
3. 牧草营养如何影响畜产品品质?

参考文献

[1] 计成. 动物营养学. 北京：高等教育出版社，2008.
[2] 刘建仁，胡耀高，陈越. 苜蓿替代乳牛日粮中部分粗饲料的效益评估. 草与畜杂志，1996(4):13-14.
[3] 刘庭玉. 牧草型全混日粮对肉羊生产性能影响研究. 呼和浩特：内蒙古农业大学，2012.

[4] 内蒙古农牧学院.草原管理学.北京:中国农业出版社,1991.
[5] 王之盛,李胜利.反刍动物营养学.北京:中国农业出版社,2016.
[6] 晏荣,李志强,韩建国,等.苜蓿青贮对牛奶中共轭亚油酸含量的影响,饲料研究,2006(10):44-47.
[7] 易中华,瞿明仁.畜产品品质与饲料配方.江西饲料,2001(4):15-17.
[8] Calberry J M, Plaizier J C, Einarson M S, et al. Effects of replacing chopped *Alfalfa hay* with *Alfalfa silage* in a total mixed ration on production and rumen conditions of lactating dairy cows. Journal of Dairy Science,2003,86(11):3611-3619.
[9] Dewhurst R J, Shingfield K J, Lee M R F, et al. Increasing the concentrations of beneficial polyunsaturated fatty acids in milk produced by dairy cows in high-forage systems. Animal Feed Science and Technology, 2006, 131(3-4):168-206.
[10] Ebnali A, Khorvash M, Ghorbani G R, et al. Effects of forage offering method on performance, rumen fermentation, nutrient digestibility and nutritional behaviour in Holstein dairy calves. Journal of Animal Physiology and Animal Nutrition, 2016, 100(5):820-827.

第 7 章
草食动物营养

本章学习目的与要求

1. 熟悉草食动物的消化器官特点。
2. 掌握草食动物的营养需求特点、采食量的测定和影响因素。
3. 重点掌握草食动物饲料配方设计的步骤和方法。

草食动物是指能够以草或其他植物营养体为唯一饲料来源，或能够采食利用较大数量牧草等粗饲料资源的动物，主要包括马属动物（如马、驴等）和反刍动物（牛、羊、鹿、骆驼）及家禽（鹅）。本章主要讨论放牧的牛和羊。

在一个生态系统中，各种生物之间都是互相影响的。草食动物需要采食牧草才能生存、繁衍和生产，而牧草因动物的采食而发生变化。同时，草与动物都受季节和地理环境的影响。放牧条件下，牧草营养物质的供应常常存在季节间和年度间的不均衡。因此，了解草食动物的营养需求及其特点，可以有效地进行放牧草地管理，促进草地生态系统健康，提高草食动物生产性能。为了促进草地畜牧业健康、可持续发展，牢固树立和践行绿水青山就是金山银山的理念。有必要进一步了解放牧草食动物消化生理特点、营养物质需求和放牧饲养管理要点。

7.1 草食动物的消化生理特点

各种动物消化道的解剖学结构，很大程度上是与饲料的形态学特性、体积和营养成分相适应的。反刍动物为了适应其特有的生存环境，形成了适于消化容积大而营养较差的牧草的消化系统结构，借助瘤胃微生物分解牧草中粗纤维等成分。单胃草食动物（如马）的消化道有粗大的盲肠，对粗纤维有较强的消化能力。

7.1.1 消化系统构造与消化过程

7.1.1.1 口腔消化

口腔由唇、颊、硬腭、软腭、舌、齿及腺体构成，具有采食、咀嚼、湿润食物和形成食团的作用，还具有味觉的功能。口部结构的特化是动物采食形态适应的突出体现。

1. 马

马具有高敏感度的、强有力的、运动灵活的上唇，采食时上下门齿咬住并拉断牧草。在饲槽中采食时，可借唇及舌的灵活运动将分散的食物集中在一起。

2. 牛与羊

牛舌长、灵活而有力，表面粗糙。放牧时，舌能伸出口外并环绕牧草，把草卷入口中，利用下颌门齿与上颌齿垫咬住并通过头部摆动扯断食物。因此，牧草高度为 10～12 cm 时，放牧牛难以吃饱。牦牛长期生活在草质较差的高山草原，其齿质坚硬，门齿齿面宽而平坦，舌端宽，钝圆形乳头角质化，鼻镜小，嘴唇薄而灵活，在牧草高约 5 cm 时就可啃食，草高超过 15 cm 时才用舌卷食，采食速度很快，一般为 0.8 次/s，而且能昼夜采食，故可昼夜放牧。羊的上唇有裂隙，上下颌均有切齿且突出，便于啃食短草。

牛和羊颊黏膜上都有向后方突出的锥状乳头，对采食和咀嚼有重要的机械作用。摄入口腔的牧草靠咀嚼肌的收缩和舌、颊的配合，被牙齿压碎和磨碎，此过程中混入唾液形成食团。唾液是腮腺、颌下腺、舌下腺 3 对主要唾液腺和口腔黏膜中许多小腺体所分泌的混合液，其中含有大量水分（98.5%～99.4%）和约 20 种有机物与无机物，同时含有大量碳酸氢盐和磷酸盐，使唾液呈碱性，并含有少量淀粉酶类。唾液与食团一起进入瘤胃后，成为瘤胃内良好的缓冲物质。

3. 骆驼

骆驼嘴尖齿利。上唇纵裂似兔唇，很敏感，能拣食矮小的植物。下唇尖而游离，唇薄而灵活。唇伸缩力较强。上下唇与口角外缘密生短毛。上齿垫异常坚硬,臼齿冠高而发达,齿面宽而有粗皱纹,齿缘突起呈锯齿状。下颌关节灵活,能左右磨动。咀嚼肌发达。在嘴的周围有特别硬的组织,采食时不至于被带刺的植物刺破。口腔黏膜有厚的鳞状组织及长 1～2 cm 的乳突,以抵御带刺食物的刺伤。颈长并且可以上下左右活动自如,故低头能觅食 3～5 cm 的矮牧草和低矮的灌木,向上可啃食高为 2～3 m 的乔木枝叶。骆驼唾液多而黏稠,故能利用各种粗硬带刺、木质化程度高、灰分含量大的草本和木本植物。此外,骆驼腿长善游走,耐渴性强,因此在严重缺水的草场和沙漠草场也能充分利用。

7.1.1.2　胃内的消化

摄入口腔中的牧草被初步咀嚼形成食团后,在舌、咽、喉、食管及贲门的共同作用下经食管进入胃。牛、羊、骆驼等反刍类动物有庞大的复胃,除骆驼缺少瓣胃外,大多数草食动物的复胃均由 4 个室构成,依次为瘤胃、网胃、瓣胃和皱胃。其中前 3 个胃合称前胃,胃壁黏膜无胃腺;只有复胃的第四室——皱胃能分泌胃液(图 7-1)。

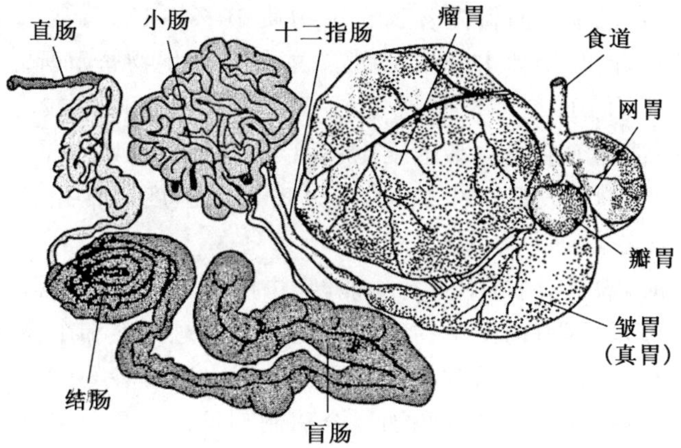

图 7-1　反刍动物的复胃

据测定,绵羊的胃总容积约为 30 L,山羊为 16 L。各胃室容积占总容积比例明显不同,如表 7-1 所示。

表 7-1　羊与其他畜种消化道相对容积的比较

畜种	各消化道部位的容积/%					肠道长∶体长
	胃	小肠	盲肠	结肠与直肠	合计	
绵羊	67	21	2	10	100	27
山羊	66	22	2	10	100	26
牛	71	18	3	8	100	20
马	9	30	16	45	100	12

1. 网胃-瘤胃

胃的第一室是网胃,第二室是瘤胃。网胃-瘤胃的容积很大,是一个处于动态平衡的“发酵罐”。瘤胃内有大量且种类较多的瘤胃细菌和瘤胃纤毛虫等微生物,构成了一个具有多种微生物区系的厌氧系统。瘤胃能贮藏在较短时间内采食的未经充分咀嚼而咽下的大量牧草。摄入的牧草可在此处滞留相当长的时间。在微生物分泌酶的作用下，70%～85%的可消化干物质和50%的粗纤维被降解，产生挥发性脂肪酸、二氧化碳、甲烷，合成微生物蛋白质、B族维生素和维生素K。

瘤胃虽不能分泌消化液，但胃壁的纵形肌能够强有力地收缩和松弛，进行节律性的蠕动，以搅拌食物。胃黏膜上有许多乳头状突起，有助于食物的揉磨。瘤胃具有贮积、加工和发酵大量食物以及提供各种营养物质的功能。瘤胃的消化在草食动物的整个消化过程中占有特别重要的地位。在瘤胃微生物强烈发酵的过程中，不断地产生大量气体，主要是CO_2(50%～70%)和CH_4(20%～45%)，还有少量H_2、O_2、N_2和H_2S等。这些气体约1/4进入血液后经肺排出，一部分被微生物利用，其余靠嗳气排出。牛一昼夜可产生气体600～1 300 L。

反刍动物的瘤胃可看作一个厌氧性微生物接种和繁殖的"活体发酵罐"，并具有以下几大特点。

(1)食物和水分相对稳定　瘤胃内容物含干物质10%～15%，含水分85%～90%。虽然经常有食糜流入和排出，但食物和水分相对稳定，能保证微生物繁殖所需的各种营养物质。

(2)瘤胃pH　瘤胃内pH变动范围是5.0～7.5，呈中性而略偏酸，很适合微生物的繁殖。

(3)渗透压　一般情况下瘤胃内渗透压比较稳定，约接近血浆水平。

(4)瘤胃温度　由于瘤胃发酵产生热量，所以瘤胃内温度通常超过体温1～2 ℃，一般为38.5～40.0 ℃，正适合各种微生物的生长。

羔羊或牛犊出生时，瘤胃、网胃不具有功能，吃进的母乳可在食管沟反射的条件下，通过食管沟直接进入皱胃。瘤胃、网胃内微生物区系的建立是通过饲料和个体间的接触产生的，需要一个过程，因此羔羊或牛犊早期对粗饲料的利用很有限。罗海玲等(2006)研究证明，在羔羊早期(出生后20 d)最初接触优良牧草时，添加复合酶制剂可以提高羔羊对饲料的利用率，促进羔羊的早期发育。

反刍是反刍动物的重要消化生理特点。反刍是指动物在食物消化前把食团吐出，经过再咀嚼和再咽下的活动。反刍的实质是饲料刺激网胃、瘤胃前庭和食管的黏膜引起的反射性逆呕。反刍停止是疾病征兆，不反刍会引起瘤胃臌气。

反刍包括逆呕、再咀嚼、再混合唾液和再吞咽4个过程。采食后，食物经初步咀嚼和混以大量碱性唾液(pH为8.2左右)形成食团，吞咽入瘤胃内浸泡和软化。一般羊在采食牧草30～60 min后便开始反刍。反刍是食欲的反映。反刍活动可以保证动物在单位时间内采食最大量的食物，保证在比较安全的环境中和较适合的时间内完成食入大量食物的过程。正常情况下，羊反刍时间与放牧采食时间的比值为0.8∶1。牧草粗纤维含量高，则反刍时间长。

2. 瓣胃

瓣胃是胃的第三室，是一小而致密的椭圆形器官，接受来自网胃的流体食糜。这类食糜含有许多微生物和细碎的饲料以及维生素发酵的产物。瓣胃的叶片对通过的这些食糜起机械压榨作用，大量水分被移去，分出液体和消化细粒，输送入皱胃。因此，瓣胃首先起了过滤的作用。其次进入瓣胃的水分有30%～60%被吸收，同时也有相当数量(40%～70%)的挥发性脂肪酸、钠、磷等物质被吸收。

3. 皱胃

皱胃是草食动物胃的有腺部分，是胃的第四室。黏膜分为3个腺区，即贲门腺区、幽门腺区和胃底腺区。胃底腺分泌的胃液含有盐酸、胃蛋白酶和凝乳酶。与单胃相比，皱胃液的盐酸浓度较低(变动范围为 0.12%～3.0%)，凝乳酶含量较多。皱胃的胃液是连续分泌的，食糜从瓣胃连续进入皱胃。胃蛋白酶可分解微生物蛋白质和在瘤胃中未降解的饲料蛋白质。

4. 小肠

小肠由十二指肠、空肠和回肠组成。小肠黏膜上有肠腺。十二指肠起始部分还分布着十二指肠腺。胃内容物进入小肠后，经各种消化液(胰液和肠液等)进行化学性消化，分解的营养物质被小肠吸收。未被消化吸收的食物，随小肠的蠕动而进入大肠。

在草食动物中，进入皱胃和小肠的食糜包括瘤胃中未被分解的饲草料颗粒，覆盖在其上的脂肪酸和瘤胃微生物。虽然脂类大多在瘤胃中被水解，但反刍动物肝、胰仍分泌大量胆汁和具有脂肪酶的胰液，故能分解和吸收越过瘤胃的甘油三酯。由于牧草中大部分淀粉和糖类在瘤胃中已被发酵分解，进入小肠的只是一小部分，故吸收的葡萄糖较单胃动物少。

5. 大肠

大肠由盲肠、结肠和直肠组成。食糜经小肠消化和吸收后，残余部分逐渐经回盲瓣进入大肠，大肠的直径比小肠大，长度比小肠短，主要功能是吸收水分和形成粪便。大肠黏膜中的腺体分泌黏稠的碱性消化液，其中所含消化酶很少，故大肠内的消化作用主要依靠随食糜流入的小肠消化酶和大肠内的细菌和纤毛虫，余下部分排出体外。目前大肠的消化吸收作用引起了越来越多研究者的兴趣。

7.1.2　营养物质消化的特点

7.1.2.1　糖

牧草中的纤维素主要靠瘤胃纤维分解细菌和纤毛虫体的纤维素分解酶作用，逐级分解成葡萄糖，继而被另一些细菌利用，通过中介体(丙酮酸和乳酸)转化成挥发性脂肪酸(主要是乙酸、丙酸、丁酸和少量较高级的脂肪酸)，同时产生甲烷和二氧化碳。牧草中的淀粉、葡萄糖和其他糖类物质也大部分被瘤胃微生物分解成上述挥发性脂肪酸和气体。

一般情况下，乙酸、丙酸、丁酸的比例大约是 70 ∶ 20 ∶ 10，因日粮类型而异。日粮中粗饲料比例较高时，乙酸/丙酸的值升高，丁酸水平降低，总挥发性脂肪酸水平也较低；日粮含蛋白质丰富时，乙酸比例下降，丁酸上升，总挥发性脂肪酸水平增高。当日粮中含有大量淀粉时(放牧条件下补饲大量精饲料)，丙酸比例升高；而日粮中含可溶性糖很高时，则丁酸比例增高，见表 7-2。

表 7-2　部分饲料发酵分解产物的比较

饲料	乙酸	丙酸	丁酸	戊酸
纤维饲料	高	很低	很低	—
淀粉饲料	很低	比较高	比较高	—
富含可溶性糖的饲料	很低	高	高	极低

(引自 Pueschner，1988)

瘤胃微生物能利用饲料分解所产生的单糖和双糖合成糖原，并储存于其细胞内；当进入小肠后，微生物糖原再被动物消化利用，成为草食动物机体的葡萄糖来源之一。

7.1.2.2 蛋白质

饲料中约60%的蛋白质和几乎全部非蛋白氮在瘤胃内被微生物分解。蛋白质首先被分解为肽和氨基酸,而后迅速脱氨基产生氨、二氧化碳和有机酸;非蛋白氮则被分解直接释放出氨。反刍动物蛋白质代谢途径见图7-2。

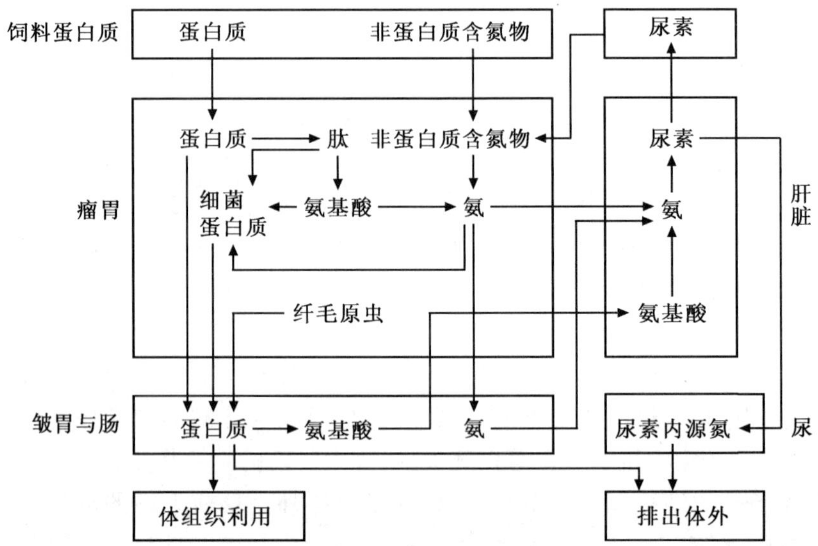

图7-2 反刍动物蛋白质代谢途径示意

瘤胃微生物能直接利用氨基酸或将氨合成氨基酸,然后进一步合成微生物蛋白质。此过程需要供应碳链和能量。糖、挥发性脂肪酸和 CO_2 都是碳链的来源,糖还是能量的主要供给者。瘤胃内的氨被微生物利用的份额很大程度上取决于瘤胃中碳链和能量的供应水平。未被微生物利用的氨通过瘤胃上皮被吸收进静脉,进入肝脏后经鸟氨酸循环转变成尿素。一部分尿素经唾液分泌和通过瘤胃上皮扩散返回瘤胃可以再次被瘤胃微生物利用,其余大部分随尿排出。在低蛋白日粮的情况下,草食动物靠氮素再循环保证瘤胃内适宜的氨浓度,使氨有效地被利用。

7.1.2.3 脂肪

饲料中的脂肪在瘤胃微生物作用下被水解成甘油和脂肪酸,再通过微生物发酵分解成乙酸、丙酸、丁酸和气体。组成牧草和饲料脂肪的成分主要是不饱和脂肪酸。它们在瘤胃内环境下被氢化成饱和脂肪酸或含一个双键的反式不饱和脂肪酸。一般情况下,脂肪酸不能在瘤胃内被氧化,它们附着在饲料颗粒的表面而流入皱胃和小肠。下移到小肠的脂肪经消化吸收以饱和脂肪酸的形式沉积为体脂。

7.2 草食动物的营养需要

7.2.1 草食动物的营养需求

7.2.1.1 日粮以粗饲料为主

粗饲料是瘤胃的主要填充物,产生饱感;可维持正常的瘤胃微生物区系;刺激瘤胃蠕动和进行反刍;维持正常的瘤胃 pH。粗饲料的主要成分是粗纤维。瘤胃内的微生物可以分解纤维素产生 VFA,作为草食动物主要的能量营养来源。

7.2.1.2　蛋白质需求

蛋白质是一类重要的生物高分子,其英文"protein"一词来源于希腊语"proteios",意为第一或最基本的。它和核酸是生命活动的物质基础,生物体内一切最基本的生命活动过程几乎都与蛋白质有关。

1.蛋白质的营养生理功能

(1)蛋白质是构成机体和生命的重要物质基础　蛋白质是构成动物体几乎一切细胞、组织的重要成分,动物的肌肉、神经、结缔组织、腺体、精液、皮肤、血液、心脏、肝脏、肺脏、肾脏、胃肠及毛发、角、喙等组织器官均以蛋白质为基本成分。蛋白质具有运输、保护、连接、支持等多种作用。此外,体内酸碱平衡的维持、水分的正常分布以及许多重要物质的转运都与蛋白质有关。

(2)蛋白质是组织更新、修补的主要原料　在动物的新陈代谢过程中,组织和器官的蛋白质不断地更新,损伤组织也需修补。不同体组织更新速度有很大差异,如根据同位素测定,全身蛋白质 180～210 d 更新 1/2,肝脏和血浆蛋白 10 d 更新 1/2。

(3)蛋白质可氧化供能和转化为糖、脂肪　蛋白质的主要营养作用不是氧化供能,但当摄入蛋白质过量或蛋白质品质不佳时,多余的氨基酸经脱氨基作用后,可氧化供能或转化为糖、脂肪。动物机体营养不足时,饲草蛋白质和组织蛋白均可分解供能,以维持机体的代谢活动。

(4)蛋白质是动物产品的重要成分　蛋白质是形成奶、肉、蛋、皮毛等畜产品的重要原料。在牛奶、山羊奶、绵羊奶中分别平均含有蛋白质 3.4%、3.7%和 5.5%;在肌肉中含有蛋白质 16.5%～20.9%;羊毛中含角蛋白 76%。

2.草食动物蛋白质需求特点

动物在生长发育过程中,必须从食物中不断获取蛋白质等含氮物质,因此,把食物中的含氮化合物转变为机体蛋白质是一个重要的营养过程。草食动物可利用一定量的非蛋白氮(如尿素等)。牧草饲料蛋白质进入动物瘤胃,经微生物的作用降解成肽和氨基酸,其中多数氨基酸又进一步降解为有机酸、氨和二氧化碳。微生物降解所产生的氨与一些简单的肽类和游离氨基酸又被用于合成微生物蛋白质。转变为微生物蛋白质,就意味着转移到胃肠道后段的蛋白质数量可能比饲料蛋白质多。这样,瘤胃微生物对反刍动物蛋白质的供给具有一种调节作用,能使劣质蛋白质品质改善,优质蛋白质生物学价值降低。因此,通过给草食动物日粮添加尿素,以提高瘤胃细菌蛋白质合成量已成为一项实用措施;对优质饲料蛋白质进行适当的处理(甲醛处理、包被等),以降低其溶解度,使其在瘤胃中的降解率降低,也是必要的办法。

7.2.1.3　能量需求

草食动物 70%的能量由 VFA 提供。能量供给必须同时考虑可发酵有机物与可利用氮的比例关系。瘤胃微生物发酵时产生的甲烷和氢,其所含的能量被浪费掉;微生物的生长繁殖也要消耗掉一部分能量。所以,以精饲料为主的情况下,草食动物饲料能量的转化效率一般低于单胃动物。

草食动物的所有活动如呼吸、心跳、血液循环、肌肉活动、神经活动、生长、生产产品、采食和使役等,都需要能量。草食动物所需的能量主要来自饲草三大养分中的化学能。在体内,化学能可以转化为热能(脂肪、葡萄糖或氨基酸氧化)或机械能(肌肉活动),也可以蓄积在体内。

能量是饲草的重要组成部分，牧草能量浓度起着决定动物采食量的重要作用，动物的营养需求或营养供给均可以能量为基础表示。牧草中的能量不能完全被动物利用，其中可被动物利用的能量称为有效能。牧草中的有效能含量反映了牧草能量的营养价值，简称为能值。

1. 能量来源及能量单位

牧草能量主要来源于碳水化合物、脂肪和蛋白质。在三大养分的化学键中贮存着动物所需要的化学能。动物采食牧草后，三大养分经消化吸收进入体内，在糖酵解、三羧酸循环或氧化磷酸化过程可释放出能量，最终以 ATP 的形式满足机体需求。在动物体内，能量转换和物质代谢密不可分，动物只有通过降解三大养分才能获得能量，并且只有利用这些能量才能实现物质合成。国际营养科学联合会及国际生理科学联合会确认以焦耳(J)作为统一使用的能量单位，动物营养中常采用千焦耳(kJ)和兆焦耳(MJ)。卡和焦耳在美国均可使用。我国传统单位为卡，现在国家规定用焦耳。卡与焦耳可以相互换算，换算关系如下：

$$1\ \text{cal} \approx 4.184\ \text{J}$$

2. 牧草能量在动物体内的转化

动物摄入的牧草能量伴随着养分的消化代谢过程发生一系列转化，牧草能量可相应划分成若干部分，包括：饲料总能、消化能、代谢能、净能等，牧草的能量在动物机体内的转化过程如图 7-3 所示。每部分的能值可根据能量守恒和转化定律进行测定和计算。

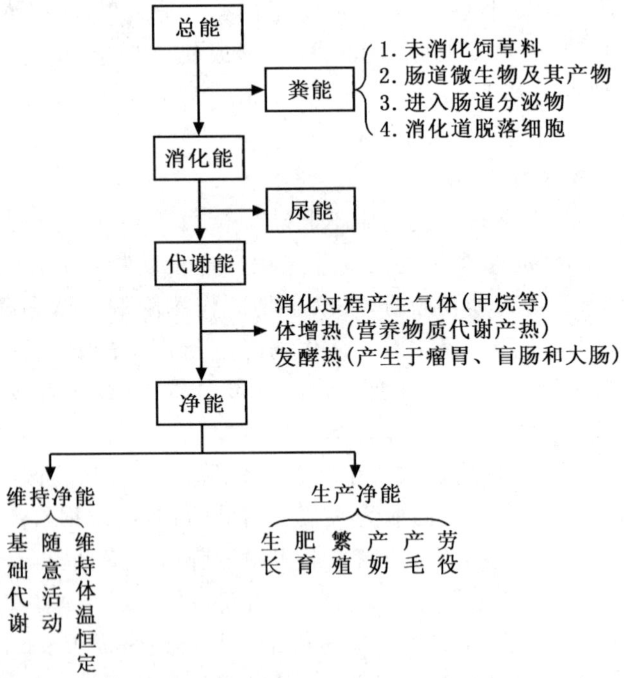

图 7-3　牧草能量在动物机体内转化过程

(1)总能(gross energy，GE)　是指牧草中有机物质完全氧化燃烧生成二氧化碳、水和其他氧化物时释放的全部能量，主要为碳水化合物、粗蛋白质和粗脂肪能量的总和。一般牧草的总能为 4.2～4.5 kcal/g 干物质，计算总能的经验公式为：

$$GE(kcal/kg)=5.65\%\times CP+9.40\%\times EE+4.15\%\times NEF$$

式中：GB 为总能，CP 为粗蛋白质，EF 为粗脂肪，NEF 为无氮浸出物(nitrogen free extract，NFE)。

(2)消化能(digestible energy，DE)　是牧草可消化养分所含的能量，即动物摄入饲料的总能与粪能之差。即：

$$ADE=GE-FE$$

按上式计算的消化能称为表观消化能(apparent digestible energy，ADE)，Mcal。式中 FE (energy in feces，FE)为粪中养分所含的总能，称为粪能，Mcal。

消化能也可用间接推算法求得。此法利用消化试验中测得的每日食入牧草中的 DCP (X_1)、DEE(X_2)、DCF(X_3)与 DNFE(X_4)，并根据下列回归公式，按牛、羊分别推算出每日食入牧草的消化能(kcal)。

$$DE(牛)=5.79X_1+8.15X_2+4.42X_3+4.06\ X_4\pm1.0\%$$

$$DE(绵羊)=5.72X_1+9.05X_2+4.38X_3+4.06X_4\pm0.9\%$$

两式中：$X_1 \sim X_4$ 均以 g 表示；后部的(±)为推算数值的标准差，标准差越小，则推算值越接近测值。

(3)代谢能(metabolizable energy，ME)　指饲料消化能减去尿能(energy in urine，UE)及消化道可燃气体的能量(energy in gaseous products of digestion，Eg)后剩余的能量。

$$ME=DE-(UE+Eg)=GE-FE-UE-Eg$$

尿能是尿中有机物所含的总能，主要来自蛋白质的代谢产物，如尿素、尿酸、肌酐等。消化道气体能来自动物消化道微生物发酵产生的气体，主要是甲烷，这些气体经肛门、口腔和鼻孔排出。

(4)净能(net energy，NE)　是牧草中用于动物维持生命和生产产品的能量，即牧草的代谢能减去饲草在体内的热增耗(heat increment，HI)后剩余的能量。

$$NE=ME-HI=GE-DE-UE-Eg-HI$$

HI 过去又被称为特殊动力作用或食后增热，是指绝食动物在采食牧草后短时间内体内产热高于绝食代谢产热的那部分热能。热增耗以热的形式散失。

按照净能在动物体内的作用，NE 可以分为维持净能(net energy for maintenance，NEm)和生产净能(net energy for production，NEp)。NEm 指牧草能量用于维持生命活动、适度随意运动和维持体温恒定部分，这部分能量最终以热的形式散失掉。NEp 指饲草能量用于沉积到产品中的部分，也包括用于劳役做功的能量。因动物种类和饲养目的不同，生产净能的表现形式也不同，包括增重净能、产奶净能、产毛净能和使役净能等。

3. 草食动物能量需求特点

草食动物 70%的能量由挥发性脂肪酸提供。能量供给必须同时考虑可发酵有机物质和可利用氮的比例关系。瘤胃微生物发酵时产生甲烷和氢，其所含的能量被浪费；微生物的生长繁殖也要消耗一部分能量，所以在以精料为主的情况下，草食动物日粮能量的转化效率一般低于单胃动物。

7.2.1.4　*矿物质元素需求*

矿物质元素是草食动物营养中的一大类无机营养素，对草食动物的正常生长和生产有重要作用。

1. 必需矿物元素

动物体内存在的矿物元素有一些是动物生理过程和体内代谢必不可少的，这一部分就是营养学上常说的必需矿物元素。这类元素在体内具有重要的营养生理功能：有的参与体组织的结构组成，如钙、磷、镁以其相应盐的形式存在，是骨和牙齿的主要组成部分；有的作为酶（参与辅酶或辅基的组成）的组成成分（如锌、锰、铜、硒等）和激活剂（如镁、氯等）参与动物体内物质代谢；有的作为激素组成（如碘）参与体内的代谢调节等；还有的元素以离子的形式维持体内电解质平衡和酸碱平衡，如 Na^+、K^+、Cl^- 等。

必需矿物元素必须由外界供给。当外界供给不足时，不仅影响动物生长或生产，而且还引起动物体内代谢异常、生化指标变化和缺乏症。在缺乏某种矿物元素的日粮中补充该元素，相应的缺乏症会减轻或消失。

2. 自然界中的矿物元素与动物生产

在自然界存在的矿物元素有 100 种以上，但在动物体内含有的矿物元素约有 45 种。放牧动物体内的矿物元素主要从饮水和牧草中来。草地牧草和饮水中的矿物元素对动物的生产和健康有重要影响。

草地牧草中的矿物元素来源于生长环境中的土壤和水。植物从土壤和水中吸收的矿物元素受许多因素影响，土壤和水中的矿物元素含量、矿物元素的存在形式、肥料中的矿物元素含量和植物的吸收力是主要的影响因素。通过调查发现，在世界上不同地区土壤中矿物元素含量差异很大。有些元素普遍缺乏，有些元素存在地区性缺乏，如世界上有一些地区明显缺硒（如我国四川的西昌）、钼、氟；有些元素中毒存在地区性，如某些地区的土壤或水中含有大量硒、铅和氟等，这些元素过量后很容易使动物出现中毒症状。

水中的矿物元素含量对草食动物的健康和生产影响很大，最容易导致动物矿物元素摄入过量，出现中毒，严重者导致死亡，影响生产。水中最容易出现中毒的矿物元素是动物需要量极低或不需要的元素，这些元素主要是硒、砷、铅、汞、氟。因此，保证动物饮用水的水质对动物生产非常重要。

7.2.1.5 维生素营养

瘤胃微生物可以合成足够的 B 族维生素和维生素 K。大部分动物体内可合成足够的维生素 C。在日光下运动的动物一般不缺乏维生素 D。微生物和动物本身不能合成维生素 A，且对摄入的维生素 A 有一定的破坏作用。维生素 A、维生素 E 对动物的繁殖性能十分重要，当牧草质量较差时，有必要给放牧动物补充这两种维生素。

7.2.1.6 水的需求

草地放牧要保证动物水的供给和饮水卫生，只有这样才可以提高动物的食欲，促进采食，并有利于维持动物健康，提高动物的生产性能。在放牧过程中，水一般容易获得，因而容易被忽视。

1. 水的功能

动物生命活动过程中许多特殊生理功能都依赖于水的存在，主要概括为 3 方面。

（1）水是动物机体的主要组成成分　水是动物机体细胞的一种主要结构物质，早期发育的胎儿含水量超 90%，初生幼畜 80%左右，成年动物 50%～60%。一般规律是随年龄和体重的增加而减少。

(2)水是一种理想的溶剂 水在动物胃肠道中作为转运半固体状食糜的中间媒介，还作为血液、组织液、细胞及分泌物、排泄物等的载体，所以体内各种营养物质的吸收、转运和代谢废物的排出必须溶于水后才能进行。

(3)调节体温 水的比热大，导热性好，蒸发热高，所以水能储蓄热能、迅速传递热能和蒸发散失热能，有利于恒温动物体温的调节。血液循环中血液的快速流动、动物喘气和出汗、冷应激时限制血液流经体表等，都有助于动物保持体温恒定。

2. 饮水

动物饮水的多少与动物种类、生理状态、生产水平、牧草或饲粮构成成分、环境温度等有关。在环境温度还不至于引起热应激的前提下，饮水量随采食量增加而直线上升。在热应激时，饮水量大幅度增加。相比较而言，骆驼的饮水量最大，牛次之，绵羊和山羊饮水量少。多数动物在采食过程或稍后都要饮水，天气炎热时，饮水频率和饮水量增加。放牧条件下，如动物不能随时饮水则影响动物的生产力。

3. 水的缺乏

动物失水是连续的，饮水则是间断的。为维持正常生理功能，动物不得不通过饮水来弥补。适度的限制饮水，会明显影响采食量和生产性能，粪、尿水分也显著下降，甚至造成动物脱水，体重下降，肾脏对氮和电解质(Na^+、Cl^-)排泄量增加，脉搏加快，血液浓稠，最后衰竭而死。我国许多地区缺乏地表水或井水，或者水中盐分含量过高不能饮用，造成动物饮水的困难，所以保护水源、节约用水对动物生产也十分重要。

4. 水质

水的品质直接影响动物的饮水量、牧草消耗、健康和生产水平。天然水中可能含有各种微生物，包括细菌或病毒。细菌中以沙门菌属、钩端螺旋体属及埃希杆菌属最为常见。美国国家事务局(1973)建议，动物饮水中大肠杆菌数应小于50 000个/L。水中主要阴离子是CO_3^{2-}、SO_4^{2-}、Cl^-、NO_3^-，主要阳离子是Ca^{2+}、Mg^{2+}、Na^+及重金属Hg^{2+}、Cd^{2+}、Pb^{3+}等。一般以水中总可溶性固形物(total dissolved solids, TDS)即各种溶解盐类含量指标来评价水的品质。也有学者认为动物饮水品质仅用TDS为指标是不确切的，还应考虑各种金属离子的具体含量，特别是水中硝酸盐和亚硝酸盐的含量对动物毒害很大。

5. 水的平衡

动物体内的水分布于全身各组织器官及体液中，细胞内液中水约占2/3，细胞外液中水约占1/3。细胞内液和细胞外液的水不断地进行交换，保持体液的动态平衡。

动物体液和消化道中的水合称动物体内的总水。总水量也是经常保持相对恒定的，这种恒定是动物得水和失水之间的平衡。不同动物体内水的周转代谢的速度不同：用同位素氚(tritium)测得牛体内1/2的水每3.5 d更新一次；非反刍动物因胃肠道中含有较少的水分，周转代谢较快。沙漠中的骆驼因耐受失水能力强，水的周转速度慢。各种动物水的周转受环境因素(如温度、湿度)及采食饲料的影响。采食盐类过多，饮水量增加，水的周转代谢也加快。

水的排出主要由肾脏通过排尿量来调节。肾脏排尿量又受脑垂体后叶分泌的抗利尿激素控制。动物失水过多，血浆渗透压上升，刺激下丘脑渗透压感受器，反射性地影响加压素的分泌，加压素促使水分在肾小管内的重吸收，尿液浓缩，尿量减少。相反，在大量饮水后，血浆渗透压下降，加压素分泌减少，水分重吸收减弱，尿量增加。

此外，醛固酮激素在增加对Na^+重吸收的同时，也增加对水的重吸收。醛固酮激素的分泌主要受肾素—血管紧张素—醛固酮系统以及血 K^+、血 Na^+ 浓度对肾上腺皮质直接作用的调节。总之，动物体内水的调节，是一个综合的生理过程，通过水的代谢和体内水的运转维持动物体内水的平衡。

7.2.2 干物质采食量

草食动物采食量是衡量动物摄入营养物质数量的基本尺度。动物采食的营养物质只有满足了维持需要后，多摄入的营养物质才能用于生产，因此，采食量是影响动物生产水平的重要因素。影响动物采食量的因素很多，了解这些影响因素有助于在生产实践中调控采食量，以达到特定的目的。

7.2.2.1 采食量

草食动物采食量是指放牧动物在 24 h 内采食牧草的质量。干物质采食量通常用 24 h 内采食牧草的干物质质量来表示，但因牧草干物质含量和营养浓度不同，故采食量相同并不意味着动物摄入的养分数量相同。动物采食牧草的多少影响动物的生产水平和养分转化率。对处于生长、肥育或产奶阶段的动物，如果能够在不引起健康问题的情况下维持较高的采食量，动物的生产效率可大大提高；反之，采食量太低，牧草有效能用于维持的比例增大，用于生产的比例降低，牧草养分转化率下降。因此，适当提高采食量，可增加用于动物生产的比例，牧草转化率提高。动物生产水平低，饲养期延长，工作量增加，资金周转期长，设施和设备利用率下降，从而增加生产成本。但采食量太高，过多的能量用于贮存脂肪，也会降低日粮养分转化率。此外，某些动物特别是乳牛和绵羊在采食量很高时容易产生代谢性疾病，如酮病、低钙血症、急性消化不良等。有时生产上需要控制动物的采食量，其目的在于降低动物的增重，防止动物过肥（如成年种畜）或降低生产成本（如对空怀母畜或在冬季少用价格较高的牧草）等。所以，从经济的角度也必须考虑采食量和生产成本的关系。

7.2.2.2 影响采食量的因素

草食动物的采食包括觅食、识别、定位感知、食入、咀嚼、吞咽和停止摄入等一系列过程，采食是这些过程的综合。因此，影响采食量的因素很多，主要有动物、牧草、环境和放牧技术等。了解这些因素有助于调控动物的采食量，提高动物的生产性能，降低生产成本。

1. 动物因素

采食量是一个低遗传力性状，各种动物的采食习性和特点各不相同，采食量相差甚远；同种动物的不同品种、品系间的采食量也存在明显差异。动物的生理阶段对采食量也产生较大的影响，如母畜发情时，一般采食量下降，甚至停止采食；母羊在妊娠后期，一方面血液中含有高浓度的雌激素，另一方面因子宫内容物压迫胃肠道，增加胃肠道紧张度，导致采食量降低；母羊产羔后，能量需要增加，且胃肠道紧张度缓解，采食量显著增加，产羔后一个月采食量达到高峰。疾病因素也是影响采食量的重要因素。患病和处于亚临床感染的动物常表现出食欲下降，如奶牛的乳腺炎导致采食量下降较为常见，胃肠道感染或寄生虫病也使采食量降低。动物过度疲劳，采食量会下降。视觉、嗅觉、触觉和味觉等对调节人的食欲有重要作用，并影响每次摄取的食物数量。科学家们公认这些感觉对其他动物的采食量调节也具有重要作用，但作用程度可能不如对人类摄食影响大。放牧动物具有天生对特定牧草的喜好和厌恶，但动物可从过去的采食经历或通过人为的训练而对牧草产生喜好或厌恶，可能将牧草的适口性与某种不适（常常是胃肠道不适）或愉快的感觉联系在一起，产生“厌恶”或“喜好”，从而改变其采食行为。

2. 牧草因素

适口性是一种牧草的滋味、香味和质地特性的总和，是在觅食、定位和采食过程中动物视觉、嗅觉、触觉和味觉等感觉器官对牧草的综合反应。适口性决定牧草被动物接受的程度，与采食量密切相关但又难以定量描述，它通过影响动物的食欲来影响采食量。研究表明，动物采食的实质是获取能量，因为动物为了生存与生产必须保持多方面的生理均衡，失衡就意味着失常和减产。恒温动物首先要保持能量的平衡，即：采食能量＝散失能量＋产品能量。如果没有其他的干扰因素如营养缺乏、疾病等，则动物采食首先是满足能量的需要，即动物具有“为能而食”的本能。因此，牧草能量浓度是影响采食量的重要因素。

3. 环境因素

外界环境诸因素中，除牧草因素外，温热环境与动物营养关系最为密切。温热环境不仅直接影响动物的采食量、代谢和产热，而且可导致牧草能量在动物体内分配和利用效率的改变，最终导致动物对各种营养物质的需求量及其与能量比率的改变。各种造成动物应激的环境因素如拥挤、运输和环境温度等，均会降低动物的采食量。因为应激使动物体内肾上腺素和去甲肾上腺素分泌增加，引起糖原和脂肪分解加速，血糖浓度提高，从而降低采食量。

4. 放牧管理技术

正确的放牧管理技术能够使草食动物保持强烈的食欲，以最节省牧草消耗，达到最高的生产水平。如水是影响采食量的重要因素，只有在饮水得到充分保证的情况下，草食动物的采食量才可达到最大。此外，饮水的清洁卫生也很重要，动物会拒绝饮用被粪尿等污染的水源。

7.2.2.3　营养需求表达方式

合理供给动物营养物质，才能有效地利用饲草，生产出量多质优的畜产品。动物的营养需求量通常又被称为动物的饲养标准。饲养标准（feeding standard）是指动物在最适宜环境条件下，正常、健康生长或达到理想生产状况对各种营养物质种类和数量的要求，简称“需求”。不同动物饲养标准表达方式有所不同，大体上有以下几种表达方式。

1. 以每头动物每天需求量表示

这是传统饲养标准表述营养定额所采用的表达方式。需求量明确给出了每头动物每天对各种营养物质所需求的绝对数量，对动物生产者估计饲草供给或对动物进行严格计量限饲很适用。现行反刍动物饲养标准一般以这种方式表达各种营养物质的确切需求量。

2. 以单位饲粮中营养物质浓度表示

这是一种用相对单位表示营养需求的方法，该表示法又可分为按风干饲粮基础表示或按全干饲粮基础表示。“标准”中一般给出按特定水分含量表示的风干饲粮基础浓度，如 NRC 的“需求”按 90％的干物质浓度给出营养指标定额。按单位浓度表示营养需求，对任何饲养动物、饲粮配合、饲料工业生产全价配合饲料十分方便。不同饲养标准相对表示营养需求的方法基本相同，能量用“兆卡（Mcal）”或“卡/千克（cal/kg）”表示，粗蛋白质、氨基酸、常量元素用百分数表示，维生素用“国际单位”或“毫克（mg）”或“微克/千克（μg/kg）”表示。不同营养指标表示营养需要量的单位不同，能量一般用“兆卡（Mcal）”或“卡（cal）”，粗蛋白质和氨基酸用“克”表示，其中粗蛋白质也可用占饲粮百分数结合采食量（克/天，g/d）给出每天的绝对数量；维生素中，维生素 A、维生素 D、维生素 E 用“国际单位”，维生素 B_{12} 用“微克（μg）”，其他用“毫克（mg）”表示；矿物元素中，常量元素一般用“克（g）”，微量元素一般用“毫克（mg）”表示。

3. 其他表达方式

在不同的“标准”中可能见到以下表达方式。

（1）以单位能量浓度表示　这种表示法有利于衡量动物采食的营养物质是否平衡。按体重或代谢体重表示，此表示法在析因法估计营养需要或动态调整营养需求或营养供给中比较常用。按维持生长或生产制订营养定额的“标准”中也采用这种表达方式。“标准”中表达维持需要常用这种方式，如产奶母牛维持的粗蛋白质需求是 4.6 g/$W^{0.75}$，钙、磷、食盐的维特需求分别是每 100 kg 体重 6 g、4.5 g、3 g。

（2）以生产力表示　即动物生产单位产品（肉、奶、蛋等）所需求的营养物质数量，如奶牛每产 1 000 g 标准奶需要粗蛋白质 58 g。反刍动物饲养标准还可能有其他表示方法，如 NRC 牛的“需求”中，能量常列出可消化总养分（TDN），我国奶牛饲养标准中能量指标列出了奶牛能量单位（NND）。

7.3 草食动物日粮配合

不同种类动物以及在不同生理时期所需的养分各有差异。合理供给动物营养物质，才能经济有效地利用牧草饲料，生产出量多质优的畜产品。动物的营养需要量可分为维持需要和生产需要两大类。

7.3.1 维持需要

维持需要是指健康动物在体重不增不减，不进行任何生产活动（生长、繁殖、产奶、育肥、产毛等），处于休闲或自由运动，体内各种养分处于收支平衡状态的营养需要，也是维持其基本生命活动所需要的营养物质，表现为维持正常消化、呼吸、循环、体温等正常的生命活动。如果这种需要得不到满足，就需要动用体内原有贮存的养分，从而出现体重减轻等各种不良后果。

动物维持需要包括能量维持需要、蛋白质维持需要、矿物质和维生素维持需要。成年动物能量维持需要可按照绝食代谢加活动量的方法估计。

$$\text{维持需要净能}(NE_m)(kJ/d)=300\times BW^{0.75}+\text{活动量增加的能量需要}$$

该法难点是活动量的评定。根据杨凤（2000）总结成年奶牛和成年绵羊维持需要活动量增加为 15%，种公牛和种绵羊为 25%。因此，成年奶牛或成年绵羊维持需要净能（kJ/d）＝$(1+0.15)\times 300\times BW^{0.75}$。

草食动物净能（NE）与代谢能（ME）、消化能（DE）的比例关系通常为：

$$DE : ME : NE = 100 : 82 : (50\sim 60)$$

维持的蛋白质需要按基础氮代谢估计。基础氮代谢中氮的损失实际上反映出动物对饲料氮供给的基本要求，即维持氮需要。将基础氮代谢的量转换成粗蛋白质后，除以饲料蛋白质用于维持的生物学价值即可得到消化蛋白质的维持需要，再除以饲料蛋白质的消化率，就可得到维持的粗蛋白质需要。其公式为：

$$R=6.25\times[(MFN\times DM)+(EUN\times BW^{0.75})]/(BV\times TD)$$

式中：R为维持的粗蛋白质需要量，g/d；MFN为食入每千克干物质代谢粪氮含量，g；DM为食入干物质量，g/d；EUN为每千克代谢体重内源尿氮，g；BW为动物的体重，kg；BV为蛋白质生物学价值；TD为真实消化率。

草食动物平均采食1 kg干物质排泄粪氮含量为4～6 g，一般取其平均数5 g计算总排泄量；每日每千克代谢体重排泄内源尿氮150 mg。因此，草食动物粗蛋白质维持需要量计算公式可改为：

$$R=6.25\times[(5\times DM)+(0.15\times BW^{0.75})]/(BV\times TD)$$

另外，草食动物内源尿氮日排出量(mg)＝$140\times BW^{0.75}$，代谢粪氮是内源尿氮的80%。因此，蛋白质维持需要量(mg)＝$6.25\times(EUN+MFN)=6.25\times(1+0.8)\times(140\times BW^{0.75})$。

维持矿物质元素代谢同样存在内源损失。内源代谢的基本特点是代谢损失量小，反复循环利用程度高。生长牛每天每千克体重损失内源钙16 mg、磷24 mg、钠11 mg、镁4 mg。成年奶牛每天钙、磷维持需要量为22～26 g，钠、镁分别为7～9 g和11～13 g。

维生素的内源代谢与其他营养素不同，内源损失少。草食动物维生素A的维持需要是每天每千克体重0.025～0.035 IU；奶牛需要量较高，平均是0.035 IU。

7.3.2　生产需要

动物摄食营养首先满足维持需要，剩余的部分才用于生长、繁殖、泌乳、长肉、产毛和繁殖后代等生产活动。这部分营养需要称为生产需要。生产需要是摄食营养的总量减去维持需要后的剩余部分。由于动物的生产用途、年龄、生长发育阶段等不同，所需的营养物质的数量和质量也是不同的，通常需要查阅"饲养标准"。

饲养标准是根据科学试验结果，结合实际饲养经验制定的。但必须指出，标准仅供参考，不能生搬硬套。因为各地区动物的品种、体重大小、生产性能的不同，饲养地的自然条件、饲养管理技术水平的不同，用于支付体温、生长发育及生产产品的营养需要也不一样，所以各地应根据本地的生产实际对饲养标准酌情调整。

7.3.3　饲料配方设计

7.3.3.1　设计饲料配方基本原则

概括地讲，设计饲料配方必须遵循营养性、生理性、安全性和经济性四大原则。

1. 营养性

(1)设计饲料配方的营养水平，必须以饲养标准为基础　饲养标准是在一系列科学试验和广泛的生产经验的基础上产生的。它根据动物营养学的基本内容，列出了正常条件下的营养需要量，因而具有一定的科学性和代表性。在设计配方时应依据饲养标准，首先满足动物对能量的需要及饲料中能量与蛋白质的比例；然后再考虑蛋白质、矿物质、氨基酸和维生素等养分的需要。能量饲料在饲料配方中占的比例最大，首先满足了能量，其他占比较小的矿物质、氨基酸、维生素等可用各类添加物予以满足。这样，各种饲料之间的配伍关系就容易调整得当。

我国已颁布了乳牛、猪和鸡的饲养标准，尚未制订饲养标准的畜种可借用美国 NRC 与英国 ARC 的饲养标准，连同饲料营养价值表，都是配合动物平衡日粮和科学饲养动物的重要技术参数，并随着畜牧生产与技术水平的提高而不断修订。由于动物生产性能、饲养环境条件、畜禽产品市场变换，都可能导致新的情况出现，因此使用饲养标准不要绝对化，要根据畜禽生产性能、饲养技术水平与设备、饲养环境条件、产品效益等情况，对饲养标准一般可作 10%左右的调整。

(2)根据动物消化生理特点，确定饲料配方中粗纤维含量　不同种类的动物具有不同的消化器官结构和机能，同一种类动物因年龄不同，其消化机能也有差异。反刍动物和草食动物因具有特殊的消化器官结构和机能，消化粗纤维的能力很强，因而可以选用粗纤维含量高的饲料。

幼龄动物和单胃动物对粗纤维的消化能力很弱，比如猪和鸡的饲料配方中不宜采用含粗纤维高的饲料，而且饲料中的粗纤维含量也直接影响其能量浓度。因此，设计鸡和猪的饲料配方时应注意控制粗纤维的含量：鸡应在 4%以下，幼猪应在 5%以下，生长时期的猪应在 9%以下。

对于生长快、生产性能高的幼龄动物和高产动物，为了提高饲粮的能量浓度，可以降低饲粮中的粗纤维含量，但近年来对于肥育后期肉用动物，为了降低其胴体的脂肪沉积量、提高瘦肉率而采用粗纤维含量较高的饲粮。

(3)设计饲料配方时，必须正确评估和决定饲料原料的营养成分含量及营养价值　饲料配方营养平衡与否，在很大程度上取决于设计时所采用的饲料原料营养成分值，原料成分值尽量选有代表性的，避免极端数字或只试验一次的分析值，原料成分并非恒定的，因收获年度、季节、成熟期、加工方法、产地、品种等不同而异，要注意鉴别原料的规格等级和品质特性。

(4)要处理好饲料配方设计值与配合饲料保证值的关系　设计配方时，如原料测试与统计资料充分，则可利用统计学原理对产品成分(或其他指标)保证值的概率进行预测。

2. 生理性

(1)设计饲料配方时，必须考虑动物的采食量与饲料体积的关系，从而确定各种饲料在日粮中所占的比例

饲料体积过大，日粮能量浓度降低，饲料体积超过动物的采食量，动物不能食尽，因而不能满足动物对各种营养的需要，即使可食尽，也会造成消化道负担过重而影响消化。若饲料体积过小，不能满足动物的食量，动物缺乏饱腹感而处于不安状态，影响其生产性能。各种动物的食量估计(每 100 kg 体重每日供给的干物质的量)大致为：猪 2.5～4.5 kg，乳牛 2.5～3.5 kg，役牛 2～3 kg，役马 1.8～2.8 kg，羊 2.5～3.3 kg。

(2)设计饲料配方时，必须注意饲料的适口性

所谓适口性即动物对饲料嗜好的程度，它直接影响动物的采食量，设计饲料配方时应选择适口性好、无异味的饲料。有些饲料营养价值虽高，但适口性很差，动物不愿采食，就得不到足够的营养，可以适当搭配适口性好的饲料或加入调味剂以提高其适口性，也可以采取限制用量的办法。对于初次饲喂的饲料，可以由少到多进行诱食，给动物一个逐渐适应的过程。

3. 安全性

设计饲料配方、选用原料时，必须选择安全可靠、符合有关饲料的安全法规和饲料原料标准，必须选用新鲜、无毒、无害、无霉变、无污染的饲料。安全是指配合饲料对动物本身是安全的，配合饲料生产的产品对人体也必须是安全的，作为安全性评价必须包括“三致”，即致畸、致癌和致突变。凡具有“三致”可能性的饲料，不能使用，某些添加剂（如抗生素、激素等）的用量和使用期限（停药期）要符合安全法规。实际上，只有在保障安全性的前提下，营养性才能体现。在配合饲料的生产过程中，由于饲料原料营养成分的变动，加上加工制造中的偏差、损失以及分析误差等因素的影响，为了达到配合饲料营养成分的保证值，把配方中的营养成分含量经统计处理比饲养标准稍有提高是合理的。

4. 经济性

在我国目前商品经济发展的时期，配合饲料是商品，设计的饲料配方必须具有较高的经济效益。设计饲料配方要因地制宜、因时制宜地充分利用当地的饲料资源，降低饲料成本，减少饲料的往返运输费用，尽量做到由当地供应基础饲料，只从外地购入添加剂饲料等微量成分，设计饲料配方应尽量选用营养价值高而价格低廉的饲料原料。多种原料的搭配，可使各种饲料之间的营养物质互相补充，以提高饲料的利用效率，因此可将几种廉价饲料原料合理搭配，以代替价格高的原料，不能单纯追求饲料效能，而不考虑饲料价格。因此，设计高效饲料配方时，同时应考虑畜禽生产成本是否最低或收益是否最大。此外，还必须考虑畜禽产品的市场营销状况和用户的经济承受能力等。

7.3.4　饲料配合的方法

饲料配合主要是规划计算各种饲料原料的用量比例。设计配方时采用的计算方法分为手工计算和计算机规划两大类。手工计算法有交叉法、方程组法、试差法，可以借助计算器计算。计算机规划法主要是根据有关数学模型编制专门程序软件进行饲料配方的优化设计，涉及的数学模型主要包括线性规划、多目标规划、模糊规划、概率模型、灵敏度分析、多配方技术等。随着计算机的发展和普及，线性规划等复杂方法逐渐普及。下面集中介绍试差法、交叉法和线性规划法及多目标线性规划法的一般内容。

7.3.4.1　*试差法*

试差法（try method）又称为凑数法。这种方法首先根据经验初步拟出各种饲料原料的大致比例，然后用各自的比例去乘该原料所含的各种养分的百分含量，再将各种原料的同种养分之积相加，即得到该配方的养分总量。其次将所得结果与饲养标准进行对照，若有任一养分超过或不足时，可通过增加或减少相应的原料比例进行调整和重新计算，直至所有的养分指标基本满足要求为止。此方法简单，适于饲料原料种类少的情况，也适于在已有基本配方的基础上，做局部调整时使用。该方法缺点是计算量大，费时费力，相对成本可能较高。

举例：给平均体重为 30 kg 的育肥羊设计饲料配方。

1. 查找羊的饲养标准表，找出羊的营养需要量

查得羊需要的主要养分（每只每日）：消化能为 14.6～16.7 MJ；粗蛋白质为 90～150 g；Ca 为 2～3 g；P 为 1～2 g；食盐为 4～8 g；胡萝卜素为 3～5 mg。

2. 查找饲料营养成分及营养价值表

经查表，将所选用的饲料及其成分含量列于表 7-3 中。

表 7-3 饲料营养成分

成分	干物质/%	消化能/(MJ/kg)	粗蛋白质/g	钙/%	磷/%
野干草(新疆)	89.4	9.86	79	0.14	0.09
青贮玉米	22.7	2.26	8	0.10	0.06
玉米	88.4	15.38	65	0.04	0.21
大豆饼	90.6	15.93	366	0.32	0.50
磷酸氢钙				23.20	18.00

3. 选精粗饲料配制基础日粮

每日应喂给青粗饲料(风干基础)占体重的 3.0%，体重 30 kg 的羊应饲喂 30×3.0%＝0.9 kg。其中干草占 1/3，即野干草的用量为 0.3 kg；其余的 0.6 kg 可饲喂 1.8 kg 青贮饲料(1 kg 干草相当于 3 kg 青贮饲料)。然后根据表 7-3 计算各种成分含量，得表 7-4。

表 7-4 基础日粮配合

项目	消化能/MJ	粗蛋白质/g	钙/g	磷/g
0.3 kg 野干草	0.3×9.86＝2.96	0.3×79＝23.7	300×0.14%＝0.42	300×0.09%＝0.27
1.8 kg 青贮玉米	1.8×2.26＝4.07	1.8×8＝14.4	1 800×0.10%＝1.8	1 800×0.06%＝1.08
合计	7.03	38.1	2.22	1.35
平衡情况(±)	15.7－7.03＝8.67	120－38.1＝81.9	2.5－2.22＝0.28	1.5－1.35＝0.15

4. 调整能量含量

用玉米补充基础日粮的能量不足。玉米含 DE 15.38 MJ/kg，能量还差 8.67 MJ，可用 8.67/15.38＝0.56 kg 玉米满足能量需要。调整后的含量见表 7-5。

表 7-5 能量配合

项目	消化能/MJ	粗蛋白质/g	钙/g	磷/g
0.56 kg 玉米	0.56×15.38＝8.61	0.56×65＝36.4	560×0.04%＝0.22	560×0.21%＝1.18
平衡情况(±)	8.67－8.61＝0.06	81.9－36.4＝45.50	0.28－0.22＝0.06	0.15－1.18＝－1.03

5. 调整蛋白质含量

用 0.56 kg 玉米满足能量需要后，可消化粗蛋白质还差 45.50 g，可用豆饼代替部分玉米补足尚缺的蛋白质。每千克豆饼和玉米分别含可消化粗蛋白质 366 g 和 65 g。如用 1 kg 豆饼代替 1 kg 玉米，可增加蛋白质 366－65＝301 g，尚缺 45.50 g，可用 45.50/301＝0.15 kg 豆饼代替 0.15 kg 玉米。玉米的用量调整为 0.56－0.15＝0.41 kg。调整后的含量见表 7-6。

表 7-6　蛋白质配合

项目	消化能/MJ	粗蛋白质/g	钙/g	磷/g
0.15 kg 大豆饼	15.93×0.15=2.39	366×0.15=54.9	150×0.32%=0.48	150×0.50%=0.75
0.41 kg 玉米	15.38×0.41=6.31	0.41×65=26.7	410×0.04%=0.16	410×0.21%=0.86
合计	8.7	81.6	0.64	1.61
平衡情况(±)	8.67−8.7=−0.03	81.9−81.6=0.3	0.28−0.64=−0.36	0.15−1.61=−1.46

从表 7-6 可知，能量、钙、磷均已满足需求，粗蛋白质已满足所需的 99.75%。食盐按需要量应补充 8 g。

6. 日粮配方组成

全面调整后的日粮组成及营养水平见表 7-7，即 30 kg 肥育绵羊饲料配方。

由表 7-7 看出，精料占日粮风干基础总量的 42.4%，青粗饲料占 57.6%，干物质含量约占体重的 3.93%。一般当粗饲料占日粮的 50%以上时，可基本满足羊生长对维生素的需要。此配方基本完成。

特别强调的是，任何一个配方都不可能是恰好达到羊的需求量。在实践中，一般都认为各项指标接近其饲养标准(98%～99%)即可。

表 7-7　30 kg 肥育绵羊饲料配方

饲料组成	所需量	比例/%
野干草	0.3 kg	11.24
青贮玉米	1.8 kg	67.47
玉米	0.41 kg	15.37
豆饼	0.15 kg	5.62
食盐	8 g	0.3

7.3.4.2　交叉法

交叉法(cross method)又称四角法、方形法、对角线法或图解法。在饲料种类不多及营养指标少的情况下，采用此法较为简便。在采用多种类饲料及复合营养指标的情况下，也可采用本法。但计算要反复进行两两组合，比较麻烦，而且不能使配合饲料同时满足多项营养指标。交叉法的步骤如下。

(1)查饲养标准和饲料成分表　方法同试差法。

(2)画方形　画一个方形，在中央写上所要配制的混合饲料的营养指标需要量。方形图的左上角、左下角分别为饲料中该指标的含量。沿对角线方向，以大减小，计算差数。

(3)计算　各差数分别除以这两差数之和，就为这两种饲料的百分比，即饲料配方的组成。

举例：用混合干草和豆饼为体重 70 kg 的带双羔的哺乳母羊配制含蛋白质 15%的混合日粮。

(1)查饲养标准和饲料成分表。

(2)查表得混合干草的可消化蛋白质含量为10.4%,豆饼的可消化蛋白质含量为40%。体重70 kg的带双羔的哺乳母羊日需可消化粗蛋白质200～240 g(平均220 g)。

(3)画一个方形,在中央写上所要配制的混合饲料的粗蛋白质需要量;方形图的左上角、左下角分别为饲料中蛋白质的含量;沿对角线方向,以大减小,计算差数,见图7-4。

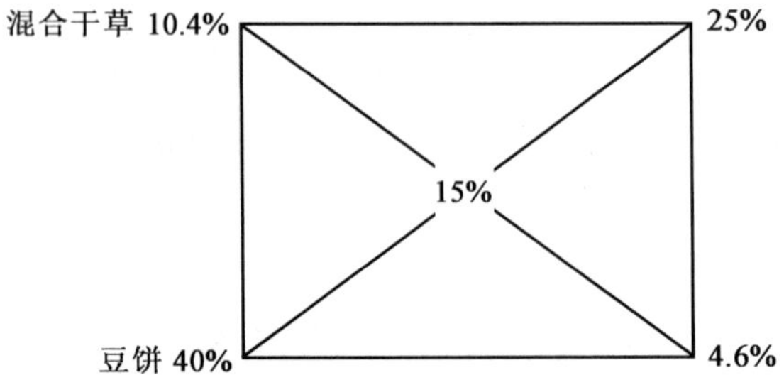

图7-4　方形图

(4)计算

各差数分别除以这两差数之和,就为这两种饲料的百分比,即饲料配方的组成。

混合干草应占的比例=25%/29.6%×100%=84.5%。

豆饼应占的比例=4.6%/29.6%×100%=15.5%或=100%-84.5%=15.5%。

因此,体重70 kg的带双羔的哺乳母羊的日粮由84.5%的混合干草和15.5%的豆饼组成。

7.3.4.3　线性规划法

线性规划法(linear programming)又简称为LP法,是最早采用运筹学等有关数学原理进行饲料配方优化设计的一种方法。该法将饲料配方中的有关因素和限制条件转化为线性数学函数并求解一定约束条件下的目标值(最小值或最大值)。

1. 基本条件

采用线性规划法解决饲料配方设计问题时一般要求如下条件成立。

(1)饲料原料的价格、营养成分数据是相对固定的。基本决策变量(x)为饲料配方中各种饲料原料的用量。饲料原料用量可以在指定的用量范围内变化。

(2)饲料原料的营养成分和营养价值数据具有可加性,规划过程不考虑各种营养成分或化学成分的相互作用关系。

(3)特定情况下动物对各种养分需要量为基本约束条件,并可转化为决策变量的线性函数。每一线性函数为一个约束条件。所有线性函数构成线性规划的约束条件集。

(4)只有一个目标函数,一般指配方成本的最小值,也可以是配方收益的最大值。目标函数是决策表量的线性函数。各种原料所提供的成分与其使用量成正比。

(5)最优配方以不破坏约束条件的最低成本配方或最大收益配方为原则。

2. 数学表达式

采用线性规划法解决饲料配方设计一般采用的数学表达式(数学模型)如下:

求解 n 个非负实数 $X_1, X_2, X_3, \cdots, X_n$，使他们满足下列约束条件：

$$\begin{cases} a_{11}X_1 + a_{12}X_2 + a_{13}X_3 + \cdots + a_{1n}X_n \leqslant (\text{或} \geqslant) b_1 \\ a_{21}X_1 + a_{22}X_2 + a_{23}X_3 + \cdots + a_{2n}X_n \leqslant (\text{或} \geqslant) b_2 \\ \vdots \\ a_{m1}X_1 + a_{m2}X_2 + a_{m3}X_3 + \cdots + a_{mn}X_n \leqslant (\text{或} \geqslant) b_m \end{cases}$$

并使用目标函数：$C_1X_1 + C_2X_2 + C_3X_3 + \cdots + C_nX_n = Z_{min}$（或 Z_{max}）

其中，n 个非负实数 $X_1, X_2, X_3, \cdots, X_n$ 也称决策标量。

在饲料配方设计中，就是要解决 n 种饲料原料的配比问题，满足 m 个营养指标，同时使饲料成本价达到最低的要求。

在数学表达式中，n 个非负实数 $X_1, X_2, X_3, \cdots, X_n$，就是 n 种饲料原料的配比，约束条件就是各项营养指标在 n 种饲料配比条件下提供的各种营养指标的综合要达到饲养标准。饲料原料的营养成分 a_{ij} 就是约束条件的系数（$i=1,2,3,\cdots,m$；$j=1,2,3,\cdots,n$）；$b_1, b_2, b_3, \cdots, b_m$ 就是饲养标准。目标函数就是配方的价格函数，$C_1, C_2, C_3, \cdots, Cn$ 为原料价格。

3. 具体步骤

（1）依据饲养标准，查找动物的营养需求量（b）。

（2）查饲料营养成分表，得知饲料原料的营养成分含量（a）。

（3）列出饲料原料的价格（C）。

依据上述条件，建立数学模型。原料用量 $X_1, X_2, X_3, \cdots, X_n$ 大于 0，总量通常为 100，然后求解。

4. 注意事项

（1）第一次进行饲料配方约束条件限制时，只输入最基本的条件，比如各种饲料原料大于 0，各营养指标的相对相差在 ±5 之间。

（2）如果求解结果不符合设计思路，再针对性地增加约束条件，饲料的成本会增高。

（3）有时由于条件限制过于苛刻等，导致无法求得最优解，计算机会给出一个近似解，根据近似解结果进行分析，适当调整约束条件后再次计算。

（4）如果一直没有最优解，则要对整个配方制作过程进行检验，查找出错误或矛盾的地方进行修改后再进行计算。

7.3.4.4　多目标线性规划法

饲料配方设计也是多个目标规划问题，常常需要在各种目标之间进行优化。线性规划模型得出的最优解是追求成本最低的结果，难以满足其他目标的。实际上，数学模型的最优解不一定是实际问题的满意解。线性规划缺乏弹性，在优化时必须绝对优先满足约束条件，从而有可能丢失价格和营养平衡两个方面都比较满意的解，且只能提供一个解，使我们无法进行优化筛选，也不能提供足够的参考数据，以供进一步改进配方。

对于上述问题，采用多目标规划技术，既可以有效处理约束条件和目标函数之间的矛盾，又可解决多目标的优化问题。目标规划法（multi-object programming）是在线性规划法的基础上发展起来的。目标规划也称多目标规划，可把所有约束条件均作为处理目标，目标之间可以依据权重的变化而相互超越，给配方设计带来更大的灵活性。

1.建立目标规划数学模型的附加条件

在配方设计的目标规划数学模型中，营养需要量在一定范围内存在正负偏差，这样就可以引入正偏差量($d_1^+,d_2^+,\cdots,d_m^+$)和负偏差量($d_1^-,d_2^-,\cdots,d_m^-$)，约束条件。

$$\begin{cases}a_{11}X_1+a_{12}X_2+a_{13}X_3+\cdots+a_{1n}X_n-d_1^{+}+d_1^{-}\leqslant(\text{或}\geqslant)b_1\\a_{21}X_1+a_{22}X_2+a_{23}X_3+\cdots+a_{2n}X_n-d_2^{+}+d_2^{-}\leqslant(\text{或}\geqslant)b_2\\\vdots\\a_{m1}X_1+a_{m2}X_2+a_{m3}X_3+\cdots+a_{mn}X_n-d_m^{+}+d_m^{-}\leqslant(\text{或}\geqslant)b_m\end{cases}$$

正偏差变量 d^+ 表示决策值超过目标值的部分，负偏差变量 d^- 表示决策值未达到目标值的部分。因为决策值不可能既超过目标值的同时又未达到目标值，所以 d^+ 与 d^- 之间至少有一个为 0。

假设有 L 个决策目标，根据 L 个目标的优先程度，把它们分成 K 个优先等级 P_k，凡要求第一位达到的目标赋予优先因子 P_1，次位的目标赋予优先因子 $P_2,\cdots$，并规定 $P_k\geqslant P_{k+1},k=1,2,\cdots,k$，表示 P_k 比 P_{k+1} 有更大的优先权。即首先保证 P_1 级目标的实现，这时可不考虑次级目标，而 P_2 级目标是在 P_1 级目标的基础上考虑的，依此类推。

引入优先级后，目标函数：

$$P_k\left(\sum d_i^+ + \sum d_i^-\right)=Z_{\min}(\text{或 } Z_{\max})$$

2.多目标规划饲料配方设计的一般步骤

(1)根据产品设计方案，确定其营养水平。

(2)选定饲料原料种类、价格和营养成分值。

(3)确定各种优化指标(价格、营养水平)及其优化形态。

(4)确定应限量的原料种类及其限量值与优化形态。

(5)根据各目标的重要程度，设置目标的优先级或权重。

(6)生成配方技术的系数矩阵和目标值。

(7)配方的多目标规划优先计算。

(8)对优化结果进行分析，确定是否需要重新优化。

(9)修改系数矩阵和目标值、目标的优先级或权重，进行重新优化。

思考题

1.论述放牧动物的采食行为。

2.反刍动物消化器官特点是什么？

3.草食动物营养需求特点是什么？

4.日粮配合步骤和方法是什么？

参考文献

[1] 弗雷泽 A F. 动物行为学. 上海:上海科学技术文献出版社,1985.
[2] 罗海玲. 羊常用饲料及饲料配方. 北京:中国农业出版社,2004.
[3] 王成章,王恬. 饲料学. 北京:中国农业出版社,2003.
[4] 杨凤. 动物营养学. 北京:中国农业出版社,2000.
[5] 赵有璋. 现代中国养羊. 北京:金盾出版社,2005.

第 8 章

放牧地管理

本章学习目的与要求

1. 了解放牧对草地管理的意义。
2. 掌握草地放牧系统的结构和特点。
3. 掌握合理放牧利用技术的主要内容及载畜量的计算方法。
4. 熟悉草畜平衡技术,重点掌握划区轮牧的方法。

放牧是人类利用家畜来生产食物和纤维的一种重要方式。依靠放牧，家畜从草地获得各种营养物质，不仅节约舍饲所需的劳动力和物质成本，而且对维护放牧家畜的健康和减少疾病的发生与传播有着极为重要的作用。因此，合理放牧是进行家畜饲养的最基本也是最重要的方法。一般来说，在我国北方地区应推行夏季放牧、冬季舍饲或半舍饲半放牧的家畜饲养方式，而在南方地区可以推行全年放牧的饲养方式。

8.1　放牧的意义

8.1.1　放牧是低成本饲养家畜的一种方式

一般牧草都具有良好的营养价值，富含蛋白质、维生素、矿物质及其他营养物质，与其他饲料相比，营养价值高且成分全面，优于同类牧草所调制的干草或青贮料(表 8-1)。根据饲养试验，鲜绿牧草的一个饲料单位(燕麦单位①)含 120～160 g 可消化蛋白质，其蛋白质与总营养价值接近于精料，就蛋白质的生物学价值而言，则又明显超过精料。此外，鲜绿牧草多汁适口，能促进家畜的食欲，且营养物质也易于消化。同时，无论从营养物质成分与质量，还是从矿物质与维生素的含量上，都能满足家畜的营养需要。根据消化试验，牧草所含的有机物质，反刍家畜可消化 75%～80%，非反刍家畜如马，可消化 50%～60%。放牧家畜采食新鲜牧草，有利于幼畜生长、成年家畜繁殖和畜产品数量和质量的提高。放牧与舍饲相比，还具有成本低且节省设备费用等特点。

表 8-1　1 kg 牧草与其他饲料营养价值的比较(干物质基础)

饲草种类	饲料单位	可消化蛋白质/g	钙/g	磷/g	胡萝卜素/mg
草地鲜草	1.13	115	9.6	4	300～400
草地干草	0.6	44	7.1	2.5	20～50
箭筈豌豆与燕麦青贮	0.7	60	8.0	3	60～90

(引自贾慎修，1995)

以饲料成本而言，来源于草地的牧草较其他作物类饲料更为廉价。在草地生产中，又以放牧的饲料成本最低。根据荷兰农场记录，以放牧青草 1 个单位的淀粉价格(可消化淀粉的净能价)为 100，其他饲料价格比较如下：干草 140，青贮饲料 187，人工干燥禾草 294，谷物及其他浓缩饲料 314。由此可见，放牧是草食家畜最经济的一种饲养方式。

8.1.2　放牧能促进家畜的健康

放牧青草含有丰富的多种维生素，如维生素 A 源——胡萝卜素、维生素 C 以及促进家畜正常繁殖的维生素 E。青草中仅胡萝卜素含量就比干草多 10 倍，且富含无机盐类，特别是钙盐和磷盐，是家畜不可缺少的矿物质。放牧青草尤其对幼畜成长具有特别重要的意义，如在青

①饲料单位是评定饲料营养价值的指标。1 个饲料单位是指 1 kg 中等品质燕麦的营养价值，用它喂阉牛能长 150 g 脂肪或产生 1 414 kcal 的热量，其他饲料则以此为标准。凡是家畜采食后，在体内积累的脂肪或产生的热量与 1 kg 中等品质燕麦相等，就算作 1 个饲料单位。

草期放牧 13～15 月龄夏洛来杂交一代肉牛，日增重可达 700 g 以上；内蒙古 4 月中旬产的羔羊到 10 月中旬，利用牧草生长季放牧体重可达 40 kg。在放牧过程中，家畜经常处于空气新鲜、阳光充足的环境中，经受各种天气的锻炼，使家畜的各种器官得到充分而均衡的发展。通过不断放牧运动，促进家畜的新陈代谢，强健体质，提高对疾病的抵抗力，从而提高家畜的生产力。需要指出的是，放牧青草的时间越长，家畜增重越多，生产性能越能提高。

8.1.3 放牧是草地管理的重要环节

控制好放牧家畜的采食、践踏和粪尿等，不仅能改善草地质量、刺激牧草分蘖、促进牧草再生，同时对草地的可持续发展和生物多样性保护具有重要的作用。放牧不足或不能及时放牧，会造成牧草枯老，妨碍家畜采食和有机物质分解。特别是牧草随生长期的增进，营养成分和消化率发生显著变化，牧草分蘖期营养成分和消化率均最高，随后逐渐降低，至种子成熟期和枯黄期最低(图 8-1)。如以分蘖期牧草消化率为 100%，则抽穗期为 90%～95%，开花期为 85%～90%，结实期为 80%～85%，枯草期为 60%～70%。同时，牧草的适口性也会随着生长期的增加而显著降低，在分蘖期适口性优良，全株牧草可以采食，而抽穗期仅能采食 80%，枯草期仅能采食 50%。

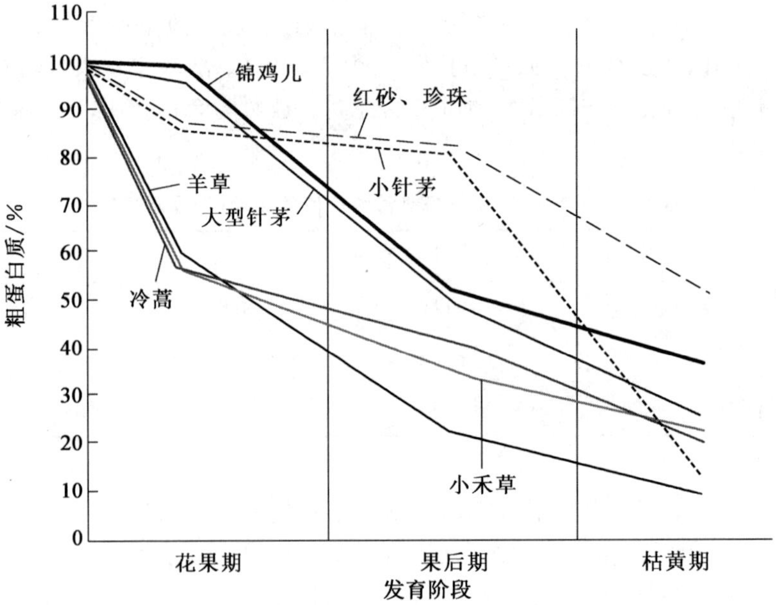

图 8-1 不同饲用植物不同发育阶段粗蛋白质含量变化(营养期为 100%)
(引自贾慎修，1995)

8.1.4 放牧对草地的影响

家畜放牧不仅啃食可利用的牧草，同时在采食过程中践踏土壤，踏伤草丛，散布粪便等。放牧对草地的影响是多方面的，常随放牧的强度、放牧的方式和时间的不同而变化。轻度放牧会使草地表面保留大量的枯枝落叶，影响草地更新和牧草分蘖。适当放牧，可以促进牧草的分蘖和生长，促进牧草根系的发育；牧草结籽后的适当放牧，还可以协助种子传播。过度放牧对草地的影响较大，不仅影响牧草的生长发育，降低草地的产量及质量(图 8-2)，而且改变草地的生境条件，引起草地退化。

另外，放牧除对植被有影响外，还因畜蹄践踏和放牧家畜排泄的粪尿对土壤形成影响。践踏对土壤的影响，因土壤类型、草地类型、气候条件、放牧时间和放牧强度不同而有差异。一般来说，在干燥地带，过度放牧和践踏能破坏生草土，踏伤植被，易使土壤旱化、沙化。而对于湿润的高山、亚高山草地类型，踏实土壤能加强生草土的形成，这是由于草层中高草被啃食或逐渐消失后，使上繁的根茎型和疏丛型禾草，形成短叶枝的作用更为强烈，加强了植物的分蘖，须根形成致密的网。在以莎草科植物为主的高山放牧草地，由于牧草根系形成垫状草皮层，富于弹性，放牧对土壤影响较小，对于土壤总孔隙度的影响也不明显。据测定，未放牧过的土壤总孔隙度为 76.1%，被羊群放牧践踏过的土壤总孔隙度为 75.6%。说明莎草形成的草皮对家畜的践踏有较大的耐力。在降雨多的地区，坡度大的草地在雨天放牧大家畜（牛），畜蹄的践踏极易破坏草地，甚至引起水土流失。因此，坡度大，降雨量多的山地草地，尽可能避开雨天放牧或选择适宜的小型家畜放牧。

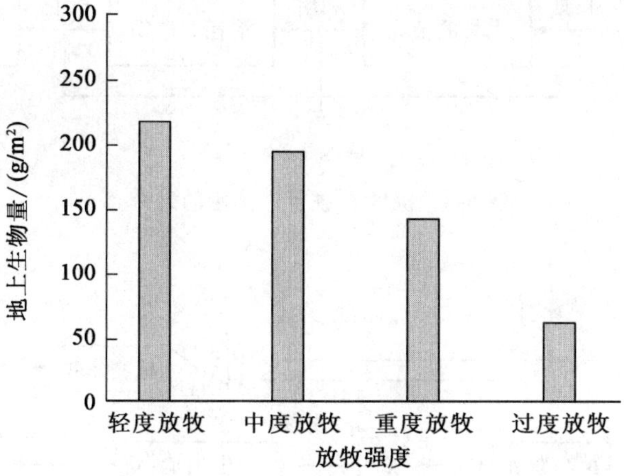

图 8-2　放牧强度对地上生物量的影响

（引自杨殿林等，2006）

放牧家畜排泄的粪尿对草地的作用主要是营养元素的返还。放牧家畜通过采食牧草会从草地上摄取大量营养元素。这些营养元素多通过粪尿的排泄返还给土壤，因此，放牧草地对肥料的需求远低于割草草地。适当放牧，家畜粪便均匀地撒在草地上，对草地有益。但放牧密度过大，排泄粪尿过多时，对草地也会产生不良影响，特别是牛的放牧地。据测定，成年牛每天排泄的粪便能覆盖 0.5～1.0 m^2 的草地面积。一方面，粪尿过多，污染草地，影响家畜采食；另一方面，粪块覆盖草地，粪块下的牧草长期见不到阳光或空气，会窒息而死。

8.2　草地放牧系统

8.2.1　草地放牧系统的结构

草地放牧系统是指以非生物组分（气候、土壤）、生物组分（家畜、牧草、微生物）和人类生产劳动（草地改良、放牧管理）3 个组分构成的一个以土壤—牧草—家畜—系统管理为主干，以放牧过程中草地物质和能量循环与转化为主体的开放草地农业生态系统。放牧系统中草地物质循环和能量流动是维持放牧系统生态平衡的基础，主要通过牧草生长、放牧利用和畜产品转化

3 个阶段进行。这 3 个阶段相互作用，相互影响，始终统一在一起(图 8-3)。

许多生产系统如舍饲畜牧业，植物收获后进行加工、贮藏或直接贮藏，将贮藏的饲草饲喂家畜。在这种生产系统中，植物的生长和利用阶段基本上是相互独立的。然而，对放牧系统，这两个阶段不能分开，它们之间的相互作用和影响对最终畜产品的输出有重要作用。牧草的生长、枯萎和分解直接影响家畜采食及放牧利用效率，其动态变化规律是放牧管理的重要理论依据。牧草的质量和产量决定着家畜和草地双方的生产性能，其利用率与下列因素密切相关：草地的密度、形态结构，家畜的品种、数量、大小，家畜对牧草的践踏及其粪尿的污染，家畜对牧草的需求及采食习性。家畜的采食利用控制着畜产品的最终产量。放牧管理在某种程度上主要是通过调节这种相互作用而达到草地放牧系统的最佳生产。养分通过家畜的排泄以及微生物的分解作用形成一个反方向的流动，即从植物和家畜返回到土壤中(图 8-4)。

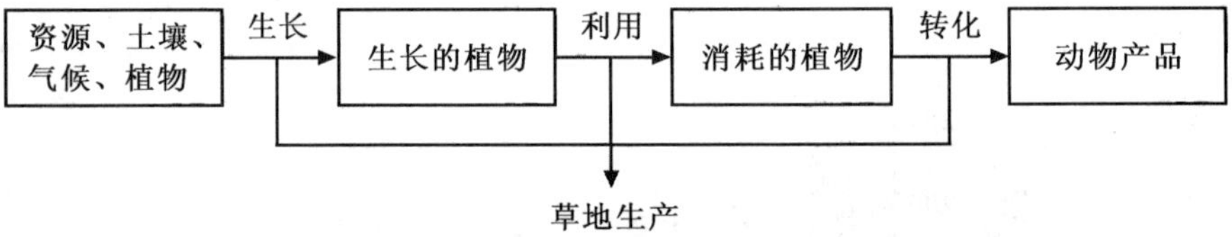

图 8-3　放牧系统生产阶段的划分

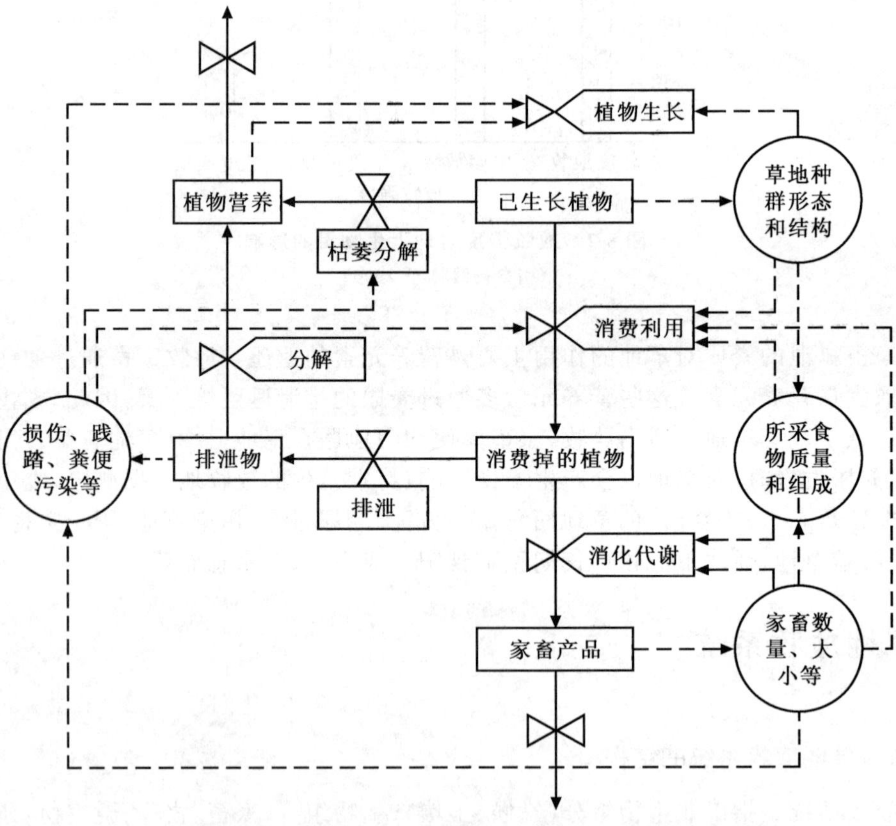

图 8-4　草地放牧生态系统中各元素之间的关系

注：图中的方框表示物质的量，实线表示方框之间的物质流动，"蝴蝶瓣"状图形表示物质流通的速率。圆圈和虚线表示影响主要生产阶段之间的相互关系及它们互相作用和影响从而控制物质流动速率的因素。图中仅表明了草地和家畜之间的相互作用。

(引自 Hodgson，1993)

8.2.2　草地放牧系统的特点

1. 开放性

草地放牧系统的开放功能，可以使人类通过技术和经营管理对其施加影响，进而不断提高系统的整体生产效率和效益。例如，在生产劳动组分的干预下，通过放牧系统中牧草和家畜生产中一系列关键技术和管理决策的控制与调整，使家畜营养需求与饲草供给达到平衡，从而获得最佳的经济效益。放牧系统内各组分的结构、比重及组合单元的分割与综合共同影响草地放牧系统的功能并形成不同的系统类型。例如，根据热量条件、土壤类型、牧草种或品种、家畜种或品种等组分的结构、比重及组合单元的分割与综合，草地可分为贝加尔针茅草地、羊草草地、短花针茅草地、“白三叶草＋黑麦草＋鸭茅草地”、“紫花苜蓿＋无芒雀麦＋冰草草地”等绵羊、山羊、肉牛或奶牛放牧系统。各种草地放牧系统在生产劳动组分的不同管理水平干预下，表现出不同的生产方向和生产水平。衡量草地放牧系统管理水平的标志是畜产品的产出。

2. 互作性

草地放牧系统中不同生产阶段之间的相互依赖和密切作用决定了系统互作性的特点。提高某一生产阶段效率的管理措施有可能降低另一阶段的效率，同时也可能影响其他因素的变化。互作性限制了放牧管理增加系统输出的范围，但同时也降低了由于管理不当而导致系统崩溃的危险性。互作性促使放牧管理的主要任务是调节各因子之间的相互关系，调控牧草生长、放牧利用和畜产品转化这 3 个阶段的有效平衡，保证系统高效与可持续发展。

连续和系统的监测与分析，根据放牧系统的反馈功能，阐明系统在技术和经营管理上存在的问题和潜力，提出详细和具体的改进措施，对系统实施优化，从而不断提高系统的生产效率和经济效益，是系统管理的重要措施。放牧系统中的管理战略见图 8-5。

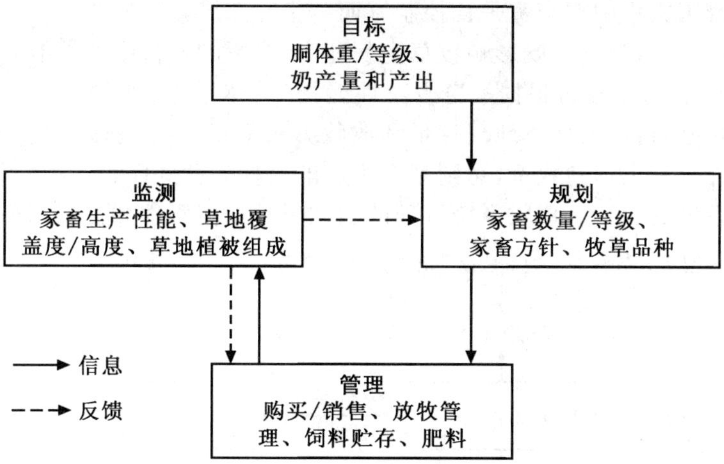

图 8-5　放牧系统中的管理战略

系统监测是系统反馈功能发挥的基石，也是系统分析、优化的基础。草地放牧系统包含有十分丰富的组分，每一个组分都影响系统的整体效应。为了确定系统生产的基本监测项目和获取系统分析与优化所必需的信息，根据草地植物的生物学价值、实用价值和统计学价值选择最重要的项目进行监测，是系统管理的关键。

3. 渐进性

人类生产劳动成为放牧系统的组分，进而决定其渐进性的特点。这种特点主要表现为没有科学、合理的规划与管理将导致放牧系统生产的逐渐损失，生产潜力下降，并且最终可能会导致系统的崩溃。

4. 季节性

放牧系统中的植物和动物等组分决定其季节性特点，表现为动植物生长和繁殖模式受季节性气候变化的影响，形成植物和动物组分之间相互作用的持续变化。

草地放牧系统的互作性、渐进性和季节性特征为系统优化管理的理论基础。

8.2.3 控制放牧系统

控制放牧系统(controlled grazing system)是指全年有计划的放牧，目的是通过控制放牧家畜采食来达到现有饲料资源的最佳利用。管理战略通常包括制定目标、实施规划和管理，利用监测反馈来调整规划和目标。控制放牧系统与划区轮牧系统常被相互混淆，认为控制放牧利用就是划区轮牧。实际上，划区轮牧是以提高草地质量和产量为管理目的的，而控制放牧利用是以现有草地资源最佳利用为目的进行目标生产的。

放牧系统的关键组分主要在牧草生长—放牧利用—畜产品生产这个主干和主体中体现。通常草地放牧系统的定量监测既要包括对草地(草地植被状况如草地覆盖度、高度和植被组成)和草地上放牧家畜(家畜生产性能)的监测，又要包括对环境因子(气候、土壤)的监测。影响牧草生产、家畜生产和畜产品(系统收入)的因素很多，包括气候、土地等非生物因素和牧草、家畜、微生物等生物因素以及影响畜产品出售的市场、资金、劳力等社会因素。但由于气候等自然因素和市场等社会因素具有不可控制性，对其管理将增加系统的复杂性和成本，因此，放牧系统管理的关键因素集中在家畜采食控制方面。

家畜采食(量)的合理与否，既影响牧草生长速率，又影响家畜生产性能和繁殖性能等。从图 8-6 中可以看出，家畜采食可根据家畜生产性能指标[体增重、产羔(犊)率、产奶(毛)量等]和家畜营养需求指标，通过改变草地现存量和放牧方式等措施(如划区轮牧、混牧)进行调控，以最有效的方式充分利用草地牧草，达到家畜生产的目标。就此而言，控制了家畜采食(量)就控制了整个放牧系统的运行。放牧系统管理的实质就是如何管理和控制家畜的采食。

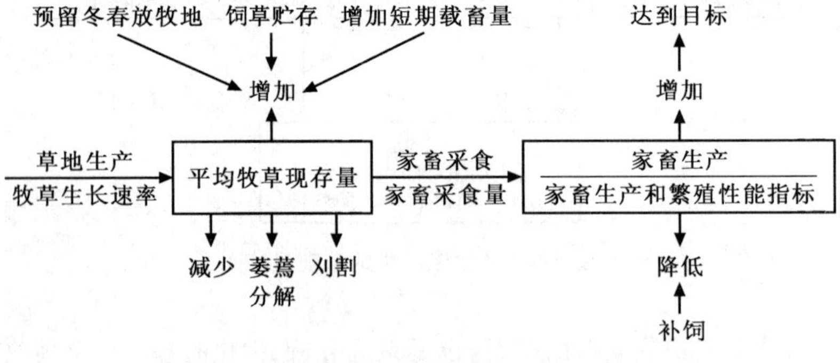

图 8-6 放牧系统的关键组分及其调控示意图解

牧草现存量是指某一时期整个牧场草地牧草平均干物质量(kg/hm^2)。牧草现存量相当于饲料库存。牧草现存量和家畜生产的水平是调节草地生产量和家畜采食量高低的杠杆。当草地生产量大于家畜采食量，则多余牧草可制作青贮饲料和干草贮存，供冬春补饲，而当草地生产量小于家畜采食量，则需通过补饲来维持家畜生产。牧草生长速率、牧草现存量、家畜采食量和家畜生产性能是放牧系统监测的必要项目，其中牧草现存量是准确解释所有放牧试验中家畜响应的最优先测定的常规指标。牧草现存量除了直接受牧草生长速率和家畜采食量之间差额的影响外，还受畜群结构（畜种结构和年龄结构）、产羔（犊）时间、断奶时间、家畜购入和售出时间、补饲、牧草腐烂分解等因素的影响而变化。

家畜采食控制的依据是家畜的营养需求。家畜营养需求首先与特定的生产目标如增重、产毛、产奶等相联系，其次与草地植被状况及牧草的数量和质量相联系。图 8-7 显示草地植被状况可以在一个较大的范围内变化，但对草地的净生产量没有严重影响。这一特点为放牧系统管理者通过改变草地植被状况而对家畜采食加以调控提供了机会。

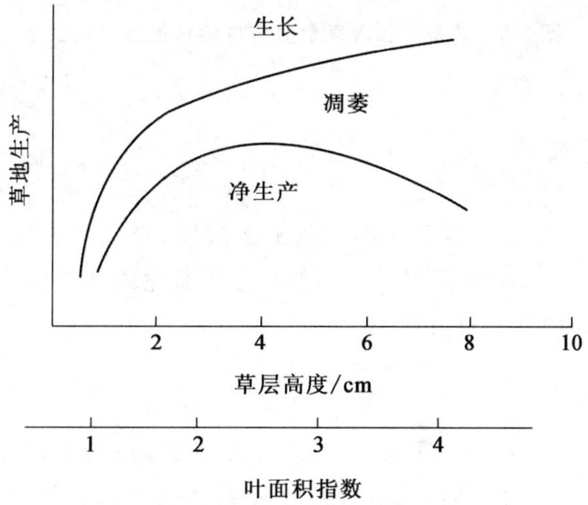

图 8-7　草地植被状况(草层高度或叶面积指数)与草地生产
(牧草生长、凋萎及净生产速率)之间的关系
(引自 Hodgson，1993)

草地植被状况对采食量的控制有非营养制约和营养制约 2 种。在轮牧管理下，家畜的放牧面积是受限制的，草地植被状况（牧草量，每天每头家畜的牧草配给量、牧后剩余量，草层高度或叶面积指数等）可以按照要求的水平得到控制。在草地植被状况由低向高变化时，采食量也随之增加（图 8-8）。在草地植被状况处于较低水平时，采食量随之增加的速率较快，此时采食量主要受非营养因素的制约，即家畜的采食能力或者牧草的可利用性。这些非营养因素包括对食物的选择、放牧时间的长短、单位时间能够采食的口数及每一口能采食的牧草干物质的数量等。当草地植被状况达到高水平或饲草配给量水平增加到足够高时，非营养（行为学）因素已很少对采食量有影响，而此时的制约因素转变为营养性因素，如牧草消化率、饲草的代谢能、蛋白质含量等。事实上，非营养因素主要指可利用牧草数量因素，而营养因素则指食入牧草的质量因素。通过一定的家畜控制手段，包括围栏放牧等，即可以对草地植被状况或家畜的牧草配给量给以限制，从而可以应用采食量反应曲线（图 8-8）对家畜加以有效控制。这也是草地放牧利用和管理的基本原理。

草地植被状况可以用多种草地特征指标和牧草分配方法来定义（如草层高度、牧草配给量、牧后剩余量等）。在曲线较陡的部分，采食量主要受非营养因素（行为学因素）的制约，而在曲线平缓的部分则主要受营养因素的影响。

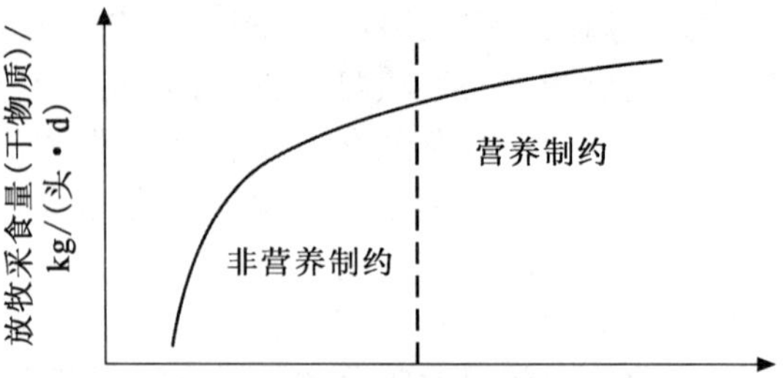

图 8-8 家畜的牧草采食量与草地植被状况的关系

8.3 放牧利用技术

合理放牧的标准，简要地说，就是家畜在草地上放牧，草地在正确的管理下能长期保持稳定的生产力和相对稳定的草地群落结构，土壤不出现退化或水土流失，家畜的各项生产指标(生长、泌乳、繁殖、产毛等)处于良好状态。

8.3.1 合理的载畜量

草地载畜量(carrying capacity)是指在一定放牧时期内，一定草地面积上，在不影响草地生产力及保证家畜正常生长发育时，所能容纳放牧家畜的数量。与此相对应的一个新概念是载畜率(stocking rate)，它是指在一定放牧时期内，在一定草地面积上，实际放牧的家畜数量。确定正确的载畜量对维持草地生产力，合理利用草地，促进畜牧业的发展是必要的。载畜不当，不但造成饲草浪费，而且导致草地植被退化。澳大利亚南澳洲的干旱草地，在 20 世纪 30 年代至 40 年代初期，草地载畜率比现在高 4 倍。由于过度放牧，草地遭到严重破坏。第二次世界大战后，降低了载畜率，草地才得到保护。他们的经验是草地载畜率不能超过干旱年份产草量时的载畜量。

载畜量(率)应包含 3 项因素，即家畜的数量、放牧时间和草地面积。这 3 项因素中如有 2 项不变，1 项为变数，即可说明载畜量。因此，载畜量可以有以下 2 种表示法。

1. 时间单位法

时间单位法以“头·d”来表示，即在一定草地面积上，1 头家畜可放牧的日数。

2. 家畜单位法

世界各国一般以牛为家畜单位。美国的“牛单位”，其含义是指一定面积的草地，在一年内能放牧饲养肉牛的头数。我国在生产上广泛采用绵羊单位，即在单位面积草地上，在一年内能放牧饲养的成年母羊及其羔羊只数。

估测载畜量的方法很多，有根据经验直接估测，根据家畜健康状况估测，根据牧草产量估测(较常用的估测方法)，根据草地面积估测以及用放牧试验直接测定等。在计算载畜量时，首先要确定草地的饲草生产量和可食饲草量，以及家畜的日食量。计算载畜量的公式如下：

$$载畜量=\frac{饲草量(kg/hm^2)\times 利用率(\%)}{家畜日食量[kg/(头\cdot d)]\times 放牧天数(d)}$$

$$载畜率=\frac{饲草量(kg/hm^2)\times 采食率(\%)}{家畜日食量[kg/(头\cdot d)]\times 放牧天数(d)}$$

家畜日食量是指家畜维持正常生长发育时，每天所需的饲草数量。日食量随家畜种类、品种、畜别、年龄、生产性能，以及草地质量不同而异。日食量是计算载畜量的主要依据之一。

我国草地科技工作者，对家畜日食量的测定进行了大量的工作，但目前尚未有统一的标准。在实际生产工作中，计算载畜量(率)时，不同家畜有所不同，肉牛放牧每天采食干物质一般按活体重的 2% 计算，绵羊以毛肉兼用的成年母羊(体重 40 kg)为例，每天放牧采食的牧草折合干草 1.4 kg，约占体重的 3.5%。不同家畜每日饲料需要量见表 8-2。

表 8-2　不同家畜每日饲料需要量

家畜种类		体重/kg	每日需要量			
			能量单位	粗蛋白质/g	干物质/kg	
乳牛	维持需要	300	8.17	332	4.47	
		400	10.13	413	5.55	
		500	11.97	488	5.56	
	产奶需要：每生产 1 kg 含脂率为 4%的奶		1.00	85	0.40～0.45	
生长的育肥牛(日增重 0.5 kg)		200	2.56	514	4.44	
		300	3.66	603	5.79	
		400	4.66	689	7.06	
			消化能/MJ	可消化粗蛋白质/g	干物质/kg	占体重的比例/%
母绵羊	维持需要	50	10.13	48	1.0	2.0
		60	11.21	54	1.1	1.8
	妊娠或最初妊娠 15 周	50	12.55	60	1.2	2.4
		60	13.26	63	1.3	2.2
	妊娠最后 4 周，泌乳最后 4～6 周，哺单羔	50	17.15	82	1.6	3.2
		60	18.40	88	1.7	2.8
	泌乳最初 6～8 周，哺单羔	50	25.02	132	2.1	4.2
		60	27.61	145	2.3	3.9
绵羊羔	4～6 月龄肥育公羔	30	17.15	98	1.3	4.3
		35	17.32	94	1.3	3.8
		40	22.59	119	1.6	4.0

注：一个奶牛能量单位(NND)=3.138 MJ 产奶净能，一个肉牛能量单位(RND)=8.08 MJ 维持与增重的综合净能。

(引自贾慎修，1995)

载畜量的大小受多种因素影响。因此，载畜量确定后，需要经常加以调整。草地载畜量是否合适，可以从草地的植被情况和家畜的健康状况以及稳定状态来核查。如草地放牧的载畜量合适，则牧草生长发育正常，草层覆盖度较大，土壤无侵蚀现象，家畜践踏不重。如载畜量过大，植被退化，优良牧草减少，小型密丛禾草、蒿类植物增多，毒害草增多，土壤因家畜践踏过度生成沟纹，引起侵蚀现象，这时载畜量或草地利用时间应当减少。相反，如果放牧季节后期还留存过多饲草，则说明载畜量太低，家畜数量应缓慢增加，直至平衡。另外，从家畜的健康状况来观察，如载畜量合适，则家畜体况发育良好，生产力较高。如载畜量过大，则家畜营养不良，健康状况下降，生产力降低。

载畜量的调控是实现草畜平衡的重要手段。提高载畜量就会减少对每头家畜可利用饲草的供应，降低个体家畜生产，但是个体产量的降低又会被头数的增加所补偿。所以，在中等以下的载畜量时，草地每单位面积上的畜产品生产量以相对稳定的速度随着载畜量的增加而增加。载畜量与家畜生产力的关系见图 8-9。在低载畜量阶段，家畜个体的净生产量保持最高值不变，单位面积草地生产量随载畜量的增加而增加。在中载畜量阶段，家畜个体的净生产量随载畜量的增加而下降，每单位面积草地生产量随载畜量的增加而增加，达到最大值后处于相对稳定状态。在高载畜量阶段，家畜个体和每单位面积草地生产量随载畜量的增加急剧下降，最后趋于零。

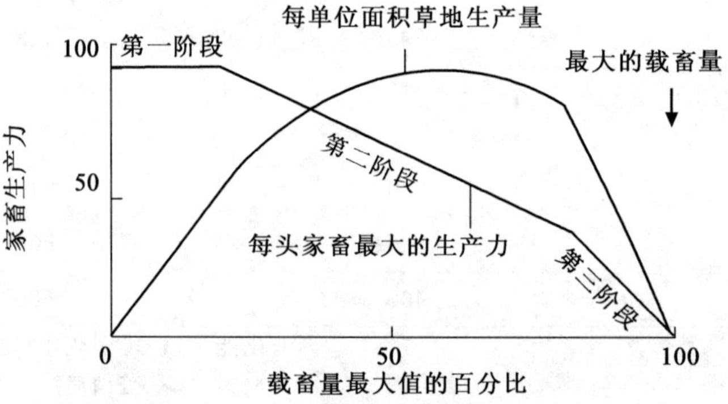

图 8-9　载畜量与家畜生产力关系

（引自夏景新，1995）

8.3.2　适宜的草地利用率

草地的牧草质量，首先决定于草地的植物学成分。实践证明，正确的放牧可以改进草地牧草品质，提高草地产量。过度放牧或放牧不足，都会对草地产生不良影响。因此，草地适宜利用率对保持草地生产力和草地群落结构的稳定，具有决定性的作用。

8.3.2.1　草地利用率

草地利用率是指在适度放牧情况下的采食量与产草量之比。在适度利用的情况下，家畜能维持正常的生长和生产，牧草正常生长，土壤不发生退化。草地适宜利用率可用下列公式表示：

$$草地利用率=\frac{适当采食量}{某地段总产草量}\times 100\%$$

合理的草地利用率为草地适当放牧的百分比。它可以作为草地合理利用的评定标准，也是观察和计算载畜量的一个理论标准。

草地利用率受多种因素影响。例如，牧草的生长时期及生长状况、地形条件、家畜种类和饥饿程度、草地以往利用状况等。在确定草地利用率时，应考虑以下几种因素。

①草地的耐牧性。耐牧性强的草类，利用率可提高；耐牧性低的草类，利用率应降低。

②地形和水土保持状况。坡度缓、土壤侵蚀不严重的草地，利用率可稍高。反之，水土流失严重，地形陡的草地，利用率应低。

坡度校正。校正系数设定：0°～10°：100%；11°～30°：70%；31°～60°：40%；60°以上：0。

③牧草质量状况。牧草质量差、适口性不佳的草地，其利用率应稍低，否则优良牧草将受到严重摧残。

④干旱条件下，天然草地的利用率应降低到正常利用率的一半左右。

确定草地的利用率，需要经过长期的反复试验。但在一般情况下，天然草地通常为30%～50%，而栽培草地利用率可以提高到 60%～70%。若进行划区轮牧时，利用率还可以提高。在牧草的 2 个临界期，即春季牧草萌发之后 15～20 d 和秋季停止放牧前 30 d，利用率可比正常降低，一般降低到 10%～20%。

距离水源校正。校正系数：0～1.6 km：100%；1.6～3.2 km：50%；3.2 km 以上：0。

因此，确定草地的利用率要根据放牧时家畜的采食量、剩余牧草量和草地产量进行。

8.3.2.2　采食量

家畜采食量是放牧技术中的基础参数，许多指标的计算都需要采食量。因此，草食家畜采食量的确定尤为重要。测定采食量的方法很多，其中以“双样方法”“三氧化二铬法”“链烷法”3种比较常用。

1. 双样方法

放牧时间短（1～3 d）：在放牧前，测定草地的产草量（A），放牧之后，测定牧草的剩余量（B），家畜的采食量 $I=A-B$。

放牧时间长（3 d 以上）：在放牧地设置围笼（一般 1～4 m^2），以监测牧草在放牧过程的生长速度。在放牧前，测定草地的笼外产草量（A），放牧之后，测定笼外牧草的剩余量（B）和笼内牧草产量 C，采食量的计算公式如下：

$$采食量\ I=(A-B)[(\log C-\log B)/(\log A-\log B)]$$

取样：取样面积的大小及样方的多少没有明确的规定，一般每个样方面积为 1 m^2，重复5～10 次。取样面积大，重复次数多，样本的精确度就高，反之则低。log 可以取 10，如果 B 大于 A，则公式中 A 和 B 的位置将调换。

刈割：样方选定后，对样方内牧草进行刈割。刈割高度依草地类型而不同，一般齐地面刈割。刈割后称取鲜草质量，做好记录，同时取样留作测定干物质质量和营养成分。一般放牧前刈割的产草量变异系数较小，常在 10%～20%；放牧后剩余产草量的变异系数大，在 20%～30%。第二次放牧的取样，变异系数较第一次大。

2. 模拟采食法

选择 4～6 只（头）观察个体，全天跟群放牧，记录出牧、游走、采食、反刍、卧息和站立时间。在家畜稳定采食时，观察其单位时间内采食口数，以及每种牧草的采食口数，一般每天测定采食速度 5 次左右，每次测定 10 min。在家畜采食点附近，模拟家畜采食的牧草种类、高度和数量，一般模拟采食 200 口左右。采食量计算方法如下：

$$I = IR \times W \times T$$

式中：I 为采食量；IR 为采食速度；W 为单位采食量；T 为全天采食时间。

3. 体重差法

利用家畜放牧前后体重的变化测定家畜的采食量。具体计算公式：

$$I = (W_2 + F + U + L_W) - W_1 - L$$

式中：I 为采食量；W_1 和 W_2 分别为家畜放牧前和放牧后的体重；F 和 U 为放牧家畜的排粪和排尿量；L_W 为家畜放牧期间皮肤和呼吸道蒸发等引起的损失量；L 为放牧期间的饮水量。

这种方法不需要做化学分析，可在野外迅速测出放牧家畜的采食量，但工作量大。通常先选择两组相似的家畜，一组称重后放牧，另一组则戴上口罩，称重后放假牧。所有供试家畜都要测量试验期的饮水量、排粪量和排尿量，归牧后立即称重。用戴口罩家畜的体重变化计算出：

$$L_W = (W_1 + L - F - U - W_2)$$

4. 三氧化二铬（Cr_2O_3）法

三氧化二铬法是根据家畜粪便中有机物质量及牧草有机物的消化量来测定家畜采食量。该法现已广泛应用，也较精确。过去以粪袋收集全部粪量，影响家畜正常采食。现在多采用 Cr_2O_3 在粪便中作为指示剂，计算全日的排粪量，以测定家畜采食量。

测定方法按以下步骤进行。

第一步，定量饲喂 Cr_2O_3。每日 1～2 次，定时将 Cr_2O_3 定量喂给供试家畜，羊每日为 2 g，牛为 20 g。用胶囊、纸囊或胃管输入。预饲期为 5 d，使 Cr_2O_3 在消化道中均匀分布。在整个试验期，每日上、下午分两次采取粪样，测定粪便中 Cr_2O_3 含量。

第二步，取样。在放牧地随机划定一定面积的若干圆圈（如直径为 2～3 m 的圆圈），每天上午在若干圆圈内捡取所有粪样，作为混合样品，然后再从中取出分析样品（约 1 kg）。样圈的多少，因草地面积和家畜数量等情况的不同而不同，一般 10～20 个样圈。

第三步，测定 Cr_2O_3 含量，计算每天排出粪便总量。取样粪便经过分析，测定 Cr_2O_3 的含量，然后计算每昼夜排出粪便的总量。其计算公式如下：

$$\text{粪便量(干重)} = \frac{Cr_2O_3\ \text{供给量}}{\text{每千克粪便中}\ Cr_2O_3\ \text{质量}} \times 100\%$$

第四步，从牧草消化率计算采食量（体外消化法等测定）。其计算公式如下：

$$\text{牧草采食量} = \frac{\text{粪便中有机物质量}}{100\% - \text{食入有机物消化率}} \times 100$$

5. 链烷法

链烷法研究从 20 世纪 80 年代末开始，目前正被广泛应用，是目前公认最准确的方法之一。它的优点主要集中在该技术可以测定个体家畜的采食，从而可以避免由于个体家畜体况或者不同生理阶段引起的采食差异。链烷是存在于植物表皮蜡中的一种饱和长链碳氢化合物。长链链烷为 C_{25} 至 C_{35}，在植物体内主要以奇数链烷为主，含量比较高的主要有 C_{29}、C_{31} 和 C_{33}。尽管长链链烷在通过家畜消化道后，回收也不完全，但由于碳数相近链烷的回收率相近

(一般指植物体内存在的奇数链烷和投喂的碳数相邻的偶数链烷)，其引起的误差可以抵消。计算公式如下：

$$采食量=F_i/F_j\times D_j/(H_i-F_i/F_j\times H_j)$$

式中：H_i 和 F_i 为采食牧草和粪中奇数链烷的含量；H_j 和 F_j 为采食牧草和粪中与奇数链烷相邻偶数链烷的含量；D_j 为投喂偶数链烷的日释放量。

8.3.3　合理的放牧强度

草地利用率的标准确定以后，可根据家畜实际的采食率来检验放牧强度。放牧强度在理论上的表现如下：

适宜放牧，利用率＝采食率；

轻度放牧，利用率＞采食率；

过度放牧，利用率＜采食率。

不同放牧强度，对草地的生产状况和植物组成产生不同程度的影响。随载畜率的增加，家畜个体生产力下降，这是因为家畜相互竞争饲草，饲草不能满足家畜营养的需要。因此，确定适宜的放牧强度，是草地维持较高生产水平的关键因素。这种适宜的放牧强度，必须经过多次的放牧实践来确定。放牧强度对草地单位面积生产和单位家畜生产的影响如图 8-10 所示。从图 8-10 可以看出，适度放牧强度对家畜和草地生产都有益处。草地的放牧程度，可以初步分为以下几个阶段。

(1)未放牧　草地保持着原有植物群落的基本植物成分，地面残遗植物的覆盖多。

(2)轻度放牧　保持了原有植物群落的典型植物成分，枯落物较多。

(3)正常放牧　优良可食的牧草数量基本稳定，适口性低的牧草有逐渐增加的趋势。如在疏松沙地，直根型的杂类草能充分发育。

(4)过度放牧　可食性高的牧草渐渐消失，可食性低的植物占优势地位。

(5)极度放牧　植物较稀疏，草层变低，利用价值低的草类逐渐占优势，一年生杂草增多。

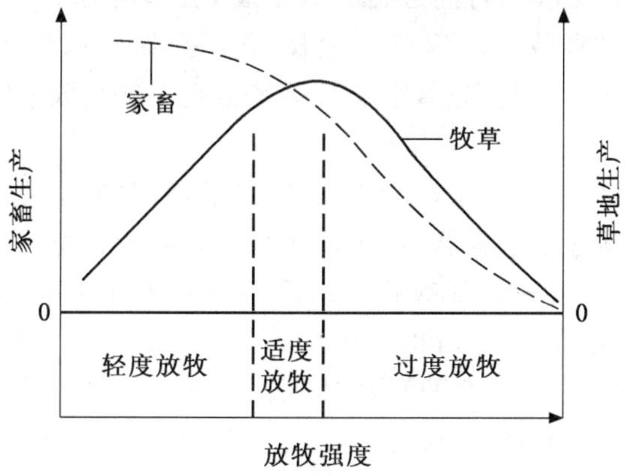

图 8-10　放牧强度对草地单位面积生产和单位家畜生产的影响

(引自贾慎修，1995)

8.3.4　放牧的适宜时间

放牧时期是指从适当的放牧开始至适当的放牧结束这段时期，也叫放牧季。放牧时期应考虑牧草生长的高度和发育阶段。许多国家对放牧时期的要求都比较严格，一般是通过草地轮换来划分、确定不同放牧地块的不同放牧时期。根据草地牧草贮藏营养动态规律可知，草地利用有两个危机时期（忌牧期）：一个时期是早春萌发（返青）后半个月，这时牧草的合成能力很弱，其生长几乎完全依靠秋季所贮藏的营养物质，而这种贮藏物质是有限的；另一个时期是晚秋枯黄前一个月，这时牧草正在为越冬和早春萌发进行营养物质的贮存，需要有足够的光合器官进行营养物质的合成和转移。所以这两个时期也称“忌牧期”。

早春放牧过早有如下危害。

（1）使牧草养分用尽耗竭，丧失生机，严重影响其再生和产草量，有的牧草会从草地中衰退。

（2）萌发早、适口性好的牧草首先被采食，它们的生活力下降。而萌发迟、适口性差的粗劣杂草、毒草、害草繁盛起来，影响草地利用价值。

（3）早春刚刚解冻，有些地方较潮湿，使家畜易患蹄腐病及肠道寄生虫病。另外土壤被践踏破坏，有些地方可加重“返盐”。

（4）早春幼嫩牧草吸引家畜，出现“草青远看有近却无”的情形，所以“跑青”“抢青”严重，消耗体力，使本来虚弱的家畜更加虚弱，造成“春乏”甚至死亡。

但是放牧开始过迟，牧草会变得粗老，适口性和消化率都会降低，还会影响再次利用。应在返青 12～18 d、牧草高度 10～12 cm，荒漠区 8～10 cm、栽培草地 15 cm 时利用。如禾草为主的草地，放牧开始不迟于拔节期，牧草高度为 5～7 cm；若牧草高度为 12～15 cm，产量平均减少 8%～10%。以豆科和杂类草为主的草地，在分枝期开始时开始放牧，这时的牧草高度为 5～10 cm。以莎草科为主的草地，如果土壤水分允许，放牧可适当早些，在分枝后期开始。若放牧过迟，牧草的营养物质会大大下降。

放牧停止日期应适宜。过早会造成不必要的资源浪费，后期生长使牧草的成熟度（枯老）加大，影响冬季利用。但大多数地区草地面积有限，也不具备过早停止放牧的条件。如果停止放牧过迟，多年生牧草没有足够的时间进行营养贮备，会影响越冬，冬天可能会冻死。放牧停止过迟，也会影响第二年早春牧草的返青和生长，并严重影响第二年牧草产量。放牧停止过迟，有些成熟较晚的植物种子不能成熟，影响其繁殖更新。停止放牧时间一般在生长季结束前 30 d 较为适宜。

牧草生长的高度和发育阶段是家畜能否采食到充足青草的重要条件。放牧家畜采食牧草的能力和习性不同，羊和马适于采食矮草，牛适于采食较高的牧草。不同家畜吃饱青草的时期也不相同。一般羊和马可获取充足青草的时期比牛约早 20 d。据放牧经验，牧草高约 5 cm，可满足羊、马营养需求，牧草高约 7 cm 时牛才能吃饱。根据这一情况，可充足采食的青草期与温度变化有关。当日平均气温≥0 ℃的积温达到 140～150 ℃时，羊和马可以吃饱青草；日平均气温≥0 ℃ 的积温达到 370～380 ℃时，牛才能吃饱青草。因此，日平均气温≥0 ℃积温的多少可以作为羊、马和牛是否充足采食青草的温度指标。

我国的草地分布辽阔，由于气候条件、植物种类以及所形成的草层特性不同，规定一个固定的放牧期是不可能的，各地应根据具体情况，参照上述条件来决定。牧草在生长结束前，需要贮藏一定的营养物质，用于来年萌发返青。因此，秋季当牧草生长结束前的 30 d 左右应停止放牧；生长季结束后，转入冬季枯草期再放牧。进入冬季，牧草生长停止，产量下降，养分降低，蛋白质含量显著减少。因此，冬春放牧地进行放牧，应按饲草贮量情况配置家畜。

草地可以重复放牧的次数因牧草种类、土壤营养状况和气候、水热条件不同而不同。春季牧草生长迅速，早期放牧之后，可以恢复良好的再生草层。在干旱环境，放牧过迟，在牧草开花之后，不可能产生良好的再生草层。当禾本科牧草越过抽穗阶段，消化率很快降低 20%～30%，放牧再生力也会降低。试验表明，在草原区，当禾本科草推迟到开花时放牧，则放牧后的再生草层不易恢复。因此，多年生牧草只有在早期放牧，才能有良好的再生草。

草地植被的组成不同，恢复再生草的速度也有差异。春季第一次放牧的时间，不要连续放牧 30 d 以上。第一次放牧之后，一般间隔 20～25 d 草层恢复，可以再次放牧。第二次以后的放牧，需要间隔较长的时间。在新疆天山山地草原对牧草再生力的测定表明，在春季第一次放牧之后，牧草再生速度快，达到可以再次放牧的高度约 20 d。以后，牧草再生力变弱。因此，在轮牧中的轮牧周期，前期可以缩短，后期需要延长。第一次的再生草量一般不低于第一次放牧的草量；第二次的再生草量显著低于第一次的再生草量；第三次的再生草量，在良好的生境条件下，仅能达第一次放牧草量的 50%～60%。但对于栽培草地，第二次、第三次的再生草量与第一次的差异不显著，这与自然气候和管理有关。一般应根据牧草生长的速度来进行规划和计算放牧次数。

放牧采食高度对牧草的再生、草地群落结构甚至是家畜生产都有影响。牧草留茬过低，如低于 3 cm，牧草再生要消耗大量贮藏物质，使贮藏营养物质减少，产草量下降。采食过高，留茬 10 cm 以上，一部分应利用的牧草没有被利用，降低草地利用率，同时枯枝残茬太多也影响牧草再生。从牧草利用率的角度来看，放牧后采食剩余的留茬高度越低，利用率越高，即荒废越少。但事实证明，采食的留茬高度过低，在初期尚可维持较高产量，继续利用，产量则显著降低，而且严重影响家畜的生产。对栽培草地研究结果显示，当草地利用率从 40%增加到 70%时，青年牛的日增重从 760 g/d 降低到 340 g/d。决定牧草采食高度时，还应考虑牧草的生物学特性和气候等有关因素。在寒冷地区，牧草采食过低，草地不能积雪，豆科牧草无积雪覆盖，易受冻害或导致死亡。

8.4　草畜平衡技术

草原是牧民赖以生存的基本生产资料，也是我国少数民族的聚集区。草地畜牧业的保护与建设对于维护地区的生态安全，促进牧区社会经济的可持续发展，提高广大牧民的生活水平，具有十分重要的意义。在我国，草地畜牧业的核心问题是草畜平衡问题。草畜平衡就是在草原上保持合理的载畜量，合理地利用草地，实现草地畜牧业的可持续发展。但在实际工作中，草畜平衡的问题要复杂得多。首先，草畜平衡的概念和具体内容在不同的发展阶段有所不同。在自然生产力条件下草畜平衡的关键是发挥天然草场的生产潜力，主要措施包括优化畜群结构、准备足够的储草量以及实行围栏和划区轮牧 3 方面；在发展栽培草地前提下草畜平衡的关键是发挥水资源潜力，因为水是栽培草地发展的首要条件；在草原长期放牧或刈割利用下草畜平衡的关键是有效补充土壤氮素，维持草地氮素平衡。其次，草畜平衡主要估算参数仍存争议，如“草地产量”“草地利用率”“存栏家畜头数”“家畜单位”以及“标准干草”等参数选择和计算方法在实际应用时遇到了诸多新问题，已不能适应目前形势的需要，特别是不能与现时的生产体系和生产方式相适应，逐渐失去了应有的作用，亟须改进和修订。最后，草畜平衡并不是简单地降低家畜头数或载畜量就可以了，这里牵涉到复杂的社会问题，特别是牧民的生活和增收,其实质是“人—畜—草”的平衡问题,或者更确切地说是“人—草”平衡问题。即草畜平衡是一项管理工作,是畜牧业经营方式的问题,牵扯到社会的发展与稳定。

8.4.1 季节性草畜平衡技术

20 世纪 80 年代,任继周先生提出了季节性畜牧业的概念。牧区的现实情况是夏秋牧草丰盛,冬春牧草缺乏,季节畜牧业就是在牧草生产高峰时多养家畜,而在牧草生产低谷前出栏或异地育肥(在自然和经济条件不同的地区分别进行家畜的生产、培育和专业化育肥)。实际上,季节畜牧业就是要限制年末的家畜存栏量,最大限度地发挥草地畜牧业的生产力,提高牧民的经济收益。

我国经营放牧畜牧业的地区,牧民习惯于按季节来划分放牧地。随着季节的更替,按顺序年复一年地轮流利用季节牧场。因此,在这些地区常有四季、三季或两季牧场(营地)之称。季节牧场的划分是我国天然放牧地利用的特点,各地区随地形、气候等自然条件与利用习惯的不同,都具有各地季节放牧地的特色。如新疆季节放牧地的轮换,在南、北疆地区和南疆天山南坡及其山前平原地区,基本上分为冬春场和夏秋场两季放牧的方式。各地的局部地区还有其他不同的轮换方式,如各季明显分开的四季牧场也常出现。新疆季节放牧地利用的特点,夏场和夏秋场多利用凉爽的山地草地,冬场和冬春场主要分布在地势低、向阳避风的盆地、荒漠草地以及冬闲的耕地。春场和秋场常分布于冬场、夏场两者之间的过渡地区或者利用山麓平原。

内蒙古的天然草地,大致可分为四季、三季、两季营地。三季营地主要包括锡林浩特市东部草地比较宽裕的地区,划分为冬春、夏、秋或冬、春、夏秋或夏、冬、春秋等三季营地加以利用,随每个具体地点,可供作夏秋草地的面积大小而转移。两季营地主要是在广大中西部牧区,东部地区也有此种划分方式,其划分多为夏秋、冬春的两季营地,这是内蒙古牧区营地划分中最主要的方式,分布也很广泛。其基本特点就是按气候的水热条件分为冷、暖两季。暖季一般是在 4、5 月至 10、11 月,是放牧地上植被生长发育的季节,饲料来源比冷季丰富。饮水主要依靠地表水或地下水,因此,对畜牧业生产威胁不大。冷季一般在 11 月或 12 月到翌年 3—4 月,这一时期,放牧地上水和草都很贫乏,在多数情况下,饮水是依靠啃雪,采食只能依赖天然牧草没有被风吹失的部分。如果无人工补饲草料,家畜的抗灾能力很弱,如遇有严重的天气灾害,可引起家畜大量死亡,生产力显著下降。

放牧地的面积和生产力不同,常造成季节放牧地的不平衡现象,增加了利用上的困难。根据各地的经验,在不影响各方生产的情况下,县、乡、村之间可以进行草地调剂,以解决草畜不平衡现象。

家畜和放牧地的利用受自然环境影响很大,因此,划分季节牧场的意义表现在以下两个方面。首先,在全年放牧条件下,按照放牧地的地形、地势、水源、草地植被以及管理条件等,划分为季节放牧地来利用,以适应在不同季节,满足家畜对各种放牧场的需要。其次,在草地宽阔而不是全年放牧的地区,为了较均匀地利用草地,以保证家畜在各个时期均有足够的放牧场和草料,也可将季节牧场(暖季或冷季牧场)进行恰当的分区,然后在每一放牧区营地的周围,按畜群和草地实际情况进行放牧区划。按分区顺序进行轮换放牧,这样可使草地比较合理地被利用。

8.4.1.1 划分季节放牧地的条件

为了满足家畜在季节牧地上放牧的需要,划分季节放牧地时,应以家畜对不同季节放牧地要求的条件为基础，如夏季放牧地应考虑地势高的山地，具有气候凉爽、通风、少蚊蝇、水源丰富等条件。因此，在选择和划分季节放牧地时，通常需要考虑下列条件。

1. 地形和地势条件

地形和地势条件是影响放牧地水热再分配的直接因子。例如，山地草地地势条件的不同，草地植被的垂直分布差别明显。因此，在这些地区，季节放牧地是按照植被的垂直分布来划分的，每年由冬春到夏秋，草地的利用由低的地区逐渐向高山转移，而从温暖季节到寒冷季节时则由高山向山麓逐渐转移。

东北和内蒙古牧区，一般地形条件较单一，海拔高度在同一地区相差不大，因而中地形和小地形是决定草地水热、植被分布和利用适宜性的主要因子。夏季在岗地、台地较为凉爽，一般选为夏季放牧地，冬季在洼地、谷地或沙丘地较为避风、温暖，一般作为冬场。

2. 植被条件

植被是草地的基础，选择季节放牧地时，应注意草层的植物组成，并要考虑草层植物的营养价值和适口性等。例如，西北草地的芨芨草草滩，夏季家畜不愿采食，而在冬春季节则具有良好的饲用价值，并能抵御风雪灾害。针茅草原在结实期，由于颖果坚硬，尖利的基盘容易伤害家畜，尤其对绵羊伤害严重，而在其他季节则具有良好的饲用价值。蒿属植物在干草原、荒漠草原和荒漠地区所占比重较大，其嫩枝条是家畜冬春季节的优良饲料。但这种植物夏季具有苦涩味，家畜不愿采食，秋后苦味减轻，家畜也能采食。

许多植物在不同的生长时期，它们的营养价值和适口性也是不同的。例如，在荒漠的短命植物，春季萌发较早，并能在最短的时期内完成其生命周期。因此，以短命植物为主的草地适于春季放牧。干草原地区有些早熟的小禾草，如冰草、硬质早熟禾等在春季萌发较早，初夏即完成其生命周期，因此，这类牧草也只适合在春季和夏初利用。此外，放牧地上还有很多葱属植物和冷蒿，在秋季保持柔嫩多汁状态，它们是抓膘植物。供冬季放牧的草地，植株的保存状态很重要。如芨芨草、羊草、针茅以及蒿类植物的枯枝，在冬季都保存得很好，适于冬季和春季放牧。

3. 水源条件

放牧地的合理利用，水源也是一个重要的因素。但在不同季节条件下，家畜生理需要不同，其饮水次数和饮水量也不同。例如，夏季天气干燥、炎热，家畜饮水较多，因此，要求放牧地有充足的水源，而且水源不能太远；在寒冷季节，家畜的饮水量和次数均相应减少，因此，可以利用水源较差或水源较远的草地。在降雪的季节，家畜可以啃雪放牧，在这种情况下，家畜可以利用其他季节不能利用的缺水草地。

牧区的家畜一般不补饲矿物质，如食盐、骨粉等。牧民习惯于定期将家畜赶至具有盐土和盐生植物的放牧地上放牧，以解决家畜对矿物质营养的需要。因此，在选择季节放牧地时，应考虑这一条件。尤其是秋季抓膘时期，必须考虑舔食盐土和采食盐生植物的条件，并要求与经常利用的放牧地的距离不能太远，以便家畜能经常得到矿物质的补充。

划分季节放牧地时，除考虑以上基本条件外，有关草地的宽窄、面积、交通条件、防寒设施及与饲料基地的远近也应考虑。

8.4.1.2　季节放牧地的选择

根据划分季节放牧地的条件和对放牧的要求，各季节放牧地应具备的条件各不相同。

1. 冬季放牧地

冬季天气寒冷，多风雪，牧草枯萎低矮，营养成分含量低，适口性差，而冬季又是母畜的怀孕后期，胎儿生长发育很快，要求有大量营养物质的供应。由于天气寒冷，家畜消耗大量热能用于维持体温。因此，冬季放牧地的要求较高。

冬季放牧地的选择，就地形而言，要求避风向阳，如山地的沟谷，丘间低地，四周较高的盆地和固定、半固定的沙丘等。在植被上要求植物枝叶保存良好，覆盖度较大，植株较高，不易被雪埋没的植物，如芨芨草、羊草、针茅-蒿类、柠条-红砂-猪毛菜、霸王-梭梭等类型的放牧地。同时要求距居民点、割草地、饲料基地、围栏草地较近，以保证饲料的运输。居民点附近应有水井，便于老弱畜、病畜和幼畜的饮水。在冬季有积雪的地方，可以利用附近的缺水草地。此外，冬季草地必须有棚圈。

2. 春季放牧地

春季放牧地基本情况与冬季放牧地相似，早春气候寒冷，而且变化无常，又多大风。从家畜的体况来看，经过一个漫长的冬季，膘情很差，身体瘦弱，体力消耗很多，加上春季为产羔和哺乳时期，需要各种营养物质。而早春草地上残存的枯黄草产量很低，品质也差。早春萌发的草类，由于低矮和数量很少，家畜不易采食。春季后期，气温转暖，牧草大量萌发和生长，家畜才能吃到青草。

春季放牧地在地形要求上，与冬季放牧地基本相似，要求开阔向阳、风小的地方，或低平浅谷而植物萌发较早的放牧地，距居民点近并有较好的水源和盐碱地的草地适于作春季放牧地。

3. 夏季放牧地

夏季牧草生长茂盛，产量高，质量较好。家畜经过春场放牧之后，体力有了相当恢复，但未达到膘肥的程度，此时抓好夏膘，对以后畜牧生产有重要影响。但夏季天气炎热，蚊蝇较多，影响家畜安静采食。

夏季放牧地的选择，要求地势高燥、凉爽而通风，山地或牧草低矮而无蚊蝇的坡地、台地和岗梁地等，水源充沛而水质良好，植物生长旺盛，种类多而且草质柔软的草地适于作夏季放牧地。

4. 秋季放牧地

秋季天气凉爽，并逐渐转向寒冷。牧草趋于停止生长，大部分植物均已结实，并开始干枯。家畜通过夏季放牧地的抓膘，体况良好，秋季要进一步抓好秋膘，为家畜度过漫长的冬季枯草期创造良好身体条件，所以秋季放牧地的选择和利用极为重要。

在选择秋季放牧地时，地形上要求开旷的平川和滩地，或山前地带的阶地。植被上要求多汁、干枯较晚和结实丰富的牧草，如葱属、蒿属占优势的草地。秋季后期，家畜饮水次数减少，可以选择水源条件中等、离居民点较远的草地作为秋季放牧地。

8.4.1.3 季节放牧地的组合

我国牧区对季节放牧地的组合，大多依据各地自然和经济条件，因地制宜地进行组合。但由于各地条件差异很大，使季节放牧地的组合形式，因地区而不同。总的来说可分为四季放牧地、三季放牧地、两季放牧地和不划分季节的全年性放牧地等 4 种。但以划分两季放牧地较多，即暖季（夏秋）和冷季（冬春）放牧地。

1. 四季放牧地

这种组合形式主要在东北草原和内蒙古草原东部相邻地区采用。该地区草原面积宽广，草层覆盖度大，产量高，水源丰富，冬季有积雪，因此，可以划分四季放牧地。春季利用居民点附近的草地，夏季放牧地多集中在河流两岸，秋季放牧地在沙窝子或盐碱滩草质优良的地方，冬季则利用缺水草地。

2. 三季放牧地

东北、内蒙古和西北等草原区均有此种组合。内蒙古在草地地形差异不大，草地面积较宽裕的地区，如锡林郭勒盟东部的草地，采用三季放牧地。新疆的天山、阿尔泰山和准噶尔山交界地段的草地也采用三季放牧地的划分。最常见的三季放牧地是冬春为一季，组成冬春、夏、秋三季放牧地。三季放牧地的利用方式、轮换时间以及棚圈配置上和四季放牧地相差不大。此外，三季放牧地的组合形式还有冬、春、夏秋；夏、冬、春秋和冬夏、春、秋等 3 种形式。最后一种形式主要是适应沙区草地特点所采用的一种形式。冬夏放牧地在两个不同季节利用，但家畜所采食的草类不同，冬季主要采食沙蒿、芦苇、盐生半灌木等。

3. 两季放牧地

新疆南部的昆仑山与塔里木盆地、阿尔金山、内蒙古的中、西部地区的草地划分为两季放牧地，最常见的是冬春、夏秋两季放牧地。冬春放牧地通常利用草高避风，靠近居民点的草地，如沙窝子、湖盆、谷地等，而在夏秋季节则选择丘陵、岗地、台地等高燥的草地。有经验的牧民，均能根据放牧地的特点加以合理利用，如更换营盘分段放牧，春放阳坡、夏放阴坡、秋放茬地、冬放洼地等，使牧草能恢复生长，保持草地生产力。

8.4.1.4 季节放牧地的轮换

全年放牧的草地，在划分季节放牧地的基础上，逐年轮换利用，这样可以将轻度放牧的季节与强度放牧的季节适当的轮换，使放牧地植被采食均匀，植被易于恢复正常生长，保持草地良好的生产状态。

由于各地的自然条件和放牧地的利用习惯不同，季节放牧地轮换的方式各有不同，基本的方式可分 2 种：一种为季节的轮换，如四季、两季放牧地的轮换；另一种为利用方式的轮换，如夏季放牧地 3 年 3 区轮换等。

1. 四季放牧地

四季放牧地轮换方式如表 8-3 所示。

表 8-3 四季放牧地轮换方式

时间	一	二	三	四
第一年	冬	春	夏	秋
第二年	春	夏	秋	冬
第三年	夏	秋	冬	春
第四年	秋	冬	春	夏
第五年	冬	春	夏	秋

（引自贾慎修，1995）

这种轮换方式，四季均衡利用，每一季节放牧地的牧草均有一定休闲恢复时期，可以减少放牧对草地的影响。但天然草地的自然条件、地形、植被和供水条件很少完全一致。如冬季放牧地经常选择缺水或无水草地，只有利用积雪作水源，一般不能作为连续轮牧的夏季放牧地，而冬季放牧地必须有生活及生产需要的建筑、设备，这些设备很难在各季放牧地都进行设置。

2. 两季放牧地轮换

在有同样供水的放牧地条件时，可分为冬春、夏秋两季放牧地的轮换方式，这种轮换方式，可以只在冬春季放牧地上建筑设备，不必分区建筑，并可按放牧强度轮换利用，促进牧草的恢复，是比较适合的利用方式。

3. 季节放牧地利用次数的轮换

我国天然草地的自然条件，常使放牧地固定利用，不易进行轮换，如高山草地，只适于夏季放牧，荒漠地区草地只适于秋、冬季放牧，缺水或无水草地只能冬季利用。自然条件的限制，使放牧地不易轮换，只适于一季固定利用。在放牧地不易按季节轮换利用时，则可将放牧地分区，在季节放牧地内逐年进行放牧次数和放牧时间轮换。

以夏季放牧地为例(表 8-4)，将放牧地划分为 3 区，每区放牧的次数不同，顺序轮换。第 1 年，第 1 区季初放牧 3 次，第 2 区季中放牧 2 次，第 3 区季末放牧 1 次；第 2 年，第 1 区季中放牧 2 次，第 2 区季末放牧 1 次，第 3 区季初放牧 3 次；第 3 年，第 1 区季末放牧 1 次，第 2 区季初放牧 3 次，第 3 区季中放牧 2 次。

荒漠草地牧草的再生力比草原牧草再生力低，应根据再生力的强弱，减少放牧次数。如在荒漠地区的春季或夏季采食 1 次的放牧地，由于牧草的再生力弱，可以进行采食时期的轮换。

表 8-4 夏季放牧地 3 年 3 区轮换方式

时间	分区		
	第 1 区	第 2 区	第 3 区
第 1 年	季初 3 次	季中 2 次	季末 1 次
第 2 年	季中 2 次	季末 1 次	季初 3 次
第 3 年	季末 1 次	季初 3 次	季中 2 次

(引自贾慎修，1995)

在三季放牧地的地区，划分冬春季放牧地夏秋季放牧地，在个别季节放牧地，由于水源、地形、植被等条件的限制，不能进行利用季节的轮换，只能进行利用次数的轮换，而其他季节放牧地可以进行季节轮换，这样就可以进行利用次数和利用季节相结合的放牧地轮换，如表 8-5 所示。冬春放牧地可以进行利用次数和利用时期的轮换，而夏秋放牧地则可进行季节利用的轮换。

表 8-5 三季放牧地轮换

时间	冬春季放牧地分区			夏秋季放牧地区分	
	一	二	三	一	二
第一年	季初	季中	季末	夏	秋
第二年	季中	季末	季初	秋	夏
第三年	季末	季初	季中	夏	秋

(引自贾慎修，1995)

8.4.2　草地饲料计划

自 20 世纪以来，世界草地畜牧业发达国家——新西兰对草地放牧系统中饲料供给和家畜需求及其影响因素进行了深入持久的研究，发展了完善的草畜平衡优化配置和放牧管理系统。从 20 世纪 60 年代末到 70 年代初，新西兰畜牧业专家为了提高草地生产量，采取改变放牧制度和增加系统载畜量等策略；在 20 世纪 70 年代中晚期至 80 年代中期，在对不同放牧管理条件下草畜平衡模式研究的基础上，研究重点转向为调整家畜策略，如放牧管理（饲料配给）和改变产羔时间相结合的方式，并开始重视综合应用各种调控技术手段，在减少对储草和饲料作物依赖作用的基础上，使草畜供求关系达到平衡；从 20 世纪 80 年代中期至 90 年代中期，在采用控制放牧和先进划区轮牧方式降低家畜载畜量的条件下，将研究重点转向提高家畜生产性能上，用低投入高产出方式使草畜供求关系趋于合理；近年来，草地畜牧业利用原位放牧系统，调整适宜的泌乳期和泌乳时间，调整季节性放牧制度和季节性载畜量、通过家畜出售和购买时间选择，最大限度地减少补饲和储草需要，使冬春季牧草达到理想现存量，从而提高家畜转化效率和草地利用率，使草畜供求关系趋于动态平衡。

8.4.2.1　草地饲料计划

草地饲料计划是放牧系统生产管理的中心内容。计划包含有长期的饲料规划，中长期的饲料预算和短期的放牧计划。饲料规划内容有家畜饲料需求和饲草供应的匹配，包括冬季饲草的储备量和补饲、产羔和产犊时间、出售、购买家畜的时间以及载畜量等年度规划，主要用于家畜生产系统的设计。饲料预算一般指季度计划或月计划，主要解决实际的饲草供求平衡问题，主要涉及过剩饲草的高效利用及补给短缺饲草的最经济方式。放牧计划则是在饲料规划和预算的基础上，决定短期的放牧时间、放牧小区数以及每个小区放牧的天数等细节内容。

草地饲料计划需要估测家畜的饲草需求量和饲草的供给量。为此，必须连续监测牧草的生长和家畜的生产性能，以便核查实际水平与预测值之间的差异，并能及时予以调控。在草地上进行饲料计划可能不会非常精确（与舍饲相比），但它是放牧系统生产管理的基础。

1. 饲料需求

家畜的饲料需求往往根据饲养标准制订。按照饲养标准的规定对家畜进行饲养，可以避免盲目性，防止饲养过量或不足。世界各国基本都已经制定了适合本国条件的各种家畜的饲养标准。我国也于 1986 年制定和发布《奶牛饲养标准》，目前修订过的新标准也已经发布实施。

这里需要说明的是，出版的饲养标准多数是从舍饲家畜的饲养试验得来的。对放牧家畜而言，一些国家已制定了相应的标准，如新西兰和澳大利亚等。但多数情况下，放牧家畜的营养需求是参照舍饲家畜的营养标准。如日本规定，由于放牧家畜的牧食行为，通常在舍饲家畜营养需求基础上，视放牧草地质量的高低，增加 30%～50%的量作为放牧家畜的营养需求。

为避免盲目地估测家畜的饲料需求，在整个草地生产系统过程中，首先应该给出家畜饲养的目标指标（表 8-6 中的指标通常是家畜饲养目标指标），然后据此和饲养标准计算家畜的饲料需求。

表 8-6 家畜饲养目标指标

家畜	项目	体重/kg	日增重/(g/d)
青年羊	断奶重	20～25	80～90
	8 月龄	35	30～35
	1 周岁	40	90～100
	1.5 岁(配种)	55	
母羊	断奶到发情开始	52～55	30～35
	发情到首次配种	55～62	120～140
	配种结束到产羔前 6 周	62～54	－70～－60
	产羔前 6 周到产羔	54～56	40～50
	产羔到断奶	52	
青年牛	断奶重	180	700～800
	14 月龄	250～290	400～450
	26 月龄(配种)	420～460	
母牛	断奶(4 个月)	460	－300～－250
	7 个月	430	620～670
	产犊(9 个月)	470	250～300
	配种(12 个月)	490	

2. 饲料供求曲线

放牧系统管理的核心是通过家畜数量和营养需求来匹配饲草的供给，从而使草地和家畜都可以健康、持续地发展。由于牧草生长具有季节性，某些月份草地饲草可能不能满足家畜的需求，而某些月份可能饲草过剩，因此监测牧草生长的速度和营养动态的同时，也要监测家畜的生长和营养需求，从而使整个生长季实现牧草和家畜最大可能的匹配。这是实现牧草和家畜饲料供求平衡和草地管理的必需内容。这个过程是一个复杂的动态过程，尤其是牧草生长和营养物质的积累受气候和土壤影响大，需要在一段时间内不间断地监测。在草地牧草生长停止前，放牧家畜需要及时转移，根据市场价格可以暂时转移到畜舍圈养或者直接出售。要根据饲草的储备量来确定过冬家畜的数量。这是匹配草畜平衡的关键之一。

调整草畜饲料供求平衡的重要手段之一是控制产羔和产犊的时间。母畜在妊娠后期和泌乳期对饲草的需求量明显增加。出生后，羔羊开始啃食幼嫩牧草。因此，产羔(犊)后总的饲草需求量逐渐达到一年中的最高峰，直至羔羊断奶、出栏。将此需求高峰期安排在牧草生产量最大和品质最好的春季或夏季，可使饲草的供求曲线达到较好的匹配。我国北方地区由于家畜配种没有控制，通常依靠家畜的自然发情配种，使北方产羔时间多数集中在饲草短缺的冬季，且形成习惯。随着现代饲养技术的提高，家畜的集中配种正在实现。控制配种时间，使家畜产羔或产犊时间集中在春季牧草开始快速生长前，既可以节约冬季饲草的贮存，也尽可能多地利用春夏生长过剩的饲草，减少对过剩饲草的加工量，节约成本。

图 8-11 是在贵州威宁高原草地畜牧业试验站通过调整产羔日期控制草畜饲料供求平衡

的例子。由图 8-11 可以看出，产羔期在 12 月份，即当地产的冬羔，在饲草生长旺盛的季节，家畜的需求没有增加，有较多的剩余饲草需要加工；在饲草生长缓慢或停止的季节，家畜的需求增加，需要较多的贮藏饲草；但当其他条件都不变的情况下，只是将产羔期调整到 4 月份，则家畜的需求和饲草的供给出现了最大程度的匹配，从而减少了饲草加工和贮藏的量，降低饲养成本。随着现代饲养与繁殖技术的提高，家畜的集中配种已经实现，完全可以控制产羔和产犊时间。另外，仔畜断奶后母畜可以按维持需要量饲养，幼畜则可在质量最好的草地采食。因此，可以利用穿栏放牧技术加以控制，将羔羊采食后的草地放牧断奶母畜。穿栏放牧不仅满足家畜的营养需求，犊牛或羔羊可以穿越设定的围栏优先采食小区牧草，而且也有利于草地状况的维持和牧草的再生，提高了饲草的利用效率。

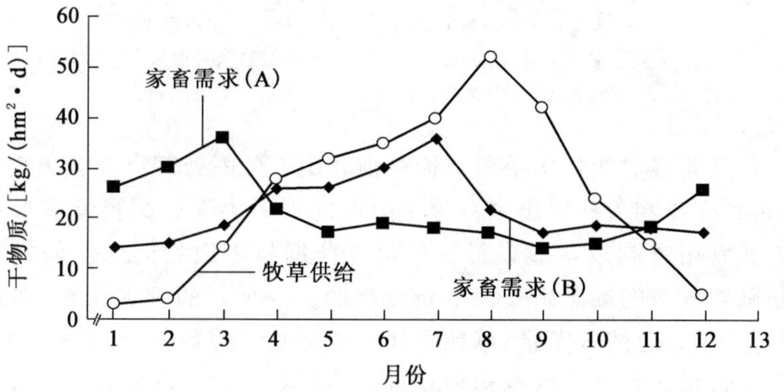

图 8-11　草地牧草供给和家畜需求的关系

图 8-11 中的饲草供求曲线是以年为周期动态描述牧草供给和家畜需求的季节模式，其方法是在尽可能精确地估测牧草（干物质）生长速率[kg/(hm^2 · d)]和家畜营养需求（干物质）[kg/(头 · d)]的基础上，通过合理配置家畜及安排经营活动的适宜时间，使牧草供给与需求尽可能地在一年各个季节相匹配。图中曲线 A 为 12 月份产羔期、2 月份哺乳期；曲线 B 为 4 月份产羔期、6 月份哺乳期。A、B 曲线显示威宁牧草生产与 12 月份产羔的家畜营养需求匹配差，当将产羔期调整为 4 月份，家畜营养的需求(B)与牧草生产出现最大程度的匹配。

调整草地载畜量是匹配草畜饲料供求曲线的又一重要手段。草地载畜量是指一定放牧时期内，一定面积上，在不影响草地生产力及保证家畜正常生长发育情况下，所能容纳放牧的家畜数量。载畜量的计算举例如下。

现有栽培草地 20 hm^2，年平均产草量 3 000 kg/hm^2，饲草可利用率达 70%；实行短期高频轮牧设计，则可以利用的牧草量为：$20\times3\ 000\times0.7=42\ 000$ kg。草地放牧奶牛，放牧期 90 d；奶牛干物质日需要量 16 kg，则放牧期间饲料需求为 $90\times16=1\ 440$ kg。故放牧季草地载畜量为 $42\ 000/1\ 440/20=1.5$ 头/hm^2。

另外，在草地牧草生长旺盛季节，可增加载畜量，以提高对草地的利用率；反之，需要降低。图 8-12 显示载畜量对牧草与家畜供求关系的影响。如果载畜量增加 15%，家畜需求高于牧草供给，出现牧草短缺；如果载畜量减少 15%，则牧草供给剩余，将增加牧草的加工储备量。因此，控制载畜量可以有效地影响草地牧草的供求曲线。

3. 饲料预算

饲料预算主要是如何利用现有的牧草资源满足家畜的需求，达到家畜的生产目标。它是

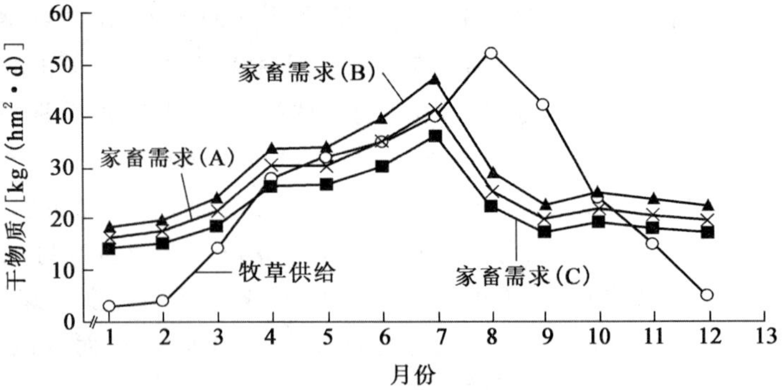

图 8-12　载畜量对牧草与家畜供求关系的影响

注：家畜需求(A)为平衡供给，即饲草供给＝家畜需求。
家畜需求(B)为载畜量增加 15%的家畜需求曲线。
家畜需求(C)为载畜量减少 15%的家畜需求曲线。

草地畜牧业集约化经营必需的技术手段。饲料预算用于预先处理可能会出现的牧草过剩或短缺情况，决定是否有必要购入和售出家畜等一般性的管理决策。饲料预算最终解决如何以经济效益最高的方式利用过剩牧草或以最低代价克服饲料短缺的问题。饲料预算决定放牧计划。饲料预算是随着牧草的动态生长而不断调整的。一个好的饲料预算，在进行饲料供给决策时，需要掌握每个小区总的牧草量、草地管理所规定的牧后剩余量、期望的牧草生长速度、牧草及补饲的质量和数量。每个小区草地牧草量的估测需要知道草地牧草高度、草地植被组成、草地密度和牧草生长期。

举例——贵州威宁一个肉牛场的饲料预算方案。

肉牛场草地放牧面积 10 hm^2，有 30 头体重为 300 kg 的青年牛，在 4—6 月份日增重为 0.5 kg。放牧地牧草(干物质)生长速率预计 4 月份为 7 kg/d，5 月份为 10 kg/d，6 月份为 15 kg/d。青年牛日增重 0.5 kg 要求草地牧后干物质剩余量至少应为 800 kg/hm^2。如果草地牧后干物质剩余量的指标定为 800 kg/hm^2，则牧前草地牧草生物量(干物质)至少应为 1 500 kg/hm^2，最好在 2 000～2 500 kg/hm^2。

放牧地分为 7 个小区，每个小区的面积和 3 月 31 日的牧草生物量水平见表 8-7。

表 8-7　小区面积和 3 月 31 日的牧草生物量水平

小区序号	面积/hm^2	干物质产量/(kg/hm^2)	干物质总量/kg
1	1.5	1 900	2 850
2	1.0	2 800	2 800
3	1.5	2 200	3 300
4	2.0	1 800	3 600
5	1.5	1 800	2 700
6	1.0	1 200	1 200
7	1.5	1 000	1 500
总计	10.0		17 950

计算牧草供应：

牧草供应	干物质/kg
3 月 31 日放牧地牧草生物量	17 950
草地牧后干物质剩余量（$800\ kg/hm^2 \times 10\ hm^2$）	8 000
可以利用牧草量	9 550
牧草生长量(干物质)	
4 月 $30\ d \times 7\ kg/(hm^2 \cdot d) \times 10\ hm^2$	2 100
5 月 $31\ d \times 10\ kg/(hm^2 \cdot d) \times 10\ hm^2$	3 100
6 月 $30\ d \times 15\ kg/(hm^2 \cdot d) \times 10\ hm^2$	4 650
合计	9 850
总的牧草供应量(9 550 kg＋9 850 kg)	19 400

计算家畜需求：

日增重 0.5 kg，3 个月后体重达 300 kg＋92 d×0.5 kg/d＝346 kg。

因此，在中间 46 d，青年牛体重将达到 300 kg＋46 d×0.5 kg/d＝323 kg。

从前面表中查得，体重为 323 kg，青年牛日增重 0.5 kg，干物质日需要量为 6.2 kg/头。则 30 头青年牛牧草需求量(干物质)为 30×6.2 kg/d×92/d＝17 112 kg。

由家畜需求和牧草供给计算得出，4—6 月份 3 个月中牧草供给充盈，实际上有 19 400－17 112＝2 288 kg 干物质剩余。这种情况下，如何进行轮牧设计呢？这里需要计算每一个轮牧小区的放牧天数。

小区 1：

牧草(干物质)供应量为 2 850 kg－1.5 hm^2×800 kg/hm^2＝1 650 kg。

家畜(干物质)需求量为 30×6.2 kg＝186 kg/d。

则小区 1 放牧天数为 1 650/186≈9 d。

小区 2：

牧草(干物质)供应量为 2 800 kg－1.0 hm^2×800 kg/hm^2＝2 000 kg。

将牧草(干物质)生长量计算在内则为 7 kg/hm^2/d×1 hm^2×9 d＝63 kg。

总的牧草(干物质)供给为 2 063 kg。

家畜(干物质)需求量为 30×6.2 kg＝186 kg/d。

则小区 2 放牧天数为 2 630/186≈11 d。

同理计算其他各小区的放牧天数为：小区 3 为 12 d；小区 4 为 13 d；小区 5 为 11 d；小区 6 为 4 d；小区 7 为 6 d。总计 66 d。

第二次轮牧，同样方法计算，轮牧期为 22 d。在第三次轮牧中，小区 1、2 和 3 共放牧 5 d。这里需要强调的是，小区内放牧天数一般不超过 6 d，以 3～4 d 轮换为宜。因此，长于 6 d 的小区放牧可以利用电围栏在小区内划分亚小区，如小区 1 在第一次轮牧中，计算要放牧 9 d，这样可以将小区分为 3 个亚小区，每个亚小区内放牧 3 d。

另外，经饲料预算，如果牧草供给有盈余，可以将草地牧草牧后剩余量目标升高，或者将放牧草地面积减少，或提高载畜量。如果饲料预算出现牧草供给亏缺，则可以通过补饲干草或青贮的办法取得平衡，或者降低牧后牧草现存量的目标值。

8.4.3 放牧制度

草地进行合理利用必须建立正确的放牧制度，特别是在生产力不断发展，人们对畜产品需求越来越多的今天，我们一方面希望在有限的草地面积上获得更多的有价值的畜产品，另一方面还要维持草地生产，不使草地发生退化。因此，确定合理的放牧制度就显得更为重要。

放牧制度(grazing system)是用于放牧时的基本利用体系，它规定了家畜对放牧地利用的时间和空间上的总体安排。它属于一种宏观(战略)措施，每种放牧制度中又包括一系列的放牧方式，即怎样控制、利用草地的方法，属于各种微观(战术或技术)措施。目前，在定居放牧的前提下，从狭义范围讲，有自由放牧和分(划)区轮牧两种放牧制度。

8.4.3.1 自由放牧

自由放牧又称为无系统放牧或无计划放牧。即对广阔的草地不划分放牧区域，畜群无一定组织管理。牧工可以驱赶着畜群走遍全部牧地，任意选择所喜食的牧草。这是一种比较落后的放牧制度。自由放牧主要有以下方式。

1.连续放牧

不分季节，全年都在同一块草地上连续不断地放牧称为连续放牧。这种放牧常使家畜选择喜食的牧草，留下适口性差的植物，造成牧草浪费，也给适口性差的植物提供了生长机会。因此，连续放牧应根据牧草的不同生长季节，适当增减家畜数量。否则在牧草生长旺季，牧草过剩，其他季节饲草又明显不足。采用连续放牧，不同季节的草地面积和家畜数量不应固定不变。连续放牧与划区轮牧相比较，有一些不足，如牧草产量低、质量差；家畜放牧密度低，选择性采食大；家畜游走范围大，践踏造成的牧草损失大；草地利用不均匀，粪便散布不匀；草地易滋生杂草以及不需要的植物。当然，连续放牧也有其优点，即草地管理费用较划区轮牧少得多，而且围栏、供水等的投资较少。

2.季节营地(牧场)放牧

季节营地(牧场)放牧即根据各地具体情况，把草地划分成不同的季节营地(牧场)，每一季节营地都在一定的放牧季中利用，在此期间，也采取连续放牧形式。在内蒙古地区及全国各地普遍采用。有些山地草场，水源不均的草场必须进行季节性利用。

3.抓膘放牧

抓膘放牧主要在夏末秋初进行。这种方式就是在比较广阔，条件较好的草地上，天天转移放牧地，让家畜选择采食最好的牧草，短期内达到膘肥体壮。在粗放经营的条件下，牧民很重视这种放牧，因为抓好膘是提高出栏率，安全越冬度春，提高繁殖成活率的重要保证，但对牧草的浪费大，家畜消耗也大，降低了资源利用率，同时在面积小的草地上难以进行。

4.就地宿营放牧

就地宿营放牧是自由放牧中比较进步的一种放牧方式。放牧地无严格的次序。放牧到哪里就在哪里宿营，并在周围放牧一段时间。因其经常轮换营地，有利于牧草恢复，也有利于撒布粪便，减少疾病传染。

5. 羁绊放牧

羁绊放牧一般用两脚绊或三脚绊将家畜绊住，有时也将几头家畜用绳子串起来，慢慢采食，不致走远。常对一些役畜、病畜使用这种方法，也多在农区、半农半牧区小块草地上使用。

以上各放牧方式的不足之处在于：一方面牧草浪费严重，另一方面易使草地发生退化，家畜的生产性能低下，易感染寄生虫病。

8.4.3.2　划区轮牧

划区轮牧即根据草地生产力和家畜数量，将草地划分为若干面积相等的分区，规定每分区的放牧日期，然后按计划分区顺序放牧，并在放牧日程上规定轮牧周期和放牧次数。目前很多畜牧业发达国家都采用这种放牧制度。

实行有计划的划区轮牧，有利于草地休闲，使牧草保持正常的生长发育和丰富的营养价值。在整个放牧季节内，以保证均衡地供应饲草，家畜在放牧期间，能维持生产平衡，家畜的增重、泌乳、产毛、繁殖都能获得良好的效果。

在划区轮牧中，小区内的草量只够家畜在规定放牧日期内采食。小区内除不可食的草类，大部分牧草可以被家畜充分利用，牧草的利用率提高 20%～30%，剩余草量不超过 15%，节省了草地面积，增加了畜产品产量。如牧草收获量相同时，同样面积的草地，划区轮牧比大面积的连续放牧，容纳家畜量增加 30%，牛的体重及产乳量可以增加 15%～20%，家畜生产力提高 35%以上。

划区轮牧中，放牧期间大部分牧草处于幼嫩阶段，营养成分含量较高。在高原放牧草地进行的轮牧试验结果显示，各轮牧周期再生草所含总能（以干物质计）变化不大，但可消化蛋白质却随轮牧周期而提高（表 8-8）。

表 8-8　青草和再生草的营养物质含量

草类	放牧时间	干物质量/%	有机物质消化率/%	每千克干物质含量	
				饲料单位	可消化蛋白质/g
青草	6 月 7—19 日	20.4	75.6	1.10	122
第 1 次再生草	6 月 25 日—7 月 7 日	26.9	72.7	1.03	129
第 2 次再生草	7 月 23 日—8 月 3 日	23.8	72.6	1.02	147
第 3 次再生草	8 月 27 日—9 月 8 日	24.7	78.0	1.05	169

（引自贾慎修，1995）

放牧后残余的牧草可以分区刈割、晒制干草。划区轮牧可以改进植被划分，放牧强度适中的轮牧草地，优良禾本科牧草和豆科牧草的分蘖数量显著提高，而杂草数量明显减少，改善了草地质量。

划区轮牧可以减少家畜寄生虫病感染机会。家畜寄生蠕虫病和捻转胃虫、肺丝虫随粪便排出，约在 6 d 后才变为可感染的幼虫。长期连续在同一草地放牧易于感染。而划区轮牧则经过适当的安排，不在同一分区连续放牧 6 d 以上，这样就减少了家畜寄生蠕虫传染的机会。据俄罗斯沃洛尼日省报道，在连续放牧 144 d 的草地上，放牧的羊群有肠胃寄生虫和肺部寄生虫的明显感染。在一地长期放牧和放牧 15 d 的，有严重感染情况，放牧 9 d 和 6 d 的明显减轻。特别是在放牧 6 d 的分区，肺部寄生虫感染全部消灭，肠胃道寄生虫只有 68%的轻度感染。

实行划区轮牧还可减少家畜对牧草的践踏损伤，减少粪便的污染，提高草地利用率。有试验证明，划区轮牧的草地每公顷产草量可以提高 24%，家畜对牧草的采食率由 64%增加到 78%，家畜利用牧草营养物质的数量提高 35%，家畜日增重比连续放牧增加 34%。新西兰曾以不同的放牧方式和不同载畜率，用奶牛进行了放牧试验。低载畜率为 16.8 hm^2 草地放牧 40 头奶牛，高载畜率为 13.4 hm^2 草地放牧 40 头奶牛，载畜率提高 25%。进行 2 年试验后，两种载畜量各增加 2 头奶牛，即均为 42 头。3 年试验饲草全部自给，试验结果如表 8-9 所示。

表 8-9　划区放牧对奶牛产奶量的影响

放牧制度/载畜率	每头奶牛产量		每公顷产量	
	奶油/kg	牛奶/L	奶油/kg	牛奶/L
有控制的轮牧/低载畜率	195.5	3 584.4	472.8	8 667.6
有控制的轮牧/高载畜率	182.3	3 323.2	553.4	10 096.5
连续放牧/低载畜率	187.8	3 444.4	454.7	8 336.5
连续放牧/高载畜率	161.0	2 967.4	488.7	9 008.3

（引自贾慎修，1995）

表 8-9 的数据表明，在两种放牧制度中，提高载畜率，奶牛平均产量减少，但每公顷产量增加。有控制的轮牧不论是高载畜率还是低载畜率，都比连续放牧为优。在有控制的轮牧中高载畜率比低载畜率每公顷多产牛奶 1 428.9 L；而连续放牧，高载畜率比低载畜率每公顷多产牛奶 671.8 L。同等载畜率与不同放牧制度相比，低载畜率每公顷草地，划区轮牧比连续放牧多产牛奶 331.1 L，增加 4%，高载畜率时每公顷草地，划区轮牧比连续放牧多产牛奶 1 088.2 L，提高 12%。以上结果表明，在低载畜率下，两种放牧制度的家畜个体产量，都高于高载畜率个体产量。但在较高载畜率情况下，草地进行划区轮牧，能提高草地单位面积的畜产品产量，在较低载畜率情况下，划区轮牧与连续放牧，单位面积草地畜产品产量差异不显著。

20 世纪 60 年代，在新疆（紫泥泉种羊场）天山北坡高山草甸和亚高山草甸牧场，用绵羊进行的划区轮牧和自由放牧对比试验的结果表明，划区轮牧无论在草地利用、家畜采食量，绵羊增重和草地载畜量等都有明显的提高，而家畜对草地的践踏显著下降。试验结果如下：绵羊对牧草的采食率，划区轮牧比自由放牧提高 26%；绵羊对牧草采食量提高 41.5%，绵羊体重增加 17.3%，草地载畜量提高 33.3%，对牧草的踏伤率降低 28.2%。

值得注意的是，划区轮牧在不同草地类型和气候条件下的表现是不同的。一般认为，在栽培草地和较湿润地区划区轮牧的优势较大，而在较干旱地区，划区轮牧的优势明显减弱。有研究通过分析 23 个不同地区的划区轮牧和连续放牧对家畜个体增重的影响，发现 6 个划区轮牧增重高于连续放牧，而 11 个为连续放牧高，剩余 6 个二者没有统计上的差别。Skovlin（1984）认为轮牧经常要求在牧草生长的旺季反复采食，不利于植被的恢复及优良牧草生长。Hodgson（1990）认为连续放牧可促进牧草分蘖，有助于维持草地稳定性并可使家畜经常采食幼嫩新鲜的牧草，连续放牧并不一定意味着家畜对个体植物和个体蘖的连续采食，连续放牧可促进植物组织物质循环。过分强调划区轮牧优于连续放牧或连续放牧优于划区轮牧都是片面的。

1. 划区轮牧的实施

划区轮牧在实施之前，应先对草地进行规划，纳入轮牧计划，并分别考虑实行轮牧的一些必要因素。

(1)轮牧周期和利用频率　在计划轮牧分区时，首先应考虑轮牧周期和利用频率。划区轮牧时，自第 1 区至最末区均利用一遍后，再返回第 1 区的轮牧时间叫作轮牧周期。

轮牧周期(d)＝每一分区放牧时间(d)×小区数

轮牧周期的时间，应根据放牧后牧草再生达到可以再次利用的时间，而不能做统一的规定。一般认为，再生草达到 10～15 cm 时可以再次放牧。因此，放牧周期的长短取决于牧草的种类、生长速度、草地气候、土壤等各种自然条件，但首先决定于牧草再生速度。自然条件适宜，牧草恢复生长快，轮牧周期可以缩短，否则轮牧周期应予以延长，一般为 25～40 d。我国南北气候差异较大，各地应根据当地牧草生长状况来确定。一般认为，干草原轮牧周期为 30～35 d，荒漠草原 40～50 d，草甸草原 25～30 d，山地草甸(高山、亚高山草甸)30～45 d，南方草山草坡和栽培草地 20～25 d。

轮牧小区的划分，要根据草地生产力，家畜数量、种类，轮牧周期和每一分区的放牧日数。分区面积过大，牧草剩余多，结果类似连续放牧；小区过小，家畜拥挤，不能安静采食。小区的大小和数目，对家畜的生产有极大的影响。草地生产力高，家畜头数少，则小区的数目可以增加，但面积减少。

在轮牧周期中，每个小区放牧的时间内，要考虑放牧时家畜的密度，原则上要求草地应能充分满足家畜对新鲜牧草的需求，放牧采食时不至拥挤或剩余牧草过多。为了保证牧草的再生，在每一小区不能重复采食新生的牧草。因此，必须控制家畜在小区范围内停留的时间，使第一天放牧所采食的草类，在家畜停留的时间内长出的再生草不高于 5～6 cm，因为更高的再生草(8～10 cm)容易被家畜采食。按牧草一般的再生速度，每一小区放牧时间控制在 6 d 以内。此外，控制在 6 d 以内也有利于防止寄生性蠕虫的感染。在冷季干旱地区，或在放牧季的后期，牧草生长缓慢，放牧日数可以适当地延长。

在第一轮牧周期内，各小区内的产草量不尽一致，开始放牧的几个小区的产草量，约等于最后分区产草量的 25%～40%。如按正常规定，轮牧小区的产草量最多能够放牧 6 d 时，则第一放牧小区只能放牧 1.5～2.4 d(即 6×26%－6×40%)，因此，[(1.5～2.4)＋6]÷2＝3.7～4.2 d。即在第一轮牧周期内每小区以平均放牧 4 d 为宜。

规定放牧周期后，还应进一步研究与之有密切关系的轮牧频率，即在放牧季内进行轮牧的次数。轮牧次数的多少，因牧草的再生强度，放牧管理和影响牧草生长的生境因素而不同。如中国农业大学在湖南省南山牧场人工草地上进行的划区轮牧试验，在生长季内放牧 7 次，草地一直保持较高的生产力。但反复的过度放牧，使牧草枝叶不断丧失，草层逐渐稀疏，草地生产力下降，优良牧草衰退，引起草地退化。

轮牧的频率随不同地区的草地类型、生境条件的变化而不同。我国不同草地类型的轮牧频率通常是每年草甸草原为 3～4 次，干草原为 3 次，山地草甸为 3 次，荒漠草原为 2～3 次，荒漠为 1 次。因此，对不同草地类型必须进行具体的轮牧规划。

(2)轮牧分区的数目　适宜的轮牧周期确定之后，就应设计轮牧小区的数目以及每一小区的放牧日数。不同地带以及不同草地类型的生产力和牧草再生力不同，轮牧小区的数目也不同。草原区牧草生长的自然条件比较严酷，小区数目应适当增加，小区可达16～24区，南方山区草地，气候温暖湿润，牧草再生力强，可划分7～9区。

每一轮牧小区的放牧日数决定后，将可以决定轮牧分区的数目，计算公式如下。

$$X = C/T + O$$

式中：X为轮牧小区数目；C为轮牧周期，d；T为每分区放牧天数，d；O为轮牧中的休闲区。

在轮牧规划时，每分区假定放牧4 d，如放牧周期日数已定，则可按上述公式计算出来。如果轮牧小区数太少，则每一小区面积必然增大，放牧的日数也要增多，就可能出现连续放牧的缺点。在轮牧频率减少，而每一分区放牧日数变动范围有限(如5～6 d)，小区数目必须做大范围的调整，才能满足放牧季的要求。小区数目如以8区与4区相比，虽然草地面积和家畜数量相同，试验结果表明，8区较4区，产草量提高11%，采食率提高15%，犊牛增重提高15%。

现以草原区划分24区的轮牧计划为例。春季放牧，在牧草生长达适宜高度(10～15 cm)时，即可按轮牧计划，开始划区轮牧。第1轮牧周期(分为8区)的结束时间，应在第1分区的再生草达到10～12 cm时结束，然后返回第1分区开始第2次放牧。第1次再生草放牧后，这时牧草的再生力已经减弱，不可能立即返回第1分区利用第2次再生草，这时可以利用第1次放牧未采食的9～16分区，以延长牧草恢复生长的时间。第2次轮牧结束，第1分区的第2次再生草又可利用，再返回第1分区开始第3次放牧。第2次再生草的产草量可能已经减低，应酌量减少放牧日数，或减少家畜数量。第3次轮牧应在春季未放牧过的17～24区内结束。如果草地上进行割草，则第1次轮牧周期结束，返回第1分区利用再生草时，未放牧的分区，牧草生长已达开花期，可以进行割草，以其再生草进行放牧。也可计划放牧地与割草地轮换利用，如图8-13所示。

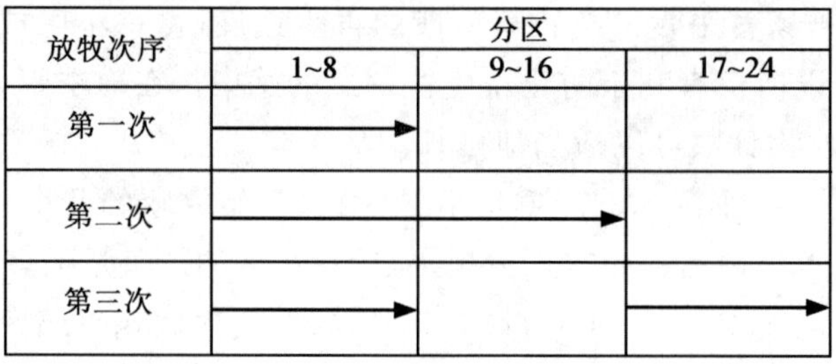

图8-13 分区放牧次序

(引自贾慎修，1995)

如自然条件比较严酷，牧草再生力较弱，第1轮牧周期之后不能循序利用再生草，需要补充的放牧小区较多，小区的数目应不少于32个，如图8-14所示。第1轮牧周期放牧1～16区，第2轮牧周期因再生草不足，可利用17～24区未放牧过的小区和1～8区的再生草，第3轮牧周期利用9～16区再生草和未放牧过的25～32区。因牧草再生力弱，需要较多的补充小区，才能使轮牧循序进行。只有在生长条件良好时，补充小区才能进行早期割草和再生草放牧。

(3)轮牧小区的大小和布局　小区的大小，首先取决于草地生产力、草地质量和家畜密度。草地生产力高，放牧畜群的密度可以加大，稀疏的草地，家畜的密度应该降低。小区的生产力可以大致相等，面积可以不必完全相等。正常的放牧密度，是家畜移动不感到拥挤，能充分利用草地，同时放牧员容易管理畜群。密度过大，家畜拥挤，不能安静采食；密度过小，家畜游走，采食率降低。

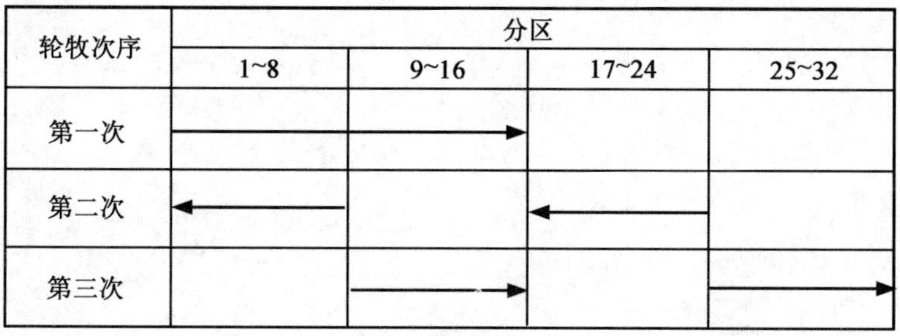

图 8-14　干草原地带分区放牧次序图

（引自贾慎修，1995）

人工栽培的放牧草地，在计算家畜所需草地面积时，也应根据当地的自然条件和草地生产力进行分区，如在亚热带山地的栽培草地，每只成年母羊每年约 0.15 hm^2 草地，则 100 只绵羊的羊群，划分 10 个小区进行轮牧，每个小区约 1.5 hm^2 草地。

轮牧小区的形状可依自然地形及放牧场的面积划分，最适宜的为长方形。一般小区的长度为宽度的 3 倍。大面积的分区可为正方形。分牧区的长度，成年牛不超过 1 000 m，犊牛不超过 600 m。图 8-15 为轮牧分区示意图。

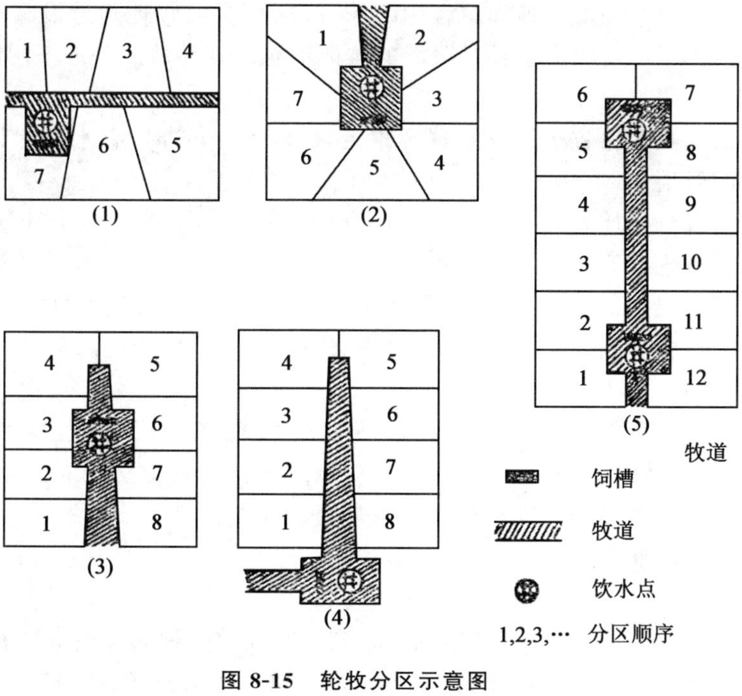

图 8-15　轮牧分区示意图

（1）～（4）分区数目较少或放牧地面积较小时的设置

（5）分区数目很多或放牧地面积较大时的设置

（引自贾慎修，1995）

每个轮牧分区的宽度因畜群的大小、放牧方式而有不同。不同种类的家畜在放牧地所占的草地面积不同，确定宽度，可按下列标准考虑。

畜群	每头(只)家畜所需要最小宽度(m)
牛群	1.5～2.0
1～2岁的小牛	1.0～1.4
1岁以下犊牛	0.5～1.0
母羊群	0.3～0.5
未孕羊、处女羊	0.3～0.4
羯羊	0.3～0.4
马(成年)	1.5～2.0
猪	0.5～1.25

轮牧分区的宽度又因草地生产力不同而不同。茂盛的草地，家畜所占面积稍窄，而贫瘠的草地则需稍宽。

为使划区轮牧顺利实施，各区之间应设围栏。围栏可用水泥桩、角铁、木桩、刺线和铁丝制作。现在多采用水泥柱刺线围栏，这种围栏坚固耐用。围栏方式有固定围栏和半固定围栏。为便于畜群管理，有些地方采用电围栏，利用脉冲电流发生器发出脉冲电流，家畜接触电线后受到电击，因而避开，经过短期训练，家畜可以在围栏内安静采食。有些地方因财力所限，各分区之间以自然地形、地物作为界限，如山脊、沟谷、河流等，目标清楚，又经济省力。

2. 其他划区轮牧方式

(1)暖季宿营放牧　当放牧地和厩舍相距较远时，可在放牧地附近设暖季营盘，有计划地在营盘周围和附近放牧，避免家畜长途跋涉的体能消耗。这种放牧一般不用围栏，但分区之间有标志物，牧工必须跟群放牧。

(2)永久畜圈放牧　轮牧小区就在厩舍附近(0.5～2 km)时，有水源保证，可利用永久畜圈，不必另设临时营地。

(3)条区放牧或分条放牧(strip grazing)　也叫日粮放牧(ration grazing)，一般采用活动式电围栏，隔出家畜吃一天左右的草地面积。小区一般为条形，这一小区吃完后又移至下一小区。有时一个小区只让家畜吃几小时就移至新区，是高度集约化经营的一种形式。主要优点是家畜每天都能吃到鲜草和无粪尿污染的饲草，载畜率高，采食均匀。家畜走动少。草地牧后的休闲时间相对较长。

(4)系留放牧　系留放牧是分区轮牧的一种特殊形式，它是用绳索把家畜系留在一块草地上，作为分区范围，把牧草食完后，再系到另一块草地上。这种方法在农区草场分布比较狭小的地方最为常见，对种畜、病畜、役畜及高产畜常用这种方法。

8.4.3.3　其他放牧制度

1. 混合放牧

混合放牧是指在同一放牧地有计划地同时或相间放牧两种家畜。不同家畜的采食特点不同，这样可以充分利用草地，提高草地利用率。如在湖南南山牧场，改良的草地发生大量野生橐吾，这种植物是奶牛不喜食的杂草，改良草地放牧奶牛2～3年后，橐吾就成片生长，而绵羊比较喜食，牛、羊进行混牧，草地得到了充分利用，又控制了杂草。据报道，进行混合放牧，单位面积草地的畜产品产量也高于单一家畜放牧，同时减少寄生虫感染。混合放牧时，须注意各种家畜的放牧量,控制草地大部分牧草被适当利用,并经常检查牧草与土壤的状况。一般认为,混合放牧的家畜数量不得超过单一家畜数量总数的 10%,否则,可能出现过牧。

2. 穿栏放牧

穿栏放牧是指母畜与仔畜同时放牧时,留有基本草地和供幼畜可以穿栏进入的特定草地。放牧时,仔畜可以自由出入于基本草地与特定草地采食,而母畜只允许在基本草地采食。一般特定草地的牧草质量较高,并设置特殊的围栏门,只供仔畜进入。穿栏放牧用于集约化草地放牧,特定的用于仔畜的草地一般为高产的栽培草地。在轮牧系统中,用作仔畜穿栏的草地在放牧仔畜后,接下来仔畜与母畜再同时放牧,使草地得到充分利用,然后家畜移到下一组小区放牧,放牧过的小区获得休闲的机会。用于仔畜穿栏放牧的草地通常播种高质量的多年生豆科植物或者高质量的一年生饲料作物,以满足饲草的供应。

3. "1、2、3"放牧法

这种方法是把自由放牧和划区轮牧的优点进行了综合。具体的做法是把一块草地按 33∶67 或 40∶60 的比率分成两片,供一群家畜利用,在放牧季开始时,可在较大的地块上放牧 2 周。牧草生长最快期间在较小的地块上放牧,让较大的地块生长 5～7 周,然后收割作青贮料。牧草生长中期,在较大地块上放牧,同时在较小地块上施肥,让牧草生长 5～7 周,然后收割做青贮料。牧草生长后期,家畜可在整个牧场上放牧,有效利用面积按 1∶2∶3 的比率递增,因此叫"1、2、3"放牧法。

此法的优点是可使家畜有相当的自由来选择牧草,过剩牧草还可刈割青贮,管理方便,需较少的围栏和供水设备。此外,还有保护草场和抑制寄生虫发生的作用。此法特别适合放牧幼牛、青年牛和奶牛,也可放牧羔羊,但不适合放牧成年羊。

4. 零度放牧

零度放牧又称机械放牧或割青舍饲,就是用机具把草地上的牧草割下后,运回畜舍饲喂家畜。该方法主要用于奶牛,不适合放牧的草地,或面积较小的草地。优点是可以减少家畜对草地的践踏,对牧草利用较均匀,能掌握适宜的刈割期,提高草地载畜量。缺点是牛吃了质量较低的牧草,机械设备的成本和维修费用较高,需要把粪便运回草地,家畜缺少运动。

8.5 放牧家畜的组织与管理

放牧地的合理利用,必须根据不同种类家畜的采食行为、生长特性和生产需要,进行合理组织和管理,充分发挥草地生产力,保证畜牧业的高产、稳产。

8.5.1 放牧家畜的均匀分布

在草地放牧系统中,动植物的互作关系影响着生态系统的多样性。因此,动植物互作关系在草地生态系统中显得尤为重要,草食家畜的行为对草地植物多样性和维持草地生态系统稳定性起着十分重要的作用。草食家畜通过对草地牧草的采食、践踏直接影响草地的数量、草地植物的多样性和局部物种的丰富度。在高生产力群落中,草食家畜的作用可能要小于群落物种间竞争的作用,一些在竞争上占劣势的植物种因竞争而被排除,导致群落物种多样性降低。

由于草食家畜的选择性采食,草地植物的数量会影响家畜数量的分布。在排除人类干扰的前提下,草地生态系统中家畜和植物数量会在时间维度上向正相关发展,即家畜数量增多,植物相应减少，家畜随之数量减少；家畜数量的减少会导致植物数量的增多，进而不断地重复这个过程。所以动植物之间的互作关系在维持草地生态系统中起着至关重要的作用，如果有外来因素的干扰，如人类的活动，会破坏动植物的互作关系，进而破坏草地生态系统的平衡。

草地放牧家畜的均匀分布与草地的合理利用有密切关系。影响畜群分布的因素有3种。

(1)植被类型　家畜对某些植物有嗜食的习性。但家畜喜食某种植物，可能会使家畜集中。

(2)地形　地势起伏影响植物分布，如牛喜欢平坦的地势，山羊喜欢爬高。

(3)家畜采食行为　如牛喜欢采食株丛高大的草类，绵羊喜欢采食株丛低矮的草类；绵羊夏季顶风采食，冬季顺风采食。

在一定的放牧时期内，如果放牧家畜的分布不均匀，会造成草地不能均匀利用，如局部地区利用率过高，而局部地区草地退化。减少家畜集中的方法有4种。

(1)开发水源　布局合理的饮水点，缩短饮水半径，开发无水草场的水源。

(2)喂盐　根据草地状况变化补盐地点。

(3)播种不同植物　针对放牧家畜的采食行为，选择并补播合适种类的牧草。

(4)控制畜群　采取赶牧、领牧或栏牧的方式，控制畜群的行走和采食速度。

8.5.2 放牧家畜采食行为

不同种类的家畜，其采食习性不同。放牧家畜食草时对牧草种类、同株植物的不同部位、同株植物的不同成熟阶段是有选择的。这种选择决定于牧草的适口性。适口性受植物的生长期、生物学特性及土壤肥力的影响。

家畜不采食本身粪尿污染的牧草。在羊粪附近生长的草，牛会采食，而绵羊则不食。在限制草地上，家畜挑剔较少，如无其他选择，在饥饿状态下也采食被污染甚至有毒有害成分的牧草(如醉马草)。

一般牛、羊采食绿色植物优先于干枯植物，叶片优先于茎秆。从营养角度看这两者在多数情况下都是有利的。但在茂盛的改良草地上，这种选择所采食的牧草富含蛋白质，而易于发酵的碳水化合物摄入较低。家畜在选择牧草时常受心理、生理、机械因素的影响。表8-10为部分牛、羊在天然草地放牧时采食各种牧草的比较。

表8-10　部分牛、羊在天然草地放牧时采食各种牧草的比较　　%

家畜	禾本科或豆科	阔叶杂草	灌木
肉牛	70	15	15
绵羊	50	30	20
山羊	30	10	60

8.5.2.1 牛的采食行为

牛在放牧时采食的草类很广泛。牛喜食高大、多汁、适口性优良的草类。禾本科、豆科牧草是牛最喜食的草类。菊科、莎草科的苔草属、蔷薇科、十字花科和伞形科等一些草类，也都是牛喜食的草。牛不喜食味苦、气味大、含盐量高的牧草，不喜食粗糙、有茸毛的草类。牛对于多数的灌木都不喜食。牛在放牧地采食均匀，不大选择嫩草，也不采食过重，利用后的再生草发育正常。

禾本科、杂类草和豆科牧草组成的草甸，亚高山及高山草甸都是牛群极喜食的牧草。牦牛对于高山蒿草草甸能很好利用。牛对草原型（针茅、羊茅等）放牧地的利用不及绵羊和马。如内蒙古草原，牛基本采食的草类是草甸型和草原型禾草。对荒漠草原牛还能利用，但适于牛群的牧草种类不多，只能利用一些细小的禾草和一部分杂类草，如蒿类。牛对南方草山也能利用，一些禾本科芒属牧草，在幼嫩阶段，牛能利用一部分。随牧草老化，利用降低。对改良后的草地，牛能很好利用。奶牛对于栽培的牧草，如无芒雀麦、羊草、黑麦草、苜蓿、三叶草等都极喜食，但豆科牧草草地易引起臌胀病，如与禾本科草混播，可避免发生臌胀病。

一般情况下，一群牛常以一活动单位同时进行采食，慢慢移动。牛连续采食牧草时间长短变异很大。在草高 20 cm 左右时可能啃草最长达 30 min；在贫瘠草地放牧，行走与啃草总时间延长，反刍缩短；茂盛的草地采食频繁，反刍时间延长。

牛对牧草采食的选择性较明显，通常会依照体内营养需要调整适当的采食量来满足自身代谢的平衡。不同生产性能和不同生长时期的牛，对饲草料的需求不同。牛食草较均匀，用舌卷入牧草，然后用臼齿把草初步嚼碎吞咽，卧地休息时再反刍磨碎成食糜。牛可在夜间放牧。牛一天的牧食行为模式中，通常采食 4～9 h，反刍 4～9 h，饮水 1～4 次，卧地休息 9～12 h（图 8-16）。

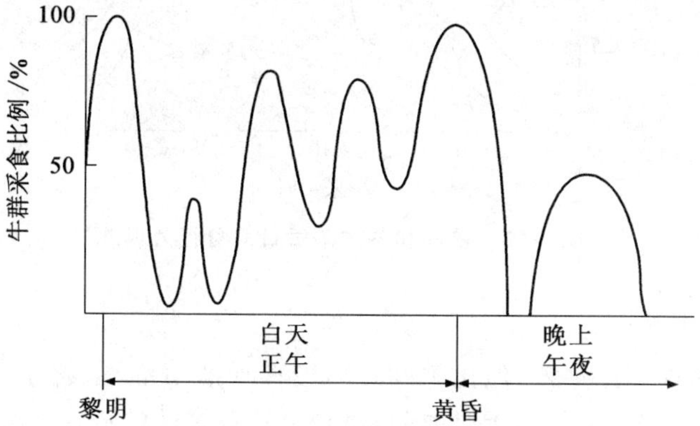

图 8-16　牛每日牧食行为模式

8.5.2.2　羊的采食行为

羊采食的草类范围比其他家畜广泛。无论青草、干草、灌木以及其他家畜所不爱采食的各种杂草，绵羊大都能利用，山羊还能利用绵羊不能攀登的陡坡上的牧草。羊喜食多汁的含盐的有气味的或有苦味的各种牧草。几乎所有草原中的自然植物，羊都能利用或利用其一部分。羊善于采食矮草，也能利用其他家畜放牧后的再生草，利用草地的程度比其他家畜高。因此，在草地植被的各地带，都有绵羊的适宜放牧地，羊的放牧地分布较广。细毛羊对灰分含量高的草地利用较差，较适于禾本科草地及荒漠草原。肉脂兼用的绵羊（肥尾羊），对草类要求较低，能适应荒漠草地。羊喜食嫩草及植物的幼嫩部分，尤其喜移动采食，常喜采食绿叶的尖部。良种羊，如美利奴羊的选食性强。当草类不合适时，绵羊常去远处采食。绵羊喜迎风牧食，但不喜在一天最热时采食，热时常喜躲在荫蔽处，集中在一起。

内蒙古草原有适于绵羊的丰富草类。禾草中的羊茅、冰草、针茅等以及蒿类、葱类、苔草类和一些杂类草，都适于羊群利用。在荒漠草原，适于绵羊的草类也很丰富，主要是小丛禾草（数种针茅)、蒿类、葱类和多种猪毛菜。荒漠草原中适于绵羊的草类较缺乏,但绵羊能利用其中的灌木和半灌木类,如猪毛菜类。山羊特别喜食嫩枝和木质饲料,选食性很强,但在系留放牧时,能吃各种草类。山羊能在峻峭和干燥的岩石地放牧。

栽培草地可以有计划地生产饲料,以补充天然草地的不足。苜蓿草地及苜蓿与禾本科草混播的草地、三叶草和黑麦草混播的草地是羊的优良放牧地。放牧种用羔羊、肥育羔羊都有良好效果,也可放牧成年绵羊。但单一的豆科牧草草地用作放牧时,必须注意臌胀病的发生。红豆草草地是绵羊放牧的优良放牧地,而且无臌胀病的为害。

羊群一般在白天放牧,且采食不连续。羊在一天中,平均采食 4～7 次,总采食时间约 10 h,反刍达 15 次。绵羊合群性强,性情温顺,耐寒怕热。山羊活泼好动,喜欢登高,喜食灌木。山羊可以采食绵羊不能利用的木本枝叶饲料。夏季和冬季羊每日采食行为模式见图 8-17。

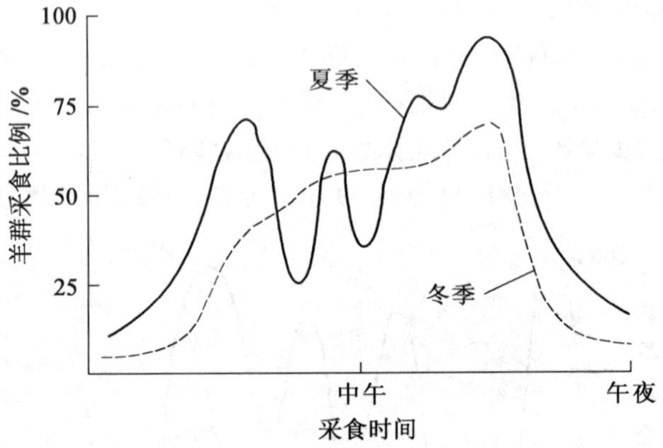

图 8-17　夏季和冬季羊每日采食行为模式

8.5.2.3　马的采食行为

马对牧草种类的选择比牛差,但比羊好。马极喜食细小草丛,善于利用干燥的草类,主要是禾本科草,如羊茅、针茅、冰草等所组成的草地,也喜食多汁的草甸禾草和抽穗前的芦苇及一些苔草。如在内蒙古草原,马特别喜食营养价值高的羊草,如苦的和有气味的蒿类,也喜食一些干燥的藜科植物,如猪毛菜、优若藜等。马也很喜食细小的杂类草,但对这些草的嗜食性不如绵羊。马也喜食一些多汁的草类,特别是豆科牧草。马还可以利用各类干草原。在荒漠草原上,基本依靠采食细小的旱生禾草。荒漠草地往往缺少马群喜食的草类,只有盐生荒漠草甸中的细小草类,马尚喜采食。为了加强马群的锻炼和保护关节、蹄腱的发育,具有紧密生草土的干燥草地应放牧马群。

马的放牧,常分为四季放牧地。春季产驹时期的放牧地,要有早春生长的营养良好的牧草,天然草地常选择山麓阳坡干燥温暖的地区。夏季利用一般的草地,马群可以得到充足的营养物质,蚊蝇多时可选择地势高的地方。秋季家畜抓膘,再生草地、低湿地和盐碱草地都可利用。冬季天寒,草枯必须慎重选择越冬放牧地。优良的放牧地,应尽量分配给怀孕马及幼驹采食,并准备补充干草。人工栽培草地同样是马的优良放牧地,尤其是猫尾草,是马的最佳牧草。

8.5.2.4　骆驼的采食行为

骆驼对于草类的选择性最差,一般认为它最能利用粗糙的草类和灌木,但同时饲用价值高的草类时,骆驼首先选食价值高的草类。骆驼善于利用有气味的、苦的、灰分含量高的和具有茸毛、棘刺的植物。骆驼喜食藜科、菊科、十字花科等草类，也喜食豆科牧草，对于禾本科牧草不如其他家畜喜食。

荒漠草地上的草类，大部分都适于骆驼采食。如内蒙古荒漠草地，都适合骆驼放牧。灌木型猪毛菜类如珍珠、短叶节枝藜、梭梭及白刺（蒺藜科）、麻黄等，骆驼都喜欢采食。在草原，骆驼多利用禾本科牧草、蒿类及豆科的灌木。骆驼不善于利用高山草地。在森林草原，骆驼采食不到含粗灰分高的草类，对于林下杂类草及草甸植物都不喜食。

8.5.3　畜群的组织

各种家畜对放牧地条件的要求和采食习性各不相同。这反映在品种、年龄、性别、生产性能等各个方面。按这些差异进行分群，可以使畜群对放牧地的要求比较一致。

如果按家畜种类分群，而不按畜群特点分配草地，只能做到畜群管理的便利，而达不到充分发挥草地生产力的目的。不同的畜群，对草地的要求各不相同，都应根据草地的特点分配给适合的畜群利用，如高产的奶牛群和肥育后期的肉牛，应当分配给产量高的优良草地，高草的禾本科草地分配给马群等。

家畜一般按种类、性别、年龄等分群。如牛群可分成奶牛群、干奶牛群、犊牛群、育成牛群、肥育牛群；马分成种马群、繁殖母马群、幼驹群、育成马群；羊可分成繁殖母羊群、羯羊群、羔羊群、种公羊群。当家畜数目不多时，羊与牛可以混合组成一群。畜群的大小，大致如表 8-11 所示，但须根据草地的情况和载畜量适时加以调整。

表 8-11　畜群家畜数量组成

畜群	平坦旷野放牧地	林区放牧地
马群（繁殖母马、育成马）/匹	350～400	100～200
幼驹/匹	100～200	50～100
1 岁以上牛群/头	100～200	50～60
犊牛群/头	40～50	40～50
繁殖母羊		
细毛羊/只	500～600	250～300
半细毛羊/只	600～800	300～400
粗毛羊/只	700～1 000	350～500
羔羊群/只	700～1 000	350～500
羯羊群/只	800～1 000	400～500

（引自贾慎修，1995）

8.5.4　放牧家畜的作息时间

作息时间是放牧家畜在一昼夜中的时间安排。畜群的作息时间可以考虑下列几个过程：放牧、挤奶、饮水、补料（精料或青饲料）、休息。家畜习惯了放牧日程，可以提高生产力。改变放牧日程，会引起家畜的不正常反应。如要改变放牧作息时间，应逐渐进行。

拟订放牧作息时间，应按季节、气候变化、牧场条件和家畜的习性做适当的布置。春季和初夏，白天的全部时间都可以用来放牧，炎热的夏季则利用早晨和晚上放牧，注意应把一天中家畜最爱采食的时间用来放牧。每天放牧时间，成年家畜在春季每天至少 10 h，夏季 12～13 h，秋季 8～10 h。各种家畜采食的情况不同，放牧时间也不同。完全放牧，不补饲的家畜，每天放牧时间不得少于 10 h。草地植被稀疏低矮时，应延长放牧时间。全天放牧时间可分为 2～3 段，每段 3～6 h。各段间隔时间为休息时间，此时可进行反刍。这对反刍家畜特别重要。

我国草原地区放牧家畜在作息时间上存在的主要问题是放牧时间不足。据调查，实际的放牧时间(不包括走路、休息)一般是 8～9 h，有时只有 6～8 h，甚至只有 4～5 h。另外是放牧时间不符合放牧家畜的自身规律，最常见的错误是按人的生活习惯来规定家畜的作息时间。

8.5.5 放牧家畜的供水和水源保护

在放牧中及时饮水，可以提高家畜的食欲，促进采食，有利于维持畜体健康和提高家畜的生产性能，并能更好地利用放牧地。放牧时应保证家畜能按时饮上足够的清洁水。清洁的河流、井水和流动的池塘是良好的水源。停滞的水或污水，不利于家畜的健康。水中应不含或尽可能少含矿物质。良好的饮用水，每升中所含的矿物质总量不应超过 600 mg，允许饮用的水每升中矿物质总量不应超过 5 000 mg，其中钠盐低于 320 mg，钙盐低于 150 mg，镁盐低于 100 mg，氯化物低于 480 mg，硫酸盐低于 400 mg。

不同家畜的饮水量是不同的。一般牛和马每天需要 40～50 kg，1～2 岁幼畜需要 25～30 kg，绵羊和山羊需要 3～5 kg，羔羊需要 1～2 kg，骆驼 2～3 d 饮一次水，需要 60～70 kg。家畜饮水量因各地区气候差异而不同。如内蒙古东部牧区家畜需水量比西部地区高，南方一些高山草地因牧草含水量大，夏季绵羊放牧一般不需额外饮水。以草地类型而言，牧草越好，家畜采食越多，每日饮水量越多，反之则饮水量减少。此外，因季节不同和天气变化，需水量也不同，阴雨、冷凉天气需水量少，炎热多风天气需水量多。如马的饮水量冬、秋季较夏季减少 30%，绵羊减少 50%。

饮水次数因家畜种类、气候状况、饲料含水量不同而不同。春季至少每天饮水 3 次，夏季每天 4 次，最好 2～2.5 h 饮 1 次水。成年马、干奶牛每天应饮水 2 次，羊每天饮水 1～2 次。

放牧要保证家畜有充分的饮水，同时饮水点要便利。如果放牧草地面积大，饮水点不能太少，饮水点的距离不能太远，以免家畜因饮水耗费体力太多。设置饮水点应因地制宜，利用各种水源合理布局，建立供水网。建立饮水点的距离，应以家畜饮水往返不觉疲劳、不延误家畜的饮水时间来规定饮水半径。饮水半径应根据家畜品种、年龄、季节及地形等因素而定，一般牛羊饮水半径在 1.5～3 km，牦牛在 2～5 km，马在 3～6 km，乳畜、母畜、幼畜及体弱、病、老畜的饮水半径应短些。冬季和春季饮水半径可以较长。在丘陵起伏地区，饮水半径可以缩短 30%～40%。干旱草地，冬季地面有积雪，饮水半径可以扩大。牧草丰盛和水利条件好的草地，饮水半径可以缩短。

牧场供水点，必须有提供人、畜供水的各种建筑物和设备，包括集水建筑物、提水设备、蓄水池、饮水槽及饮水台等(图 8-18)。为了避免家畜的践踏和粪便污染，水源应予以保护。贮水的地点如蓄水池须用围栏围护；在饲喂时将水引入饮水台的饮水槽内。

饮水台周围应设排水沟，排出污水和家畜粪尿。污水要排到距井 100 m 以外的地方。蓄水池的作用是调节单位时间(日或数日)的用水量，容积大小根据水源和日需水总量而定。蓄水池的位置尽量靠近机井房，池底要高于饮水槽的顶部。池形可以是方形、圆形或长方形。修池的材料有砖、石块、混凝土等。总的要求是坚固、耐用、不漏水。

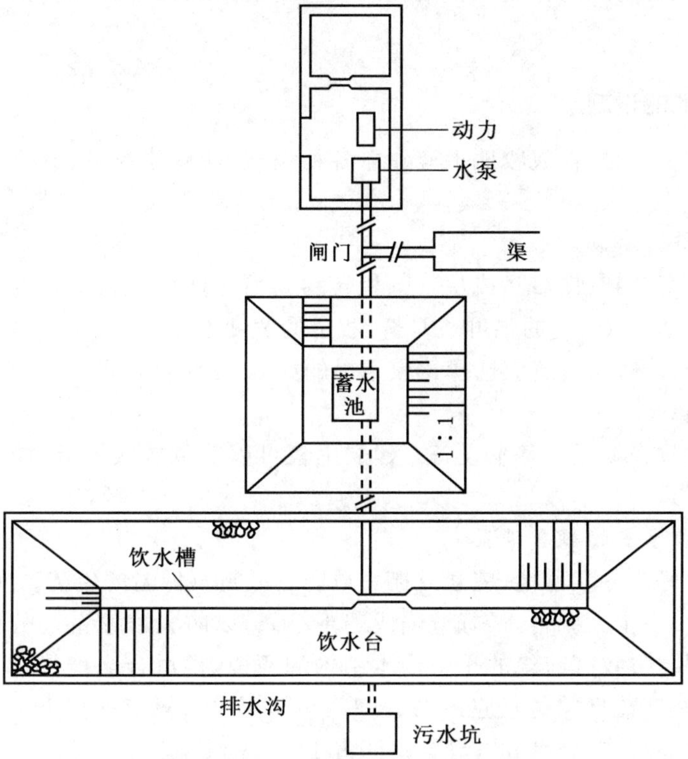

图 8-18　家畜饮水站建筑物及平面布置图

(引自贾慎修,1995)

8.5.6　放牧家畜的补饲

放牧家畜对营养物质的常年需要性与牧草生长的季节性构成了明显的矛盾——季节不平衡。在正常的放牧条件下,家畜不必补饲。但在天寒草枯、牧草数量不足、质量太差时,应该补饲,以改变这种不平衡状态,其中最重要的是补饲干草。在草原牧区,每年贮草备草,对于高产家畜还可以补饲少量精料、多汁饲料和矿物质饲料等。此外在配种季节,对于良种公畜的补饲,根据具体情况还要特殊照顾。

矿物质是各种家畜维持正常生长和发育必不可少的。虽然它的需要量不多,但不能缺少。尤其对幼畜、孕畜及高产家畜应重视矿物质的补给。矿物质的补给一般采用两种方法:一种是自然补给,另一种是人工补给。所谓自然补给是在放牧饲养时,经常把家畜放牧于牧草含矿物质高的草地,让家畜采食藜科等植物如优若藜、猪毛菜、盐爪爪,以增加体内矿物质营养。特别在春、秋两季,使家畜在耐盐碱植物多的草地上放牧,可以促进家畜的食欲,恢复体重和增膘。人工补给是将矿物质饲料,按家畜矿物质营养需要补给。例如,食盐是牧区作为矿物质主要补给饲料之一。按各种家畜的需要,绵羊每月补给量为 0.25～0.5 kg,山羊 0.15 kg,马 2 kg,牛 1.0～3.0 kg。可将食盐溶于水中或与补料混合喂给,也可以单独放在槽内让家畜舔食。

畜牧业发达的国家,经营放牧畜牧业时,根据土壤营养成分的测定,对缺少的矿物质元素进行人工补给。一般是将缺乏的矿物质制成药丸,如碘丸、镁丸等,喂给反刍动物,使动物自行吸收，也可达到补充矿物质的作用。我国牧区某些山地草地缺乏碘、硼、钼等微量元素的现象极普遍，必须补充。

8.5.7 放牧地的设施

家畜进行放牧饲养时，在放牧地上应建立各种设施，如修建牧道、放牧地围栏、停歇处、棚圈等。

8.5.7.1 牧道

牧道是家畜从畜舍到放牧地，或从一围栏转移到另一围栏或饮水点的通道。牧道的宽度要使畜群能自由移动。100 头的牛群或马群，牧道的宽度不应少于 10 m；600～700 头的羊群，牧道宽度 30～33 m。修筑牧道应选择比较干燥的地方，尽量利用原有的道路。

8.5.7.2 围栏

围栏是经营放牧畜牧业的基本设备。建立围栏可以节省放牧人员，便于草地的管理和利用，提高草地生产力。

8.5.7.3 放牧家畜的棚舍设置

在经济条件较好的冬春草地，应建立棚舍以防御风雪及低温的侵袭。应注意光线充足，向阳避风，地面干燥。一个大棚舍，最好分隔成若干小间，以防大群家畜过分拥挤，互相干扰，不能安静休息。我国北方牧区建筑的土(石)木结构的棚舍，很适合当地使用。各种家畜棚舍所需要的建筑面积为：产羔母羊每只应占 1.1～1.6 m^2，羯羊每只应占 0.7～0.9 m^2，奶牛每头占 4～5 m^2，幼年母牛每头占 2～3 m^2，母马每匹占 12～13 m^2，公马每匹占 13 m^2。

天气不太冷的地区，不必建立棚舍。但为了管理方便及防止兽害，有条件的地方最好设立畜圈。圈舍内部应保持干燥，勤垫干土，防止腐蹄、流产等疾病发生。

8.5.8 放牧家畜的日常卫生管理

家畜是促进畜牧业生产，实现植物性生产向动物性生产转化的生产者，确保放牧家畜的健康，是顺利进行放牧畜牧业生产的基本保证。只有具备健康体魄的家畜群体，生长机能旺盛的个体，才有可能完成将牧草高效转化为畜产品的生产任务。因此，做好放牧家畜的卫生管理工作始终是放牧家畜管理的重要内容。

1. 驱虫

寄生虫病是影响放牧家畜生产性的重大隐患，患寄生虫病的家畜重者会死亡，轻者也会使畜体消瘦、发育受阻、繁殖力低下、生产性能降低，从营养的角度来看“驱虫如补饲”，足见驱虫对保膘的重要作用。

各类寄生虫都具有各自的生活史、生存条件和传播途径。因此，查明所患寄生虫种类，破坏或打断其生活史，消灭和杜绝寄生虫存在的传播条件，注意草地和畜体的卫生，供应清洁的饮水，不到易感染寄生虫的低湿草地放牧，是预防放牧家畜寄生虫病的有效措施。每年春、秋两季定时给家畜进行药物驱虫，是防治放牧家畜寄生虫感染的常规方法。例如，家畜的蠕虫病是一种常见寄生虫病，由被寄生家畜粪便中排出的蠕虫卵一般经过 6 d 后可转变为可感染健康家畜的幼虫。家畜在草地放牧时，无序的移动和在一地过长时间的滞留，极易采食到附着蠕虫幼虫的牧草而引起蠕虫病。因此，在划区轮牧时，只要不在同一片草地连续放牧 6 d 以上，就可大大减少家畜感染蠕虫病的机会。

2. 药浴

药浴是防治家畜体外寄生虫和皮肤病的主要措施，对绵羊、山羊类家畜的痒螨病（疥癣病）等皮肤寄生虫病的防治尤为重要。

药浴可用药淋或药浴的方式进行，药浴时应使用国家允许使用的杀虫剂的水溶液。药浴应选择在晴朗无风天气的早晨进行。药浴的水温最好保持 20～30 ℃；剪毛后 2～3 周的羊，药浴浸泡 1 min 左右。药浴时应注意以下事项。

（1）药浴前 8 h 应停止放牧，在入浴前 2～3 h 给家畜饮足水，以避免家畜进入药浴池或在喷淋的过程中吞饮药液。

（2）药浴前将健康畜与病畜分开，依健康畜先药浴，病畜后药浴的次序进行。病弱畜和有外伤的家畜暂不药浴。公畜、母畜和幼畜要分批药浴，以便依畜调节药液的浓度。

（3）药浴时工作人员应有意识地将家畜头压入药液内 1～2 次，以使头部同样接受药液处理。家畜经过药浴后，应在滴流台上停留 20 min，以使多余药液流回药池。

（4）药液处理后的家畜应首先赶到阴凉处休息 1～2 h，然后就近放牧。须注意天气的变化，防止感冒等疾病的发生。

（5）药浴结束后，要妥善处理药液，以防止家畜误食中毒和污染环境。

3. 出圈时放牧家畜的管理

出圈通常指放牧季节的开始，是家畜由舍饲转入放牧饲养的转变。此时，家畜面临饲料、饲养方式、休息时间、饲养环境等条件的重大变化，此时要加强畜群的管理，重点做好以下工作。

（1）为保持家畜的体能，增强家畜对自然环境的适应能力，在出圈和转入舍饲前，或在进入冬季放牧地前，应分别进行两次药物驱虫，预防寄生虫的传播。对体外寄生虫则及时采用药淋或药浴的措施。

（2）放牧家畜在出圈前还应进行预防接种，即将各种疫（菌）苗注入未发病的畜体，使其产生免疫力，消除疾病传染的可能性。预防接种可采用皮下注射、肌内注射、皮内接种、口服疫苗和喷雾疫苗等多种方式。

（3）为了检查放牧效果，在出圈前后应定期测定家畜的体重，并进行记录登记。畜体称重不宜过于频繁，并用地磅秤等专用设备进行，防止过分干扰。

（4）进行适当的干草补饲。家畜出圈后，由舍饲干草转为青草，这种饲料的突然改变，常会引起家畜消化道疾病的发生。尤其在出圈之初，家畜转入青草地放牧，往往由于贪青而引起腹泻，重者甚至可因下痢而死亡。所以在春季出圈之时，应适当严格控制放牧，避免“抢青”“跑青”现象的发生。同时应补饲适当数量的干草或其他补充饲料，使家畜顺利完成由舍饲向放牧的过渡。

8.6　放牧与环境

草原是世界陆地生态系统的主体类型，占陆地生态系统总面积的 16.4%，其碳素储量约占陆地生态系统碳素总储量的 15.2%，草原生态系统对维持全球和我国碳平衡起着重要的作用。作为最主要的人类活动，放牧在内蒙古草原已经有 6 000 年的历史。从长期来看，家畜的践踏和啃食作用不仅大大减少了植物向土壤碳库的物质输入，改变了碳水化合物的再分配，而且改变了土壤的物理性状，并可能导致土壤的退化和沙化。放牧不仅恶化草原地区的生态环境，而且可能对全球大气温室气体的收支情况产生影响，从而引起全球气候变暖。此外，放牧还会对草原植物多样性、动物多样性产生影响，从而影响群落的动态演替，超载放牧还会造成放牧系统失调，引起草场退化。

8.6.1 放牧与气候变化

草地生态系统的碳循环是维系陆地生态系统的基本机制之一，并与陆地生态系统的维持、发展和稳定性机制等相联系，尤其是温带草地生态系统有着不同于其他生态系统的独特的生物地球化学过程，并在我国占据着特殊的生态地理位置(大部分位于生态脆弱带上)，对气候和环境变化反应十分敏感。草原土壤作为大气中温室气体的源或汇，在全球气候变暖的过程中起着不容忽视的作用。草原土壤温室气体的排放受到土壤性质、气候条件及放牧条件等综合因素的影响。

8.6.1.1 草地生态系统在气候变化中的作用

草原作为占地球陆地面积 24%的自然植被，碳的固定量占陆地生态系统碳库总量的 15.2%，其碳储量仅次于森林。世界各地草地生态系统碳的储存量差异很大，中国草地 85%以上的有机碳分布于高寒地区和温带地区，高寒草甸、高寒草原和温性草原的碳储量占全国草地总碳储量的 51.1%，内蒙古东部、天山和藏南等草地起着明显的碳汇作用。草原黑钙土与栗钙土的腐殖质层与冻原泥炭层中储藏大量碳素，使草地与森林和海洋并列为地球的三大碳库，在碳循环中起着重要作用。虽然草地的特殊气候和地理条件决定了草地的弱碳汇特性，但由于总面积大，其总固碳量仍然十分可观，因此，草地生态系统碳储量的变化，碳汇功能的强弱，对全球气候变化具有重要影响。

草原生态系统中植被与土壤之间构成一个相互作用、相互影响、相互制约协调发展的统一系统。过度放牧导致了干旱和半干旱草原生态系统显著的改变，对土壤和植物产生破坏。以温室气体为主要驱动力的温室效应，使全球地表气温上升了 0.3～0.6 ℃，由此衍生了冰川融化、海平面上升、干旱等生态问题。温室气体一般包括水汽、O_3、CO_2、CH_4、N_2O以及其他人造的温室气体，其中 CO_2 是人类活动引起其数量增加和温室效应增强的最重要的温室气体。

根据全球碳循环的路径，降低碳源，增加碳汇是解决 CO_2 和 CH_4 温室气体增加问题的根本途径。在全球尺度上，碳源主要来自化石燃料的燃烧以及土地利用的变化。陆地生态系统和海洋吸收二氧化碳成为碳汇。在经济快速发展的背景下，减排碳源困难重重，提高植物固碳，增加生态系统的碳储藏相对更经济有效。

8.6.1.2 放牧活动对草地温室气体源汇功能的影响

放牧草地生态系统碳的贮存包括草地植物、草地家畜、草地凋落物和草地土壤四大碳库。植物光合作用是草地生态系统固定碳的主要渠道，起碳汇作用；草地家畜消耗牧草，呼出 CO_2，排出 CH_4，是草地的碳源。草地凋落物是枯死的草地植物残体在土壤表面积累形成的碳库，是草地植物向草地土壤输出的碳流，是草地贮藏碳的一种形式；草地土壤碳库是土壤有机碳、无机碳的总和，参与生物地球化学循环的碳以有机碳为主。据估算，全球草地生态系统碳储量约为 569.6 Pg，其中植被层为 72.9 Pg，土壤层为 496.6 Pg，草地土壤是草地碳的巨大贮存库，其碳储存量占草地生态系统总储碳量的 90%左右，草地土壤碳库的微小变化都会对大

气 CO_2 浓度产生巨大影响。草地土壤碳的变化是决定草地碳汇与碳源转变的关键。草地退化后，土壤的理化性状恶化，有机质含量下降，土壤呼吸加强，就使得草地由碳的弱汇变成碳的强源。

人类的各种经济活动最终通过植物、土壤等途径影响草地的碳循环，放牧是人类经济活动影响草地碳汇功能的最普遍形式。放牧首先影响草地植物的碳固定。一般而言，热带草原的净生产力和碳固定量大于温带草原。在温带草原区，草地的碳固定量变化趋势与降水量的变异大体一致，而其承受干扰的能力与之相反。放牧与封育的区别在于封育条件下草地植物的生产量大部分以凋落物的形式流向土壤，可以转换为土壤的有机碳贮存，成为碳汇，而在放牧系统中，植物产品则大部分流向家畜，变为碳源。有研究表明，放牧草地植物总碳储量、地上与地下碳储量，以及地上活体、立枯物和凋落物的碳储量均显著小于围封草地，放牧降低草地植物的碳储量。随着放牧强度增加，草地植物的生产力下降，现存生物量降低，草地植物碳库无论固碳量还是贮存碳量均降低，草地植物的碳汇功能减弱。

过度放牧促进草地土壤的呼吸作用，从而加速碳由土壤向大气中的释放，使放牧草地生态系统成为碳源。过度放牧时，草地土壤结构遭到破坏，土壤有机碳会迅速氧化而释放出大量二氧化碳，使放牧草地系统转变为碳源。很多研究表明，适度放牧对草地植物生产力和植被覆盖度无明显影响，草地土壤碳储存量不会受到很大影响，放牧家畜排泄物的输入还增加土壤碳的贮存。但当过度放牧引起植被覆盖度和植物生产力下降时，放牧就不仅影响土壤的性质，还通过土壤养分、水分供应等影响植物生长，放牧的采食直接控制植物地下根系生物量，植物向土壤的碳流通量大幅度下降，并且土壤裸露造成地表水土流失和风蚀，使土壤有机碳损失增加，活性炭组分含量显著降低，土壤成为碳的弱汇。据估算，过度放牧时草地地上净初级生产量只有 20%～50%归还土壤，因此土壤有机碳含量随放牧强度增加而不断减少。我国草地经过 40 年的过度放牧，表层土壤(0～20 cm)中碳储量已降低了 12.14%；1986—2001 年，过度放牧导致内蒙古阿拉善地区草地表层土壤(0～20 cm)有机碳含量损失了 25.2%。自由放牧 22 年后，内蒙古锡林河羊草草原群落 0～10 cm 和 10～20 cm 土层土壤微生物碳含量分别下降了 27.9%和 12.8%，易分解碳含量分别下降了 22.0%和 12.6%。

在放牧干扰下，草原土壤和植物系统与大气间 N_2O 和 CH_4 的交换通量均受到一定的影响。但总体上，放牧不会改变草地生态系统作为大气中 N_2O 的源和 CH_4 的汇的基本性质，只是过度放牧促进 N_2O 排放，降低对 CH_4 的吸收，使草地对温室效应的相对贡献加强。

8.6.1.3 放牧家畜与温室效应气体

CH_4 和 N_2O 的“增温效应”分别是 CO_2 的 63 倍和 270 倍，虽然现在上述两种气体在大气中含量较低，但不能低估其温室效应。根据 FAO 的统计，传统畜禽养殖活动产生的温室气体占全球排放总量的 18%，其中 N_2O 和 CH_4 两种气体占排放总量的 50%以上和 80%以上，而且每年以 2.34%的速度增长，反刍动物甲烷气体排放占甲烷排放总量的 1/3 以上。

目前针对放牧草原土壤温室气体排放研究日益增多。然而，由于气候条件、放牧条件以及研究区域的差异，学者们的研究结果都不尽相同。放牧草原土壤温室气体的排放都呈现日变化性、季节变化性、年变化性。

家畜踩踏对放牧草原土壤温室气体排放影响与放牧条件有关。不同的放牧畜种体重不同，体重相对较大的家畜会加重对放牧草原的踩踏程度。长时间的连续放牧也会加重对放牧草原的踩踏程度。此外，高频度的放牧以及高载畜率也会加重对放牧草原的踩踏程度。有研究显示，家畜踩踏对放牧草原土壤温室气体排放影响存在着阈值效应，因此，所有这些放牧条件达到一定程度时，家畜的踩踏行为便会严重影响放牧草原土壤温室气体排放。

排放甲烷是反刍动物的消化系统特性之一，是草地放牧系统中不可避免的现象，但如果科学管理，可以降低其排放总量。研究发现，反刍动物的甲烷排放量与其日粮组成有关，甲烷排放量与饲料中水溶性碳水化合物含量呈正相关，与氮含量呈负相关，增加豆科牧草的比例有助于减少家畜的甲烷排放量。反刍家畜氮的排泄总量与干物质采食总量及饲料构成有关，有研究表明豆科牧草的比例与粪尿的 NH_3-N 含量有关，总氮排放量与水溶性碳水化合物含量呈负相关。秸秆青贮、氨化和微贮等实用技术可提高秸秆消化率，也可使单个牛羊等反刍动物甲烷排放减少 5%～10%，秸秆粉碎和颗粒化，也可以减少甲烷的排放量，这在放牧家畜补饲管理中非常重要。

粪尿斑的覆盖率与放牧条件有关，也与放牧畜种直接相关。不同畜种的排泄量和排泄频率都不尽相同，而且不同的放牧条件以及不同放牧季节也有影响。当放牧家畜相对固定的情况下，不同的放牧制度可能会对粪尿斑覆盖率的影响起着主要作用。随着载畜率的增加，放牧家畜数量也会随之增加，这会导致粪尿斑的覆盖率面积增大进而增加了放牧草原土壤温室气体排放的能力。此外，放牧时间和放牧频率也会对此产生影响，放牧时间和放牧频率不仅会增加粪尿斑的覆盖率面积，而且随着放牧时间和放牧频率的增加，将会有新粪尿斑不断产生。虽然粪尿斑对放牧草原土壤温室气体排放的影响不具有长期性，但是新粪尿斑的频繁产生，将会加重粪尿斑的影响作用。由此可见，相对高载畜率的放牧会加重粪尿斑对放牧草原土壤温室气体排放的影响，而相对低载畜率、低放牧频率的轮牧方式更有利于削弱粪尿斑对放牧草原土壤温室气体排放的影响。

从生产管理的角度，提高放牧家畜的生产性能，减少饲养总量，既能减少放牧对草地的压力，又能减少甲烷等温室气体的排放总量。固定放牧方式，在放牧定居点的家畜圈舍周围，家畜粪尿大量堆积，是草地环境的污染源，也是温室气体的排放源。利用甲烷菌发酵处理家畜排泄物的沼气应用技术已经成功地应用于世界各地，既能解决环境污染问题，又能生产清洁能源，是低碳畜牧业的良好选择，但其普及需要政府的大力推动。

8.6.1.4 气候变化对草地温室气体源汇功能的影响

温室效应表现为大气 CO_2 和气温同时升高，而这两者同时影响草地植物的光合作用，也同时影响土壤呼吸作用，这两个因子结合起来，对各地草地生态系统有不同的影响结果。在降水量较多的低温地区，温度升高延长了植物生长期，有望提高草地植物的碳固定总量。在缺水地区，温度升高将加剧系统的蒸散，水分成为植物固碳的限制因子，CO_2 浓度提高的效应很弱。

气候变化从两方面影响土壤碳储量，一是通过影响植物固碳量改变由植物库到土壤库的碳通量，二是通过影响微生物的活动改变土壤碳的呼吸输出。植物库到土壤库的碳通量取决于植物固碳总量，而微生物活动受制于土壤温度、水分和底物状况，在粗放经营管理的放牧方式下，由于人类对草地环境的调控方式和范围极其有限，不稳定的温度与水分就成为影响草地碳汇效应的主要气候因子。据统计，近 50 年我国干旱半干旱地区气温上升了 1.8 ℃、降水增多 29 mm，但地表蒸发加大、径流量减少、水资源供求矛盾加剧，部分草原生产力下降，病虫害加剧，沙尘暴总体呈减少趋势。但局部地区由于气温升高，土壤水分耗减加速，风沙活动加剧，即在温室效应影响下，总体上我国草原地区气温升高，有效水资源减少，导致干旱加剧。

据研究，在草地植物群落生长期，干旱使 CO_2 排放通量明显减少，温带草原对大气 CH_4 吸收趋于减弱，使温带草原群落在夏季作为大气 N_2O 源或汇表现不明显，极端干旱还使温带草地生态系统对大气 N_2O 表现出吸收特性。高新磊等(2017)研究表明，连续放牧增加了山地糙羊茅草原土壤 CO_2 和 N_2O 源的能力，削弱了土壤 CH_4 和 N_2O 汇的能力。但是不同载畜率土壤温室气体排放的季节变化和年变化未表现出明显的规律性。低载畜率的轮牧管理方式有助于降低干混合型草原土壤 CO_2 和 N_2O 的排放，增加其土壤 CH_4 的吸收。与壤沙土干混合型草原相比，沙壤土干混合型草原土壤具有相对高的 CO_2 排放能力和相对低的 CH_4 吸收能力，但是二者土壤 N_2O 的排放能力未表现出明显的差异性。粪尿斑有增加放牧草原土壤温室气体排放的潜力。粪斑土壤 CO_2 和 CH_4 排放能力明显高于尿斑，而后者土壤 N_2O 排放能力要远远高于前者。但是粪尿斑对放牧草原土壤温室气体排放的影响不具有长期性，对土壤 N_2O 排放的影响持续时间最长，而对土壤 CH_4 排放的影响持续时间最短。另外，家畜踩踏行为对放牧草原土壤温室气体排放的影响存在一定的阈值效应。只有当家畜踩踏达到一定程度的时候，才会表现影响作用。家畜踩踏导致放牧草原土壤 CO_2 排放降低，削弱其 CH_4 吸收能力，增加其 N_2O 排放能力。

8.6.2　放牧与荒漠化

放牧是人类在草原生态系统管理实践中施加于草地的主要干扰类型，对生态系统过程产生重要的影响。放牧干扰主要通过采食、践踏影响土壤的物理结构(如紧实度、渗透率)，通过家畜采食活动及家畜对营养物质的转化和排泄物等归还影响草地营养物质的循环，从而导致草地土壤化学成分发生变化，而草地土壤物理和化学变化之间也相互作用、相互影响。有研究认为随着放牧强度的增加，家畜对土壤的压实作用增强，土壤容重也逐渐增加。内蒙古典型草原、贝加尔针茅草原、东北羊草草原和高寒草甸土壤容重随着放牧强度增加逐渐增大，放牧对土壤容重的增加具有累积效应。过度放牧导致土壤的容重和渗透阻力增加，土壤孔隙的空间分布发生变化，土壤团聚体稳定性和渗透率降低。

8.6.2.1　天然放牧草地极易成荒漠化

土壤风蚀是在干旱气候条件下，缺少植被覆盖的土壤，被风吹起搬运的过程，是风沙和沙尘暴发生的后果。土壤风蚀减弱或加剧的关键因素是地面植被的覆盖度。有研究指出，当植被盖度大于 60%时几乎无风蚀发生，植被盖度在 20%～60%时有中度风蚀，小于 20%时为强烈风蚀。风沙和沙尘暴使草地风蚀荒漠化，沙质土壤地区则造成沙漠化，这已经成为世界草地放牧畜牧业发展的难题。风蚀荒漠化草地主要发生在半湿润、半干旱地区，在人类活动频繁的农牧交错区更为严重。我国 80%的土地荒漠化发生于天然草地，由于风沙灾害造成的土地沙化、退化对生态、经济和社会的影响十分严重，每年由于沙漠化造成的直接经济损失达 450 亿元，间接经济损失高达 2 700 亿元。

风沙形成必须具备强风和沙尘源，而不稳定的大气层是强风发生的条件，也是带动尘土上升远途搬运的前提。强风是扬起沙尘的直接动力，沙尘源则是必要的物质基础。在天然草原地区，气候干旱少雨，水热因子多变不稳定，加上信风及季风的影响，气象不稳定，强风天气较多；草地植被结构简单，群落盖度相对低，土壤缺少有机质，结构不良，再加上各种干扰造成的逆向演替，经常有裸露的土壤斑块，具备发生风沙和沙尘的 3 个必要条件。

草地生态系统由于上述原因抗外界干扰能力弱，生态阈限值低，极易受到破坏而失去生态平衡，因此草原地区成为自然灾害的频发地区之一，尤其以干旱和风沙危害最为严重。如我国内蒙古中西部地区，属于大陆性气候，植被属于稀疏干旱的荒漠草原，土壤覆沙，年大气降水不足 300 mm，而蒸发量达到 2 000 mm 以上，年大风日数达到 60～90 d。遇到降水少、大气层不稳定的大风天气，粉粒等物质处在易搬运的干燥疏松状态下，被风扬起成为沙尘，严重时形成沙尘暴。因此，沙尘和沙尘暴是这一特殊地理环境下的自然现象之一。中国历史上就有草原地区风沙危害的记录，到 16 世纪以后，随着垦荒面积扩大，风沙灾害迅速增多，近几十年来，我国草原风沙灾害呈逐年增加态势。

放牧系统中，放牧使植被盖度下降，植物凋落物的覆盖降低，风吹过地面的阻力减小。因此，近地表的风速大，风能携带土粒运移时间长，距离远。当放牧造成土壤裸露后，放牧践踏又容易使土壤表层松散破碎，土壤的总表面积增加，风蚀的总面积也增加，风蚀加重。重度放牧时植被盖度下降严重，风蚀使土壤中沙粒含量增加，黏粉粒含量减少，土壤有机质显著降低，土壤结构被破坏，甚至使土壤丧失植物生产力成为荒芜不毛之地。在干旱半干旱脆弱的草地生态环境背景下，过度放牧是诱发土壤风蚀沙化和土壤养分丧失的主导因素。对玛曲县天然草地沙化面积与各因子的相关分析结果显示，牧业产值＞人口数量＞年均气温＞羊只存栏数＞牛羊肉产量＞年均降水量＞大家畜存栏数＞黄河年径流量＞年大风日数＞年均风速；人为因子对玛曲县天然草地沙化的驱动力比重为 61.55%，自然因素的驱动力比重为 38.45%，不难看出放牧压力的影响。放牧退化的草地，往往鼠害为患严重，鼠类的活动大量破坏土壤，被鼠类翻动的土壤，保水能力大大下降，严重影响植物生长，同时鼠害又加剧土壤的风蚀和水土流失，形成草地退化的恶性循环。

8.6.2.2 草地放牧与荒漠化

在放牧与沙尘暴的不良关系中，植被变化是关键因素。植被变化不仅能反映和影响区域温度与降水的变化，还是放牧压力的敏感指标，植被高低和盖度大小决定了地表粗糙度，所以植被能从多方面反映区域环境及其演变，也是影响区域风沙和沙尘暴的重要因子。植物冠层增加了地面的粗糙度，减少风力沿地面前进的速度，还能减少风力的涡流性，形成地面小气流而降低风速。植物的根系可以固定土壤，改变土壤的结构，使其利于透水，增加土壤水分。因此，有茂盛植被覆盖的草地，即使有强风，也不会发生沙尘暴。研究表明，植被覆盖率和沙尘暴发生频率之间存在负相关关系；草地沙漠化是沙尘暴形成的必要条件，大风日数相同时，沙尘天气发生日数与地表覆盖状况(下垫面性质)有关；当植被盖度为 30%～50%时，近地面风速可削弱 50%，地面输沙量仅有流沙地段的 1%，当植被盖度达 70%时，只有 6 级强风才可引起风蚀；阿拉善地区沙尘暴 3 个方向的分布特点，与阿拉善地区的植被覆盖有关。

不同的放牧强度对草地群落的结构有不同程度的破坏。过度放牧不仅造成草地层次结构不明显，使优良牧草大幅度减少，毒害草不断增加，而且也改变了草地土壤的理化性质，使营养物质损失。另外，大量积累的畜粪影响家畜采食，又造成草地资源的浪费，而适度放牧不但能促进牧草生长发育，提高牧草再生能力及营养价值，保持草地较高的利用率，而且保护了草地的植物多样性，是维持群落稳定，防止草地退化，利于草地持续利用的重要措施。对锡林郭勒盟草原两年的调查结果显示，轻度放牧草场的牧草种类多，主要的优势种多是羊草、针茅等家畜喜食的豆科和禾本科牧草，而重度放牧草场的牧草种类减少，种群密度极低，出现大片的裸地，优势种发生变化；随着放牧强度的增加，牧草全氮、全磷含量逐渐降低。赵哈林在内蒙古沙质草地连续 4 年的放牧试验得出，过度放牧啃食和践踏对裸地的贡献率为 41.3%，冬、春土壤风蚀的贡献率为58.7%。即放牧一旦造成土地裸露沙点，风力作用在加速地表裸露化过程中的作用就会超过放牧本身的作用。

放牧导致植被盖度和高度降低，长期过度放牧使草地植被衰退，草地荒漠化，草地形成裸露的大大小小的土壤斑块，这些结构不良的土壤，一旦失去植物保护，其自身对粉粒等物质的固着力变小，一旦气象条件成熟，土壤中细小的颗粒物质在风的作用下，会离开土壤，成为沙尘。放牧制造了或者至少是加强了风沙和沙尘暴的沙尘源，虽然放牧对于大气候或具体大气过程的影响极其有限，放牧却使土壤变成沙尘源而加强了风沙或沙尘暴的强度。

草原是对气候变化敏感的植被类型，尤其荒漠草原又是对外界干扰最敏感的草原类型，是旱生性最强的草原生态系统，荒漠草原承受着比其他草原类型更严重的风蚀和放牧双重胁迫。由超载放牧导致的草地退化是沙化土地面积的重要来源，2014年全国牧区县平均家畜超载率达20.6%，由此造成的草本型沙化土地面积达7.19×10^5 km^2，占全国沙化土地总面积的41.77%，放牧导致的草地风蚀加剧和草地沙化现象已经引起人们的普遍关注。荒漠草原气候干燥，降水变率较大、风沙活动非常强烈，干旱多风的气候条件，使这里的生态环境非常脆弱。放牧和风蚀作用进一步影响了草地—土壤系统的稳定性。1952—2001年沙尘暴统计表明，内蒙古中西部的强尘沙暴几乎占我国北方总频数的2/3。于国茂等按照土壤风蚀危险度模型，将内蒙古中西部地区的草原区域评定为风蚀危险型和风蚀强险型区域。但也有学者认为，草地退化和各种微生境之间存在复杂的关系，而风蚀可能是联系重度放牧与草地退化的重要环节。

荒漠草原区载畜率对风沙通量有显著影响，随载畜率的提高，风沙通量逐渐增加；其中，生长季风沙通量明显小于非生长季。载畜率和季节对风沙通量的影响存在交互效应，非生长季节不同载畜率间的风沙通量差异远小于生长季载畜率间的差异。此外，载畜率还增大了荒漠草原风沙沉积物营养的流失。荒漠草原区，非生长季全碳和全氮通量分别占到全年通量的68%和65%；随载畜率增大，营养通量逐渐增加，重度放牧区平均营养通量是对照区的1.8倍，重度放牧区风蚀物营养水平低但有较高的营养通量，风蚀和放牧加剧了土壤养分的进一步流失。

土壤结构和湿度影响土粒固结力的大小，土壤湿度较大或呈固结状态时土粒起动风阻大，不易起风沙。春季，气温回升快，土壤蒸发迅速加强，经过冬季放牧等作用植被覆盖达到最低，表土层也处于干燥疏松状态，对土粒的固结作用弱，土粒最容易被风搬运，这时也是空气湍流和对流活动较强的季节，因此是沙尘暴易发的季节。我国近年来几次大范围沙尘暴均发生在春季。

下垫面对土壤风蚀起重要作用。例如，北美19世纪末在人口及经济双重因素作用下，大面积开垦草原种植作物，引起土地退化、风蚀加剧的"黑风暴"；苏联在农牧交错带上强行推广种植饲用玉米，导致大面积土壤表层的风蚀退化。在构成下垫面的植物要素中，草地植物具有耐旱耐寒耐风蚀等抗性，比林木和作物更能适应恶劣环境。但是，由于草地分布区的恶劣气候，植被一旦被破坏，其恢复的难度也很大。

人类为了追逐经济利益，往往违背植物生长规律，谋求更多的家畜存栏数，给植被造成过大的采食压力，导致植被退化。人与自然是生命共同体，无止境地向自然索取甚至破坏必然会遭到大自然的报复。当大面积草地荒漠化后，植被极度衰退，甚至很少有植物生长，遇到强风天气，很容易形成沙尘暴。而沙尘暴的发生，会加快土壤的退化，使富含有机质的表土尽失，植物根系裸露、死亡；被风带走的土粒遇到植物及其他障碍物后落下又形成堆积，严重时造成沙埋植物，使植被盖度进一步下降，草地进入恶性循环的退化演替过程中。

8.6.3 放牧与其他环境生态问题

在全球环境变化背景下，一些不适应环境变化的物种逐渐消失，生物多样性迅速下降，成为地球历史上物种多样性消失最快的时期，严重威胁地球生物圈的安全。放牧还会对草地生态系统生物多样性以及牧区环境产生一定的影响。草地放牧过度，导致植被衰退，使依赖于草地环境生存的很多物种，随着草地衰退而消失，这无论对地球生态还是人类的经济发展都是无法弥补的损失。草地可以重建，而消失的物种则一去不复返。

一些地区群众由于习惯或迫于生计，常以牛羊粪为生活能源，牛羊粪燃烧过程中，产生很多有毒有害气体，如 SO_2 等，加剧酸雨形成，CO_2、N_2O 增加大气温室效应，N_2O 还破坏臭氧层。由于高温干旱，草原火灾时有发生。大面积燃烧植被，除了大量释放污染气体外，还产生很多灰烬等颗粒物质，造成严重的大气污染。地面植被的破坏，还会引发水土流失等次生生态环境问题。

8.6.4 防止荒漠化的草地管理措施

(1)减轻放牧压力，保持适宜的载畜量，是合理利用草地的基本要求。不同地区，气候地理特征不同，植被的生产力差异巨大，应根据植物的生产能力，确定载畜量，使放牧采食量小于植物更新量，维持或提高植物光和固碳能力和盖度，发挥草地的环境效益。

(2)全面推行草畜平衡制度、转变生产方式，推行禁牧休牧制度。结合当地实际情况，对每一种草地类型进行客观的综合评价，提出适宜的载畜量，全面推行“草畜平衡”制度，强化“草畜平衡”的过程管理。坚持牧区全面实行休牧制度，积极推行划区轮牧制度，在生态极度恶化，失去生存条件的地区，结合生态移民和城镇化建设，实行适度的禁牧方式。在牧区和半农半牧地区，倡导以禁牧为主，实行舍饲圈养。

(3)加大投资建设力度，正确认识草地的生态效益，采取必要的草地培育措施，如部分草地可以进行补播、施肥等，增加植被覆盖度，提高植物生产力和光和固碳量，增加土壤有机质，提高草地的碳汇作用。

(4)建立和完善草原生态监测和预警制度。以现代监测手段和管理方式，加强对草原面积、等级、植被构成、生产能力及自然灾害的动态监测，实行草原生态预警制度，对草原生态系统出现的种种反馈现象提供及时的指导和调整，为制定合理的草地利用政策提供科学的数据。

(5)加强栽培草地建设，积极利用农作物秸秆等副产品，发展农区畜牧业，转移草地放牧压力，同时修复退化草地生态系统。河西走廊退化土地退耕种植苜蓿 5 年后，土壤有机碳和全 N 含量增加，有显著的改良土壤效应。

(6)严格执行草原法，严禁开垦草地和滥挖乱采药材，保护草地土壤，降低土壤有机质的矿化速率。一个典型草原开垦 35 年后，其土壤和根系有机碳截存比围封草地分别降低 37.9% 和 70.8%。草原立法制度的不完善，执法力度的缺失和漏洞使个人管理草场的责任和规定形同虚设，没有真正落实好牧民对草地资源利用的权利和对草场保护的职责。

(7)发展草地碳汇贸易，建立草地生态补偿的长效机制，增加草地固碳潜力，促进低碳草业经济发展，开展新型牧区建设。

思考题

1. 简述放牧的意义和作用。
2. 合理放牧利用技术包括哪些内容?
3. 阐述控制放牧系统的概念和意义。
4. 如何计算载畜量?
5. 草地饲料计划内容有哪些?
6. 如何进行饲料预算?举例说明。

参考文献

[1] 成如,赵楠,赵青山.草地放牧利用制度与草地生产力关系.2014(3):29-30.
[2] D M 鲍尔,C S 郝福兰,G D 莱斯费尔德.南方牧草.李向林,韩雪松,万里强,译.北京:中国农业出版社,2001.
[3] 高鸿宾.中国草原.北京:中国农业出版社,2012.
[4] Hodgson J.放牧管理:科学研究在实践中的应用.北京:科学出版社,1993.
[5] 侯向阳,尹燕亭,运向军,等.中国北方草原退化治理和草畜平衡模式转移研究.内蒙古草业,2012,24(4):6-14.
[6] 贾慎修.草地学.2 版.北京:中国农业出版社, 1995.
[7] 贾幼陵.关于草畜平衡的几个理论和实践问题.草地学报, 2005(4):265-268.
[8] 李永宏,汪诗平.草原生态系统研究(第 5 集).北京:科学出版社,1997.
[9] 李青丰.草畜平衡管理系列研究(2)——对现行草地载畜量计算方法的剖析和评价.草业科学,2011(11):2042-2045.
[10] 刘海波.青藏高原草甸区草地资源可持续利用模型的建立和应用.兰州:甘肃农业大学.2017.
[11] 刘晓娟,杨昌祥,丁丹等.牛羊混合放牧对荒漠草原植物群落特征的影响.中国草地学报,2015(3):87-91.
[12] 买小虎,张玉娟,张英俊,等.国内外草畜平衡研究进展.中国农学通报,2013(20):1-6.
[13] 农业部畜牧业司,国家牧草产业技术体系.现代草原畜牧业生产技术手册——新疆草原区.北京:中国农业出版社, 2012.
[14] 农业部畜牧业司,国家牧草产业技术体系.现代草原畜牧业生产技术手册——蒙甘宁干旱草原区.北京:中国农业出版社, 2012.
[15] 农业部畜牧业司,国家牧草产业技术体系.现代草原畜牧业生产技术手册——青藏高寒草原区.北京:中国农业出版社, 2012.
[16] 农业部畜牧业司,国家牧草产业技术体系.现代草原畜牧业生产技术手册——东北华北湿润半湿润草原区.北京:中国农业出版社, 2012.
[17] 任继周,王钦,牟新待,等.草原生产流程及季节畜牧业.中国农业科学, 1978,(2):87-92.
[18] 任继周.于达新与季节畜牧业.草业科学, 2004, 21(5):69-70.
[19] 汪诗平.内蒙古典型草原放牧绵羊体增重与放牧率之间的关系.草业学报,2000,9(2):10-16.
[20] 夏景新.载畜率调控的理论与牧场管理实践.中国草地学报,1995, 17(1):46-54.

[21] 徐敏云. 草地载畜量研究进展：中国草畜平衡研究困境与展望. 草业学报，2014(5)：321-329.

[22] 杨殿林，韩国栋，胡跃高，等. 放牧对贝加尔针茅草原群落植物多样性和生产力的影响. 生态学杂志，2006(12)：1470-1475.

[23] 张英俊. Introduction of Plant Wax Alkane Technique. 草业科学(增刊)，2002，77-82.

[24] 张英俊，黄顶. 草畜平衡模式——研究与示范. 北京：中国农业大学出版社，2013.

[25] Dove H，Mayes R W. The use of plant wax alkanes as marker substances in studies of the nutrition of herbivores：a review. Australian Journal of Agricultural Research，1991，42(6)：913-952.

[26] Glindermann T，Wang C，Tas B M，et al. Impact of grazing intensity on herbage intake，composition，and digestibility and on live weight gain of sheep on the Inner Mongolian steppe. Livestock Science，2009，124(1-3)：142-147.

[27] Holechek J L. Livestock grazing impacts on public lands：a viewpoint. Journal of Range Management. 1981，34(3)：251-254.

[28] Holechek J L，Pieper R D，Herbel C H. Range Management-principles and practices. New Jersey：Prentice Hall，2001.

[29] Kemp D R，Han G，Hou X，et al. Innovative grassland management systems for environmental and livelihood benefits. Proceedings of the National Academy of Sciences of the United States of America. 2013，110(21)：8369-8374.

[30] Nicol A M. Livestock Feeding on Pasture. New Zealand：Society of Animal Production Lincoln College. 1987.

[31] Wang C J，Tas B M，Glindemann T，et al. Rotational and continuous grazing of sheep in the Inner Mongolian steppe of China. Journal of Animal Physiology and Animal Nutrition 2009，93(2)：245-252.

[32] Watkinson A R，Ormerod S J. Grasslands，grazing and biodiversity：editors′ introduction. Journal of applied ecology，2001，38(2)：233-237.

[33] Weston R H，Poppi D P. Comparative aspects of food intake. New York：Academic Press，1987.

第9章

割草地管理

本章学习目的与要求

1. 了解中国割草地类型、分布和利用现状。
2. 掌握割草技术与割草地培育技术。
3. 了解常用的割草机械类型。
4. 掌握干草、青贮调制的原理与制作方法。

按照党的二十大"树立大食物观""构建多元化食物供给体系"精神，在畜牧业发展中应充分发挥天然草原在保障牛羊肉、牛奶等优质畜产品方面的重要作用，培育和有效利用天然割草地，作为放牧地的重要补充，有效解决牧区草畜季节性不平衡问题，确保家畜冬春季饲草有效供给的，体现草原"天然大粮仓"的作用。同时，优质高产割草地也是保护草原生态安全，促进现代草地畜牧业健康转型可持续发展的重要基础。

本章介绍了割草地不同类型及应具备的条件，说明培育和管理割草地的重要意义，以及我国天然打草场保护利用与栽培割草地的发展情况等内容；通过割草技术原理的系统讲述，建立适宜的刈割时期、刈割次数、刈割高度和割草地的培育技术的理论基础；同时对割草机械的主要类型、特点和应用情况作了简要说明；最后还简单介绍了干草和青贮草产品制作的基本原理与方法，并对干草和青贮草产品质量评定的基本方法进行评述。

9.1 割草地的意义和现状

不论是天然草地、栽培草地还是退耕还草地，除发挥其生态、环境保护功能外，最主要的目的还在于利用。草地的利用方式主要有两种：一种是放牧，由家畜直接采食牧草，并获取牧草营养；另一种是割草，即通过人力或机具将牧草刈割之后，再饲喂给家畜。割草往往更有利于提高草地利用效率，或弥补放牧利用的某些缺陷。割草地对有效解决牧草生产的季节性不平衡，确保冬春季家畜饲草的有效供给有重要意义。

割草地是通过刈割生产干草和青贮草为主的草地，在生产上称为割草场或打草场。割草地是草地的重要组成部分，往往由较好的生长条件和优质高产的草群组成，适合于刈割利用。割草地多为优良的天然草地或改良后的半栽培草地，具有优质高产的特点，一般比良好的放牧草地产量高1～2倍或更多。割草地所占的比例越大，反映出草地畜牧业生产的集约化程度越高。畜牧业比较发达的国家，割草地都占有较大比例。例如，英国割草地与放牧地之比为1∶2，在法国为2∶3；1980年，丹麦从29.2×10^5 hm^2的农业用地中划出了6.67×10^5 hm^2（占农业用地23%）用作割草地和放牧地。欧洲的割草地有两种类型，一类为轮作草地，使用1～3年后种植农作物；另一类作为永久性割草地，或放牧与割草结合进行利用。从割草地上收获的牧草，一般用来作为贮备饲料，利用方式可分为青饲、半干贮、普通青贮、调制干草和加工成干草粉等。

我国适合割草利用的草地面积约有6.7329×10^7 hm^2，占草地总面积的16.8%左右，主要分布在年降水量>400 mm的东部和东南部半湿润、湿润区。牧区和半农半牧区的割草地主要分布于呼伦贝尔中东部、松嫩草地、锡林郭勒草地东部边缘区，其他林缘草地、林间草地和农林间隙草地，南方次生暖性草地、热性草地牧草高大茂密，多数可供人工割草。西部草原区和荒漠区，牧草生长稀疏，缺少天然割草地，仅在阿尔泰山、天山、祁连山分布有小面积的割草地。青藏高原的高寒草地，牧草生长低矮，割草地贫乏，主要分布在青藏高原东部和东南部边缘低海拔河谷区。

9.1.1 割草地的重要性

我国北方农牧区普遍存在冬春季饲草料不足的问题。天然草地冬季枯草的营养价值较夏秋牧草的营养价值会下降很多，如果家畜冬季单靠放牧采食天然草地上那些质量较差的枯草，一般情况下很难满足家畜维持正常生长的营养需求。在牧草生长期或营养含量较高时，刈割贮备足够的干草，是防止传统牧区畜牧业生产中“冬瘦”和“春乏”的重要措施。尤其是当牧区遭遇到冬春雪灾时，对于减少家畜掉膘及抵抗低温严寒，降低家畜死亡率意义重大。20 世纪 90 年代，我国牧区牲畜数量增长较快，但由于冬季饲草贮备不足，许多地方都不同程度地出现过雪灾中家畜死亡的现象，经济损失十分严重。例如，1997 年内蒙古北部大雪，由于没有贮备足够的越冬饲草，牲畜损失量为 200 万～300 万头，有的地区损失甚至高达 90%；但在同一地区的白音锡勒牧场，因给每头牲畜贮备了干草 310 kg，饲料 27.5 kg，大雪后的保畜率为 95%。由此可见，建立培育割草地和充分准备越冬干草，对于解决季节饲料不平衡，减少冬、春家畜掉膘、死亡，维持草原区畜牧业生产与健康发展具有重要意义。

刈割利用是有效利用牧草的一种重要方式。刈割利用的牧草，既可做到适时收获，加工成各种类型饲料，也能有效保存营养物质。适时收获调制的青干草，营养物质保存率可达到 80%以上。而枯草在草地风吹日晒雨淋，营养物质保存率会降低到 30%以下。牧草刈割之后，可调制成干草、半干贮草、青贮料、草粉和各种压缩与配合饲料，更便于运输，饲喂和保存。

优质干草含有家畜所必需的营养物质，是磷、钙、维生素的重要来源。从天然草地收获的干草，粗蛋白质可达 7%～14%，可消化碳水化合物为 40%～60%，能基本上满足一头产奶 5 kg 以下的奶牛营养需要，优质干草所含的蛋白质还可能高于禾谷类籽实饲料。此外，干草还含有畜禽生产和繁殖所必需的各种氨基酸，在玉米等籽实饲料中加入富含各种氨基酸的干草或干草粉，可以提高籽实饲料中蛋白质的利用率。因此，干草在世界各国的草食畜牧业生产中均占有重要地位。

中国是草原资源大国，天然草地约 3.9×10^8 hm^2，但天然草地多以低产草地为主，占全国草地面积的 61.6%，高产草地仅占 17.5%。其中，干旱草原和荒漠草原面积为 1.8×10^8 hm^2，占全国草原总面积的 45%，每公顷产鲜草在 1 000 kg 以下，草场载畜能力低。理论上，天然草地的潜在承载力应该达到 4 亿个羊单位以上，但由于气候变化及过度放牧等原因导致了草地退化，2016 年全国天然草地仅能载畜 2.52 亿个羊单位。割草地上收获的干草往往是家畜饲料的重要组成部分，在我国牧区及半农半牧区，每年大约有 1×10^7 hm^2 的割草地用于收获干草或青贮草，作为家畜冬春补饲或舍饲的重要饲料来源。正常年份全国打贮草总量在 2.5×10^7～3×10^7 t。

在我国天然草地中，潜在的适于割草利用的草地比例偏小，且退化严重，刈割利用价值与冬春贮草能力严重下降，因此对割草地的经营管理也是草原管理的重要任务。不仅要对现有的割草地进行科学管理和合理利用，同时开发与培育新的割草地也是十分必要的。在我国目前的生产条件下，尤其在广大牧区，加强割草地的合理利用与管理，同时开发利用与培育新的割草地，是解决牧草供给季节不平衡的重要手段，也是冬春枯草期牧区抗灾保畜，减少春乏损失的主要措施。我国的草产品市场需求缺口大，优质草产品供应不足，目前的栽培草地草产量也远不能满足市场需求，天然打草场商品化天然草仅有 3.5×10^6 t 左右，其中 1/2 左右出自内蒙古东部地区。

9.1.2　割草地类型

9.1.2.1　割草地应具备的基本条件

理想的割草地应在草群组成、土壤和地形条件等方面具备比较优越的条件，符合割草地饲草生产的要求。割草地通常要根据草地类型、自然条件和干草产量等因素来选择，生产中多以禾本科草为主、植株较高和具有一定产量基础的草地作为割草地进行管理和培育(图 9-1)。

(a)羊草割草地

(b)苜蓿割草地

图 9-1 割草地

1. 立地条件

地形间接影响割草地的土壤水肥状况。比较陡峻的地段，由于水肥流失严重，很难培育成适于刈割的草地。同时，地形也是影响牧草机械化收获的限制因素，平坦开阔的割草地便于机械操作。割草地的坡度一般不应超过 10°，无土壤冲刷、无石块或其他障碍物较少。

良好的割草地土壤肥力较高，通气透水性良好，保水、保肥性能良好，生草土不应过于致密紧实，底土要有渗透性，以便满足根茎型禾草或优质豆科等优良草群生长发育的需要。割草地土壤水分状况要好，具备一定的灌溉和排水条件，土壤 pH 为 6～7。

2. 草群结构

优良的割草地对草群密度和草层高度应有一定的要求，密度和高度是提供高产的基础，同时也是割草地培育管理水平的反映。草群应以上繁草为主，下繁草不超过地上产量的 10%，上繁草中最好以根茎型、疏丛型或根茎-疏丛型禾草和株丛高大的豆科牧草组成。豆科牧草富含蛋白质和矿物质，适口性和营养价值高，在刈割后加工成干草块或颗粒饲料时，还具有黏结剂的作用。此外，它本身又能固氮，是重要的生物肥源。禾本科牧草具有丰富的碳水化合物，是动物能量的主要来源。同时禾本科牧草茎秆有节，节间中空，不易断碎；叶脉平行，叶片细长，不易脱落，在刈割、贮运、加工过程中造成的营养损失小，是调制青干草饲料的理想原料。

在天然割草地草群中，杂类草的比重不应超过 20%。因为高大阔叶杂类草的叶片易于脱落破碎损失，茎秆易于粗老，饲用品质差，利用价值不高。另外，在天然割草地的草群中，对有毒植物要严格控制，必要时需进行清除，若处理不当调制成干草后，家畜难以鉴别，容易造成误食中毒。一般情况下，干草中有毒植物的质量不应超过 1%。

优良的割草地，组成草群的牧草应具有很强的再生能力，通常在一年中能提供多次产量，如果在秋初第二次收割后能够很好地再生，达到旺盛的叶簇状态，可为越冬和次年芽的分化积累足够的营养物质，为草群的高产提供生物学基础。

9.1.2.2　割草地的基本类型

1. 根据割草地形成类型及特点分类

割草地以其形成特点可分为天然割草地、半栽培草地和栽培草地。天然割草地是自然形成以天然植被为主的割草地；半栽培草地则是对天然草地，尤其是一些立地条件较好，经补播一些适应性好、饲用价值较高的牧草，并附以其他培育措施后形成的割草地；对过度放牧后退化的草地，经过有效的培育恢复后，也可形成半栽培草地；栽培草地是因地制宜选择优良牧草草种栽培而成，栽培草地可以在肥沃农田，或在牧区、半农半牧区具备适宜开垦和具有灌溉条件的区域进行建植，以满足牧区冬季家畜的补饲及舍饲养殖需要。

2. 割草地利用类型及特点

天然割草地按其利用情况可分固定割草地、不固定割草地和临时割草地 3 种。固定割草地在利用上比较固定，通常每年在相对固定的时间均要割草一次，条件好的还可割草两次或以上。这类草地自然经济特性好，但如果连年割草或管理不当，很容易出现不同程度的退化。不固定割草地不连年割草，有的隔 1 年割 1 次，有时隔 1 年割 2～3 次，根据草地及需要割草，次数或时间不作固定。这类割草地由于有停割休闲的年份，牧草有休养生机复壮机会，一般退化现象不明显。临时的割草地通常是非正式割草地，在降水充足的年份可进行割草，或禁牧几年后可再进行割草利用。这类割草地资源不稳定，面积不大，年际间也有变化。

用于割草的多年生栽培草地又包括永久割草地和短期割草地。永久割草地是播种多年生优质高产牧草，或以割草为主，割草放牧兼用草地；而短期割草地则是种植1～3年牧草，再轮作其他饲料作物或农作物，以生产干草或饲料作物。任何一种割草地，可根据生产实际，在生长季后期可通过放牧来有效利用再生草，尤其是在冷季进行放牧利用。

3. 几类重要的割草地及其特点

天然割草地的优势牧草种类及草群组成特点不同，形成了不同的天然割草地，如羊草割草地、针茅割草地、杂类草割草地及其他草甸和沼泽型割草地。

我国有各类羊草草原 1.2×10^7 hm^2，其中一部分用作割草草地，它的分布中心是东北平原和内蒙古高原的森林草原地带和相邻的干草原外围地区。羊草割草场按其生产力和草群结构可以分为3个主要类型：①羊草-杂类草草甸草原割草地，这类草地生产力较高，干草产量1 500～2 000 kg/hm^2，其中上繁禾草占40%左右，豆科植物在10%上下，杂类草达40%，优质牧草比例为60%～80%，是我国最好的割草地类型。②羊草-丛生禾草干草原割草地，这类草地生产力较低，干草产量1 000 kg/hm^2 左右，其中上繁禾草占60%～70%，杂类草降到25%以下，优质牧草比例60%～80%。③盐湿性羊草草原割草场，这类草地草群种类成分比较单一，以耐盐碱的羊草为主，其他植物数量较少，草群高度30～40 cm，生产力也较低，干草产量1 000～2 000 kg/hm^2。

针茅割草地以针茅为优势，并与羊草或其他优良牧草共同构成优势群落，如贝加尔针茅割草地、大针茅-羊草干草原割草地等。贝加尔针茅割草地主要分布在内蒙古高原东部、松嫩平原外围的森林草原区和大兴安岭东西侧。一般建于排水良好的丘陵、台地和山前倾斜平原，不耐盐碱。贝加尔针茅在草群中占绝对优势，产量可占30%～40%。贝加尔针茅草原的群落亚层分化明显，一般在草本层中可分出3个亚层：第一层高40～50 cm，通常由贝加尔针茅、羊草及少量杂类草组成；第二层高20～30 cm，主要由多种杂类草及部分禾草组成；第三层高15 cm以下，由苔草及矮杂类草组成。贝加尔针茅草原割草地植物生长茂密，生产力较高，干草产量1 500～2 000 kg/hm^2，营养价值属中上等。另外，大针茅-羊草割草地是温性草原区比较重要的一类割草地，大针茅-羊草割草地的群落密度较大，生产力中等，干草产量750～1 500 kg/hm^2，其中优良牧草占60%以上。

杂类草森林草甸割草地分布在松辽平原外围和大兴安岭西麓的森林草原地区，一般靠近森林一侧的低山平缓阳坡中、下部，丘陵坡麓和平原等土层肥厚地段。草群由地榆等多种中生杂类草组成，种类成分非常丰富，生长极为茂盛，生产力很高，干草产量2 000～3 500 kg/hm^2。面积仅次于羊草草原，是该地区的一个重要割草地类型。

其他各类草甸和沼泽割草地分布往往较为分散。我国温带草原地区和高寒草原地区分布有许多河流沿岸河漫滩、山地沟谷、湖泊洼地、沙丘间洼地、干河谷等各种低湿地生境，其中所发育的各种草甸和沼泽一直是各地选择割草地的对象。常见的草甸和沼泽割草地有拂子茅、野古草、小叶章、早熟禾、无芒雀麦、垂穗披碱草、鹅观草和芨芨草等禾草草甸割草地，地榆、蒿类等杂类草草甸割草地，碱茅、马蔺和芨芨草等盐化草甸割草地，以及芦苇、莎草类、藨草类等沼泽割草地。一般来说，这类割草地生产力相当高，但干草质量差异很大。

9.1.3 天然打草场概况

9.1.3.1 我国天然打草场分布与概况

从地理分布上来看，我国北方天然草地面积最大，占全国总面积的41%，青藏高原占

38%，南方天然草地占 21%。其中，我国传统牧区草原以集中连片的天然草地为主，主要分布在西藏、内蒙古、新疆、青海、四川和甘肃六省（自治区），南方以草山、草坡为主，主要分布在山地和丘陵，面积约 6.7×10^7 hm^2。南方的割草地以热性及暖性草丛类和灌草丛类为主，北方地区割草地以低地草甸、山地草甸类和沼泽类为主，温性草甸草原类及高寒草甸类也可培育成较理想的割草地。

从牧草产量上看，一、二级的草地以热性及暖性草丛类和灌草丛类为主，主要分布在我国东南和西南地区，干草产量 3 000 kg/hm^2；三级草地以沼泽类和低地草甸类为主，主要分布在我国东北和华北地区，干草产量 2 000～3 000 kg/hm^2；四、五级草地以温性草甸草原类及高寒草甸类为主，主要分布在我国东北部和青藏高原东部，干草产量 1 000～2 000 kg/hm^2。2016 年统计数据显示，我国一、二级草地仅占 6.1%，三级和四级草地占 17.7%，成为我国割草地的主体。

随着国家退牧还草工程、京津风沙源治理工程和西南岩溶地区草地治理试点等草原生态保护工程的实施及草原保护政策的落实，工程区草原生产力得到显著提升，生态功能得到有效恢复，退化的天然割草地生产力逐步得到恢复，为刈割利用打下了基础。

9.1.3.2　我国主要牧区天然打草场

1. 内蒙古牧区天然打草场

内蒙古自治区位于中国北部，温度自东北向西南递增，年降水量自东向西递减，发育有 8 大草地类 21 个亚类 134 个草地组 476 个草地型，其中草甸草原类、山地草甸类、低平地草甸类和沼泽类是潜在的打草场培育类型。

草甸草原类分布于大兴安岭山地及岭西的高原和低山地丘陵，大青山和冀北山地有零星分布，总面积 $8.628\,7\times10^6$ hm^2，平均干草产量 1 753.5 kg/hm^2。此类草地面积大，产草量高，其中优质草场占 37.8%。

山地草甸类属于非地带性草地类，主要分布于大兴安岭山地的森林带内，在大青山、贺兰山和冀北山地也有少量分布，总面积有 $1.486\,3\times10^6$ hm^2，平均干草产量 2 765.4 kg/hm^2。生产力居各类草地生产力之首，但地区差异较大。

低平地草甸类主要分布在河漫滩、低湿洼地、山间谷地、丘间盆地、环湖地带和沙地中的丘间低地。此类草地总面积大，草群植物种类丰富、盖度大、高度高，平均产草量 2 099.4 kg/hm^2，草地中中产的类型占多数，放牧利用价值大，部分高产草地可作为打草场进行管理和利用。

沼泽类草地属于非地带性草地类，草地面积有 8.209×10^5 hm^2，占内蒙古草地的 1.04%，平均产草量 2 099.4 kg/hm^2，是较理想的割草地及冬季放牧地。

2. 新疆牧区天然打草场

新疆的天然草地主要分布在阿勒泰山、天山山脉、昆仑山山区及山前平原和北疆准噶尔、塔里木两大盆地周围，不同山系的草地垂直带性差异明显。天然草地的利用方式主要分为季节性放牧利用和割草地两类。20 世纪 80 年代草场普查统计显示，放牧场面积 $5.725\,88\times10^7$ hm^2，打草场面积 $1.551\,7\times10^6$ hm^2。

新疆的打草场主要分布在新疆天山山脉、阿勒泰山等山地草甸，牧草种类丰富，质量优，常见的优良牧草在该地区均有分布，每年可以提供大量优质的饲草。新疆伊犁昭苏的鸭茅割草地植物群落以鸭茅为绝对优势，同时伴生有无芒雀麦、草原苔草、黄花苜蓿等优质牧草与杂类草。天山北坡中山带天然打草场多发育在缓坡、台地、河沟谷地。河沟谷打草地较零星破碎，但分布较广，约占中山带天然打草地面积的1/3。小地形环境条件优越，产草量普遍较高，成为中山带重要的打草基地之一。伊犁河谷山地草甸禾草类-杂类草-豆科草类的群落结构割草地，夏季刈割冬季放牧利用。河沟谷打草地除秋季打草外，还承受着晚秋、冬、春三季超载过牧的压力，年复一年不合理利用，导致河沟谷天然打草地退化严重，草层变矮，质量变差，产量降低。

另外，南北疆的河漫滩、泉水溢出带，地势平坦，水土条件好，草地植被发育很好。该类割草地以芦苇、拂子茅为建群种和次建群种，面积达 2.378×10^5 hm^2，平均干草达到 2 983.5 kg/hm^2，大多作刈牧兼用草地。

9.1.4 栽培草地及其发展现状

栽培草地是在人工措施下完全或部分破坏原有天然草地植被的基础上，通过综合的农业培育技术措施所建立的栽培草地群落，是草地生产经营的集约化方式。栽培草地主要以割草为主，部分栽培草地建植后作为放牧之用。建植栽培草地目的是获得高产优质的牧草，以补充天然草地的不足，满足家畜的饲料需求。栽培草地可以在肥沃农田，或在牧区、半农半牧区具备适宜开垦和具有灌溉条件的区域进行建植，以满足牧区冬季家畜的补饲及舍饲养殖需要。与天然草地相比，栽培草地具有建植目的性强、经营管理程度高以及稳定、优质、高产、高效的特点。因此栽培草地面积的多少，常是衡量一个地区或国家畜牧业发达程度的重要标志。

澳大利亚在热带牧草研究方面卓有成效，种植的热带豆科牧草不仅给肉牛提供了蛋白质饲草，还改良了贫瘠的酸性土壤。用豆科牧草改良土壤，每年可节约大量的化肥，同时还可节约能源及劳动力。美国有栽培草地 3.2×10^7 hm^2，此外在 1.8×10^8 hm^2 耕地中有 7.3×10^7 hm^2 用于豆科牧草与农作物轮作，两者占全国草原面积的30%。由于采用草田轮作制，从而提高了土壤肥力，培肥了地力，确保了占耕地面积3/4～2/3的粮食作物连年高产，极大地促进了农牧业的发展。

随着我国农区草牧业的快速发展，牧草产品的跨区域销售和贸易的推动，优质农田种植优质高产饲料作物已十分普遍。截至2015年底，全国保留种草面积为 2.3×10^7 hm^2，其中多年生牧草种植面积为 1.8×10^7 hm^2，占78.5%。北方地区紫花苜蓿的种植面积最大，也是最主要的商品草。2015年以后，随国家“粮改饲”政策实施，推进粮食作物种植向饲草料作物种植的方向转变，牧草种植面积持续增长，一年生牧草种植增速加快，其中试点面积达1 000万 hm^2 以上。但由于我国牧草供给不足，牧草产品质量较低，每年仍需进口100多万 t 优质牧草，以满足我国奶业等畜牧养殖业对牧草产品的需求。其中2017年，我国进口苜蓿干草、燕麦草、天然牧草等牧草产品 $1.731\,2\times10^6$ t。

大力推行栽培草地建设，是促进畜牧业持续发展的重要技术途径。栽培草地可用于收割牧草作青饲、青贮、半干贮或制作干草，也可直接放牧利用。足够的栽培草地对减少家畜因冬春饲料不足而掉膘或死亡损失，增加畜产品产量和提高土地利用率，减轻天然草地放牧压力等均有重要意义。紫花苜蓿等豆科或禾本科优质牧草既可单播，也可混播。这些牧草植株高大，以割草利用为主，可多次刈割，生产高质量的商品草。不断扩大优质牧草种植面积，提高草产品质量，逐步实现机械化种植和生产管理，基于牧草的草畜产业链已形成，并在不断壮大。

牧草的集约化生产与粮食作物一样需要精耕细作，尤其是多年生牧草的种植需要更加精细的田间管理技术及较高的机械化水平作为支撑。传统农区“引草入田”，将牧草与粮食作物进行科学轮作，尤其是利用豆科牧草的固氮作用，改良土壤，提高粮食作物的产量和质量，进行优质牧草的生产。农牧交错区，将种植业和养殖业有机地结合起来，发展草地农业，充分利用光热资源，提高土地生产能力和生态服务功能。北方温带和暖温带地区一年有余两季不足和两季有余三季不足的一年两作农作区和两年三作农作区，通过粮草复种可以实现一年两作和两年三作，在南方热带和亚热带地区冬闲地上种草等农作制度的创新，实现土地资源的高效利用，大幅度地提高土地产出，增加农民收益。

栽培草地的合理播种常以混播为主，这样不仅能大幅度提高草地产量及质量，增加土壤肥力，延长牧草的青草期，增加草地的利用年限；还能充分利用太阳能、二氧化碳和土壤水分资源。如豆科与禾本科牧草混播、高秆草与矮秆草混播、宽叶草与狭叶草混播、上繁草与下繁草混播、直根草与须根草混播等。混播产量一般较单播高35%，简单混播可将2～3种牧草混播，复杂混播可以用5种牧草混播。放牧地以多种混播为宜，用作割草、青贮使用时以1种或2～3种为宜。

由于自然和人为因素，栽培草地和天然草地一样面临着退化的问题。栽培草地退化体现在草地生产力降低、植物群落结构变化、物种多样性减少、水土流失加剧、土壤肥力下降等方面。生态脆弱的草原区栽培草地如果管理或利用不当，容易出现严重的退化，还可能引起沙化、盐渍化等，甚至引起沙尘暴等严峻的生态问题。

9.2 割草技术与机械

刈割是草地利用的重要途径，是获得干草、青贮草的重要生产环节。科学的刈割作业不仅关系到当年收获干草的数量和品质，而且也间接影响到以后草场生产力水平的维持与提高，因此，牧草刈割技术是割草地合理利用的重要生产技术。

割草对草地的影响与放牧有类似的情况，但是又有不同之处。与放牧相比，刈割虽然也是移除部分或全部地上生物量，但不存在动物的选择性采食和粪尿归还等效应，因而两者对生态系统的影响存在差异。刈割时不会有畜蹄践踏和排泄粪尿的作用，而且对于各种植物而言，被刈割的机会、高度及时间都是均等的。另外，刈割是靠机械刀片切断牧草，而放牧时由家畜啃食或撕拉，所以根系较小的新生牧草在放牧时容易被家畜连根拔出。刈割后的草地上剩留的枯枝落叶较少，地面覆盖减少，土壤蒸发量增加，有时容易造成土壤旱化或侵蚀。所以，连续割草容易导致草地过早衰退，应适当加入放牧，即刈牧轮换，或割草地休闲。

如何保证刈割的牧草产量与较高的质量，同时实现割草地的群落稳定与健康，需要科学运用适宜的割草技术，把握好割草强度，重点通过割草时期、割草次数和割草留茬高度的控制与管理来实现。

9.2.1 适宜刈割的时期

刈割时期是决定干草产量和品质的第一个关键因素，适宜的收割时期应考虑以下要求。

9.2.1.1 根据干草产量和干草营养物质含量动态确定最适宜的割草时期

确定最适宜的割草时期，必须根据生育期内割草地产量动态（表9-1）和牧草的主要成分含量的动态规律（表9-2），在单位面积营养物质总收获量，尤其是粗蛋白质等营养物质的含量最高时期进行收割(表 9-3),也就是同时兼顾草地产量与干草品质进行适时收割。

表 9-1 呼伦贝尔羊草割草地产量动态

刈割时期(生长期)		6 月份(抽穗)	7 月份(开花)	8 月份(结实)	9 月份(开始枯黄)	10 月份(枯黄)
草群产量	/(kg/hm²)	400	867	1 098	1 045	758
	占最高月份比例/%	36.4	76.2	100	95.2	69.0
羊草占草群比例/%		71.5	69.4	68.3	71.7	70.5

(引自孙吉雄,2000)

表 9-2 羊草的主要成分含量动态(风干基础) %

生长期	粗蛋白质	粗纤维	无氮浸出物
拔节期	26.24	26.01	23.25
抽穗期	15.42	32.39	30.60
开花期	14.39	35.36	36.68
结实期	7.42	41.33	40.74

(引自孙吉雄,2000)

表 9-3 羊草的营养物质总收获量 kg/hm^2

项目	拔节期	抽穗期	结实期
羊草产量	284	581	750
粗蛋白质总收获量	44.1	83.6	55.7
粗纤维总收获量	92.6	205.4	310.0

(引自孙吉雄,2000)

在确定牧草的适宜刈割期时,主要应考虑对当年牧草产量和营养物质收获量的影响。从许多牧草的产量动态研究结果看,随着牧草的生长发育,产量逐渐增加,产量的最高时期一般都在开花期。此时牧草营养价值也较高,牧草品质好、适口性佳。牧草开花结实以后,随着植株的变粗老化,纤维素含量逐渐提高,影响动物体内消化率,从而使可消化后吸收利用的营养物质减少。因此,豆科、禾本科牧草的最佳刈割期应在抽穗现蕾期到开花初期。

从反映牧草营养价值的化学成分含量动态上看,蛋白质在生长的最初阶段含量最高,以后随着发育逐渐减少,碳水化合物的合成能力也逐渐加强,无氮浸出物和纤维的含量逐渐增多。这一规律可从羊草营养物质含量动态中清楚地看出。牧草生长的幼嫩阶段,单位质量所含营养物质多,花期以后刈割,干草品质降低。这与草场产量最高时期开花期发生矛盾,因此在确定牧草的收割时期时,要考虑草场单位面积营养物质总收获量。

营养物质的消化率也随着牧草变粗变老的程度而逐渐下降。相关文献显示,在不同生长期内收获的干草所含的可消化营养物质总收获量不同,其干物质的消化率也有很大差异(表 9-4)。

表 9-4　几种牧草干物质的消化率　　%

牧草名称	分蘖期/分枝	孕穗期/分枝	抽穗期/孕蕾	盛花期	结实期
鸭茅	71.3	70.1	61.9	58.4	45.1
草芦	70.4	68.2	60.3	51.7	42.6
无芒雀麦	74.2	73.9	69.8	62.1	50.0
草地早熟禾	74.1	74.0	70.7	63.2	53.9
草地羊茅	73.4	73.2	67.3	59.6	46.2
紫羊茅	74.8	72.0	66.1	60.3	48.3
多年生黑麦草	70.9	70.3	63.4	56.4	41.8
猫尾草	74.6	72.8	66.3	60.1	51.5
紫花苜蓿	74.2	73.9	70.1	64.7	56.3
红三叶草	75.4	74.1	69.8	61.7	56.3
百脉根	75.2	73.5	67.5	60.9	53.7
地三叶草	74.6	74.2	70.8	64.3	57.1

（引自孙吉雄，2000）

在内蒙古锡林郭勒典型草原进行了不同刈割时间对大针茅草原干草产量、消化率及消化能值的影响研究，刈割时间分别为 7 月上旬、7 月中旬、7 月下旬、8 月上旬、8 月中旬、8 月下旬。割草地植物种类主要有大针茅、克氏针茅、羊草、糙隐子草和细叶葱等。研究数据显示，7 月下旬到 8 月上旬开始，消化能明显降低，干物质消化率也明显下降（表 9-5）。

表 9-5　内蒙古不同典型草原刈割期天然草地牧草消化率及消化能值

刈割日期	鲜草亩产量 /(kg/hm^2)	含水率 /%	干草亩产量 /(kg/hm^2)	总能 /(MJ/kg)	干物质消化率 /%	消化能 /(MJ/kg)
7 月上旬	2 558.1	68.62	773.1	18.92	58.96	11.16
7 月中旬	3 134.4	64.47	1 147.4	18.90	50.82	9.60
7 月下旬	4 124.9	58.74	1 703.3	19.50	48.15	9.39
8 月上旬	3 749.9	56.88	1613	19.35	46.65	9.02
8 月中旬	3 776.7	47.41	1 986	18.98	42.14	8.00
8 月下旬	3 541.7	41.01	2 089.1	19.15	42.53	8.14

（引自贾玉山和格根图，2013）

从牧草的营养成分含量看，在牧草生长时期的幼嫩阶段，单位质量所含营养物质多，消化率高，家畜喜食。越在幼嫩期，其干物质中蛋白质、维生素、矿物质的含量越高。但幼嫩期总产量不高，而且含水量大，不易调制；以后随着发育阶段的推进而逐渐降低，同时随植物的生长，叶面积逐渐增加，碳水化合物的合成能力逐渐增加。也就是说，随植物变粗变老，碳水化合物（无氮浸出物和纤维素）的含量逐渐增多，蛋白质减少，纤维素增加，消化率和适口性降低，尽管产量增加了，但总营养物质量反而下降，饲用价值也下降。在生长后期，植物开花之后，营养物质开始从叶和茎输出形成种子，茎叶营养减少。如果刈割过迟，叶片会进一步枯黄，甚至脱落，牧草变得粗老、质硬、适口性下降。不同的刈割期，天然草地产量、牧草含水率、消化率及消化能值差异显著，因此需要综合考虑牧草产量、营养价值来确定天然草地的刈割时期。

9.2.1.2 刈割时期对下年草地产量的影响

在确定刈割时期时，除考虑当年牧草和干草营养物质收获量外，还应考虑刈割时期对下年草地产量的影响。试验证明，当年在开花期刈割时，下年草地产量最高。相反，若本年早期刈割，下年草地产量最低。这是因为下年草地产量主要取决于牧草地下器官贮藏营养物质的积累情况，而营养物质积累的最高时期是在夏季的后半期(在秋初，不早于开花期)。在开花初期，牧草体内贮存的营养物质最多，有利于牧草的生长，此时刈割的牧草品质也较好。所以为使草地下年获得高产，牧草的刈割也应在开花期进行。

刈割过迟之所以影响以后年份的产量，主要是因为植物来不及贮存必要的营养物质，从而使来年的产量明显下降。此外，刈割过迟，草地往往出现许多非理想的植物或有毒有害杂草，这主要是因为它们的种子得以成熟与传播。因此，适时刈割也是防除杂草的有效措施。

9.2.1.3 确定刈割时期还应该考虑的因素

考虑到当年割草产量和干草的营养物质含量，尤其是牧草的可消化营养物质含量，适宜刈割时期应当以开花期为最好。通常情况下，单位面积上粗蛋白质产量，豆科(红豆草、苜蓿)是以始花期刈割为最高，禾本科以抽穗期刈割为最高(表 9-6)。同时，维生素 A(胡萝卜素)在植物形成花序时最高。

表 9-6 不同生长发育阶段牧草养分变化 %

牧草	养分	抽穗或现蕾期	初花期	盛花期	结实期
禾本科(鸭茅)	粗蛋白质	15.7	13.6	11.7	9.1
	粗纤维	25.1	28.4	29.8	30.0
豆科(紫花苜蓿)	粗蛋白质	22.0	20.2	18.1	14.1
	粗纤维	25.1	27.1	30.8	36.1

草地刈割调制干草时，牧草的适宜刈割期拟在始花期，最迟应不迟于主要牧草的盛花期；对播种的多年生人工草地，一般宜在禾草抽穗或豆科牧草孕蕾期刈割，这样不仅营养物质收获量高，而且还有利于刈割后牧草很快地再生。

天然草地群落组分较为复杂，植物种类繁多，开花期也不一致，几个优势种的生育期也不一定相同，最适宜刈割期如以建群种羊草的开花期为标志，则太早，需要因地制宜进行判断。如高山草原、河漫滩草甸及羊草草地，结实期产量往往最高。除根据地上生物量的高峰期和植物营养物质含量确定以外，还应考虑不同草原类型的特点。对内蒙古白音锡勒牧场地区天然割草场的最适割草时期的研究认为，8 月中旬为羊草草原最适割草时期，大针茅草原的最适割草时期应在 7 月下旬和 8 月初，因为在大针茅的种子成熟后割草，饲喂可能会对羊造成机械伤害。

虽然，一年一次割草地适宜的刈割期应在草群中主要牧草的开花期。但应当指出，牧草的刈割期有时也要根据牧草的饲用价值来确定。如撂荒地与植株高大的杂类草为优势的河漫滩草地应在抽穗(现蕾)初期刈割；植株高大的芨芨草、拂子茅等禾草草场应在抽穗初期进行刈割，晚期刈割茎秆会变得粗老，不仅品质降低，而且刈割困难；芦苇草地应在抽穗前刈割；针茅类割草地应在芒针形成和出现以前进行刈割；蒿属植物为主的割草地，为了减少苦味，提高适口性，最好在下霜以后，进入结实期刈割。牧草开花期延续时间一般为 8～12 d，因此刈割应在短期内完成。

北方草原牧区的打草期根据牧草生长情况及节气划分为以下几种：①打伏草期：从 7 月上旬到 8 月上旬（立秋之前），大约 1 个月，牧草处于抽穗开花期，也是牧草营养成分最佳时期。伏草的营养价值较高，很多牧民们也认为“伏天的草，冬天的宝”，打草应在立秋前进行。②打秋草期：从 8 月中旬到 9 月（下霜以前）50 d 左右，牧草处于结实期或种子成熟期，此时牧草营养略低于开花期。③打霜黄草期：下霜后到 11 月下旬或更迟一些，大约 1 个月，此期牧草开始枯黄，但植株茎部仍保持绿色。另外，打伏草还可以增加秋后家畜的放青时间，因为打过伏草后再生草的青草期约比未刈割的草地延长半个多月，有利于家畜秋后抓膘和产奶。但打伏草因已进入雨季，会给打草、晒草、垛草造成一定困难。因此，要选择晴天打草和及时晾晒风干。

内蒙古天然牧草刈割“打伏草”一般是在 7 月下旬左右。“打伏草”虽然获得了营养价值和消化率较高的牧草，但从牧草营养物质储藏动态变化规律看，过早割草对牧草后期的营养物质积累会造成一定的影响。牧草来不及向地下转移和贮藏足够的营养物质，影响牧草的越冬及来年的返青，易造成割草地的退化。为了草原可持续利用，内蒙古大部分地区规定在天然牧草种子成熟后进行打草，一般在 8 月中旬左右。各地区天然牧草刈割时期应根据不同的环境条件、气候条件和牧草本身的特性等综合因素确定。灵活调整割草时间，对控制虫害的发生有一定的好处。当遇到特殊年份，或针对特殊草地种群生长发育特点，根据当年的监测结果来确定适宜刈割时间更为科学。

9.2.2　适宜的刈割次数与留茬高度

9.2.2.1　刈割留茬高度

适宜的刈割高度，既能获得高产，又能得到优质牧草。同时，对于牧草的再生、越冬和以后各年份牧草产量都有益处。刈割后留茬高度是牧草刈割强度的反映，刈割后的留茬高度越高，干草的收获量越低（表 9-7）。

表 9-7　不同刈割留茬高度对干草收获量的影响　　kg/hm^2

年份	留茬高度/cm			
	0	4	8	12
1992	2 458.4	1 979.4	1 773.8	1 276.9
1993	1 840.9	1 484.3	1 322.6	1 014.1
1994	1 852.3	1 514.4	1 367.1	1 108.0
1995	1 863.7	1 524.5	1 391.5	1 181.9
1996	1 970.1	1 672.4	1 505.6	1 298.8
平均	1 997.1	1 635.0	1 472.1	1 175.9

（引自仲延凯，1999）

对许多禾草的化学分析表明，草层的下部具有很高的饲用价值，例如冰草，留茬高度为 2～4 cm 时含蛋白质为 4.2%，4～8 cm 时为 3.4%，8～12 cm 时为 3.3%。其他禾草，特别是下繁草，蛋白质含量的变化都是类似的规律，这是因为植株下部有大量富含蛋白质的基生叶。留茬高度每增高 1 cm，相对产量降低 4%～5%，羊草草地刈割后留茬高度为 8 cm、10 cm 和 12 cm 时，草地产量损失率(与留茬高度 4～6 cm 比较)分别为 20%、30%和 40%。但刈割过低，特别是每茬或连年低刈，会引起草地快速衰退。留茬过低会影响再生草的生长，留茬过高会降低牧草产量和品质。

一般认为，适宜的刈割高度为 5 cm 左右。但因草地类型不同，刈割高度也不均一。如以下繁草为主的草地，留茬高度应为 3～4 cm；粗大牧草、芦苇、大型苔草和高大杂草，留茬高度以 10～15 cm 为好。对产量的影响还与草地基况及草层密度等有关，研究证明，与留茬 4～6 cm 相比，当留茬高度达 12 cm 时，在干草原上干草收获量减少 45%，在河滩地上减少 20%，蛋白质相应多损失 46%和 19.5%。相关研究表明，在草原带的条件下刈割高度为 4 cm 时便能保持高产与稳产。

据上所述，考虑到各方面的因素，建议以中茬(4～6 cm)刈割为最好，如果草地上有大量的上年枯草或地面不平或有小土丘等障碍物时，留茬可适当高些(6～7 cm)，以便于刈割并保证所收牧草的质量。如果能灵活控制割草高度，还有助于控制草地杂草。对于上年割过草，为保证当年牧草的再生，留茬也可以适当高些，有利于来年生长或冬季减少风速，以及滞留积雪。

9.2.2.2 割草时的利用率控制

刈割时的留茬高度是刈割强度的体现，反映着不同的刈割利用率。在草地经营管理中，对于割草与放牧兼用型草地，通常建议将割草利用率控制在 50%左右，这样既可有效利用草地，也可使部分营养物质参与自身的循环与现分配，以达到持续利用的目的。可以利用不同的留茬高度控制刈割强度，在内蒙古白音锡勒牧场地区，留茬高度在 12 cm 左右时，割草地的利用率在 50%左右。研究结果表明，刈割强度较轻时，群落和羊草的生物量下降的幅度较小，说明减轻刈割强度是改良割草地的有效措施之一。但高茬刈割较现行的留茬高度可能要少收 15%左右的饲草。

控制合理的刈割强度可防止割草地生产力退化。根据 5 年平均，以留茬高度 0 cm 时的刈割强度为 100%，留茬 4 cm、8 cm、12 cm 时的利用率分别为 81.87%、73.71%和 58.89%。群落生物量随刈割强度减弱而缓慢下降的趋势，在留茬高度为 0 cm、4 cm、8 cm 和 12 cm 时，5 年平均分别较对照相应下降了 4.53%、3.55%、2.49%和 1.56%，刈割强度与群落生物量下降幅度之间有极显著的相关关系。群落中羊草组分的生物量受刈割的影响略大于群落，依上述留茬高度的顺序，分别较相应对照下降了 6.82%、5.96%、5.85%和 2.67%。因此，减轻刈割强度是改良割草地的有效措施之一。

9.2.2.3 牧草的收割次数和再生草的利用

草地植物和气候条件较好地区的割草场，为了充分而有效地挖掘草地生产潜力，获得高产、优质的干草，可以对刈割后的再生草进行第二次刈割，或进行牲畜放牧利用。

割草次数的多少也影响着牧草的产量与品质，还与草地以后的产量密切关系。再生草，如二茬草，一般可占第一茬产量的 25%～50%，有时会更高。二茬草幼嫩多汁，适口性和消化率都比较高，蛋白质含量比头茬高 50%～100%。用再生草调制的干草质地柔软，家畜十分喜食。为了加工草粉，常采用多次刈割再生草的办法，第一茬不迟于孕穗期刈割，以后都是幼嫩的再生草。为了使牧草有足够的时间形成贮藏的营养物质，最后一次再生草的刈割必须在停止生长的 1 个月之前。

具有两次刈割条件的草地，只有第一次收割在较早时期进行时，才有可能收割第二次，如在抽穗期进行第一次收割，可以获得较好的再生草产量。在河漫滩、低洼下湿地、芨芨草滩、丘间湿润草地及培育的高产稳产的栽培草地，第一次刈割可在草地中主要牧草抽穗（现蕾）期进行。第一次刈割后，牧草迅速再生，到夏末时再生草又达到适于刈割的程度，可进行第二次刈割利用。两次刈割草地进行第二次刈割时，留茬高度应在 6～7 cm。如果留茬过低，牧草在入冬前来不及再生，到冬季部分植物死亡，则下年产量降低。

再生草的产量随第一次刈割时期的早晚而变化。第一次刈割在抽穗时，第二次刈割的产量为第一次刈割产量的 30%～40%，最高可达 50%；第一次刈割在开花初期时，再生草产量不超过第一次产量的 30%；第一次刈割在开花期时，再生草产量一般不超过第一次产量的 15%。可见，进行两次刈割的草地总产量并不一定比在开花末期进行一次刈割的产量高，但从干草品质上看却比一次刈割的高得多。如粗蛋白质的总收获量，两次刈割的要比在盛花期进行刈割的高 25%以上，同时干草的适口性和消化率也比一次刈割高得多。

研究表明，适量刈割可以刺激植物根系的生长，但割草次数过多会严重影响植物的生长。羊草在轻度和中度刈割条件下可以获得更大的地上累积生物量，表现为超补偿生长，并且地下生物量降低较少，相对生长速率较高，分蘖较多。多次刈割会导致以后年份的产量明显降低，因为割去了富含贮藏可塑性物质的叶片和茎的下部，使由芽产生的新枝条的生长减弱，甚至地下生物量大量减少。

为了保证草地长期高产稳产，必须严格控制牧草的刈割次数。如果刈割过于频繁，牧草来不及制造和贮存必要的营养物质，而使牧草变得稀疏，茎秆细弱，叶量减少，根系发育不良。割草次数过多往往是引起草地过早衰退的一个重要原因，频繁割草使群落地上生物量下降，杂类草增加，对草地凋落物积累的影响显著，并引起生境条件的恶化。如呼伦贝尔的羊草割草地，在连年同一时期割草的情况下，羊草等优良牧草的产量下降 50%以上，单位面积的产草量下降 30%以上，而白头翁等杂毒草却明显增加。

对我国大多数地区的天然刈草地不宜多次刈割，如要刈割再生草，必须要辅之必要的施肥，灌水，割草地的轮换等措施。为了获得持续高产、稳产，对两次刈割的草场，应在第一次刈割以后就进行施肥和灌溉等培育工作，同时也应采取包括有两次刈割与一次晚期刈割相互更换的草地轮刈制度。无论是一次还是二次刈割或一次刈割后放牧利用，都应在植物停止生长前 1 个月结束，否则将会对下年草地产量产生不良影响。

对于人工栽培的高产草地，根据当地的水热条件及管理水平，可以采用多次刈割利用的方法，这是增加单位面积饲料收获量的一项重要措施，刈割次数可达 2～4 次，但是根据国内外的大量经验，在多刈利用时，同样必须加强对草地的培育与管理，如适量施肥，灌水，采取轮刈制等，否则草地的产量及利用年限会明显下降。

9.2.3　割草地培育

9.2.3.1　施肥

1. 施肥对割草地的作用与意义

与放牧草地相比，优质高产的割草地，每年随收获运走的牧草，会从草地系统中带走大量营养物质，土壤肥力显著下降，需通过施肥进行补充。割草地施肥可补充被消耗的土壤养分，提高土壤肥力，是培育割草地的重要措施之一。合理的施肥可以改善草群成分，大幅度地提高牧草产量，并且增产效果可以延续几年。另外，施肥可为草地群落中饲用价值更高的禾草和豆科草类的生长发育创造条件，增加优良牧草在草群中的比例，提高牧草中蛋白质及矿物质含量，同时还可以加速牧草的生长和再生，有利于安全越冬及返青生长。

牧草从土壤中吸取养分的数量与草地类型、牧草种类、牧草的生长发育时期、牧草的利用方式等有关。不同土壤的供养能力不同，因此，应在土壤养分诊断的前提下，根据不同牧草、不同草地类型及牧草的不同生长期进行施肥。草地施肥的原理不仅要依据植物的营养需要和土壤的供养能力，还应考虑施肥对草地的不同作用，综合分析天然草地施肥的生态与经济效益。

针对性施肥可有效改善草群成分。通常在草地上单施氮肥，能增进禾本科草的发育，而施磷、钾肥更有利于豆科牧草的生长。施肥可以提高牧草中蛋白质、钙、磷和钾等营养物质的含量，从而改善牧草的品质，提高牧草的适口性和消化率。施肥不仅能改善草群成分，还可以通过改变牧草的茎叶比、营养枝与生殖枝比例，提高草的营养品质。

2. 施肥的效果与方法

对祁连山东段天祝抓西秀龙的禾草-莎草型草地，进行的为期 2 年(2013—2014 年)的不同梯度施氮试验发现，不同施氮可增产 0.5～1 倍。这是因为，施氮显著增加了各功能群植物的高度，禾本科植物盖度和密度增加显著，降低了杂类草盖度和生物量，传统放牧型草地实现割草利用；施氮还不同程度地提高了禾本科草、莎草科草和杂类草的粗蛋白质含量，降低了粗纤维含量，使牧草的营养品质得到改善；施氮也显著增加了 0～20 cm 土层根系生物量，增加了当年植物群落的根冠比，不同程度地提高了高寒草甸草原土壤养分和有机碳含量。但施氮也不同程度地降低了高寒草甸草原植物群落多样性，与不施氮相比，同样的施氮量在第 2 年产量增加幅度略有下降。其他试验也表明，施氮对提升青藏高原东缘高寒草地生产力，增加可食牧草产量有一定的作用，是培育割草地的重要手段。

施用有机肥能使多数牧草种类均衡生长发育，使禾草和豆科牧草的比重增加，草群中杂类草比例减少。呼伦贝尔草原羊草草地上施氮肥当年可增产 1 倍以上，施有机肥后，平均产量可增产 35%～50%。可见在天然草地上无论施有机肥还是施化肥，都能显著地提高了产草量。

割草地的施肥可在春秋两季进行，春季应在植物萌发后或分蘖拔节时进行，每公顷施氮素 45～60 kg，K_2O 30～45 kg，P_2O_5 30～40 kg，三大要素可同时施入。秋季在刈草后进行，目的在于使牧草尽快恢复绿色叶片，促进秋季分蘖，使地下器官积累更多的营养物质，以利越冬和翌年早春返青。秋季追肥应以磷、钾肥为主，每公顷施 P_2O_5 25～30 kg，K_2O 30～45 kg，但不宜施氮肥，以免在弱光下枝叶徒长，不利于营养物质的积累，还会加快贮藏营养物质的消耗，不利于越冬。秋季割草地施厩肥可减轻牧草冻害，保证翌年春天土壤中水分的有效保存。

9.2.3.2 *灌溉*

1. 灌溉对割草地的作用与意义

水是草地植物生长发育的最基本条件之一，干旱或长期割草都会加速草地水分的蒸发，使草地生产力下降。天然草地灌溉是草地畜牧业发达国家常用的草地生产力提升方法，对降水量明显不足的地区或年份，或牧草生长期某个关键阶段出现干旱时，及时采取有效灌溉对改善草地植物生长条件，增加土壤养分有效性具有积极意义。

植物生命活动需要消耗大量的水，但只有 0.1%～0.8%的水分用于构建植物自身有机体。多年生牧草每制造 1 g 干物质，需消耗 600～700 g 水。植物通过蒸腾作用，保证了养料的吸收和输送，保证了植物体同化作用、异化作用、生化作用等新陈代谢的正常进行。当然，不同的植物种类或同一植物不同生长期需水量是不同的，根据草地水分状况与实际变化，及时灌溉既可满足植物对水的生理需要，提高牧草产量和保证营养品质。调节草地供水，也是扩大草地可利用面积和改良退化草地的有效途径。

2. 灌溉效果与方法

草原区降水少，蒸发量大，植物生长主要受限于天然降水。天然降水在各地区和同一地区不同季节分布不均，而且年变幅大，降水量和降水时间不可能完全符合植物生长发育的需要，而且在植物生长发育最需水的季节往往缺乏有效降水。因此，草地灌溉更具有特殊的意义，可以弥补天然降水的不足。在许多草原牧区，如能适时适量满足牧草对水分的需要，就可以有效保证草地的高产、稳产。

新西兰重视草地灌溉，灌溉可使改良草地的载畜力提高 3 倍，同时延长草地利用年限 1 倍以上。甘肃夏河桑科草原 6 月份正值牧草分蘖的关键生长期，通常也是干旱最严重的季节，利用大夏河水灌溉，可使草地产草量提高 4～5 倍，与相邻的长期连续重度放牧草地相比，产量提高 10 倍，其中垂穗披碱草等禾本科类草的生物量比例从 14％提高到 58％。灌溉结合施肥等培育措施，效果更好。

另外，灌溉还可改善草地局部的微生态条件，延长牧草的青绿时间。根据观察，草地灌水后可使地面在 2 m 以内的小气候相对湿度较未灌水的增加 30％～50％，使牧草生长期延长 30～40 d。

水源是草地灌溉的必要条件，无论哪种形式的草地灌溉，首先必须先开辟水源。了解和掌握水源情况才能保证适时、适量、合理地灌溉草地。用于灌溉的水源可分为地表径流水和地下水。根据不同的地形、地面径流状况，采用相应的有效蓄水方式与草地灌溉方式。

漫灌是传统的灌溉方式，是利用自然落差等势能作用，在草地上引水漫流，短期内浸淹草地的灌溉方式。漫灌的优点是工程简单，投资少，收效大，还可结合灌溉施肥；缺点是耗水量大，灌水不均匀，对地形要求较高，一般多在平缓草地上采用。若坡度大时，草皮较密时，可对地面进行简单划破处理，使水沿坡度缓慢下流渗透，达到灌溉目的，这是对特殊地形地势草地的浸灌方式。草地浸灌，最好每年进行 2～3 次，春季缺水时，则更有必要。浸灌应使草地充分浸润，以利牧草快速生长。但淹浸时间不宜过长，以免牧草受涝害而烂根或死亡。低洼草地应注意与排涝相结合，以免引起草地次生盐渍化。

喷灌是利用喷灌设备将水喷射到空中，散成水滴状，均匀浇灌在草地上。英国、瑞典、法国喷灌面积占灌溉面积的 56％以上。近年来，我国喷灌技术在苜蓿等规模化牧草生产中应用发展很快，天然草地区也开始应用大型指针式喷灌机。喷灌与地面灌水方法相比，省劳力，由于灌水工作全部机械化，从而减轻劳动强度。喷灌可以做到浅浇勤灌，不产生地表径流，不易导致土壤盐渍化，而且比地面漫灌省水 30％～60％。喷灌不会使土壤板结，还可调节地面小气候，增加地面空气湿度。喷灌不受地面限制，可减少沟渠占地，提高土地利用率。喷灌的缺点就是受风力、风向影响大，而且需要机械设备和能源消耗，投资大。喷灌系统可分为固定式、移动式和半固定式 3 种。无论哪种形式的喷灌系统都是由动力抽水机械、输水系统及喷灌机械等组成。在安装时，要根据喷头的工作压力和有效射程进行科学规划设计，同时，结合割草地牧草生育期株苗大小，选择和调整适宜的喷灌强度、水滴直径和喷灌均匀度，使之符合一定的喷灌技术要求。对于喷灌动力要求因地制宜，可采用电力或汽油机、柴油机为动力，或太阳能等新型能源动力。在山地、丘陵地采用天然水源落差进行自压喷灌，可节省设备，减少投资。

9.2.3.3 割草地轮刈制度

1. 割草地轮刈的概念与意义

长期在草地上割制干草，特别是经常定期或多次刈割，造成割草地优良牧草衰退，产量下降。导致割草地退化的主要原因是牧草贮藏的营养物质减少，同时，连年在抽穗、开花期刈割，牧草没有结实机会，也会影响牧草种子繁殖与更新。另外，连年割草，土壤中氮、磷、钾等营养物质随牧草的收获被带走，使土壤肥力下降，割草地干草产量不断下降。为了减少连年定期或早期割草对以后年份草地产生不利的影响，改善割草地的生产情况，保证割草地生产力水平的维持与提高，对割草地采用合理的利用和管理制度十分必要。

割草场轮刈制是一种草地利用的轮换方式，是按一定顺序逐年变更刈割时期和刈割次数，进行割草场培育的制度。其目的在于有序变更草场逐年刈割的时期和利用次数，使草场的每个地段均能得以休闲而实现培育恢复，使草地植物积累足够的营养物质贮存，既能进行种子繁殖，也能进行正常的营养繁殖，逐步恢复土壤的养分状况，改善植物的生长条件。

2. 割草地轮刈的方法与原理

组织打草场轮刈时，可将草场划分为 4～6 个地段，然后确定一定的轮刈方案，对每块地段进行逐年轮换割草利用与培育。如采用简单的 4 年 4 区的割草地轮刈方案，根据这一方案将草场划分成 4 个区，逐年进行打草时间的轮换，使割草地重新获得由种子繁殖的机会，这样周期性地为种子更新的幼龄植物所代替，可以提高割草地产量。

割草地轮刈也可以采用割草地每 4 年内休闲 1 年，利用年内完全停止割草的措施以增加牧草天然下种机会，幼苗可以获得良好的发育，不受损伤。

实施草地轮刈制度还要根据草地的类型、生产力及自然气候条件，确定合理的轮刈制度既要保证收获足够的牧草，同时也要保证草地的合理休闲，即确定割草地合理的利用率。在草地生产实施割草地轮换割草时，割草地的利用率规定为连续割草地年限占一个割草轮换周期年限的比例。如轮割周期为 5 年的割草地，连续割草 4 年，休割 1 年，其利用率为 80%。不同类型的割草地的建议轮刈周期及相应的利用率如表 9-8 所示。

表 9-8 不同类型割草地建议轮刈周期及利用率

项目	温性草原类、沼泽化高寒草甸亚类、沼泽类	低地草甸类、温性山地草甸类、温性草甸草原类	暖性草丛、灌草丛类热性草丛
轮刈周期/年	3	4	5
割草地利用率/%	67	75	80

割草地轮刈只是提供了培育割草地的一种思路和原理，生产实践中要根据需要进行设计和必要的调整。白音锡勒牧场采用的轮刈制为割一年休一年，草地培育的效果好。尽管每年收割的牧草有所减少，但群落的平均地上生物量、群落密度、优良牧草所占的比例、单位面积上的氮贮量等都处于较好水平。但从持续发展的角度看，割草地轮刈制在延缓天然割草场退化进程方面的优越性是明显的。因此，应在该类地区割草地利用中提倡与推广割一年休一年的割草场轮刈制。在干草较缺地区或年份，建议采用割两年休一年的轮割制度。

在轮刈过程中，为了保证每年家畜优质干草的贮备，在情况许可时，牧草刈割后，可以割第二次，也可进行再生草放牧。但割草和放牧不能晚于入冬前牧草停止生长前 30 d，以便牧草休养生息，积累足够的营养物质，以利越冬和翌春的正常返青。当然，也可以利用割草后的再生草进行冬季放牧。

内蒙古地区一些牧民每年在天然草原打草时，实施的一种保护性割草方式，就是在割草地上总要间隔保留一些条带不进行割草，实质上就是一种简单的轮刈制度，目的是实现牧草种子的成熟、种子库扩散、新苗落地生根和草地更新。同时，与风向垂直的保留草带(图 9-2)，还能起到有效阻挡积雪，减少土壤水分蒸发，土壤风蚀等综合作用。

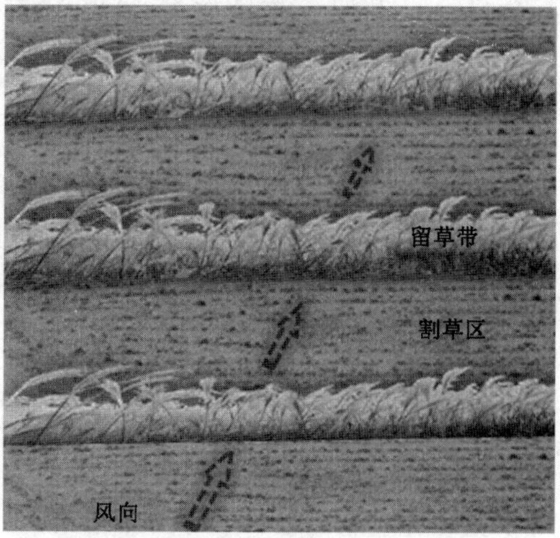

图 9-2　天然打草场保护性刈割与保留草籽繁育带

我国各地依据《中华人民共和国草原法》等法律和法规，结合草原保护与利用实际，专门制定了割草地的保护利用方面的指导意见。如呼伦贝尔出台的《关于加强呼伦贝尔市天然打草场保护利用的指导意见》(2016)中规定：严禁在天然草场草群高度低于 15 cm 或亩产低于 30 kg 的区域打草；刈割时间一般在 8 月 15 日左右，9 月 20 日收贮完毕；实行严格的轮刈、间作制度，刈割作业区宽度一般不得大于 300 m，留草籽带宽度不得少于 20 m，刈割留茬高度不得少于 7 cm。2016 年，锡林郭勒盟也出台了《关于加强天然打草场保护利用的指导意见》，其中规定：天然打草场采取轮刈、间作制度，500 亩以上打草场，实行轮刈制度，有条件的可间隔一年刈割一次，对暂时做不到的，采取 4 区 4 年或 5 区 5 年轮刈，每年至少保证 1 区休闲；500 亩以下打草场，实行间作制度，要保留一定宽度的草籽繁育带，严禁刈光割净。留茬高度不得低于 6 cm。考虑到牧草生长以及降水等综合因素，2016 年锡林郭勒盟将天然打草场刈割时间确定为 8 月 20 日开始。

9.2.4　割草机械

9.2.4.1　割草机械与发展

牧草的刈割可采用人工割草，也可使用机械割草。传统的人工割草工具为大钐镰，一般每人每天仅能割草 0.5～0.7 hm^2。目前，这种人工割草方式只在地面不平或小面积草地、不能使用机械割草的草地上使用。机械割草可成倍提高割草效率，降低人力成本与管理成本，同时可保证调制干草的质量。

机械割草是草地干草生产的主要方式，只有充分实现机械化，才能及时高效地收割牧草。现今牧草的收割和贮藏的主要机械有割草机、压扁机、铺条机、搂草机、捆草机、集草车以及草捆装运和草垛运输车等。在设备的选型上要考虑打草场面积、适收作业时间、作业工艺要求、质量标准要求和设备的配套性等方面因素。要根据收获工艺过程、设备收获能力以及天气情况等多种参数进行及时准确分析判定。合理利用机械进行割草，可提高生产效率，保证草产品的质量和收获安全性，降低生产成本和收获损失。

欧美发达国家在草原畜牧业各生产环节大都已实现机械化，机械品种齐全，系列完整，能满足各种收获条件下全面机械化的需要。尤其是美、德、法、意、日等发达国家在该领域处于领先地位。如德国斯托尔(Stoll)公司的割晒设备，德国克拉斯公司(Claas)的自走式打捆机(主要在打结器方面)，法国库恩(Kuhn)公司的旋转割草机等。再如美国约翰·迪尔(John Deere)公司和纽荷兰(New Holland)公司是重要的牧草机械制造商，生产有多个机型，可供各种经营规模的用户选择。

与国外相比，我国牧草机械产业化起步晚。1958年开始生产马拉式往复割草机，1964年设计出第一代旋转式割草机。1976年以后，内蒙古和新疆分别研制成单圆盘、双圆盘及四圆盘旋转式割草机，可用于高密度的栽培草地和天然草场收割。到20世纪80年代，我国割草机已具备一定的生产规模。我国割草和打捆机的类型主要有圆盘式旋转割草机、后悬挂往复割草机、机引单刀割草机、有指盘式搂草机，以及圆捆和方捆打捆机等机械。

目前，随着草食畜牧业产业的快速发展，以及草原生态建设力度的不断加大，对牧草的需求也随之增加。大力研究推广牧草生产机械化技术，成为科学合理保护、利用及建设草原牧场，改善生态环境、增加牧民收入、维护生物多样性、提高牧草生产效益、发展草原特色现代化畜牧业的有效途径之一。与国外相比，我国天然割草地配套机械仍然较为落后，需要结合我国各地天然牧草生产实践与现状，加快适应不同类型天然草地牧草收获与加工机械的研发，研究配套的收获技术，出台天然牧草机械刈割生产规程、工艺及作业指标，并积极推广应用，提高草原生产的现代化，有效保护草原生态。

9.2.4.2 割草机的类型与应用

常用的牧草收获机械有旋转式和往复式割草机，也有结合压扁功能的刈割机械，以及将刈割、压扁、卷捆缠膜相配套的机械等。

1. 往复式割草机

往复式割草机的动刀切割速度一般低于3 m/s，作业前进速度一般为6～8 km/h，存在作业成本高、切割速度提高、加快机器振动和机械损坏、容易堵刀等缺点。适用于平坦的天然草地和一般产量的栽培草地。具有便于调整使用、牧草损失少、割茬干净整齐、单位割幅所需功率较小等特点。

2. 圆盘回转式割草机

圆盘回转式割草机对牧草的适应性强，可应用于稠密、倒伏和缠连的牧草，工作平稳，生产率高，比往复式割草机更适合于切割较高大的作物。适用于大面积人工栽培或天然刈割草地，对禾豆混播草地收割效果优于往复式割草机。具有工作效率高、传动系统可靠、割刀经久耐用、保护装置可靠及配套动力广泛等特点。

3. 自走式刈割压扁机

自走式刈割压扁机可用于小地块种植的苜蓿收获，特别是丘陵、山地等复杂地形上的苜蓿收获作业及其他牧草的收获。无须调速，后轮转向，工作效率高，刈割后的苜蓿品质损失小。另外，刈割压扁机可同时完成切割、压扁、集拢铺条3种作业工序。适合收获高产、多水分的种植牧草、天然牧草和芦苇、秸秆等作物。独特的设计能最大限度保护牧草的营养成分，使茎叶同步干燥，缩短田间晾晒时间；减少在田间晾晒时的损失，缩短收获时间，可为后续的捡拾压捆、压垛等收获作业准备好高质量的草条。

4. 搂草摊晒机

搂草摊晒机主要用于牧草的搂草、摊晒和反转。搂草幅度为2.5～6 m，摊开幅度为1.6 m，适用于35～65马力拖拉机。可以自动完成对牧草的摊晒、翻晒，有利于水分快速蒸发。搂集起来的草条清洁，牧草损失少，并且草条中的陈腐草和泥土等杂物少。搂集起来的草条连续、均匀、蓬松，便于干燥。搂草机对牧草的作用强度小，可减少牧草养分损失。

5. 捡拾收割打捆机

机械割草通常对天然打草场有一定要求，应选择地势平坦，地表坡度低于 15°，无石块和灌丛，便于机械化作业的草地；草群叶层高度不低于 30 cm，草群覆盖度不低于 50%；土壤坚实度能满足机械正常行驶和作业，土壤绝对含水率应不大于 25%；收获作业时，风速不大于 4 m/s。多雨、无干燥设备的条件下，为了防止割后牧草发霉变质，可将刈割期适当提前或推后。

为了保证机械的良好工作，必须正确使用、维护与保养作业设备，充分发挥设备的作业效能，包括提供充足的喂入量，减少作业操作的辅助时间，保持作业部件良好状态，各个系统作业参数的正确调整检查，作业间歇对设备清理、紧固和润滑等维护。目前，市场上已有一些收获机械具有自动仿形功能、自动磨刀功能、配置金属检测装置及反转等保护功能。

9.3　干草调制与青贮制作

9.3.1　干草调制原理与方法

牧草收割与调制的一般程序包括以下流程：牧草收割、牧草摊晒、干草的堆垛压实或拣拾打捆、干草运往贮草棚或养畜场等。晾晒刈割后的牧草，以散失牧草中的过多水分，是割草后必须经过的过程。一般是搂草后在条堆内晾晒，并采用摊晒机和翻草机进行翻晒。天然牧草收获作业时间紧，要求干燥迅速、均匀，作业效率高，作业质量好。

9.3.1.1　牧草干燥的基本原理

牧草的干燥是收获牧草中的一项重要生产环节，为确保干草的质量，必须掌握好牧草在干燥过程中的水分散失规律及营养物质损失规律。

1. 牧草干燥过程中水分的散失

在通常的收割成熟期，禾本科植物的含水量为 60%～75%，豆科植物的含水量为 70%～75%，制作草捆之前，必须将水分降低到 15%～18%，最高不能超过 20%，所以调制干草时，必须使植物体内散出大量水分。牧草刈割后，最初植物体内水分散失很快，并且保持株体各部分散水匀速，这一阶段失去的是游离水。当牧草含水量减少到 45%～55%时，植物体内散失水分的速度越来越慢，此阶段是散失体内结合水。

水的移动和其他物质一样，即沿能量减小的方向移动，同样，牧草中的水分也是沿着水势的陡变，从高水势区向低水势区移动。在调制干草时，需要注意影响牧草干燥的相关因素。气候因素为首要因素，空气相对湿度大小决定着水势的差别，若相对湿度小，水势差别大，有利于加速干燥。高温也能影响水势大小，但单纯的高温并不能加速牧草的干燥。不同植物因保蓄水分能力不同，在外界相同气候条件下也不能同速干燥，保蓄水能力越大，干燥速度越慢。一般豆科比禾本科保蓄水分能力大，所以比禾本科干燥速度慢。另外，植物各部分结构的散水速度也不一致，一般叶子比茎秆散失速度快，而且均匀。

2. 牧草在干燥过程中营养物质的损失

制作干草应该在作物养分含量最高或接近最高时刈割，以便使单位面积土地提供的可消化养分的产量最大。干牧草的最佳含水量是 15%～18%，如果制作草捆时，牧草的水分含量高于 20%，就会出现发热和发霉的现象，造成贮藏期的损失。为了制作优质的干草，牧草的水分含量必须降到足够低，以便它的营养价值在贮存期间不发生明显改变。牧草在干燥过程中，体内发生的生理生化变化都能造成营养物质的变化和损失。牧草刈割后，植物细胞并未立即死亡，这一时期生理生化变化是在活细胞中进行的，同化作用仍在微弱进行。因刈割后的牧草与根分离，营养物质的供应中断，由同化作用转向分解作用，而且只能分解植物体内的营养物质，导致饥饿代谢。水分减少到40%～50%时，细胞死亡，呼吸停止。牧草细胞死亡后，植物体内在酶的参与下进入生化过程，这种在死细胞内进行的物质转化的过程称为自体溶解阶段。这一时期碳水化合物几乎不变，但蛋白质会损失，氨基酸会受到破坏，并随这一时期的拖长而加大。

牧草在干燥过程中营养物质，尤其是可消化部分的总营养价值损失20%～30%，饲料单位损失30%～40%，可消化粗蛋白质损失30%左右。在牧草干燥过程中的总损失量里，以机械作用造成的损失最大（机械作用造成叶、嫩枝、花序的脱落），损失最大可达15%～20%；其次是呼吸作用造成的消耗，损失为10%～15%；酶的作用造成的损失为5%～10%；雨露等淋溶作用造成的损失则为5%左右。

牧草在自然干燥时，在体内氧化酶的破坏和阳光的漂白作用下，一些色素因氧化而被破坏，特别是牧草水分较高（50%～55%）时，胡萝卜素的损失占总损失量的50%，但在草棚内迅速风干，只损失18%。草本植物的切口在延长干燥时间的后期会变白，其漂白程度与胡萝卜素的损失程度基本一致。新鲜草本植物维生素D含量非常低。在阳光或紫外光下晒制可使维生素D的活性显著增加。这是因为植物甾醇（尤其是叶片中的甾醇）合成了维生素D。这一过程能持续6～8 d。在干草干燥过程中，通常也能生成不定数量的维生素E。干燥后期或储藏过程中，由于酶的作用产生醛类（如丁烯醛、戊烷醛等）和酸类（如乙醇酸），使干草具有一种特殊的芳香气味，这是干草品质优劣的一项重要指标。雨淋主要造成无机物的损失，其中磷、碳酸钠、碳水化合物损失较多。牧草干燥后，还应注意大气湿度和气温引起的微生物的破坏作用。当干燥后的干草仍含较多水分（25%～40%）时，或当空气相对湿度在85%～90%时，在微生物作用下易引起干草发霉变质，甚至产生毒素。

9.3.1.2 干草调制方法

优质的干草营养价值高，适口性好，各种家畜都喜欢采食。贮备大量的干草，可以保证家畜在冬春缺草季节的营养需求，从而提高抗御自然灾害的能力，增强饲草料的稳定性。根据牧草干燥水分散失及营养物质变化损失规律，必须掌握以下基本原则：①尽量缩短干燥时间，减少生理生化和氧化作用造成的损失。②干燥末期力求植物整个株体干燥均匀。③牧草各生产环节尽量减少机械损失。④防止雨淋和暴晒，注意通风，防止发霉。

在生产上牧草的干燥多采用地面干燥法。这种方法就是牧草刈割后就地干燥6～7 h，水分含量在40%～50%时搂成草垄继续干燥4～5 h，然后集成草堆，再经2 d左右就可调制成干草。禾本科牧草茎、叶干燥速度较一致，比较容易调制。豆科牧草茎、叶干燥时间不同（叶片干燥快而茎秆干燥慢），在调制过程中往往叶片大量损失，严重降低营养价值。

将刈割后的牧草就地平摊，晴天晾晒1 d，叶片凋萎，含水量为45%～50%时，集成高约1 m的小堆，经过2～3 d，当干草能拧成草捆，既不断裂，也不出水，此时干草含水量已下降到20%～25%，可以运回堆垛贮存。

为了加速牧草干燥，应注意翻晒草垄的牧草，或压裂草茎。特别在湿润地区进行干草调制时，不仅要翻晒草垄，压裂压扁草茎，而且一定要在利于通风的草架上堆晒，效果更好。除了地面干燥方法以外，还有采用现代设备的鼓风干燥法和牧草烘干机高温干燥法。常温鼓风干燥在牧草含量高、外界空气湿度大、不能短期干燥时采用，以缩短干燥时间；烘干机高温干燥法是在调制干草粉时采用，一般只需数秒钟到数十分钟，所以一定要掌握好，否则影响干草品质。

调制的干草水分达到 15%～18%时，即可堆垛贮藏或压捆贮藏。草垛多为圆形或长方形，垛的上部是坡面或圆塔形，体积小，减少雨淋和日晒面积，下部和空气、地面接触大，减少营养损失。垛址一定要选在高处，避免水淹，垛周围挖好排水沟。垛底用木架架空，利于通风，以免草堆发热发霉。有条件的最好建设草棚进行贮存。

现以黑龙江省地方标准“羊草干草调制技术规程”为例（表 9-9），介绍干草制作过程中如何收获调制高质量干草的相关技术指标与要求。

表 9-9　羊草干草调制技术规程

技术环节		主要技术指标与要求
收获调制	刈割时期	可根据不同用途或销售需要确定刈割时期。需要高品质草产品时可在初花期刈割，可兼顾产量和品质的最佳刈割时期是乳熟末期至蜡熟初期
	天气选择	根据天气预报和云图，选择未来 3 d 内晴好无降水的天气进行羊草刈割，避免雨淋影响干草品质
	留茬高度	一般情况下，羊草留茬高度 5～7 cm，不应高于 10 cm
	晾晒	(1)采用悬挂往复式割草机刈割羊草后，可在翌日清晨搂草干燥。通常在羊草水分降到 40%左右时（取一束草用力拧紧，有水但不形成水滴），将半干的草集成松散的草堆，堆高 2.0～2.5 m，直径 3.0 m 左右，保持草堆通风，使水分含量降到 15%～18%（将干草束在手中揉搓时，有飒飒声、柔软，不能脆断，而一松手很快自动松散）即可打捆 (2)采用往复式割草压扁刈割羊草后，可在翌日清晨用搂草翻晒机翻草晾晒，待含水量降到 15%～18%时即可打捆
	打捆	(1)采用悬挂往复式割草机割草后，用固定式方形打捆机打捆；采用往复式割草压扁机割草后，用牵引式打捆机打捆 (2)干草捆截面长 30～43 cm，宽为 40～61 cm，高为 50～120 cm
草捆贮藏	搭建垛基	贮存地应建立在地势高、干燥、平坦、通风的地方，土质要求坚实。垛基宽度 4 m，底层垫高 30 cm 左右，上面选用直径为 10～15 cm 圆木杆纵横排放（纵下横上），纵向放 3 根，间隔 150 cm，两边各余 50 cm，横向每隔 55 cm 放 1 根，交叉处用铁丝固定
	草捆贮藏	(1)水分大于 14%小于 18%的草捆贮藏：将干草捆宽面向上，整齐铺平，上层与下层的草捆摆放方向要纵横交替。上层草捆之间的接缝应和下层草捆之间接缝错开。在每层中设置 5～20 cm 宽的通风道，在双数层开纵通风道，在单数层开横通风道，通风道的数目可根据草捆的水分含量确定。对于露天堆放的草捆，干草捆的垛壁可一直堆到 14 层草垛高，第 15 层开始逐渐收缩成宝塔顶状堆置，每一层的干草平面比下层缩进 10～15 cm，至第 18 层封顶。堆垛要整齐，没有倾斜及凸凹现象，垛顶用草帘、苫布或其他遮雨物覆盖。贮藏在草棚的草垛高度可根据草棚的高度而定，草捆垛顶高度要距离草棚边沿 30～40 m (2)水分等于或小于 14%的草捆贮藏：水分等于或小于 14%（可用干草湿度计测定）的草捆码垛时可不留通风道，其余码垛步骤同前。草垛四周可用苫布封盖
草捆保存		不同等级的草捆必须分级存放，草捆入库后必须有水分、日期、等级、晾晒次数等记录。为了保证干草的品质并避免损失，对贮藏的干草要注意防水、防潮、防霉、防火、防鼠害和防止人为破坏，同时指定专人负责安全检查和管理

9.3.1.3 干草品质评价

干草品质的好坏直接影响家畜的采食量及其生产性能。一般认为，根据干草的消化率及其干草的营养成分含量来评定干草品质最为科学，在科学研究中也建立了干草的品质鉴定方法和分级标准，但在生产实践中由于条件的限制，常根据干草的物理特性，如植物学组成、牧草收割时的生育期、干草中叶量和不食草类比重、干草颜色和气味、干草的含水量和病虫害情况等外观特征来快速评定其饲用价值。

1. 物理评价

主要通过肉眼观察、触摸和嗅觉等方式，对干草质量进行初步评价，主要的测定指标和内容包括以下几个方面。

(1)干草的植物学组成　植物学组成对于天然草地干草的营养价值有决定性的意义。在干草中各个部位随机取草样(至少 20 处)，每处取 300 g 左右，将其充分混合后取 1/4，然后将其分成 5 类(禾本科、豆科、可食性杂草、饲用价值低的杂草和有毒害的植物)，并分别计算其所占比例。如果禾本科和豆科干草所占比例高于 60%，表明组成优良。也有少量杂类草如地榆、防风、茴香等具芳香性，可增强家畜的食欲。而毒害植物的含量不得超过总量的 1%。

(2)牧草的刈割期　牧草刈割期直接影响干草品质，禾本科以抽穗期，豆科以初花期刈割较为适宜；刈割过晚，则干草质量下降。适时刈割调制的干草一般叶量丰富、茎秆质地柔软，此时消化率高。如果等到开花结实后收割，牧草茎秆粗硬、叶量减少而枯黄，品质下降。

(3)含叶量　干草中叶量的多少是确定其品质的重要标准，叶量越多，营养价值越高。一般禾本科干草叶片不易脱落，而优良豆科干草的叶质量应占总量的 30%～40%。

(4)颜色　优质干草颜色通常较绿，一般颜色越深，损失越少，营养价值越高，所含的可溶性物质、胡萝卜素和维生素含量较高。

(5)气味　优质干草一般具有浓郁的芳香味，能促进家畜的食欲，增加适口性。品质低劣的干草有难闻的气味，再生草调制的干草香味较少。

(6)含水量　青干草的含水量通常在 15%～18%，如果过高，则容易变质，应注意通风，降低水分。

(7)病虫害情况　病虫害侵染过的牧草调制的干草，不仅营养价值低，而且影响家畜的健康。鉴定的标准是看其穗上是否有黄色或黑色的斑纹及粉末状物质，如果有，不宜饲喂家畜，特别是孕畜食后会造成流产。

2. 实验室测定

实验室测定是通过特定的实验程序和规程对干草的化学成分进行检测的方法，用粗蛋白质(CP)、胡萝卜素、粗纤维及酸性洗涤纤维(ADF)与中性洗涤纤维(NDF)等指标反映出干草的营养价值和饲用价值。进一步的饲喂试验确定干草的采食量、利用率和转化率，可更深入地了解干草对家畜的最终作用与效果，但耗时长、费用高。

近年来，采用近红外光谱分析法(NIRS)能迅速、准确地检验干草的化学组成和品质，在干草生产和销售中快速评价干草的品质发挥了极大作用。近红外光谱技术的基本原理是基于物质中的不同组分或同一组分的不同含氢基团在近红外区域有丰富的吸收光谱。草产品中的粗蛋白质、淀粉、粗纤维、脂肪等成分具有含氢基团，在近红外区都有特定的吸收光谱，每种成分都有其特定的吸收特征，为近红外光谱定性、定量分析提供了依据。建立物质光谱与待测成分含量间的线性或非线性模型，可实现用物质近红外光谱信息对待测成分含量的快速计算。

3. 干草评价等级

许多国家和地区都制定了评定干草品质的标准，通常采用化学分析与目测相结合的干草分级体系(表 9-10)，并把划分的等级标准作为征购、调拨时评定和检验的根据。

表 9-10　干草分级标准　%

干草组成	干草特性和标准											
	豆科干草			禾本科干草			豆科、禾本科混合			天然草地		
	1 级	2 级	3 级	1 级	2 级	3 级	1 级	2 级	3 级	1 级	2 级	3 级
豆科(不低于)	90	75	60	—	—	—	50	35	20	—	—	—
禾本科和豆科(不低于)	—	—	—	90	75	60	—	—	—	80	60	40
有毒有害植物(低于)	—	—	—	—	—	—	—	—	—	0.5	1.0	1.0
粗蛋白质(不低于)	14	10	8	10	8	6	11	9	7	9	7	5
胡萝卜素(mg/kg)(不低于)	30	20	15	20	15	10	25	20	15	20	15	10
粗纤维(不高于)	27	29	31	28	30	33	27	29	32	28	30	33
矿物质(不高于)	0.3	0.5	1.0	0.3	0.5	1.0	0.3	0.5	1.0	0.3	0.5	1.0
水分(不高于)	17	17	17	17	17	17	17	17	17	17	17	17

(引自内蒙古农牧学院，1999)

美国牧草草地理事会饲草分析小组委员会用感观和有代表性的化学分析指标制定了干草销售标准和等级的新体系，并进行多次修改完善。该划分标准主要以粗蛋白质(CP)、酸性洗涤纤维(ADF)、中性洗涤纤维(NDF)、可消化干物质(DDM)、干物质采食量(DMI)和相对饲喂价值(RFV)等作为评定指标，在此基础上制定了豆科、禾本科和豆科与禾本科混播饲草的 6 个等级(表 9-11)。

表 9-11　美国干草质量评价标准　%

质量标准	CP	ADF	NDF	DDM	DMI	RFV
特级	>19	<31	<40	>65	>3.0	>151
1 级	17～19	31～35	40～46	62～65	3.0～2.6	151～125
2 级	14～16	36～40	47～53	58～61	2.5～2.3	124～103
3 级	11～13	41～42	54～60	56～57	2.2～2.0	102～87
4 级	8～10	43～45	61～65	53～55	1.9～1.8	86～75
5 级	<8	>45	>65	<53	<1.8	<75

注：DDM，可消化干物质＝(88.9－0.779ADF)×100％；DMI，干物质采食量＝120÷NDF×100％；RFV，相对饲喂价值＝DDM×DMI÷1.29×100％。RFV 为 100％的标准干草含 41％的 ADF 和 53％的 NDF。

(引自曹致中，2005)

我国于 2003 年颁布了禾本科干草品质的农业行业标准，主要按粗蛋白质、水分(表 9-12)，以及外部感官性状(表 9-13)将禾本科牧草(干草)分为 4 级。该标准适用于天然草地、改良草地和栽培草地收获的禾本科或以禾本科为主的牧草经干燥后制成的草产品。也可按外部感官性状进行分级。

表 9-12　禾本科牧草(干草)质量分级(根据粗蛋白质含量及水分)　%

质量标准	等级			
	特级	一级	二级	三级
粗蛋白质	≥11	≥9	≥7	≥5
水分	≤14	≤14	≤14	≤14

注:粗蛋白质含量以绝干物质为基础计算。

表 9-13　禾本科牧草(干草)质量分级(根据外部感官性状)

质量标准	分级标准
特级	抽穗前刈割,色泽呈鲜绿色或绿色,有浓郁的干草香味,无杂物和霉变,栽培草地及改良草地杂类草不超过 1%,天然草地杂类草不超过 3%
一级	抽穗前刈割,色泽呈绿色,有草香味,无杂物和霉变,栽培草地及改良草地杂类草不超过 2%,天然草地杂类草不超过 5%
二级	抽穗初期或抽穗期刈割,色泽正常,呈绿色或浅绿色,有草香味,无杂物和霉变,栽培草地及改良草地杂类草不超过 5%,天然草地杂类草不超过 7%
三级	结实期刈割,茎粗、叶色淡绿或浅黄,无杂物和霉变,干草杂类草不超过 8%

(引自曹致中,2005)

9.3.2　青贮原理与制作

在将刈割后的青绿饲草调制成干草过程中,由于植物细胞的呼吸作用和枝叶脱落等原因,营养损失高。如果调制成青贮草既可以保持较高的营养,同时能长期保存,便于冷季补饲利用。优质的青贮草不仅保持了青绿饲料鲜态和大部分营养,而且由于它具有芳香的酸味,柔软多汁,适口性好,能刺激家畜食欲、消化液的分泌和肠道蠕动,从而增强了消化功能。实践证明,它能促进精料和粗饲料中营养物质的更好利用。此外,青贮还可以降低某些有毒植物的毒性。

9.3.2.1　青贮的原理

刚刈割下来的青绿饲料,附生着各种微生物,大部分是严格需氧的,其中好气性腐败菌就会迅速繁殖。而乳酸菌则为数极少且厌氧,青贮原料及时贮入青贮设施后,造成有利于乳酸菌生长和繁殖的厌氧环境,促使乳酸菌正常活动并大量繁殖,抑制各种有害微生物活动,使发酵正常进行。

乳酸菌是促使青饲料发酵的主要微生物,属于厌氧性微生物,能使糖分发酵产生乳酸,乳酸可被家畜吸收利用。乳酸菌没有蛋白质分解酶,不分解破坏原料中的蛋白质,所以青贮饲料中蛋白质损失很少。发酵可降低饲草的粗纤维含量,提高饲草的适口性和消化率。利用发酵还可延长某些牧草的贮藏期,因而在畜牧业生产中应用越来越广泛。大多数乳酸菌生长最适宜温度一般为 20～30 ℃。乳酸菌最适生长的酸度为 pH 6.0,最低为 pH 4.0。

青贮的发酵过程一般分为 3 个阶段,即好气性活动阶段、乳酸发酵阶段和青贮饲料保存阶段。新鲜青贮原料在青贮窖内被密封后,植物细胞并未立即死亡,在 1～3 d 仍进行呼吸作用,分解有机质,直到窖内氧气消耗呈厌氧状态时才停止呼吸。在此期间,附着在原料上的酵母菌、霉菌、腐败菌和醋酸菌等好气性微生物，利用压榨植物细胞而排出的可溶性碳水化合物等养分，进行生长繁殖。植物细胞的继续呼吸、好气性微生物的活动和各种酶的作用，青贮窖内遗留的少量氧气很快被耗尽，形成了微氧甚至无氧环境，并产生 CO_2、H_2 和部分醇类，还有醋酸、乳酸和琥珀酸等有机酸。同时，植物呼吸作用和微生物的活动还放出热量。所以，此阶段形成的厌氧、微酸性和较温暖的环境为乳酸菌的活动繁殖创造了适宜条件。厌氧条件形成后，加上青贮原料中的其他条件如水分、温度和可溶性的碳水化合物等适合乳酸菌的生长繁殖，使乳酸菌在数量上逐渐形成绝对优势并产生大量乳酸，pH 下降，从而抑制其他微生物的活动。当 pH 下降至 4.2 以下时，乳酸菌的活动也逐渐缓慢下来。一般来说，发酵 5～7 d 时，微生物总数达高峰，其中以乳酸菌为主，正常青贮时，乳酸发酵阶段一般为 2～3 周。当乳酸菌产生和乳酸积累达到高峰，其 pH 为 4.0～4.2，乳酸菌活动减弱，甚至完全停止，并开始死亡。至此，青贮饲料处于厌氧和酸性环境中，得以长期保存。

9.3.2.2　青贮制作过程中营养物质变化

常规青贮就是将新鲜牧草或饲料作物刈割后，直接在田间晾干一定时间，当含水量降到 60%～70%时切短、填装(同时压紧)到青贮窖或青贮塔里，然后密封逐渐达到厌氧条件，经过微生物的发酵作用，当 pH 降到 4.0～4.2 时完成发酵，即成为可供全年均衡使用的青贮饲料。调制青贮的关键技术，一是控制呼吸作用，二是控制发酵作用，目的是为乳酸菌创造一个正常活动和抑制有害微生物繁殖生存的环境条件，使青贮原料从收割到贮存过程中自身的细胞呼吸作用所消耗的营养物质的量降低到最低，并防止醋酸菌发酵。

与青贮原料相比，青贮过程中干物质和蛋白质的含量会降低，导致青贮饲料的营养价值下降。低 pH 值的青贮饲料经常伴随着低采食量，尤其是丁酸与自由采食量之间存在负相关。此外，青贮发酵会降低能量和蛋白质的利用率，经过同型乳酸发酵的青贮饲料中几乎不含可溶性糖，主要生产乳酸和挥发性脂肪酸，乳酸代谢生成丙酸盐，挥发性脂肪酸可以直接被瘤胃壁吸收，使瘤胃微生物可利用的能量减少，从而减少了瘤胃微生物蛋白质的合成量。青贮饲料中氮的利用率低还与青贮饲料蛋白质的溶解性偏高、瘤胃非降解蛋白的比例很低有关。

半干青贮，也称为低水分青贮，将原料含水量降低至 45%～60%，形成生理干燥和厌氧环境，使微生物生长繁殖受到抑制，从而达到保存养分的目的。与干草调制和制作一般青贮饲料相比，半干青贮能保存更多的养分，为难以用一般青贮方法调制的含蛋白质高的饲料作物提供了新的青贮方法，特别是可解决大面积生产苜蓿又难以调制干草的难题。将青绿饲料调制成干草，常因落叶、氧化、日晒、光照等作用，很难保留饲料中的叶片和花序，养分损失可高达 35%～40%，胡萝卜素损失更达 90%；而半干青贮饲料几乎完全保存了青饲料的叶片和花序。与一般青贮饲料相比，由于半干青贮发酵过程慢，同时有高渗压，抑制了蛋白质水解和丁酸的形成，因而养分损失较少；并且干物质含量高，采食量高。但调制半干青贮料的关键是青绿饲料刈割后需要预干，为了保证半干青贮饲料的质量，预干的时间越短越好。在南方地区，青绿饲料生产较丰的春夏季节，因阴雨天较多、湿度高，较难进行青绿饲料的预干处理，半干青贮的制作受气候条件的限制仍然较大。

9.3.2.3　青贮调制方法

常用的青贮设施有青贮壕、青贮窖、青贮塔、塑料袋青贮，也可采用地面堆贮。应用最多的是青贮壕、青贮窖和塑料袋青贮。表 9-14 列出几种青贮设施的规格。

表 9-14 几种青贮设施的规格

类别	青贮壕	青贮窖	塑料青贮袋	
			大型	小型
地下深度/m	3.5～7	3～4		
地面高度/m				
直径/m		2～3	2.4	
长度/m	＞20		5～20	
宽度/m	4.5～6			
容量/m^3	＞300	9～28	20～80	0.5

青贮窖要上大下小，底部呈弧形。青贮壕的地面应倾斜以利排水。青贮壕（窖）最好用砖石砌成永久性的，以保证密封和提高青贮效果。青贮壕的优点是便于人工或半机械化机具装填压紧和取料，又可从一端开壕取用，对建筑材料要求不高，造价低。现在塑料膜已广泛用于饲草青贮，常用的为宽 80～100 cm、厚 0.8～1.0 mm 无毒塑料薄膜，以热压法做成长约 200 cm 的袋子，可装原料 200～250 kg。但装填原料最好不宜超过 150 kg，以便于运输和饲喂。

1. 青贮窖（壕、塔）青贮

制作牛、羊等反刍动物的青贮饲料，一般是把禾本科牧草和豆科牧草及叶菜类的原料，切成 2～3 cm，一些柔软幼嫩的植物也可不切碎即可青贮。原料含水量控制在 70%左右进行，青贮原料装入窖之前，要将已经用过的青贮设施清理干净。一旦开始装填青贮原料，就要求迅速进行，以避免在原料装满与密封之间的好气分解以至于腐败变质。一般来说，一个青贮设施，要在 2～5 d 内装满压实。装填时间越短，青贮品质越好。如果是青贮窖（壕），底部可铺一层 10～15 cm 切短的秸秆软草，以便吸收青贮汁液。壁四周衬一层塑料薄膜，以加强密封和防漏气渗水。原料装填完毕，应立即密封和覆盖，并防止雨水进入。原料装填和压紧到与窖口齐平，中间可高出窖（壕）边，在原料的上面盖一层 10～20 cm 切短的秸秆或牧草，覆上塑料薄膜后，再覆上 30～50 cm 的土，踩踏成馒头形。青贮饲料一般经过 40～50 d 便能完成发酵过程，即可开窖使用。

2. 裹包青贮

将刈割后的牧草晾晒萎蔫至半干状态时，原料含水量控制在 45%～60%。先用圆捆打捆机将饲草压实，捆成圆形草捆，用绳捆紧，然后利用裹包机，以专用塑料拉伸膜，将草捆紧紧包裹起来，使其处于密封状态存放。大型裹包 500～600 kg，小型裹包 30～50 kg。经过 4～7 周，最终完成自然发酵过程。要防止天然草中茎秆粗硬的蒿等杂类草刺破包裹膜，造成青贮草变质。在运输和保存中，还要防鸟、鼠、虫对拉伸膜的啄咬。青贮裹包养分损失小，便于运输和取用，适合广大草原牧区应用。但裹包青贮依赖机械程度较高，整株青贮饲喂多不切碎，饲喂时再切碎。

9.3.2.4 青贮草产品质量评价

一般青贮饲料品质的好坏，与贮藏过程中养分损失和青贮产品的饲料价值密切相关，同时直接影响家畜的采食量和适口性，更进一步影响其生理功能和生产性能。因此，应正确评价青贮饲料品质，以便制订饲料等级和饲养计划；同时，也要检查青贮操作技术是否正确，为进一步改进青贮技术，提高青贮饲料品质提供科学依据。青贮品质鉴定的方法通常有两种：感官鉴定法和化学鉴定法。

1. 感官鉴定法

在生产实践中常常采用一些简单而直观的方法来判断青贮质量，通常采用感官鉴定法来评价青贮饲料品质，多采用色、香、味和结构等指标来评定。青贮饲草感官鉴定指标见表 9-15。

表 9-15　青贮饲草感官鉴定指标

等级	色	香	味	结构
优良	色泽与原料相似，一般呈黄绿色或青绿色	酒酸味，有芳香果实或明显的面包香味	酸味浓	湿润松散，茎、叶、花保持原状
中等	略有变色，呈淡黄色或带褐色	芳香味弱，稍有酒精或醋酸味	酸味中	柔软，水分稍多，茎、叶、花基本保持原状
低劣	黑色、墨绿，呈现强度的霉菌	霉味、刺鼻臭味或堆肥味	酸味淡，有苦味	腐烂成块状，黏糊、水滴

（引自董宽虎和沈益新，2003）

2. 实验室鉴定法

感官鉴定法评定青贮草的质量简单、方便，但是不够精确，有条件的地方应当通过化学方法，以科学地评定青贮质量。化学鉴定主要以化学分析为主，包括测定 pH 以及测定乙酸、丙酸、丁酸、乳酸等有机酸的总量和构成，以此判断发酵情况。同时，测定游离氨，并算出氨态氮与总氮的比值，此比值是评估蛋白质的破坏程度最有效的指标。

3. 弗氏评分法

弗氏评分法是德国科学家 Flieg 提出的青贮饲料的评分方法，后经修改沿用至今。弗氏青贮饲草评分法（表 9-16）以青贮饲料中的乳酸、乙酸、丁酸占总酸的比例为基础，评价青贮料的品质，这一方法特别适合对原料水分高、无化学添加剂处理的青贮进行评价，尤其是玉米青贮料青贮品质的评定。

采用近红外光谱分析法（NIRS），同样也可以迅速、准确的检验青贮草的化学组成和品质。

表 9-16　弗氏青贮饲草评分法

乳酸		乙酸		丁酸	
乳酸/总酸/%	评分	乙酸/总酸/%	评分	丁酸/总酸/%	评分
25.1～27.5	1	15.1～17.5	19	1.6～3.0	30
27.6～30.0	2	17.6～20.0	18	3.1～4.0	20
30.1～32.0	3	20.1～22.0	17	4.1～6.0	15
32.1～34.0	4	22.1～24.0	16	6.1～8.0	10
34.1～36.0	5	24.1～25.4	15	8.1～10.0	9

续表 9-16

乳酸		乙酸		丁酸	
乳酸/总酸/%	评分	乙酸/总酸/%	评分	丁酸/总酸/%	评分
36.1～38.0	6	25.5～26.7	14	10.1～12.0	8
38.1～40.0	7	26.8～28.0	13	12.1～14.0	7
40.1～42.0	8	28.1～29.4	12	14.1～16.0	6
42.1～44.0	9	29.5～30.7	11	16.1～17.0	5
44.1～46.0	10	30.8～32.0	10	17.1～18.0	4
46.1～48.0	11	32.1～33.4	9	18.1～19.0	3
48.1～50.0	12	33.5～34.7	8	19.1～20.0	2
50.1～52.0	13	34.8～36.0	7	20.1～30.0	0
52.1～54.0	14	36.1～37.4	6	30.1～32.0	～1
54.1～56.0	15	37.5～38.7	5	32.1～34.0	2
56.1～58.0	16	38.8～40.0	4	34.1～36.0	3
58.1～60.0	17	40.1～42.5	3	36.1～38.0	4
60.1～62.0	18	42.6～45.0	2	38.1～40.0	5
62.1～64.0	19	>45.0	1	>40.0	10
64.1～66.0	20				
66.1～67.0	21				
67.1～68.0	22				
68.1～69.0	23				
70.1～71.2	25				
71.3～72.4	26				
72.5～73.7	27				
73.8～75.0	28				
>75.0	30				

思考题

1. 割草地对中国北方草地畜牧业的可持续发展有何重要意义？

2. 选择理想的天然割草地应具备哪些基本条件？

3. 为防止割草导致草原退化，通常可采用哪些培育或管理的技术措施？

4. 评价天然草地刈割的禾本科干草质量时，应选用哪些评价指标？

5. 如何评定青贮草产品的质量？

参考文献

[1] 巴雅尔塔，塔西买买提·买合苏木，崔东. 伊犁河谷山地草甸群落割草地功能群组合分析. 草食家畜，2016(4)：57-61.
[2] 曹文侠，李文，李小龙，等. 施氮对高寒草甸草原植物群落特征和土壤养分的影响，中国沙漠，2015，35(3)：658-666.
[3] 曹致中. 草产品学. 北京：中国农业出版社，2005.
[4] 陈莉敏，郑群英，泽柏，等. 人工草地退化原因及恢复对策. 草业与畜牧，2014(1)：18-21.
[5] 董宽虎，沈益新. 饲草生产学. 北京：中国农业出版社，2003.
[6] 贾玉山，格根图. 中国北方草产品. 北京：中国农业出版社，2013.
[7] 李景信，马义，杨树安. 羊草及羊草割草地营养元素的动态研究. 植物研究，1990(4)：107-112.
[8] 李柱. 中国主要牧区草原牧养技术. 北京：中国农业出版社，2015.
[9] 买吐送·吾布力艾山，买吐送·买苏木. 打草场的保护与打贮利用技术. 新疆畜牧业，2014(9)：42-43.
[10] 内蒙古农牧学院. 草原管理学. 北京：中国农业出版社，1991.
[11] 内蒙古农牧学院. 草原管理学. 2 版. 北京：中国农业出版社，1999.
[12] 农业部畜牧业司，国家牧草产业技术体系. 现代草原畜牧业生产技术手册. 北京：中国农业出版社，2012.
[13] 任玉平，付爱良，吴杰，等. 天山北坡中山带河谷严重退化天然割草地综合改良试验初报. 新疆畜牧业，1992(5)：38-40.
[14] 师尚礼. 草地工作技术指南. 北京：金盾出版社，2009.
[15] 苏加义，赵红梅. 国外人工草地. 草食家畜，2003(2)：65-66.
[16] 孙吉雄. 草地培育学. 北京：中国农业出版社，2000.
[17] 吴利华，曹军. 天然牧草机械刈割问题研究与思考. 农村牧区机械化，2016(6)：13-15.
[18] 熊德邵. 新西兰的人工草地. 世界农业，1987(9)：21-23.
[19] 杨尚明，金娟，卫智军，等. 刈割对呼伦贝尔割草地群落特征的影响. 中国草地学报，2015(1)：90-96.
[20] 张荣华，王万林，安沙舟，等. 模拟放牧强度下割草地鸭茅可溶性糖含量的季节性变化. 草业科学，2010，27(4)：139-143.
[21] 张众，刘天明. 我国人工草地类型划分探讨. 中国草地学报，2004(5)：32-36.
[22] 仲延凯，包青海. 不同刈割强度对天然割草地的影响. 中国草地，1999(5)：16-19.
[23] 仲延凯，包青海，孙维. 内蒙古白音锡勒牧场地区天然割草场合理割草制度的研究. 生态

学报，1991(3)：242-249.

[24] Park R S, Gordon F J, Agnew R E, Barnes R J, et al. The use of near infrared reflectance spectroscopy on dried samples to predict biological parameters of grass silage. Animal Feed Science and Technology. 1997,68(3-4)：235-246.

[25] Н. Г. Бервов，方永安. 丹麦对栽培的割草地和放牧地的利用. 国外畜牧学. 草原，1982(4)：8-10.

第 10 章

草地评价与培育

本章学习目的与要求

1. 掌握草地评价的内容和方法。
2. 了解草地退化的概念。
3. 掌握退化草地的改良恢复措施及其技术要点。
4. 了解沙地草地、盐碱地草地的特点和恢复措施。

草地评价是人们在开发、利用、保护和建设草地过程中，对草地生态系统现实结构和功能状况进行考察、分析和认识，与过去历史状况进行比较，并预测未来发展趋势的研究过程。评价草地现状是草地管理中的一项常规性工作，是进行草地培育的基础和依据。草地评价不同于草地资源总体评价，前者重点关注草地基况状态、草地生态系统健康程度及管理水平等，而后者主要关注草地资源特性、环境状况、生产力水平、利用潜力、使用价值、文化价值及与其他资源的相互关系等。目前，有关草地评价的内容及方法很多，本节重点介绍几项被大家普遍采用的评价方法，以便为草地培育工作提供理论依据。

草地培育就是根据草地基况及草地所处健康状况，因地制宜地将草地的合理利用，科学经营管理与草地改良技术结合起来，通过调节和改善草地植物的生存环境，促进优良牧草的生长发育，不断提高草地的产量与质量。其本质就是在草地植被演替的任何阶段，运用适宜的方法和措施遏制草地的退化过程，维持草地生态系统的正常运转和平衡，恢复、保持和增加产草量，提高草地生态服务功能，最终实现草地经营的可持续发展。其根本目的是实现草地经营的可持续利用。依据这一目的，必须了解草地在自然和利用过程中发展和演变的规律，草地利用与改良的基本理论，草地的培育改良技术等。

10.1 草地评价

10.1.1 草地基况评价

草地基况是指草地发育和发展的健康状况。草地基况评价是对草地进行生态学鉴定，以说明和比较草地实际和潜在生态—生产能力的差异。它不是直接和普遍的生产能力指标，而是对群落发展的现状和趋势的评定，以间接和相对地表明生产能力。目前，世界上应用比较广泛的方法是 Dyksterhuis(1949)法。这种方法采用群落演替的阶段性原理，利用增加种(increaser)、减少种(decreaser)和侵入种(invader)的动态变化作为判断草地基况的敏感性指标，反映的是植物种类成分变化与草地生产力其他指标变化的相关性。此法可以不受草地类型的限制，但必须有原始对照草地，或有原始草地的档案资料。

所谓减少种，是指草地上最有价值的优良草种，即单位面积上所提供的饲草量最高、适口性好的草种，随放牧加重，相对产量减少。增加种是指那些产量低、适口性差的植物种，随放牧加重，相对产量增加。侵入种是指原始植被中不存在，但随放牧强度增加和原始植被生活力的减弱而出现的植物种，多数是饲用价值很低的杂类草。增加种和侵入种包括一些有毒有害植物。

草地基况评价就是根据原生或顶极植被成分的比例进行评价，并把草地分为优良、较好、较差和极差 4 个等级。

优良：当前植被相对盖度的 75％～100％由群落中减少种或增加种所构成，或总盖度的 0～25％是由侵入种和增加种构成。

较好：当前植被相对盖度的 50％～75％由群落中减少种或增加种所构成，或总盖度的 25％～50％是由侵入种和增加种构成。

较差：当前植被相对盖度的 25％～50％由原生或顶极植被中减少种或增加种构成，增加种急剧增多。

极差：当前植被相对盖度的 0％～25％由原生或顶极植被中减少种或增加种构成。

很显然，Dyksterhuis 的草地基况评价方法中的减少种或增加种均属于在放牧影响下未被破坏的、相对稳定的原生或顶极植被成分，而侵入种的出现则是放牧过度的后果。因此，用它来说明天然草地的植被状况是十分适合的。为了更好地理解，美国土壤保持协会还设计了草地基况分级图解（图 10-1），更清楚地表明在草地基况为优良、较好、较差和极差的情况下，各等级中顶极植被占多少比例；减少种、增加种和侵入种在总盖度中所占的相对百分数。这一评价方法被美国农业部用于生产实践，并要求各州每年 4—12 月份每月都评定草地基况，由农业部统计记录事务局加以汇总、整理，并列入《美国农业年鉴》公布。目前，美国、加拿大等都广泛采用这种方法评价草地基况。此外，近年来世界许多国家也开始接受和使用此评价方法来进行草地基况的评价。

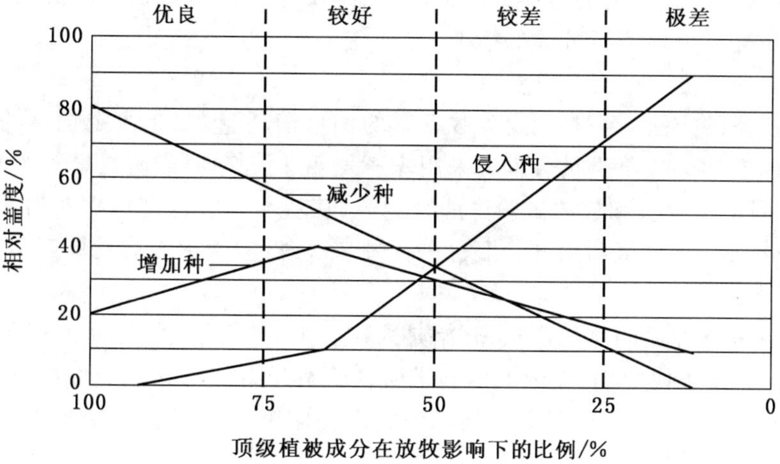

图 10-1　草地基况分级图解

10.1.2　草地生产力评价

在草地经营过程中，作为草业发展主要方式的草地畜牧业是饲草生产与家畜生产相结合的生产过程，草地管理的直接目的虽然是在保护草地的前提下提高饲草的产量和质量，但同时也要养好家畜以提高草地生产力水平。家畜生产效率的高低与草地所提供的牧草产量和饲用价值有着密切关系，而牧草产量和质量又是衡量草地基况好坏及生产潜力大小的主要指标。因此，为了提高草地畜牧业的生产效益，草地和畜牧业经营者必须了解草地牧草的生产状况，能够评价草地牧草饲用价值及其供应能力，掌握放牧家畜的营养需求，并通过管理措施协调它们之间的关系。对草地进行饲草产量及质量评定是有的放矢进行草地利用和管理的必要步骤。

10.1.2.1　草产量的测量与评定

在生产中，草地牧草产量是牧草的生物量（biomass）、现存量（standing crop）和产草量（grass yield）的通称。严格地讲，几个术语的含义有本质区别，不可混用。牧草生物量是指牧草在某一生长阶段光合作用积累的净生产总量，可以表示为最大生物量和阶段生物量。生物量包括地上和地下两部分。地上生物量有绿色植物活体量、当年合成（或某一时间段合成）立枯物量和当年凋落物量，甚至还应包括被野生动物和昆虫等消耗的量。地下生物量包括活根和死根两部分。一般测定生物量要在受保护区或保护笼内进行，在自由放牧或开放利用的区域难以准确估测。牧草现存量是指牧草生物量减去各种因素消耗后而剩余的绿色部分量。在利用条件下，指的是原生草剩余量和再生草的量。牧草现存量可以在生长季的任意时刻测定。产草量是指地上生物量中有经济价值的草量。在放牧和割草地上，如果不考虑对生长和环境的影响，产草量就是可食部分和去掉留茬后的草量。产草量常常指草地最大经济生产能力，是计算草地载畜量的基本依据。有时把某一时刻的现存量称为可食干物质产量，把非生长季节的现存量叫作牧草保存量。

对牧草产量的估测一般都采用抽样法，即在一定面积的草地上，选择有代表性的样地，通过给定面积的样方或样圆，分种或群体收获，干燥后推算草地单位面积草产量，进而计算总产量。目前，草地牧草产量测定的具体方法很多，在此仅介绍两种比较简单实用的方法，并介绍我国利用产量指标对草地进行分级的标准。

1. 直接测定草产量——刈割收获法

草地测定产量的方法。一是测定放牧家畜的饲草消耗量，二是测定饲草的年生长量或可牧食产量。美国农学会牧草委员会推荐采用家畜增重来测定饲草消耗量。新西兰在 20 世纪 30 年代主要采用干草收获和放牧试验方法来测产，其基本方法也是抽样刈割和观察某一时段家畜体重的变化。在对牧草刈割方法上也进行过多次改进，由手工剪发展到用剪草机，又发展到电动剪。

为了测定放牧条件下的草地产量，开始是采用在放牧草地与相邻受保护草地上设置样方的办法。20 世纪 30 年代中期，美国的伊利诺斯试验站开始使用扣笼的方法，可同时测定总生产量、总消耗量和牧后剩余生长量 3 项指标。后来在印第安纳州也开始使用此方法测定草地产草量及放牧消耗量，并逐渐得到推广。

随着研究的深入，改良的抽样方法也越来越多。许多学者开始对各种方法的优缺点进行比较，把工作的难易程度、估测精度及误差、测产成本和时间花费等都作为抽样时考虑的因素。

刈割收获法是我国许多研究项目测定草产量最常用的方法。虽然这种方法耗时费力，但反映结果直接真实。具体是将各测定期的地上生物量按时间顺序排列起来，构成群落生物量的季节动态。根据生物量动态的数据即可用“增重积累法”对地上净生产量进行估算，将每期生物量的“正增长值”相累加即可。当群落各期生物量的增长皆呈现正值时，由该方法所估算出的地上净生产量与群落最高峰时的生物量相同。如果群落高峰期前某期生长量有负值出现，则一定要用“增重积累法”，否则所得数值有误。

估算方法是将全年各次测定的正增长生物量相累加，便得到了整个群落的年净生产量：

$$NP=\sum_{i=1}^{n-1}(B_{i+1}-B_i)$$

式中：NP 为群落的年净生产量，g/(m^2·年)；B_{i+1} 为年内第 $i+1$ 次测定的生物量，g/m^2；B_i 为年内第 i 次测定的生物量，g/m^2；n 为年内的测定次数。

测定绿色量、立枯量，从群落中大多数植物萌发后 10～15 d 开始进行第一次测定，此后每隔一个月测定一次。根据各地植物生长的情况，对生长比较快而较高大的植物群落也可每 10～15 d 测定一次。我国北方草地，由 5 月初开始至 10 月底结束，年均测定 6 次。此外，于植物萌发之前的 4 月份和植物全部枯死后的 11 月份，各测定一次枯草量，以了解冬季枯草的损失量。

枯落物的测定，是在第一次测定地上生物量的剪草样方中，用手将当年的凋落物捡起。在以后各期的样方内，仅收集前次至今而脱落的凋落物。为此，必须在第一期测定时即将第二期需测定的样方中的凋落物全部清除，以防止新旧凋落物的混杂。

测产样方的大小，应以群落最小表现面积为准，草原植物群落以 1 m^2 为宜；低矮的高寒草甸可缩小到 0.25 m^2。每期重复测定 5～10 个样方。现在的发展趋势是缩小样方面积，增加重复次数，减少工作量，提高统计精度。

在生产中，一般不测定牧草生物量，而是一次性测定产草量。测定时间以草地群落主要牧草进入开花期为宜，反映的是草地的最高产量。这一时间在北方草原地区为 7—8 月，南方为 8—9 月。西北干旱荒漠区要在 8—9 月天气凉爽时测定，一为避开夏季牧草休眠期，二为使测定人员感觉舒适，提高测定准确性。草地分季节牧场利用时，应分别测定。如果在非牧草生长最高期测定，要根据牧草生长速率，把实测值折算成最高值。例如在某草地上 6 月 15 日测定产草量为 450 kg/hm^2，经多年研究，此时的产草量是 8 月初最高值的 40%，那么折算的草地产草量应为 450÷40%＝1 125 kg/hm^2。

2. 间接测定草产量——测草杖法

许多资料表明，草层高低的测定可为特定情况下的牧草产量和家畜的生产性能提供更好的指示，且在不同条件下具有比较恒定的变化模式。

草层高度是指未受任何干扰的草地植冠层中最上部叶片的平均高度。测草杖法的原理就是利用高度和牧草产量的关系，通过草层高度进行估产。

测定方法：在样地设置 1 m×1 m 的样方 3～5 个，用测草杖测定其高度后剪草称重获得草产量，建立此草地草层高度与草产量的回归方程。然后，在取样草地上四处走动，随机测定 40～50 个草层高度，取其平均值代入已建立的回归方程，计算草地产量。

测草杖法可以用于栽培草地和植被均匀、密度一致的天然草地的测产。该方法在新西兰、英国等国家的栽培草地管理中得到广泛应用。

3. 中国天然草地级的分级标准

中国草地用草群产量为指标，以年内草地产量最高月份的测定值代表草地牧草自然生产力水平。按每公顷干草产量的多少分为 8 级，反映草地“量”的潜力，这是确定草地载畜量和进行草地培育的基本依据。分级标准如下：

1 级草地——＞4 000 kg/hm^2；

2 级草地——3 000～4 000 kg/hm^2；

3 级草地——2 000～3 000 kg/hm^2；

4 级草地——1 500～2 000 kg/hm^2；

5 级草地——1 000～1 500 kg/hm^2；

6 级草地——500～1 000 kg/hm^2；

7 级草地——250～500 kg/hm^2；

8 级草地——＜250 kg/hm^2。

10.1.2.2　草地牧草质量性状与评定

草地质量性状主要是指草地牧草的适口性、可食比例与经济价值等。可以利用综合指标把饲用植物划分成不同的质量档次，再根据不同档次牧草在草群中所占比例，以此确定草地质量等级。

1. 牧草的适口性

适口性是牧草所表现出的影响家畜偏食性的特征。它是反映家畜对某种牧草的喜食程度和牧草饲用品质好坏的较为准确的质量指标。当缺乏对植物化学成分的分析时，以适口性进行评价是比较实用的。

牧草的适口性好坏通常采用访问法和放牧观察法进行确定。访问法主要是向当地有经验的牧民进行实地访问和详细了解。放牧观察法是在放牧或饲喂条件下，观察家畜采食时选择的状态和程度。一般来讲，适口性好的植物营养物质的含量和饲用价值就高，适口性差的植物营养含量和饲用价值也往往较低。

牧草适口性受很多因素的影响，主要包括以下 4 种因素。

(1)化学成分　通常情况下，含有的蛋白质、糖类较多，而纤维类少的牧草，其消化率高，适口性好，如多数禾草和豆科牧草。当蛋白质、糖类和脂肪含量下降，而木质素和粗纤维含量提高的牧草，其适口性也会随之下降。有些植物具有苦、香等特殊气味也会使适口性降低，如蒿类、苦参、薄荷和碱蓬等。

(2)生长期　生长期内随生长季节的变化，牧草的外部结构、内部结构、营养成分均会发生变化。因此，同一种牧草，处于不同的生长期，适口性也有很大差别。多数牧草越鲜嫩，适口性就越好。但也有些植物如蒿类、马蔺和线叶菊等，青鲜时家畜不食或少食，而霜冻后则变得喜食。

(3)形态特点和各部比例　牧草体外光洁、内部多汁，其适口性就好。植物体上有一些影响采食的茸毛、针刺和角质层等，或者过分粗糙、坚硬，其适口性就会降低。大多数家畜喜食植物的叶子、花、嫩芽和嫩茎，所以要尽量保持这些器官的比例，避免成熟生长，减少生殖枝比例以增加适口性。

(4)利用方式和培育方式　有些牧草，在放牧地上适口性不好，但调制成干草后，可被多数家畜利用。如菊科、鸢尾科、蔷薇科和藜科植物等。还有些植物，灌溉施肥后能提高适口性，如燕麦草和披碱草等。

一般情况下，饲用植物的适口性分为 6 个等级：

5 级——嗜食，在任何情况下都首先被采食，家畜表现出贪食的状态；

4 级——喜食，一般情况下家畜都吃，但不从草群中挑着吃；

3 级——乐食，能经常被采食，但不像前两类那么贪食喜爱；

2 级——可食，只有在上述几类植物被吃掉后才被采食，一般采食量较少；

1 级——厌食，一般不被采食，只有在某一时期才可能被采食；

0 级——不食，从不被采食。

2. 草地牧草的经济性评定

草地牧草的经济价值，可用质量特征和数量特征分别来体现，也可以将两者结合起来对牧草作出质量的综合判断。经济性主要是依据每种牧草对各种家畜的适口性、不同生育期的营养价值、在草群中所起的作用及其生态生物学特性、生产性能和利用性状进行评定。根据牧草的经济性，我国的草地饲用植物可分为优、良、中、低、劣 5 等。各等的评价标准如下。

(1)优等牧草　适口性为喜食。在营养物质组成上，粗蛋白质含量占干物质 15%以上，粗脂肪 2%以上，粗纤维含量 30%以下。为草群中的建群种或优势种。在生态生物学特性方面表现出较强的抗逆性和侵占性。在生产性能上，可刈牧兼用或专用性强，叶量占茎、叶、穗比的30%以上，种子成熟良好，有希望成为建立栽培草地或天然草地的补播对象，或可做特种饲料等。草质柔软，耐牧性很好。冷季保存率高。

(2)良等牧草　适口性为乐食。营养成分中，粗蛋白质含量大于 10%，粗脂肪占 1.5%以上，粗纤维含量 30%～35%。为草群中的建群种、优势种或常见种。抗逆性和侵占性强。放牧与刈草兼用性强，叶量占茎、叶、穗比的 25%以上，种子成熟较好，有希望培育成栽培牧草或天然草地的补播材料。草质柔软，耐牧性好。冷季保存率较高。

(3)中等牧草　适口性乐食或可食。粗蛋白质含量 8%～10%，粗脂肪占 1%以上，粗纤维含量 40%以下。为草地中的常见种、伴生种或优势种，叶量占茎、叶、穗比的 20%以上，种子能成熟。在利用前途上，是一般放牧或刈草利用对象。耐牧性良好，成熟及枯黄后较粗硬。冷季保存率一般。

(4)低等牧草　适口性为可食。粗蛋白质含量 5%～8%，粗脂肪 1%以下，粗纤维含量 40%以上。为草地中的伴生种、偶见种，有时为优势种，叶量占茎、叶、穗比的 20%以下，种子能成熟或不饱满。只在某一季节利用，耐牧性较差。冷季保存率低。

(5)劣等牧草　适口性不食或少量，可能为有毒有害植物。在草群中的作用上，仅在局部地区少量出现。适应性差，耐牧性不强。枯黄后或经加工后可利用。

《中国草地资源》(1996)已对我国 356 种饲用植物的饲用价值评价进行了汇总，以便查用。实际上，这种对饲用植物质量的评价存在很大缺陷，因为任何牧草的几项评价指标不可能同时表现为优或劣，如营养价值很高、适口性很好的牧草，其他指标可能很差。同样，许多牧草营养价值不高，但抗性强，分布广泛，耐牧性好。因此，采用对各项指标进行权重打分的办法，综合考察，可能更科学。

3. 中国草地质量分等标准

按照牧草等级，根据各等牧草在草群中所占质量的比率，把我国草地按质量划分为优、良、中、低、劣 5 等。各等草地的划分标准如下：

Ⅰ等(优等)草地——优等牧草占 60%以上；

Ⅱ等(良等)草地——良等以上牧草占 60%以上；

Ⅲ等(中等)草地——中等以上牧草占 60%以上；

Ⅳ等(低等)草地——低等以上牧草占 60%以上；

Ⅴ等(劣等)草地——劣等牧草占 40%以上。

4. 草地等级的综合评价

将草地的等和级相连缀就是对其等级的综合评价。草地的 5 个等和 8 个级可以组合为 40 个不同的草地等级，综合反映草地数量和质量的综合潜力。其中Ⅰ等 1 级草地(用Ⅰ1 表示)就是经济价值最高(质量最好，产量最高)的草地；Ⅴ等 8 级草地(Ⅴ8)就是经济价值最低(质量最差，产量最低)的草地；Ⅲ等 7 级草地(Ⅲ7)就是经济价值一般(质量中等，产量较低)的草地，依此类推。

5. 可利用牧草比例评价草地质量

为了在一般经营管理条件下评定草地质量，Humphrey(1949)根据草群中可利用牧草的相对量，把草地等级分成 4 级，具有简明易操作的特点。具体划分标准如下。

1 级——可利用牧草占产量的 75%～100%；

2 级——可利用牧草占产量的 50%～75%；
3 级——可利用牧草占产量的 25%～50%；
4 级——可利用牧草占产量的 25%以下。

10.1.3 草地生态系统健康评价

草地生态系统健康是指草地生态系统中土地、植被、水和空气及其生态过程的可维持程度。健康的草地具有良好的系统功能，包括形成初级生产能力、维持土地的稳定、吸收贮存和有效地分配水分，维持营养循环和能量流动及生物物种多样性。健康的草地可以为草地畜牧业提供可持续的放牧、割草、旅游机会，并可持续提供草产品、畜产品及其他多种产品。

1994 年美国草地分级委员会首次提出草地健康这一概念。草地健康是一个最公用的指标，而非特殊利用方式下草地基况指标。联合国将草地健康定义为维持土壤和生态过程的完整程度，建议草地经营的最低标准应是禁止人类对草地健康的干扰和破坏，并根据土壤和水文的稳定、生态系统功能（营养循环、能量流动和恢复机制）和生产能力进行评价，提出健康阈、警戒阈和不健康阈 3 个阶段。虽然这一概念已得到广泛接受，但迄今为止，人们还在不断地探究客观评价草地健康的关键因素、指标体系及评价方法。我国学者在这方面也进行了积极的探索，提出了相应的健康评价指标。如任继周院士（1998）指出，草地资源健康需要符合：①保持生态系统本身特征的基本结构或不断完善。②保持生态系统本身的基本功能，或不断提高。③生态系统所处的环境因素与生态系统保持稳定和谐的趋势。因此，他指出：草地健康与否直接与其土壤稳定发展尤其是土壤有机质的变化密切相关；草地生态系统的驱动力是能量，基础是营养元素，其变化情况直接反映了草地的发展动态；恢复机制是草地生态系统保持持续发展的重要标志，可通过植物年龄的多样性、活力及幼苗发生进行判断。基于以上理论，任继周提出了三阈划分标准（表 10-1），作为评价草地健康与功能和谐的尺度。

表 10-1　草地健康评价指标及其可持续发展阈限含义

阶段	健康	警戒	不健康
土壤稳定性和流域功能	土壤无明显移动，土壤有机质含量稳定或略有增长	土壤移动，但留在本区，土壤有机质呈现减少趋势	土壤移动，并流出本区，土壤有机质明显减少
营养与能流分配	新鲜植物体和凋落物均匀分布； 光合作用在整个生长季内进行； 根分布于整个可利用土层	新鲜植物体和凋落物开始不均匀分布； 光合作用局限于生长季的一部分； 某些可利用土层内无根分布	新鲜植物体和凋落物不均匀分布，凋落物之间出现大量裸地； 光合作用局限于生长季更少的一部分； 根局限于一部分土层
恢复机制	植物年龄的充分多样性； 植物活力充分，发芽，小生境广泛分布	幼苗和幼年植物缺乏； 植物活力不足，出现土壤结皮或土壤移动，发芽小生境减少	入侵的临时植物占优势，罕见幼苗和幼年植物； 土壤移动或结皮阻碍了大部分植物种子发芽

（引自任继周，1998）

2000 年美国发布的草地健康质量评价方法是目前比较完善并且用于实践的草地健康评价方法。该评价方法主要采用定性指标评价方法，仅仅给草地土壤/样地稳定性、水文作用和生物群落完整性进行初步评价，帮助草地经营者判断处于潜在退化危险的草地，给出潜在问题和潜在机遇的早期预警。

反映草地生态系统健康特性的指标包括以下几方面。

(1)土壤/样地稳定性。测定样地具有控制由风和水引起的土地资源再分配和流失能力。

(2)水文学功能。样地具有很好的吸收、贮存和安全释放来源于降水和融雪等水分的能力。抵抗这种能力下降的能力及下降之后的恢复能力要强。

(3)生物群落的完整性。在正常波动范围内有支持生物群落特定功能和结构的能力，具备在干扰条件下抵抗结构和功能丧失的能力及恢复能力。

草地生态系统健康评价采用定性和定量相结合的方法，把维持草地生态系统健康的主要指标分解细化，形成可观测和度量的具体指标，做成表格，现场比较测定，取得观测值。然后对观测值进行赋值，类似于综合打分，最后根据得分情况判断草地健康状况。目前，有人已把草地生态系统健康状态分为健康、亚健康、不健康和极不健康 4 个级别。

10.1.3.1　草地生态系统健康评价的一般步骤

1. 选择评价样地

认真确定草地评价地点、土壤和地境状况。评价样地必须足够大，包含所代表区域的自然变异。首先对选择的样地进行描述，记录样地位置、基本特征、大致边界；详细记载地形的边界、相邻的道路、居民点、饮水点、河沟及其他影响样地内变化的干扰因素。其次熟悉植物及其在样地内的变异性。最后调查土壤和地境的变异，包括准确分类土壤，详细记录土壤剖面，绘制土壤图，确定每一层土壤质地和深度，最终对土壤进行鉴定。在此基础上，样地范围可以得到确定。为了便于直观比较，有必要保留各项拍照资料。

2. 访问一个参照区

要选择一处相似地境作为参照区，最好是一个景观单元。此单元的生态学过程在正常变异范围内发挥作用，植物群落对干扰有一定的抵抗力和弹性。参照区在草地地境的描述中代表许多草地特征和变异性。记录植物的盖度、物种优势度、植物功能(结构)组和火烧干扰等。植物盖度包括投影盖度和基盖度，前者可根据生活型估计，如按禾草、杂类草、灌木、半灌木、乔木和生物地被物等，后者包括裸地、凋落物、立枯物、岩石/砾石和生物地被物等。生物地被物有苔藓、地衣和藻类等。物种优势度可根据产量、盖度、密度和高度进行确定。植物功能组可以依据易于比较的方式进行划分，如固氮植物、深根或浅根植物、暖季型或冷季型植物、原生种或侵入种等。

3. 参照区指标特性的修正

在理想状态，每一个地境单元都有一套一致性的指标特性，但实际上能够找到的参照区并不都是原始的植物群落(顶级植物群落)，因此需要根据实际的参考地境进行指标特征的修正，修改表格。

4. 返回样地

返回到选择的评价样地，填写样地特性表格，包括测定样地的盖度、物种优势度、功能组等。

5. 确定草地生态系统健康特性的功能状态

根据指标测定结果，把评价样地与参照区进行比较，分析获得的数据资料，包括直接量化的数值和定性测定的赋值，对草地健康状态作出评价，确定健康状况，提出管理意见。如果发现观测数据不足或有不确定性问题，可到现场补测，或通过文献校正。

10.1.3.2 草地生态系统健康评价的具体指标

美国学者根据北美草原的情况，确定了草地生态度系统健康评价的17个具体指标，用以反映草地土壤/土地稳定性、水文学功能、生物群落的完整性、抗干扰能力及干扰后的恢复能力。这些指标具体如下。

(1)小水流痕，即降雨后水在植物之间或周围流动的痕迹。

(3)水流模式。

(4)小的隆起。即由于风蚀和水蚀的作用使岩石或植物出现不同的水平高度，也可由非侵蚀过程引起，如老植物周围的土壤或凋落物聚积。

(5)裸地。

(6)水流切割造成的小沟。

(7)风蚀或沙堆积面积。

(8)凋落物的移动。它反映水蚀和风蚀状态。

(9)土壤表面对侵蚀的抵抗力。它依赖于土壤稳定性、微地形及土壤稳定性相对于植被和微地形的空间变异。

(0)土表的流失或退化。它表明生态潜力状况。

(10)植物群落组成和相对于土壤入渗和径流的分布。植物群落组成和物种分布影响样地吸收和贮存降水的能力，植物根系类型与凋落物生产量、分解过程、面积和空间分布影响水分分布和径流。

(11)紧实层。它指土壤表面的一层紧密的土层，由机械作业、食草动物践踏、娱乐活动或车辆作用造成，限制植物生长、水分渗透或营养循环。

(12)功能组。不同类植物在能量流动和物质循环中的不同作用，对生态系统过程有较大的影响。

(13)植物死亡率。它表征草群植物种群动态。

(14)土表凋落物数量。它是土壤有机质、营养元素循环的物质来源，可改善土壤微环境，为微生物提供食物，抵抗侵蚀，降低土表径流。

(15)植物年生产量。

(16)侵入的物种。

(17)多年生植物的繁殖能力。

草地生态系统健康评价的其他指标可根据具体的草地状况选择使用，并无严格限制。

目前，我国草地生态系统健康评价主要参考上述指标。事实上，我国草地在自然属性、历史过程、管理利用方式上都有许多不同于他国的特殊性，对草地进行健康评价的指标应反映这种特殊性。如鼠害和虫害情况、土壤盐渍化情况、火烧情况、局部开垦情况、挖沙开矿情况等都直接或间接对草地健康特征造成重要影响，应予以充分考虑。此外，我国多数草地利用干扰历史悠久，在进行生态系统健康评价时，很难找到理想的参照区，这更需要建立自己简便实用的评价体系。

10.1.4 草地生态服务价值评价

当前，关于草地生态系统服务价值的评价方法较多，如Costanza等(1997)利用全球静态生态系统价值计量模型，以生态系统服务供给曲线为假定条件，对草地生态系统功能进行了逐项估算，并得出草地的生态服务价值。闵庆文等(2004)采用市场价值法、替代市场法等方法对内蒙古典型草原生态系统主要服务功能的经济价值进行了估算。截至目前，谢高地等(2001)确定的生态系统服务功能基准单价在国内生态系统功能价值评估中得到较普遍的引用，但这个基准单价是建立在静态统计分析基础之上，忽略了草地生态系统的现状以及地域、空间的异质性和区域经济发展水平的差异性。

草地生态系统服务价值评价包括以下几个方面。

(1)草地生态系统服务功能评价指标的建立　草地生态系统的复杂性决定了其功能的不确定性，草地不同服务功能的重要性随着地域和空间的变化而存在动态异质性，需要根据各自区域草地生态系统的实际情况确定适宜的生态功能评价项目。如赵同谦等(2004)构建了 13 个功能评价指标组成的评价体系，即畜牧业产品、植物资源产品、气候调节、土壤碳累积、水资源调节、侵蚀控制、空气质量调节、废弃物降解、营养物质循环、民族文化多样性、休闲旅游、固沙改土、生境提供。Costanza 等(1997)构建了 17 个功能评价指标组成的评价指标体系，即气体调节、气候调节、干扰调节、水调节、水供应、控制侵蚀和保持沉积物、土壤形成、养分循环、废物处理、传粉、生物防治、避难所、食物生产、原材料、基因资源、游憩娱乐、文化。刘兴元等(2011)构建了 12 项功能评价指标组成的评价体系，即水源涵养、侵蚀控制、废物处理、滞留沙尘、生物多样性保护、养分循环、固定 CO_2、释放 O_2、消减 SO_2、畜牧生产、文化传承和休闲旅游。

(2)服务功能指标单价的确定及其校正　根据生物量订正评估草地生态系统服务的单价。

单价订正公式：

$$p_{ij}=(b_j/B)P_i$$

式中：p_{ij} 为订正后的单位面积生态服务价值，$i=1,2,3\cdots$，分别代表草地生态系统的不同生态系统服务价值指标，$j=1,2,3\cdots$，分别代表不同的草地类；P_i 为生态系统服务价值参考基准单价；b_j 为 j 类草地的生物量；B 为草地单位面积平均生物量。

(3)草地生态服务价值评价

$$P_{ij}=\sum_{x=1}^{n}V_{xij}GV_{ij}=\sum_{j=1}^{n}P_{ij}\times A_{ij}$$

式中：P_{ij} 为某一区域 j 草地单位面积的生态服务价值，元/hm^2；GV_{ij} 为某一区域 j 类草地的总生态服务价值，元/年；V_{xij} 为某一区域 j 类草地各单项生态服务指标的价值，元/年；A_{ij} 为某一区域 j 类草地的面积，hm^2；i 代表区域；j 代表草地类型；x 代表草地生态系统功能评价指标。

需要指出的是，由于生态系统的复杂性和运用经济学方法评估自然生态系统的局限性，至今生态系统服务价值评估仍然没有一个公认的理论框架体系和精确的评估方法。上面所述的方法只是众多方法中的一种，但无论哪一种计算方法均需包含这 3 个基本部分。建立适于草地生态系统服务功能价值评价体系和方法，为草地资源的合理利用和草地生态补偿方案的制定提供科学依据。

10.1.5 草地退化与分级

10.1.5.1 草地退化的概念

草地是由草、土、畜或野生动物组成的一个完整陆地生态系统，有着其独特的发生、发展和演变规律。依据发生学原理，草地主要在自然因素、生物因素和本身的矛盾运动中稳定而缓慢地发展变化。人类对草地的开发利用，尤其是近代农业、畜牧业、采矿业、交通运输业的迅速发展以及人口的急剧膨胀，大大地加速了草地的变化进程。人类生产活动和社会活动对草地造成了前所未有的改变，并成为影响其发展变化的最重要因素。从生态学角度看，草地在各种因素的综合作用下不断发生演替，演替的方向或者是正向演替，系统趋向稳定，或者是逆行演替，系统结构趋于简单，功能弱化，稳定性变差。这里讨论的草地退化就是这种逆行演替过程。

草地退化就是在自然和人为因素的综合作用下，草群种类成分及层次结构发生改变，草群变矮、变稀，可食牧草产量降低，饲用价值变劣，生境条件逐渐恶化的过程。从本质上讲，草地退化就是草地生态系统中能量与物质的输入与输出之间失调，致使其系统的平衡与稳定遭到破坏，引发草群出现逆行演替。退化草地一般有以下主要特征。

(1)草群种类成分发生变化，草层结构简单化　草群种类成分的改变一方面表现为原有群落的一些建群种或优势种逐渐衰退或消失，而一年生植物、多年生杂草、有毒有害植物种类不断增加，甚至成为草地优势成分；另一方面表现为家畜可食植物不断减少，不食牧草种类日益增多。伴随物种组成的变化，草层的垂直结构趋于简单化。

(2)草群中优良牧草生长发育减弱　草群中家畜可食优良牧草的高度、盖度、密度及产量降低，不可食及适口性差的牧草生长发育增强，在群落中所占比重增大。

(3)草地生境条件恶化　主要表现为旱化、沙化、盐碱化，枯枝落叶减少，地表裸露，土壤理化性质劣化、肥力下降、持水及持肥能力降低，水土流失加剧。

(4)易发生鼠害和虫害　鼠害和虫害时常发生，进一步损害牧草，破坏草地环境，加速草地退化。

(5)家畜生产性能下降　主要表现为家畜群体生产水平下降，个体生产性能降低，单位面积的畜产品数量减少，品质变劣。

在草地生产与研究中，人们常根据某一具体草地所处演替阶段特征的差异，将草地描述为未退化、轻度退化、中度退化和重度退化等级别，用以反映该草地退化的相对程度。由于所处区域、草地类型、利用方式等方面的差异，不同草地上同一级别的等级划分标准往往不具有可比性，尤其是在缺乏历史资料或原始参照样地的情况下，更难以反映草地退化的实际情况。

10.1.5.2 退化草地的分级

全球草地均存在不同程度的退化，且由于各国草地所处自然条件及利用情况的不同，导致草地退化原因也存在较大差异，因此制定统一的草地退化指标体系较为困难。从草地畜牧业生产角度界定，草地退化就是放牧草地或割草草地的退化，判断其退化的指标是相对于草食动物而言的。在这些限定条件下，评价草地退化时，指标的确定至少应考虑以下 5 个方面。

(1)能量指标　草地放牧系统或割草系统是一个太阳能固定与转化的系统。太阳能利用率及在系统内的转化效率是衡量系统状态的最重要指标。不同草地生态系统中，太阳能利用率是不同的。我国草地从林缘草甸到荒漠草原，其太阳能利用率为 0.07%～1.30%。因此，衡量草地是否退化应与各类型的原生状态进行比较。这一思路与北美草地基况评价思路基本一致。一般情况下，草群生产力随草地退化程度的增加呈递减，但有时不可食杂草或毒草会随退化程度递增，因此从生产力角度衡量，草地退化程度的评估应以可食牧草产量为标准，并与同一类型的原始状态做比较。度量时，可以把能量指标转化为产量指标。

(2)质量指标　在这里，草地质量指草地提供的营养成分及其植物适口性的高低。一般可由植物种类组成来衡量，因为大部分草地植物的营养成分是已知的。在我国北方草原中，绝大多数优势种均具有较高的营养价值与适口性。正因为如此，在放牧利用下，它们首先被采食，并随放牧强度的增加，优势种与适口性好的植物种类逐渐减少，而适口性差、营养价值较低的一些杂类草则随放牧强度的增加而增加，甚至可以代替原有的优势种。在自由放牧条件下，这种现象容易发生。因此，以现有草地群落的种类组成与顶级群落种类组成的差距来衡量草地质量和退化程度，简便易行。

(3)环境指标　在高强度放牧或割草的影响下，草地地被物减少或消失，土壤表层裸露，土壤硬度及容重明显增加，毛管持水量降低，风蚀与风积过程或水蚀过程增强，土壤质地变粗，小环境及微环境变劣，进而导致土壤有机质降低，土壤肥力下降，且草地在生物地球化学过程中的作用降低。草地退化越重，这些过程就越明显。

(4)草地生态系统的结构与食物链　顶级草地生态系统的结构是较为复杂的，食物链也比较长，从生产者到草食动物，从第一级肉食动物到高级肉食动物齐全。但在退化草地上，其食物链缩短，结构简化，有时甚至出现食物链断裂。

(5)草地自我恢复功能　自我恢复功能是衡量草地生态系统是否健康的重要指标。退化程度由轻到重，自我恢复功能逐渐降低，甚至完全丧失。

草地退化程度的判别，一般可以根据以上 5 个方面进行综合考虑，并通过具体指标的量化分解，可以比较方便地对退化草地的等级进行综合判断(表 10-2)。

表 10-2　草地退化分级及其划分标准

退化等级	植物种类组成	地上生物量与盖度	地上被物与地表状况	土壤状况	系统结构	可恢复程度
轻度退化	原生物群落组成无重要变化，优势种个体数量减少，适口性好的种减少或消失	下降 20%～35%	地被物明显减少	无明显变化，硬度稍有增加	无明显变化	封育后自然恢复较快
中度退化	建群种与优势种发生明显的更替，但仍保留大部分原有物种	下降 35%～60%	地被物大量消失	土壤硬度增大 1 倍左右，地表有侵蚀痕迹。低湿地段土壤含盐量增加	肉食动物减少。草食性啮齿类动物增加	封育后可自然恢复
重度退化	原有种类大多数消失，种类组成单纯化。低矮、耐践踏的杂类草占优势	下降 60%～85%	地表裸露	土壤硬度增大 2 倍上下，有机质明显降低，表土粗粒增加或明显盐碱化，出现碱斑	食物链明显缩短，系统结构简单化	自然恢复困难，需要有培育改良措施
极度退化	植被消失，或仅生长零星杂类草	至少下降 85%	呈现裸地或盐碱斑	呈现裸地或盐碱斑	系统解体	不可恢复，需重建

为了方便起见，生产上常采用退化指示植物对草地退化状况进行初步判别。在具有丰富草地学知识及实践经验的情况下，这种方法不仅方便快捷，准确性也是较高的。在我国北方草甸草原和典型草原上，原始类型的建群种有羊草、贝加尔针茅、大针茅、长芒草等，并伴生一些较为中生的优良牧草，如无芒雀麦、野豌豆、黄花苜蓿等。当草地开始退化时，这些植物种逐渐减少，至重度退化阶段，则大部分消失。与此同时，原生群落的一些伴生成分，如糙隐子草、冷蒿、百里香、麻花头、狗娃花、星毛委陵菜等，则随放牧强度增加而增加，甚至代替原来的优势植物而成为建群种。以小针茅为建群种的荒漠草原，当退化程度不断加剧，无芒隐子草、银灰旋花、栉叶蒿、骆驼蓬等逐渐增加，最后取代小针茅而成为优势种。以新疆伊犁绢蒿、叉毛蓬、角果藜为建群种的荒漠草地，当草地退化程度不断加剧时，顶冰花、串珠老鹳草、弯果胡卢巴等开始逐渐增强，最后被一年生杂类草叉毛蓬、弯果胡卢巴所取代。但在不同的自然带和不同群落类型中，退化指示植物是不同的。只有在充分了解各草地类型演替规律的基础上，才能更准确地利用指示植物来判断草地的退化程度。

草地退化的评级标准很多，均有各自的优缺点，且在等级划分标准上存在较大的差异。通常，退化草地可划分为 4 个等级，即未退化、轻度退化、中度退化与重度退化。为了更好地量化草地退化程度的评判，经过多年调查研究，苏大学等(2003)起草了《天然草地退化、沙化、盐渍化的分级指标》(GB 19377—2003)。该标准主要依据草地群落特征、土壤特征进行草地退化等级的判定，并将退化草地分为未退化、轻度退化、中度退化与重度退化 4 个阶段。此分类方法可为退化草地的等级划分提供参考标准(表 10-3)。

表 10-3 退化草地的分级与指标 %

监测项目			草地退化程度分级			
			未退化	轻度退化	中度退化	重度退化
必须监测项目	植物群落特征	总覆盖度相对百分数的减少率	0～10	11～20	21～30	>30
		草层高度相对百分数的降低度	0～10	11～20	21～50	>50
	群落植物结构组成	优势种牧草综合算术优势度相对百分数的减少率	0～10	11～20	21～40	>40
		可食草种个体数相对百分数的减少率	0～10	11～20	21～40	>40
		不可食草与毒害草个体数相对百分数的增加率	0～10	11～20	21～40	>40
	指示植物	草地退化指示植物种个体数相对百分数的增加率	0～10	11～20	21～30	>30
		草地沙化指示植物种个体数相对百分数的增加率	0～10	11～20	21～30	>30
		草地盐渍化指示植物种个体数相对百分数的增加率	0～10	11～20	21～30	>30
	地上部产草量	总产草量相对百分数的减少率	0～10	11～20	21～50	>50
		可食草产量相对百分数的减少率	0～10	11～20	21～50	>50
		不可食草与毒害草产量相对百分数的增加率	0～10	11～20	21～50	>50
	土壤养分	0～20 cm 土层有机质含量相对百分数的减少率	0～10	11～20	21～40	>40

续表 10-3

<table>
<tr><th colspan="3" rowspan="2">监测项目</th><th colspan="4">草地退化程度分级</th></tr>
<tr><th>未退化</th><th>轻度退化</th><th>中度退化</th><th>重度退化</th></tr>
<tr><td rowspan="5">辅助监测项目</td><td rowspan="3">地表特征</td><td>浮沙堆积面积占草地面积相对百分数的增加率</td><td>0～10</td><td>11～20</td><td>21～30</td><td>>30</td></tr>
<tr><td>土壤侵蚀模数相对百分数的增加率</td><td>0～10</td><td>11～20</td><td>21～30</td><td>>30</td></tr>
<tr><td>鼠洞面积占草地面积相对百分数的增加率</td><td>0～10</td><td>11～20</td><td>21～50</td><td>>50</td></tr>
<tr><td>土壤理化性质</td><td>0～20 cm 土层土壤容重相对百分数的增加率</td><td>0～10</td><td>11～20</td><td>21～30</td><td>>30</td></tr>
<tr><td>土壤养分</td><td>0～20 cm 土层全氮含量相对百分数的减少率</td><td>0～10</td><td>11～20</td><td>21～25</td><td>>25</td></tr>
</table>

［引自《天然草地退化、沙化、盐渍化的分级指标》(GB 19377—2003)］

以上所谈及的草地退化分级仅适用于因放牧或割草等人为活动引起的草地退化。有些特殊但又经常出现的情况，评价草地退化状态时，要采用不同的指标和标准。对开垦、开矿等活动引起的原生植被完全去除，会造成整个系统的改变，而后在撂荒地或废弃地上，植被再慢慢恢复，其退化标准要从土壤性状来衡量。在草原带的沙地，人为活动引起的流沙再起，发生风蚀、沙埋现象，其退化标准应以基质流动情况、成土状况与植被盖度衡量。有些地区发生鼠害，如新疆准噶尔沙漠的冬草场上，每逢鼠类种群暴发，地面鼠丘密布，草群呈斑块状枯死，使人畜行走都很困难，其退化程度应以鼠丘密度衡量。在黄土高原上，植被经反复破坏，原生植被已消失殆尽，表土均已流失，形成沟壑纵横的景观，其退化程度的确定需要参考植被盖度及侵蚀模数。因此，建立草地退化指标体系评价系统是极为复杂的，指标体系的具体应用也要有很强的针对性。

在草地生产与研究中，人们常根据某一具体草地所处演替阶段特征的差异，将草地描述为未退化、轻度退化、中度退化和重度退化等级别，用以反映该草地退化的相对程度。由于所处区域、草地类型、利用方式等方面的差异，不同草地上同一级别的等级划分标准往往不具有可比性，尤其是在缺乏历史资料或原始参照样地的情况下，更难以反映草地退化的实际情况。

10.2　草地培育

10.2.1　草地培育的目标及恢复标准

10.2.1.1　培育目标

草地培育目标应符合退化草地生态系统恢复的基本目标。同时，考虑到草地是人类利用的主要自然资源，在某些地区甚至是赖以生存的物质基础。因此，培育的目标确定为：①对草地生产能力(包括草地植被与家畜生产力)的恢复与提高；②对生态环境的恢复与提高，保证一定的植被覆盖率和土壤肥力，防止土壤侵蚀，实现地表的稳定性；③增加种类组成和生物多样性，提高系统的稳定性；④尽量利用群落的自我组织能力，提高群落的自我维持能力；⑤实现科学的管理和利用，追求草地生态系统服务的持续和高效。

草地培育目标不可确定得过高或过低，这样都不利于草地生态系统恢复工作的开展。无论是草地生产力的恢复，或者草地环境的恢复，必须同时基于草地的生物组成(植物、动物或微生物)、植被和土壤结构与功能,包括生物多样性、水平与垂直结构、能量流动、物质循环与信息传递等营养功能的良性改变和发展。如果采用各种技术措施,经过一定时间,草地生态系统的各种主要评价指标都得到相应的改善,如草地植被的盖度、净第一性生产力、土壤肥力(有机质)、家畜的采食效率等,草地就会从总体上体现恢复与改善。不能期望草地评价的所有指标都能够得到一致性地提高。

10.2.1.2 培育恢复的原则

草地培育恢复的基本原则一般包括自然原则、社会经济技术原则和美学原则(图 10-2)。自然原则是草地培育中优先考虑的问题,即只有遵循自然规律,设计的培育方案才会合理而客观;社会经济技术条件是草地培育的后盾和支柱,在一定程度上制约着培育成功的可能性、水平与深度,因此选择培育方案时要考虑草地培育的经济成本;美学原则是指草地培育时,应该考虑人们经营习惯和精神上的某些要求,这一原则并非必不可少。

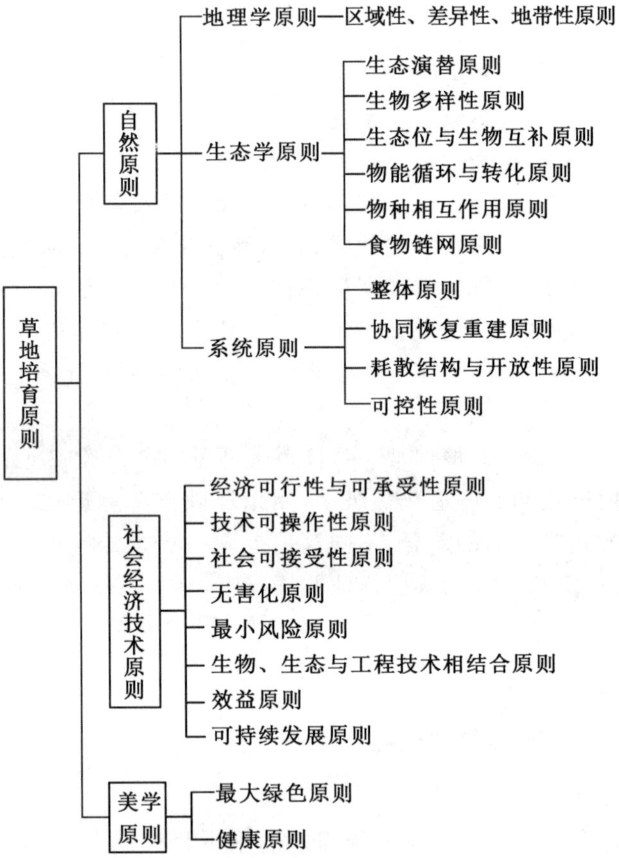

图 10-2 草地培育遵循的基本原则(引自章家恩等,1999)

10.2.1.3 培育恢复的标准和时间

生态系统的复杂性和动态性,决定了草地培育恢复的标准很难确定。国际恢复生态学会建议比较恢复系统与参照系统的生物多样性、群落结构、生态系统功能、抗干扰性及非生物的生态服务功能等来判断恢复程度。还有学者提出使用生态系统 23 个重要特征来帮助量化整个生态系统随时间在结构、组成及功能复杂性方面的变化,但是由于过于繁杂目前尚未被广泛使用。王堃(2004)认为,成功培育的标准至少应该包括 3 个方面:第一是草地植被的恢复,包括草地的群落结构与功能、生产力水平、生物多样性、主要建群种或优势种应该与当地顶级(或退化前植被)植被相同。第二是土壤生态系统的恢复,包括土壤中的微生物群系、动物种类的有效恢复,土壤侵蚀得以控制,有机质含量累积及其他理化特性处于良性状态;第三是生态系统的综合状况,或者说是生态系统的功益恢复,也就是人类直接或间接从生态系统的功能中获取的利益,这也是我们进行生态恢复的终极目标。总而言之,退化草地恢复应该是指受损的生态系统的结构与功能恢复到接近其受损以前的状态,结构恢复的指标是群落原有物种(乡土种)的丰富度,而功能恢复的指标包括草地生态系统的初级生产力和次级生产力、食物网结构、物种组成与系统反馈等。

草地培育恢复时间与系统类型、退化程度、恢复方向,以及人为促进程度密切相关。一般来说,恢复的时间与退化的程度呈正相关,退化的程度越轻恢复的时间越短;反之则越长。我国的草地类型较多,目前,研究恢复状况的一般结果是,温湿草地较冷干型草地易恢复,沙地较盐碱地易恢复;一般中轻度退化草甸草原自然恢复需要 4～6 年,典型草原需要 5～8 年,荒漠草原需要 15～20 年,高寒草原往往需要 30 年以上,盐碱地植被生物量恢复需要 8～10 年,但土壤的恢复一般需要 15～20 年。

10.2.2　草地培育理论与技术

草地培育技术包括的内容相对较多,可归纳为 4 个方面:①改善草地地面状况及土壤的通气状况,如清除地面的石块、土丘,松耙、浅翻、划破草皮等。②改善土壤水分及营养状况,如排水、灌溉、积雪,施用肥料。③改善草地草群状况,如清除不食部分灌木、清除草原有毒有害植物及草地杂草;补播优良牧草;翻耕草地;建设栽培草地等。④合理利用,主要针对退化不严重的草地进行的培育措施,如通过合理组织畜群及合理的放牧制度,防止草地的进一步退化,提高草地生产能力。

草地培育的直接效益在于通过人类的生产活动,提高草地生态系统中植物生产的潜力,把植物生产力最有效地转化为畜产品,并利用动物生产活动,不断地保护和提高草地植物生产的数量与质量,更好地协调牲畜与草地间饲草供求的时间、空间和种间关系,为畜牧业生产的稳定、高效、持续发展打下良好的物质基础。

10.2.2.1　草地培育的理论

从草地生产经营角度出发,草地退化与过度成熟都不利于草地畜牧业的可持续发展。根据草地基况和实际需要,采取不同培育措施,促进草地植物的更新与生长发育,提高产量与质量,改善生态环境,从而为草地畜牧业的发展创造有利条件,为草地资源的多功能利用奠定基础。

草地培育的理论基础是生态学上的群落演替理论和生草土形成理论。

1. 群落演替理论

群落演替理论认为,在多种因素的综合作用下,群落总是不断地在发展变化。在同一地段上,相继出现不同的草地植物群落,形成演替,即同一地段上出现一种植物群落被另一种植物群落所替代现象。从生产的角度出发,演替的结果分为两种情况:①草地植物愈益繁茂,种类组成和层次结构复杂,品质好,产量高,土壤日趋肥沃,对生产有利,称为草地的进展演替。

②草地植物中劣草增多，有毒植物增加，草品质变差，产草量降低，生境旱化，土壤贫瘠化，对生产不利，称为草地逆行演替或草地的退化演替。草地退化就是草地的逆行演替过程。

草地演替并不是一蹴而就的，而是分阶段有序进行的。当原有草地成分中增加侵入者以后，从群落外部变化看，可能是不显著的，但随着侵入者数量的增多和体积的增大，草地原有群落的优势种就会逐渐被替代，而这种替代所需时间有时进行缓慢，有时进行较快。一般草地的演替大体可分为3个阶段。

(1)初期阶段　又称先锋阶段，草地外来种入侵草地裸地或斑块，并快速萌发、生长及繁殖，速度较快。

(2)过渡阶段　通过种内及种间竞争，入侵种及草地原有种逐渐在利用资源上达到相对平衡，草地生境逐渐稳定，演替日趋缓慢。

(3)相对稳定阶段　演替速度更慢，草群种类成分较丰富，结构较复杂，各种植物都处于相对稳定状态。

草地培育就是根据草地的演替方向，针对不同的演替阶段采取相应的措施，防止"逆行演替"，促进"进展演替"。一般而言，优良牧草需要充足的水分和肥沃的土壤条件，可通过施肥、灌溉、防除杂草等措施，为优良的牧草创造较适宜的生境条件，增强其竞争力，达到促进草地进展演替的目的。

2. 生草土形成理论

生草土形成理论是苏联土壤学家威廉士研究了植物与环境的相互关系后提出的。该理论认为，在没有人类干扰的森林草原比较潮湿的土壤上，多年生草类的主要特性是在土壤中积累死的有机物质。这些死的有机物质主要是多年生草类的地上部分、根及根茎。每年初冬枯死的植物体，由于土壤温度低而不能进行分解。当春天到来时，土壤潮湿，进入土壤的空气少，在土壤中只能进行有机物质的嫌气性转化过程，分解速度慢。随着土壤的干燥，空气开始进入土壤，好气性细菌开始活动，有机物质被分解成植物可利用的水溶性化合物(硝酸盐、铵盐等)。但这时空气也仅能进入土壤表层，大部分死亡的根仍处于未分解的状态积存于土壤中。同时，新的根系、根茎和植物体又不断发育，到冬天来临时又死亡。这样有机质便逐渐增加，使土壤变得紧实，理化性质恶化，因而便发生一类植物被另一类植物所代替的现象。这就在自然界构成了土壤统一形成学说的理论，即生草土形成理论。它揭示了天然草地植被自然更替的本质。这一理论说明，天然草地植被在没有人类活动的干扰下，经过一个时期，由于植物本身生命活动而引起生境条件的改变，便可以引起植被本身的更替。这实际上是群落演替理论的不同解释。威廉士认为，在森林草原生草土形成过程中，禾本科牧草起着重要作用，且生草土的形成可分成3个时期。

(1)根茎期　为生草土形成过程的最初阶段。这个时期土壤松软，土壤湿度和通气性较好，植物组成以根茎型禾草(如无芒雀麦、拂子茅、羊草等)为主，根茎和分蘖节位于近地表的土层中(3～5 cm)，植物生长发育良好。死亡的部分植物残体，在夏季进行好气分解，在土壤水分多时进行嫌气分解。此过程使土壤中积累了大量有机物质。随着有机物增加，土壤通气性变差，逐渐不适于根茎型禾草的生存，便被疏丛型草类所取代，草地逐渐过渡到疏丛期。

处于根茎期的草地，牧草产量较高，品质较好，但由于生草土刚形成，不耐践踏。这个时期的长短，视土壤状况(紧密程度、通气状况)而定。因此，加强放牧管理，防止草地被过度踏实，以及采取土壤通气、施肥和防除杂草等措施有明显的改良效果。我国东北地区的羊草草地经常采用松耙、深松、浅耕翻等措施进行处理，就是要保持土壤疏松状态，促进有机质分解，维持羊草等根茎型禾草旺盛生长，保持其良好的生产性能。

(2)疏丛期 这一阶段植物是以疏丛型禾草类(鸭茅、早熟禾等)为主，可占草群的60%～80%。这类植物分蘖节位于地表浅层，其根可穿入很深的土层吸取营养。同时，豆科草类也可大量发育，占10%～30%。随着有机质的进一步积累，生草土层增厚，水分增多，土壤更加紧实，通透性进一步恶化，嫌气过程逐渐向上发展，疏丛型禾草逐渐衰退，并被分蘖节位于地表的密丛型禾草所代替，草地逐渐进入密丛期。

处于疏丛期的草地，牧草发育较好，植物茂密，产量高，因含有大量豆科牧草，品质较好，饲用价值最高。草地从根茎期过渡到疏丛期，牧草种类趋于丰富，还出现根茎-疏丛型草类，是牧草营养价值最高和耐牧性好的时期。此阶段草地割草和放牧均可，但需要保持合理的使用强度。

(3)密丛期 此时期密丛型禾草占优势。随土壤水分状况的差异出现不同的植被类型。如果土壤湿度稳定，可出现密丛型禾草类；如果土壤水分过多，喜湿性禾草发育，形成沼泽；在水分不稳定的干谷地，有利于可适应各种环境生长的草类发育，形成苔草、杂类草草地。密丛性草类之所以能在致密的土壤中生存，主要是由于它们的根具有发达的通气组织，并与茎叶的组织相连，在根上发育着菌根，能把有机物分解为禾草可吸收的无机化合物。在此阶段，豆科草类往往不能很好地发育。

处于密丛期的草地，饲草产量不高，但草群稳定，耐牧性强。草地主要用于放牧利用，但放牧过重时密丛禾草周围土壤易受侵蚀，株丛易产生破碎。在草甸草原和典型草原地区也可用于割草。过去人们总强调对这类草地加强改良，但从长远角度考虑，应适当利用，加强保护。

生草土形成理论不是哪里都适用，但却阐明了改变植物的环境条件，有效控制植被演替方向的可能性，是天然草地改良培育的重要理论基础。实际上，典型草原和荒漠草原也有相似的生草土过程，只是水分缺乏，有机物质积累缓慢，导致这一过程比草甸草原缓慢得多。

另外，系统学中的系统自组织理论、熵和负熵理论、反馈理论等也为草地植被恢复和草地培育提供理论支撑。

10.2.2.2 草地培育技术

草地培育技术就是草地植物的复壮与更新技术，属于草地改良范畴，即在草地原有植被的基础上，加强培育和管理措施，保护和提高草地生产力的技术措施。一般而言，复壮就是采取农艺耕作措施，改善草地植物的生长环境，恢复植物的生长活力，促进营养繁殖及种子繁殖，进而提高草地生产力。更新则包括营养体更新和种子更新两个方面：一是通过外界因素的调控和刺激强化原有牧草的繁殖能力，促进草地植物生长发育和新老接替；二是在草群中增加优良牧草成分或用优良牧草替代饲用价值较低的植物。

草地培育技术措施的实施要因地制宜，根据草地基况和草地所处气候、土壤、植被及其利用目的等情况加以确定。生产中经常采用的草地培育措施有封育、松耙、划破草皮、浅耕翻、补播、灌溉、施肥、毒害草防除、鼠虫害防治等。

1. 封育

草地封育，又叫围栏封育、封滩育草或划管草原，就是把草地暂时封闭一个时期，在此期间不进行放牧或割草，使牧草有一个休养生息的机会，积累足够的贮藏营养物质，逐渐恢复草地生产力，改善土壤条件，并使牧草得到结籽或营养繁殖的机会，促进草群的自然更新，允许牧草幼苗有机会长成可利用植株。

（1）封育效果　草地封育已成为国内外培育天然草地的一种行之有效的措施。一方面，它简单易行而又经济，投资少，且一次投资多年受益；另一方面，封育在短期内就可收到明显的效果，同时也可在封育的基础上结合其他草地改良措施，实现退化草地的快速恢复。

世界各国草地封育的实践已经证明，退化草地经过一段时期的封育后，草地植物的生长发育、植被种类的组成及草地的生境条件均得到明显的改善，草地生产力、草群的高度、盖度均得到一定程度的提高，并获得了较好的生态效益、经济效益和社会效益。如经封育后西藏北部地区的申扎县高寒草原植物种类成分及其重要值均发生了显著变化，优势种紫花针茅所占比重明显增加，其所属功能群呈现增大趋势；狼毒、矮火绒草所占比重明显降低，其所属功能群杂草类呈现明显降低趋势，草地植被得到明显改善（表 10-4）。同样，封育也会引起高寒草甸草地群落高度、盖度、产量的显著增加（图 10-3），促进草地土壤有机质的积累，土壤理化性质的改善，长期封育条件下效果更好（图 10-4），更利于退化草地围封效果的保持。尽管多数封育试验结果均普遍认为封育能够使退化草原植被得以恢复，但在对群落多样性的改善效果不一，呈现出多样性变化显著、变化不显著或低于自由放牧样地 3 种结果，这与封育的时间长短密切相关。

表 10-4　封育与未封育高寒草原植物群落物种组成和重要值的比较　%

功能群	主要物种	未封育区	封育 3 年	封育 7 年
禾本科	早熟禾（*Poa annua*）	10.02	17.62	22.31
	紫花针茅（*Stipa purpurea*）	13.95	24.95	35.01
	穗三毛（*Trisetum spicatum*）	—	1.21	—
豆　科	急弯棘豆（*Oxytropis deflexa*）	6.54	6.43	—
	黄芪（*Astragalus tanguticus*）	—	1.85	1.33
	小花棘豆（*Oxytropis glabra*）	—	4.48	1.42
莎草科	黑褐苔草（*Carex atrofusca*）	10.23	5.58	9.21
	青藏苔草（*Carex moorcroftii*）	4.82	6.62	7.46
杂类草	西藏血灵芝（*Arenaria oreophila*）	4.13	1.99	2.25
	矮火绒草（*Leontopodium nanum*）	21.6	7.75	5.55
	美花草（*Callianthmum pimpinelloides*）	5.12	5.39	—
	鳞叶龙胆（*Gentiana squarrosa*）	2.06	1.26	3.07
	狼毒（*Stellera chamaejasme*）	14.28	6.37	9.7
	二裂委陵菜（*Potentilla bifurca*）	4.41	1.85	1.84
	短穗兔耳草（*Lagotis brachystachya*）	2.48	1.32	0.85
	华马先蒿（*Pedicularis oederi*）	—	2.19	—
	叠裂银莲花（*Anemone imbricate*）	—	1.61	—
	肉果草（*Lance tibetica*）	—	1.54	—

（引自毛绍娟等，2015）

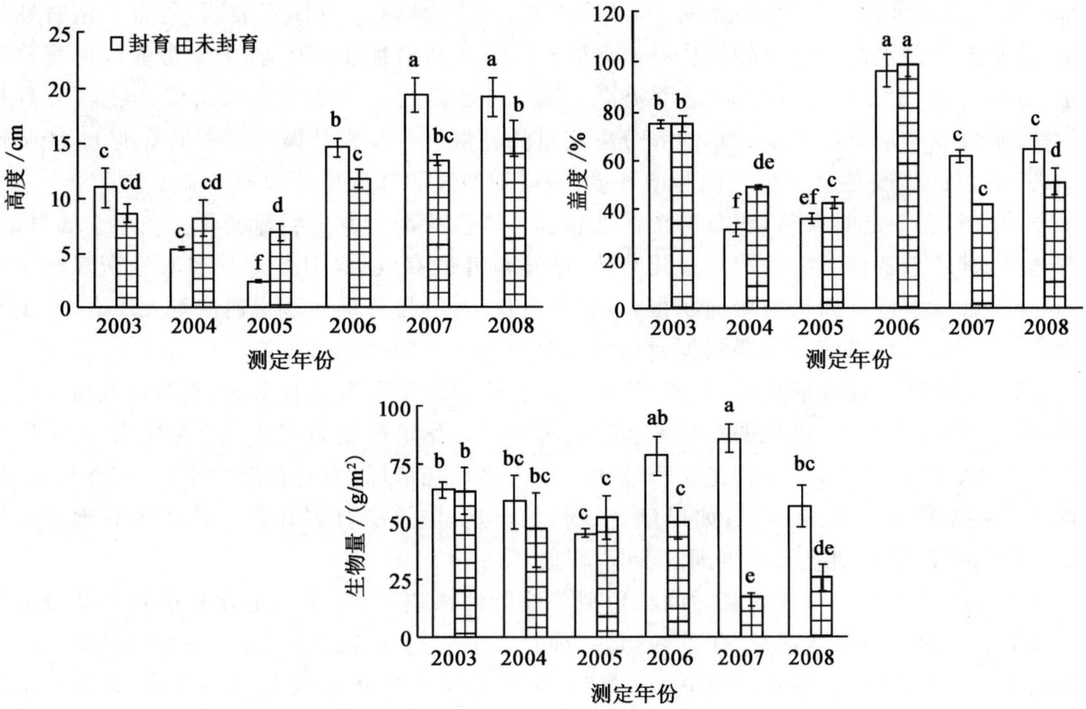

图 10-3　封育对高寒草甸植物群落高度、盖度及生物量的影响

注：图中不同小写字母表示差异显著（$P<0.05$）。

（引自苗福泓等，2012）

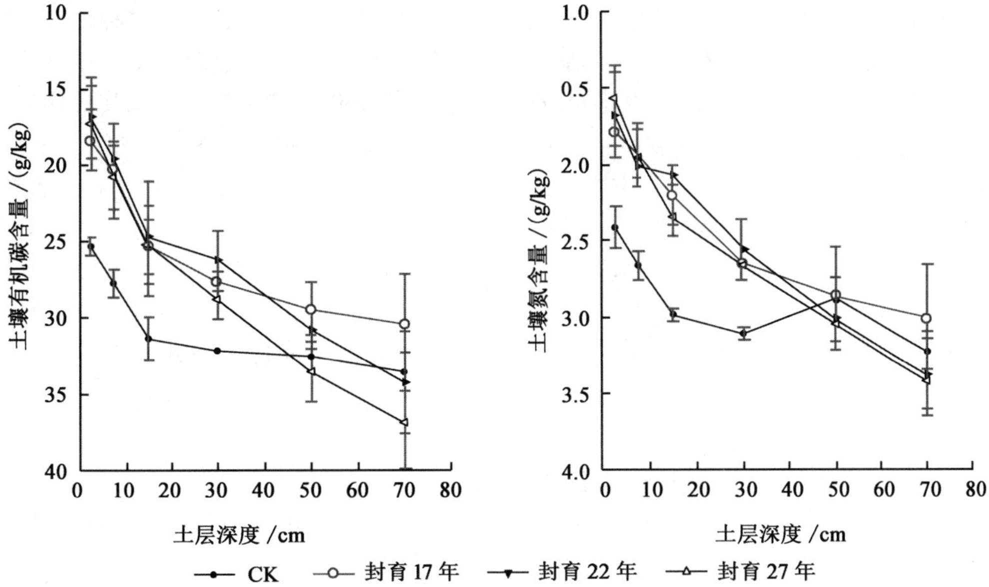

图 10-4　封育对黄土高原半干旱草地土壤有机碳及氮含量的影响

（引自王玉红等，2017）

封育后草地增产的原因，一是植被覆盖度增大，易截留雨雪；减少太阳对地面的直射，降低了地面水分蒸发，增加了土壤保水能力，从而增加土壤含水量。有测定表明，封育一定时期的草地，夏季土壤含水量围栏内较围栏外高3%～5%，最高增加10%。据内蒙古赤峰市畜牧所测定，围栏内5～10 cm土层含水量可提高6%。二是提高了土壤有机质含量和土壤养分积累，对由于放牧和割草过多消耗草地养分形成自然补偿。三是在盐碱化较重的草地上，能降低土壤的pH。四是改善草地小气候和微环境，如增加湿度和降低风速及调节温度等。

草地在封育一定时期后，牧草的个体性状和群体性状都会发生明显变化。利用中的草地，封育越早，其效果就越明显。严重退化草地，虽然封育也有效果，但若不采取其他恢复改良措施，草地复壮很缓慢。如果封育面积很大，时间很长，对不封育草地就会造成更大压力，产生不良影响。因此，封育措施实施要根据封育区域草地的实际情况进行统筹合理安排。

(2)封育方法　封育地点的选择。草地封育措施适合于所有放牧草地、割草地及潜在的放牧草地，尤其对已经严重退化的草地及生态环境严重恶化地段更为有效。实际应用中，一般根据利用目的、植被类型和草地的退化程度而定。为培育割草场，应选择地势平坦、植被长势好，且以禾本科上繁草为主的地段；如果培育退化的草地，应该选择退化较为严重的草地进行封育；为固沙，可选择流动沙丘或半固定沙丘草地。

封育时间的确定。草地封育时间长短因草地所处水热条件、草地退化程度及当地草地面积状况而定。封育有形式两种：①禁牧，是一种对草原实行一年以上禁止放牧利用的措施，如全年封育。②休牧，是一种在一年内一定期间对草原实施禁止放牧利用的措施，如夏秋季封育、春秋封育、春季休牧、划区轮牧等。一般而言，草地退化越重，草地恢复所需封育期就越长，但封育期过长，也会降低草地植被的恢复效果。因此，确定合理的封育期限已经成为促进退化草地恢复，有效缓解未封育草地压力，发挥草地生态功能的关键问题。草地适宜封育期限的确定，通常以草地植被及土壤养分的恢复为依据。草地所处地域水热条件及所处退化阶段的差异，导致其最适封育期限存在一定的差异，需区别对待。比如，以群落数量特征及物种种类的恢复为依据，青藏高原东北边缘天祝县高寒草甸最适的封育年限为4年，藏北退化高寒草原最佳封育年限为3～5年。再如，以草地生产力恢复看，新疆轻度、中度退化的蒿类荒漠草地其最佳封育年限依次为5～6年、7～11年；而以土壤质量恢复为依据，则依次为8～15年、8～10年。

封育草地保护措施。为了防止家畜进入封育草地，最好要有一定的保护措施。目前，主要采用围栏保护封育草地，而围栏的种类主要有4种。

①刺围栏。一般有刺线、立柱、地锚、斜撑、出入门组成。架设刺铁丝围栏时，一般采用木桩、水泥柱、三角铁等做立柱，柱距5～7 m，柱长2 m左右，埋入土中约0.6 m；柱上架设刺线一般5～7道，最下一道距地约25 cm。刺线一定要拉紧；围栏的转角处各受力方向应加埋地锚或斜撑，非转角处应根据实际情况加埋斜撑，以保障围栏稳定结实。根据实际情况架设出入门。

②网围栏。网围栏是将钢丝编成长方形网格代替刺围栏中的刺线。网围栏一般一卷200 m，高1.5 m左右。架设时，所需材料同刺围栏要求基本一致，柱距10～15 m，并将网片固定在立柱上，即形成围栏。网围栏的架设较刺围栏安装省工，但不适于地形起伏较大区域。

③电围栏。只采用1根或2根金属丝，立柱采用绝缘的水泥柱、圆木或角钢等，电源多利用太阳能或风力发电，电流通过脉冲器使瞬时电压变成高压，达到阻挡家畜进入封育草地的目的。电围栏优点是经济方便，可以随时移动，缺点是牧草枝条易挂在电线上形成短路，影响电流传导。

④生物围栏。采用适合当地生长的带刺小乔木或灌木，密植在草地周围，形成绿篱，防止牲畜进入。通常选用的生物围栏植物有洋槐、沙柳、锦鸡儿、沙棘、枸杞、柠条、蔷薇等。生物围栏缺点是植物生长速度缓慢，不能很快起到围栏作用，优点是围栏材料可就地取材，植物的叶片可作为家畜饲料。

草地封育后，要加强管理和注意使用，不能形成无人负责的现象。对于坏损围栏及时维修。草地恢复生机后，应制订合理利用计划，科学利用，避免再次退化。

2. 松耙

草地经过长期自然演替及受人类生产活动的影响，如放牧、割草等，土壤表层往往变紧实，土壤的透气性及透水性逐渐变差，微生物活动及生物化学过程降低，直接影响牧草水分及营养物质的供给，导致草地生产力降低，一些有价值的优良牧草从草群中衰退。为了改善土壤的通气状况，增强土壤中微生物的活动，促进有机物在土壤中分解，必须采取有效的措施恢复草地的通透性，其中松耙是比较常用的改良措施之一。

(1)松耙的作用

①清除草地枯株，利于植被更新。成熟的草地，丛生禾草多次分蘖形成的枝条若长期得不到利用，就会使株丛中央充塞枯死的茎叶，影响新枝生长。这样，年复一年株丛中央将变秃，草地生产力下降。松耙可以清除这些枯死的残株，有利于丛生禾草形成嫩枝。如果耙地足够深，对某些根茎性草类的生长也能起到促进作用。

②耙松表层土壤，利于通气和水分渗入。草地生草土中含有大量已死亡草类的根和根茎。它们充塞土壤空隙，使土壤变紧实，通气性、透水性变差。松耙可以切碎生草土块，疏松土壤表层，改善土壤的物理性状，有利于空气与水分的渗入及好气微生物的活动。

③减少土壤水分蒸发，起到保墒作用。松耙可将土壤毛细管切断，减少地表土壤蒸发，起到松土保墒作用。据内蒙古突泉县草原站测定，松耙处理3年后的草地在0～30 cm土层中的土壤含水量比对照提高了96.7%。宁夏云雾山草地松耙后，0～20 cm土层含水量由对照的17.5%提高到20.5%。

④促进植物生长发育。中国农科院草原研究所在大针茅草地的试验表明，松耙使羊草和针茅生长良好，草群高度比对照增加25%，盖度增加11.4%，密度增加108%，产量也逐年增加，在第三年和第四年出现高峰期。某草原工作站对丰满东库伦退化的盐碱草地松耙后草群高度、干草产量分别由对照的39 cm、1 680 kg/hm^2 增加到56 cm、3 200 kg/hm^2。

⑤有利于草地植物繁殖更新。松耙可以增加牧草种子进入土壤的机会，使其易于萌发。同时，松耙也可消灭草地残存的杂草、匍匐性和寄生植物。

与此同时，耙地对草地也产生一些不良作用，如耙地能直接将许多植物拨出，切断或拉断植物的根系，使牧草受到损伤。耙地容易使牧草失去保护覆盖层，导致牧草在夏季旱死或冬季冻死。

(2)松耙改良方法　松耙对草地改良效果的好坏决定于多种因素，如松耙时间、松耙工具、草地类型等。

①松耙时间。最好在早春土壤刚解冻2～3 cm时进行。此时耙地，一方面可以起保墒作用；另一方面春季草类分蘖需要大量氧气，耙地松土后土壤中氧气增加，可以促进植物分蘖。土壤非特别黏重的草地，也可在夏季水分适中时松耙，此时耙地入土效果好，植物恢复生长快。当土壤特别干燥或特别潮湿时不要耙地。

割草地松耙时间需根据割草次数而定。通常一年割一次的草地，耙地必须在割草后或放饲再生草后进行；割两次的草地，耙地应在第一次或第二次刈割之后立刻进行；在有积雪的干旱草地上秋耙有利于蓄渗雪水，耙地可在秋季进行。

②松耙机具。通常采用机引圆盘耙、缺口重耙、旋转犁、松土补播机等，也可用钉齿耙。钉齿耙的功能在于耙松生草土及土壤表层，耙掉枯死残株。圆盘耙能切碎生草土块及草类地下部分，耙松土层较深(6～8 cm)，在生草土紧实而厚的草地上使用效果更好。缺口重耙适于在根茎禾草分布较多、土壤较黏重的草地上使用。

③适宜耙地的草地类型。这里的草地类型主要是指草地主要植物的分蘖类型，它对耙地效果起决定作用。一般认为以根茎状或根茎疏丛状草类为主的草地，耙地能获得较好改良效果，而密丛型禾草、豆科草及杂类草为主的草地，耙地的效果往往不好。匍匐型草类、一年生草类及浅根的幼株，可因耙地而死亡，因而要采用其他改良措施。

松耙最好与其他改良措施如施肥、补播配合进行，可获得更好的效果。近年来，全国各地生产的不同型号的松土补播机，不仅能松耙土壤，还可兼补播优良牧草、施肥，改良效果较好，但缺点是对草地破坏性较大。

3.划破草皮

划破草皮是在不破坏或少破坏天然草地植被的情况下，对草皮进行划缝的一种草地培育措施。其目的是：①通过改善草地土壤的通气状况，提高土壤的透水性，调节土壤酸碱度，减少土壤有毒有害物质，改善土壤好气微生物活力，改进土壤的肥力，最终达到提高草地生产力的目的。②划破草皮能使根茎型、根茎-疏丛型的优良牧草大量繁殖，生长旺盛。③有助于牧草的天然播种，有利于草地的自然复壮和更新。

(1)划破草皮效果　退化或处于不健康状态下的草地通过划破草皮作业对草地质量及生产能力等方面的影响不能一概而论，需区别对待。青海铁卜加草原站，1963—1964 年在植物萌发期对高寒草原的河谷阶地细嵩草-杂类草冬型春牧场进行划破草皮作业，发现 2 年平均产量比未划破草皮增产 48.1%。对甘肃玛曲县高寒草原和甘肃临潭县亚高山草甸的研究中均指出，划破草皮可显著提升地上生物量、功能群组成比例及其多样性。但在早春对青藏高原东祁连山禾草-蒿草高寒草甸草原进行划破草皮，发现划破处理对平地土壤含水量的改良效果显著优于坡地，划破改良显著增加了平地表层土壤地下生物量及土壤有机碳含量，而缓坡地表层土壤地下生物量及表层土壤有机碳含量则出现降低。该研究同时指出，高寒草甸草原上划破草皮处理有利于平地生产力较低的禾草-嵩草草甸改良，对以嵩草为优势种的缓坡地草甸草原需谨慎使用划破草皮这种改良措施。在美国南达科他州黏重土壤上划破草皮改良，使蓝茎冰草的数量增加 173%，牧草产量增加 44%。

(2)划破草皮改良方法

①机具选择。选择适当的机具是划破草皮的关键。在小面积草地上，可用畜力机具划破。面积较大的草地，可用拖拉机牵引的机具(无壁犁、旋耕犁、燕尾犁、专用机具等)进行划破草皮作业。用其他机具进行划破草皮时，最好向专门技术人员进行咨询。

②划破草皮适宜草地类型。划破草皮作业并不适用于所有草地的培育改良，应根据草地的具体条件来决定。如一般寒冷潮湿的高山草地，地面往往形成坚实的生草土，可以采用划破草皮的方法。有些气候虽不太冷，但土壤水分常年较多的草地，往往形成较厚的生草土层，在土壤通透性不良的情况下，也应采用划破草皮进行改良。但有些又干又热的地区，如河西走廊

的平地及内蒙古西部的一些地区，如果采用划破草皮改良草地，则会增加土壤水分蒸发，不利于土壤保墒，同时破坏了牧草的地下部分，造成牧草产量降低，甚至出现风蚀现象。同时，划破草皮措施也不适宜陡坡和基岩上覆土层较薄的地段。此外，在以根茎型、根蘖型或根茎-疏丛型植物为主的草地上划破草皮，恢复效果较好。

③划破草皮技术要点。划破草皮的深度应根据草皮的厚度来确定，一般深度以10～20 cm，划缝行距以30～60 cm为宜。划破草皮的适宜时间，应视当地的自然条件而定，宜在早春或晚秋进行。早春土壤开始解冻，土壤水分较多，易于划破；秋季划破后，可以把牧草种子掩埋起来，有利于来年牧草的生长。春季干旱多风的草原区，划破草皮宜在初夏进行。选择划破草皮地段时，应选择地势较平坦的草地。如果选在缓坡草地上，为防止水土流失，应沿等高线进行划破。

划破草皮可能引起草地当年产量下降，但若与其他改良措施配合进行，如灌溉、施肥、补播等，则可弥补因划破草皮而造成的暂时损失。

4. 浅耕翻

浅耕翻与松耙和划破草皮相比，其优点是可以使土壤通气更好，缺点就是对草地植被破坏很大，成本较高。浅耕翻就是把草地翻耕，翻耕后土垡过于粗糙时还要进行耙碎，适于在半干旱、半湿润和湿润地区应用。中国农科院草原研究所在内蒙古阿巴嘎旗、东乌旗和赤峰短角牛场进行的羊草草地浅耕翻复壮试验证明，经过浅耕翻后的退化草地土壤疏松，蓄水能力增加；浅耕翻比未耕翻草地土壤含水量增加6.8%～52.9%，土壤温度提高1～3 ℃，草群高度比对照增加10～20 cm，草群密度成倍增加，产草量得到极大提高（表10-5）。同样，宁夏盐池县荒漠草地浅翻耕后地表至地下70 cm贮水量提高102%，群落总生物量有所提高，但优良牧草甘草、达乌里胡枝子和沙芦草的密度下降55%～100%，根茎型牧草—中亚白草重要值提高27%，甘草重要值下降1.2%。同时指出，浅翻耕改良措施应针对中、重度退化草原，不宜针对优良牧草占总物种40%以上的轻度退化草场。

表10-5　浅耕翻后不同年限牧草产量的变化

处理	年限		
	第2年	第7年	第15年
总产量/(kg/亩)	46.6	74.8	38.6
羊草产量/(kg/亩)	24.7	59.4	10.7
羊草产量/总产量/%	53.0	79.4	27.7

（引自聂素梅，1991）

浅耕翻的机具可用机引五铧犁、三铧犁，最好选择在以根茎禾草为主的草地上进行。在黑土层厚度达到15 cm的壤土和沙壤土上翻耕效果较好。耕翻深度宜为15～20 cm，最浅不能少于10 cm。耕翻时期最好选在土壤水分充足的季节进行，一般以夏季雨水集中来临前进行较为适宜。为了保持浅翻耕后草地的改良效果，应该在翻耕后前几年禁牧，而后根据草地实际恢复情况进行适度利用。

5. 补播

草地补播就是在不破坏或少破坏草地原有植被的情况下，在草群中播种一些有价值的、能适应当地自然条件的优良牧草，以增加草群中优良牧草种类成分，达到提高草地生产力和改善牧草品质的目的。草地补播技术应用范围较广，可用于原有草地植被稀疏或过牧退化地，或滥垦、滥挖使植被破坏，造成水土流失或风沙危害地，或清除了灌木、毒草及其他非理想植物地；原有植被饲用价值或种类单一，需要增加牧草种类的牧草地，或开垦后撂荒弃耕地等。

(1)草地补播效果　草地补播可显著提高草地的产量与品质，引起了国内外的重视。目前，补播已成为各国更新草场、复壮草群的有效手段之一。美国南达可他州西部和怀俄明州东部的矮草区补播草木樨后饲草产量增加 140%。俄罗斯在天然草地上进行补播，干草产量提高 106%。新西兰、英国早在 100 多年前就开始进行草地补播改良工作。新西兰每年补播改良草地面积 12×10^4 hm^2，目前有 2/3 的草地都经过补播改良。

草地补播对我国具有非常重要的意义。补播改良草地是建立补播草种与原有草地植物的竞争机制，通过对光、水及养分的竞争，导致草地资源利用的优化，从而达到提高草地初级生产能力和改善草地营养状况的目的。补播能增加草层的植被种类成分、增加草地覆盖度、改善草群品质、提高草地产草量、增加优质牧草比例和减少有毒有害植物。沙化草地补播 9 年后其植被盖度、草群高度、草群密度及地上生物量分别较对照提高 2.71 倍、1.91 倍、1.54 倍和 3.85 倍。

青藏高原退化"黑土滩"草地，经过重耙补播垂穗披碱草、中华羊茅和星星草等多年生禾草，翌年的禾草产量为 1 467 kg/hm^2，第 3 年达到高峰，为 2 080 kg/hm^2，5 年后草地土壤含水量及地下生物量均得到显著的改善；对青藏高原退化的高寒草地补播不同播量的垂穗披碱草也发现，补播当年草地地上总生物量提高 1.31～1.44 倍，禾草类地上生物量显著提高，最高可提高 2.7 倍，杂类草所占比例显著降低，同时草地群落多样性得到显著提高。在新疆乌鲁木齐天山山地荒漠草地及山地草原补播新麦草、木地肤、杂花苜蓿后，草群产量提高 9%～73%，且补播第 3 年提高幅度最低已达 29%(表 10-6)。

表 10-6　天山北坡草地补播草群产量分析　　kg/hm^2

项目	补播方式								
	撒播			条播			对照		
	白沟	涝坝	2 号群	白沟	涝坝	2 号群	白沟	涝坝	2 号群
补播第 2 年	826	968	1 794	1 112	852	1 587	672	773	1 451
补播第 3 年	1 053	1 221	2 618	1 132	1 296	3 127	814	936	1 806

(引自李学森等，1996，略有修改)

应当指出，尽管撒播与条播处理间在牧草存活率上的区别不大，但有些条件下条播牧草生长表现优于撒播，这与条播处理所创造的良好苗床及蓄水能力有关。在退化沙化较严重的草地上，不宜采用其他措施进行改良时，补播会收到良好效果。在内蒙古东乌珠穆沁旗退化沙化草地上补播小叶锦鸡儿、沙打旺、沙蒿和羊柴后增加了草地植物多样性，恢复了草地生产能力，使草地长时间维持较高的地上现存量，提高了枯落物和立枯物生物量，改善了草地肥力。

此外，草地补播措施如果和其他改良技术(如封育、划破草皮、施肥)同时实施，可更好地提高草地恢复效果，缩短草地恢复时间。对甘肃省甘南州临潭县退化亚高山草甸植被进行草地补播及划破草皮作业发现，补播和划破草皮有显著互作效果，补播 49.1 kg/hm^2 垂穗披碱草

$+67.5\ kg/hm^2$ 老芒麦 $+23.3\ kg/hm^2$ 紫花苜蓿甘农1号和划破草皮组合下牧草地上生物量($201.5\ g/m^2$)、总盖度(88.2%)和功能群物种多样性总指数(1.203)达到最大值，且就各补播草种组合平均值看，划破草皮植被高度、总盖度、地上生物量和功能群物种多样性总指数显著高于未划破草皮。

(2)补播地段选择　实践证明，草地补播并不是一件十分容易的事情，常常成败皆有。由于补播是在不破坏或少破坏原有植被的情况下进行的，补播牧草生长的环境条件较差，如土壤紧密、沙化、干旱、空气与养分不足等。与此同时，萌发出的补播草种幼苗要通过与原有草地植物竞争环境中有限的水、光、热及土壤养分等才能得以生存，而在竞争方面种子萌发形成的幼苗远远落后于营养体繁殖形成的幼苗。因此要想使补播草种获得成功，就必须为其创造一个良好的萌发定居和生长发育条件。

补播成功与否与补播地段所处环境密切相关。选择补播地段时应当考虑当地的降水量、地形、土壤、植被类型及草地退化程度。在无灌溉条件的区域，补播地段的年降雨量至少大于300 mm。补播地段的地形一般要求平坦，以利于机械作业，但也要考虑土壤水分状况和土层的厚度，一般选择地势稍低的地方，如盆地、谷地、缓坡和河漫滩。也可选择原有植被竞争力弱、退化严重的草地或撂荒地，以便加速植被的恢复效果。

为了更好地降低原有植被对补播草种的竞争能力，补播前要对选择的补播地段进行地面处理。地面处理的方法可采用机械进行部分补播地段的耕翻或松土，也可驱使家畜在补播地段进行重牧，还可使用化学除草剂消除部分原生植被等，以减少原有植被竞争能力，促进播入牧草的生长发育。

(3)补播草种的选择　草地补播成功，除了要为补播草种提供良好的生长发育条件外，还要选择适于补播地段补播的草种。选择补播牧草种类一般应考虑以下几个方面。

①牧草适应性。最好选择适应当地气候条件的野生牧草或经驯化栽培的优良牧草进行。一般来讲，在干旱草原地区补播的牧草应具有抗旱、抗寒和根深的特点。在沙区应选择耐旱、抗逆性强和防风固沙的植物。在局部地区，还应根据土壤条件，选择不同的补播草种。如盐碱地应选择耐盐碱牧草，积水地应选择抗水淹性强的牧草等。如果引种外来牧草，应先进行引种试验，通过出苗、越冬、越夏、抗逆性等适应性的观测，进一步筛选适于当地补播的草种。多年的实践证明，补播时选择乡土草种或品种的成功率和持久性比引进草种和品种要好得多。

②牧草饲用价值。应选择适口性好、营养价值较高和能获得高产的牧草进行补播。当这些条件不好满足时，应主要考虑适应性和生态价值。

③牧草利用特点。牧草的利用特点与其自身的生态生物学特性相关，如株丛类型、寿命、分蘖类型等，同一牧草对于不同利用方式的适应性存在较大差异。如果在放牧地上进行补播，应选择耐牧的下繁草，而割草地应选择上繁草。此外，还应考虑到补播牧草在冬季草地上的保存性。

需要指出的是，补播草种的选择可依据土壤-植物反馈原理来确定，以正反馈或中性反馈草种为主。另外，补播地裸地率高，土壤沙性强，应选择禾本科牧草；如果裸地率低，草地空斑小或少，可选择豆科牧草。在选择补播牧草种类时，一定要先进行小区试验，防止盲目性。补播时采用多种牧草混播要比单播成功率高。不同草地类型适于补播的牧草种类可参考表

10-7。

(4)补播牧草种子处理　补播前种子处理的主要目的是提高补播质量和种子发芽率。种子处理的措施主要有种子的清选、去芒、制成丸衣、浸种、贮藏后熟、沙埋、变温处理、机械破除种皮等，具体采用哪些措施，需根据所用草种具体情况进行判定。野生及新收获的牧草种子无论在天然还是人工栽培条件下，其萌发能力常常是很低的，有的具有很高的硬实率，有的种子胚未完全成熟，有的有芒和茸毛等，必须经处理后应用。如果是硬实引起种子不萌发，则可采用机械破除种皮或化学试剂灼伤破坏种皮；如果是种胚未成熟，则可采用低温层积、贮藏后熟等措施。有一些牧草种子，如沙枣、沙拐枣，采用沙埋可提高发芽率。一般采用稍湿的沙埋藏，埋藏时间 1～2 个月。有些牧草种子具有长芒，造成种子流动性差，进而影响播种质量，播前必须去芒。

在进行飞播补播时，需对种子进行丸衣化处理，以提高撒种质量，增加均匀度。通常将种子外面先喷上一层黏着剂(阿拉伯胶、甲基粗纤维等)，再混以磷矿粉、石灰或牧草所需要的养分(营养剂、接种剂等)，制成丸粒状。

表 10-7　不同草地类型适于补播的草种

补播地段	补播草种
草甸草原、森林草原	羊草、冰草、无芒雀麦、看麦娘、偃麦草、老芒麦、鸭茅、猫尾草、洽草、草地早熟禾、草地羊茅、披碱草、黄花苜蓿、三叶草、紫花苜蓿、红豆草、山野豌豆、扁蓿豆、胡枝子、草木樨、山竹岩黄芪、沙打旺等
典型草原	羊草、冰草、锦鸡儿、冷蒿、针茅、胡枝子、羊柴、老芒麦、草木樨状黄芪、早熟禾、新麦草、披碱草、隐子草、洽草、硬质早熟禾、草木樨、杂花苜蓿、木地肤、博洛塔绢蒿、新疆亚菊、达乌里胡枝子等
荒漠草原	沙生冰草、蒙古冰草、沙竹、达乌里胡枝子、木地肤、新麦草、驼绒藜、冷蒿、老芒麦、披碱草、芨芨草、优若黎等
荒漠	沙拐枣、黑沙蒿、梭梭、花棒、伊犁绢蒿、扁穗冰草、中间冰草、沙生冰草、冰草、驼绒藜、木地肤、四翅滨藜、樟味藜、博洛塔绢蒿、新疆绢蒿、沙蒿、白茎绢蒿、猪毛菜、三芒草等
南方草山	多年生黑麦草、鸭茅、草地羊茅、白三叶草、红三叶草、柱花草、早熟禾、狗牙根、鹅观草、歪头菜、野古草、牛鞭草等
沙地	梭梭、花棒、沙蒿、沙拐枣、沙柳、柠条、三芒草、沙竹、沙米、虫实、差不嘎蒿等
低湿盐碱地	野大麦、肥披碱草、芨芨草、朝鲜碱茅、偃麦草、马蔺、星星草

(5)补播技术关键

①补播时间。选择适宜的补播时间，是补播成功的关键。确定补播时间要根据草地原有植被的发育状况和土壤水分条件而定。原则上应选择原有植被生长发育最弱的时期进行，这样可以减少原有植被对补播牧草幼苗的抑制作用，因此一般多在春、秋两季进行补播。但在具体实施时，要根据补播区域的实际气候、土壤和草地类型而定，可采用早春顶凌播种、夏秋雨季或封冻前“寄子”播种。如新疆北疆地区草地，春季正是积雪融化季节，土壤水分状况好，也是

原有草地植被生长最弱时期，采用春季或早春顶凌播种效果较好。但在春季干旱缺雨、风沙大的干旱草原地区，则不适于进行春季补播，应在初夏进行补播较为适宜。因为此时原有草地植物处于非旺盛生长期，雨季又将来临，保证了土壤水分充足，补播易于成功。同时，要结合气象预报，力争在雨前补播，效果更好。

②播种量。种子播量取决于牧草种子的大小、轻重、发芽率和纯净度，以及牧草生物学特性和草地利用目的。一般禾本科牧草（种子用价为 100%时），常用播量为 15～22.5 kg/hm²，豆科牧草 7.5～15 kg/hm²。草地补播由于种种原因，出苗率和成苗率都低，所以可适当加大播量 50%左右。干旱区比湿润区播种量要稍多一些，以防止出苗不齐。

③补播方法。草地补播一般采用撒播和条播两种方法。补播草地面积小时，可用人工撒播；面积较大时可使用补播机进行条播；面积非常大时可用飞机播种。开沟条播主要采用机具播种。播种时应选择倒“T”型开沟器为主的免耕播种机。为了保证补播成功，应采取以下措施：一是在有雨的天气进行；二是补播前施用化学除草剂或开沟破坏一些原生植被，减少竞争；三是在土壤肥力不足的地区施用化肥；四是补播后加强保护措施。从当前的补播实施效果看，条播比撒播出苗效果好。

④播种深度。应根据草种大小、土壤水分、土壤质地和气候情况决定播种深度。土壤质地疏松可深播，黏重土壤可浅播；大粒牧草种子可深播，小粒种子可浅播。一般情况下，牧草的播种深度不应超过 5 cm。如苜蓿、草木樨等为 2～3 cm，无芒雀麦和羊草为 4～5 cm，羊茅、沙打旺为 0.5～1.0 cm，冰草为 1～2 cm，蒿子、木地肤、白三叶草等可直接撒在土壤表面。但利用倒“T”型开沟免耕播种机可将播种深度调至 5 cm 以上。

⑤补播地管理。目的在于保护幼苗的正常生长或恢复草地生产能力。种子播种后最好进行镇压，以便使种子与土壤紧密接触，利于其吸水发芽。刚补播的草地应进行围封管理，当年必须禁牧，其后根据恢复情况进行适度割草或放牧利用。在干旱区要注意保水，并在有条件的地区，可结合补播进行施肥和灌水，效果更好。同时，还应注意防鼠、防病虫害，确保幼苗不受伤害。

综上所述，要想使补播牧草获得成功，必须抓住 4 个主要环节：选择合适的补播草种及其组合；为补播牧草创造良好的萌发及生长条件；掌握最佳补播时机；强化补播草地的保护管理。

6. 灌溉

在我国，草地生产中的最大制约因素是水分供给不足。干旱草地，仅通过灌溉来改善土壤水分状况，就能使牧草产量成几倍甚至十几倍地增长，质量大大提高。美国西部干旱地区通过挖井，利用风车抽水，修建小型池塘、水坝、水库，大型水槽贮存雨水或洪水等对草地进行灌溉，产草量提高了 3～10 倍。黄河源区黑土滩退化草地建植的垂穗披碱草人工草地经灌溉后草群中禾草、莎草地上生物量分别增加 25.1%、101.5%，且地上总生物量增加 21.2%，而杂类草生物量则减少 17.4%。与此同时，草地灌溉后还可改变土壤理化性质，增加牧草对土壤养分的吸收，也可改善草地局部气候条件，延长牧草的青绿时间。

草地灌溉一直是我国水利科学领域研究的薄弱环节。目前，草地的灌溉方法主要有漫灌、沟灌、滴灌、喷灌 4 种形式，其中漫灌、喷灌较为常见。

漫灌是利用水的势能在草地上引水漫流，短期内浸淹草地的灌溉方式。漫灌的优点是工程简单，投资少，收效大；缺点是耗水量大，灌水不均匀，一般多在平缓草地上采用。

喷灌是利用各种形式的喷灌机将水喷射到空中，散成水滴洒落在草地上的一种灌溉方法。这种灌溉方法有着其他灌溉方式不可比拟的优点。第一，喷灌不受地形限制，对起伏较大的天然草地，能比较均匀地灌水，不用修筑许多输水工程和水埂等，提高了土地的利用率。第二，省水，不易产生地表径流和重力水深层渗漏，比漫灌省水30%～60%。曾有报道，喷灌比自流灌溉节约用水87.5%。第三，防止土壤产生次生盐渍化，尤其在地下水位高的地区，不会导致地下水位继续上升。相反，打井喷灌，还能降低水位，消除盐渍化。第四，不破坏土壤结构，保持土壤肥力，促进浅层根系的生长发育。根据俄罗斯的调查，喷灌后的草田轮作土壤中，大于0.25 cm的团粒从55.3%增加到73.3%。同时，喷灌还能提高土壤肥力，也提高了水分的利用效率。第五，可进行肥水灌溉。这是国外随着山地草原喷灌设施的大量建立而兴起的把氮肥等易溶性肥料溶于水中变成肥料水的灌溉方法，具有土壤施肥和叶面喷肥的双重作用，大大提高了水和肥料的利用率。第六，喷灌的综合作用结果，是能大幅度增加牧草产量。

与此同时，喷灌也具有一定的局限性。首先，喷灌受风力、风向的影响较大。一般3～4级的风就会大幅度降低喷水的均匀性。其次，喷灌要用一定的机械设备，投资较大，维护成本高，使用过程中需要消耗电力或柴油等燃料能源。最后，喷灌对水源或水质要求较高，不能含有大量的泥沙或有机质，且灌水时间间隔相对较短。

无论采取哪种灌溉方式，对不同的草地都应该建立合理的灌溉制度，做到有计划灌溉。所谓灌溉制度是指牧草在一定气候、土壤和农业技术件下，为获得高额稳定的产量所制订的灌溉定额、灌水定额、灌水次数和灌水时间。

(1)灌溉定额　指草地牧草在整个生育期内，单位面积上应灌溉的总水量，单位是m^3/hm^2。灌溉定额会因草地牧草所处区域的气候条件、草地类型、利用目的、水源供应情况及灌溉方式的差异而有所不同。一般而言，干旱草原区为3 000～4 000 m^3/hm^2，荒漠区为4 500～6 000 m^3/hm^2。

在牧草生产过程中，当水分不成为牧草生长的限制因素时，牧草产量增加也是有限的，因为还有光能利用率及土壤肥力等问题。这就说明并不是水越多越好，应以满足牧草生理、生态的需水量为依据。因此，为了更科学地反映草地牧草需水规律和经济需要，可选择不同的牧草需水量指标。常用的指标包括产量指标、土壤水分指标、经济指标、质量指标等。

产量指标是要求牧草达到较高或最高产量的灌溉水平，可用需水量系数法计算。

$$E = K \times Y$$

式中：E为牧草需水量，m^3/hm^2；Y为牧草计划产量，kg/hm^2；K为牧草需水系数(蒸发系数)，即每生产单位质量的牧草所消耗的水量，包括生理、生态需水量，m^3/kg。

土壤水分指标是指在适宜土壤水分范围内，满足牧草生理、生态需水的最低要求。

经济指标是指一定产量指标下的需水量，即单位产量的需水量最少或蒸散(包括蒸腾和蒸发)系数最小。这个指标重点考虑了成本和收益的比率，不追求最高产量，但要求最经济合算。要通过不同灌溉量试验，绘出产量动态曲线，结合生产消耗和收益情况，选出最佳灌溉量。

质量指标(或叫动态指标)是相当于一定产量的牧草群体动态指标，主要用叶面积指数和茎叶比表示。当叶面积指数达到较大值或最大值时，茎叶比值较小。试验证明，在单位能量一定的外界条件下，叶面积指数达到最大值，再增加灌水量，表征群体动态的叶面积指数却不再增加，所以把叶面积指数作为分析牧草需水量的指标是合理的。

(2)灌水时间和灌水次数

①灌水时间是指牧草各生长阶段内每次合适灌水的时间。确定灌水时间的指标很多,其中常用的有土壤含水量指标和牧草的生理指标。

土壤萎蔫系数是植物的生命线,所以当草地土壤含水量接近萎蔫系数时(等于田间持水量的 60%～70%),应进行灌水。对于耐旱植物,在水源不充足时,可以允许达到或稍低于萎蔫系数才进行灌水。在牧草生长的关键时期,则要求使土壤含水量经常接近田间持水量的 80%左右。通常禾本科牧草在拔节到开花期,豆科牧草在现蕾到开花期,生长快,需水量最大,对水分最敏感,是主要灌水时期。

②灌水次数是指满足牧草生长发育需要,在牧草整个生育期内应浇灌的次数,决定着水分的利用效率。通常同样灌溉量下,分几次进行灌溉比一、二次集中灌溉效果要好得多。

(3)灌水定额　是指牧草各生长阶段内,各个灌水时期灌溉一次的单位需水量,以 m^3/hm^2 或 mm 表示。由于所处区域环境水热条件及生长发育阶段的不同,牧草所需水量存在较大差异,需要制订相适应的灌水定额。通常根据水分来源、土壤性状、牧草根系情况等具体确定。

此外,草地灌溉时对水质具有一定的要求。首先,水中不可含有过量的可溶性盐类。一般水的矿化度大于 5 g/L 时,不允许灌入草地,以防草地出现盐渍化,矿化度小于 1.7 g/L 时,可直接进行灌溉,介于两者之间时需要具体分析。其次,水中不可含有过多的泥沙,否则会妨碍输水,同时易在灌溉后的草地上形成胶泥层,阻碍牧草的生长发育。

7. 施肥

人类在利用草地时,土壤养分会随着草产品及畜产品的输出被过量地带出草地,在未得到外界有效补充的情况下,往往由于草地营养缺乏而影响牧草的生长发育,进而导致草地生态系统受到伤害,引起草地退化。同时,不同的草地具有不同的营养状况,这与土壤基质条件、气候条件、牧草种类、利用方式等多种因素有关。施肥是迅速补充草地土壤中所缺牧草生长必需营养元素,改善草地营养状况的基本途径,但天然草地施肥对草地生物多样性有重大影响,值得商榷。有关草地植物对大量元素、中量元素、微量元素的需求及施肥管理技术要求详见第 5 章。

(1) 割草地施肥　主要在春季植物萌发后或分蘖拔节时或秋季割草后进行,以化肥追肥为主。春季施肥量建议:N 45～60 kg/hm^2;K_2O 30～45 kg/hm^2;P_2O_5 30～40 kg/hm^2。这 3 种肥料可同时施入,也可单独施入。目前在生产上应用较为广泛的肥料为复合肥和缓释肥,且施肥效果较好。

秋季刈割后追肥的目的在于使牧草恢复绿色叶片,增加秋季分蘖,促进地下器官积累较多的可塑性贮藏营养物质,以利越冬。割草后追肥以磷、钾肥为主,用量为 P_2O_5 25～30 kg/hm^2,K_2O 30～45 kg/hm^2,但不宜施氮肥,以免造成再生草枝叶徒长,过多消耗贮藏营养物质,不利越冬。秋季如施厩肥可使牧草免受冻害,保持翌年春季土中有足够水分。如果把磷肥拌入厩肥施入,对发挥磷的作用效果更好。厩肥必须为腐熟肥,以防止病虫害及杂草种子带入割草地。

(2)放牧地施肥　以禾草或禾草-杂类草为主的放牧地施肥,应在每次放牧之后进行。如果每年施用一次,宜在春夏两季来临之际进行。春季放牧后首次施肥量为:N 30～45 kg/hm^2,P_2O_5 30～45 kg/hm^2,K_2O 30～45 kg/hm^2;其后以施氮肥为主,每放次放牧后可施 N 30～45 kg/hm^2。目前,我国在放牧地施肥还很少,而在国外,如澳大利亚、新西兰、加拿大、日本已把放牧草地施肥作为重要的管理措施。同时,放牧地施用化肥时要注意对周围水源的污染问题，必须严格控制用量并对环境影响作出评估。

草地施肥最好建立一定的施肥制度，这样可使施肥工作能有计划地进行，既经济又有效。实施草地施肥制度可以和割草地的轮刈制度或放牧地的划区轮牧制度相结合，逐区有序进行。

需要指出的是，草地所处生境条件不同，其对营养元素的需求也不尽相同，施肥时，需要区别对待。如冲积地草地，其土壤中各种养分含量丰富，利用过多后缺氮，施用氮肥效果较好；低洼地草地则氮和钙的含量较丰富，磷含量很少，则施入磷肥效果较好；坡地和岗地草地则氮的含量最低，磷和钙次之，应施入氮、磷、钙等或施入厩肥效果较好。因此，草地进行施肥前，最好先测定土壤养分含量，然后进行配方施肥，这样更有利于提高草地饲草产量及维持草地的生态安全。

8. 草地毒害草的防除

在草地上，除了可供家畜利用的饲用植物以外，往往还混生一些家畜不食或不愿食的，甚至对家畜有害或有毒的植物，这些植物统称为草地杂草。草地有毒有害植物由于家畜不愿采食，导致其与草地上着生的优良牧草在争夺水、肥及生存空间过程中保持较强的竞争优势，制约了优良牧草的生长发育。据估计，我国天然草地毒草危害面积约 3.33×10^7 hm^2，分布着约 140 科 1 300 种有毒植物，其中为害严重有 23 种，主要为棘豆、黄芪、醉马草、狼毒、牛心朴子、乌头等，多分布在西藏、新疆、内蒙古、青海等地，而有害植物多为针茅、锦鸡儿、鹤虱、蒺藜、苍耳等植物。

（1）草地有毒植物　是指在自然状况下，以青草或干草形式被家畜采食后，家畜的正常生命活动发生障碍，从而引起家畜生理上的异常现象，甚至发生死亡的植物。

有毒植物造成家畜中毒主要是由于它含有某些有毒物质所引起。这些有毒物质主要有生物碱类、苷元类、挥发油、有机酸、毒蛋白及内脂、光能效应物质、皂素、单宁等。家畜采食有毒植物后，一般影响中枢神经系统的活动，出现呕吐、腹痛、痉挛、四肢麻痹、呼吸困难和心跳加快、丧失知觉、尿痛和粪中带血、流产等。有毒植物随生长时期和外界环境条件的不同，其所含毒物及毒害作用也不相同。

在正常放牧时，一般家畜都有辨别毒草的能力，不易发生中毒现象。在实践中发生中毒现象，多半是在早春放牧，牧草开始返青，家畜经过漫长的冬季，对刚返青的牧草特别贪吃，出现"饥不择食"而误食毒草。另外，刚从外地新购入的牲畜，对当地毒草鉴别力差，也易误食。

根据有毒植物对家畜的毒害规律，将草地有毒植物分为：①常年有毒植物，如乌头、北乌头、白屈菜、野罂粟、沙冬青、变异黄芪、小花棘豆、甘肃棘豆、黄花棘豆、冰川棘豆、毛瓣棘豆、毒芹、天仙子、醉马草、藜芦、问荆、木贼、无叶假木贼、毛茛、龙胆、獐牙菜、狗舌草等；②季节性有毒植物，如蝎子草、宽叶荨麻、杜鹃、水麦冬、白头翁、唐松草、木贼麻黄、芹叶铁线莲、橐吾、披针叶黄华、苦马豆等。

（2）草地有害植物　是指本身并不含有毒物质，但由于具有特殊形态结构特点，造成家畜机械损伤，或含有特殊物质，使畜产品变质等植物的总称。草地有害植物总体可分为以下 4 类。

①乳品质变坏。如葱属植物能使乳品变得有异味，小酸模能使乳品发生凝固，猪殃殃属植物能使乳色变粉红色，山萝花属、紫草科的勿忘草属等可使乳色变蓝或青灰色。

②降低肉品质量。如十字科的独行菜，使肉色变黄；沙冬青能使肉变味、变色。

③降低羊毛品质和刺伤家畜肌肤。如有些植物种子上生有硬刺或黏液等，可钩挂羊毛造成损失，或附着在羊毛上，增加纺织工业的困难；有些带长芒刺的植物能刺伤畜体，造成家畜机械伤害，如针茅、苍耳、蒺藜、鬼针草、龙芽草和黄刺玫等。

④畜产品含毒。这类植物对家畜本身无毒，但会使其畜产品含有对人体有毒的物质。如山羊采食大戟科某些植物，山羊本身没有中毒现象，但人吃了所产的奶，可引起中毒。

(3)草地有毒有害植物的防除

①建立系统的管理制度。天然草地上有毒有害植物的繁殖与它们的生态条件是分不开的，必须建立一个完善的草地管理制度，并采取综合的防除方法。即采用合理利用方式、轮休制度、划区轮牧制度及封滩育草、草地施肥和灌溉等措施，为草地优良牧草创造良好的生长发育条件，抑制毒、害草的生长，使其从种群中消失。这种综合防除法，虽然收效比较缓慢，却是消灭毒害草行之有效的方法。

②生物防除法。利用草地毒害草生物"天敌"的寄生性、食害性和病原性来控制杂草的蔓延和危害，具有成本低、无环境污染，对优良牧草无危害的特点。如利用山羊防除飞燕草对其他家畜的危害；用粗毛羊、大畜放牧来减少结实针茅对其他小畜种的影响等；利用草籽象甲和棘豆叶螨防除棘豆，粉苞苣柄锈菌防治粉苞菊等，均取得了良好的防除效果。从长远来看，生物防除会成为未来毒害草防除的主要途径。

③机械除草法。利用人工拔除、割刈、锄草等措施进行杂草的防治，或利用除草机械，如耘锄、锄头、犁等将草原杂草铲除，需要耗费大量劳动力。一般在萌发期对块根、块茎及根茎草地杂草进行防除，效果较好。该方法适用于小面积草地。采用这种方法时必须做到连根铲除，以免再生，必须在毒害草结实前进行，以免种子散落传播。在铲除毒害草同时，可以与补播优良牧草相结合，效果更好。

④替代防控。它是根据植物群落演替规律，选择种植演替中后期出现的植物，以种间竞争为依据，通过以草治草的方法达到抑制毒草生长繁殖的一种防治措施。如人工补播豆科牧草沙打旺后，草地瑞香狼毒的种群繁衍受到抑制，优良牧草则逐渐恢复生长；新疆山地草原补播紫花苜蓿、无芒雀麦和紫羊茅后能较好地控制醉马草种群的扩繁，提升草地质量。替代防控见效相对较慢，需寻找适合防控区域水热条件的替代草种难度相对较大，目前仍在探索中。

⑤化学除草法。利用除草剂将草地上的杂草杀死的方法，应用最为广泛。其优点为经济和节省劳力，见效快，不受地形限制，可防止土壤侵蚀；缺点为易产生农药残留，缺乏特异性，对优良牧草也会产生毒杀作用。目前，化学除草剂种类较多，如果清除全部或连片的杂草及禾草时，可用灭生性除草剂草甘膦、五氯酸钠和敌杀隆等；如果清除阔叶杂草用2,4-D丁酯类、燕麦灵、迈士通和西玛津等。为了安全、经济有效地使用化学除草剂，必须注意除草剂的用药量和用药浓度。喷药时，一定要在晴朗无风，温度适宜的天气进行，并注意风向和区内附近植物；喷后24 h内遇雨应进行重喷，草地喷药后需经20～30 d才能放牧家畜。

9.草地鼠害、虫害防治

鼠害、虫害是也是影响草地健康状况的重要因素之一。全国草原监测报告(2016)显示，2016年全国草原鼠害、虫害危害面积依次达到2 807.0×10^4 hm^2、1 251.5×10^4 hm^2，约占全国草原面积的7.1%、3.2%。草原鼠害、虫害主要发生在西藏、内蒙古、新疆、甘肃、青海和四川6个省(自治区),其危害面积占据全国草原鼠虫害面积的92%以上。鼠、虫害大面积发生时,不仅影响牧草生长发育,而且易引起草地退化。

(1)我国草地主要鼠害　我国草地鼠害分布广、数量多,主要危害草地的鼠种有草原鼢鼠、大沙鼠、东北鼢鼠、布氏田鼠、黄兔尾鼠、鼹形田鼠、高原鼢鼠和长爪沙鼠等。同时,不同草原区域对草地产生危害的常见鼠种并不一致。如新疆草原区常见鼠种为鼹形田鼠、大沙鼠、黄兔尾鼠、赤颊黄鼠和草原兔尾鼠,青藏高寒草原区为高原鼠兔、高原鼢鼠和高原田鼠,蒙甘宁干旱草原区为布式田鼠、草原黄鼠、小毛足鼠、戈壁五趾跳鼠、三趾跳鼠和长爪沙鼠等,而东北华北草原区则为达乌尔黄鼠、东北鼢鼠、草原鼢鼠和五趾跳鼠等。

(2)灭鼠的措施及方法　灭鼠过程中,首先要正确掌握鼠类的生活规律和生态习性,然后了解鼠类的分布情况,做出防治规划,有针对性采取适当防治措施。

①生物防除:是指利用生物之间的相互制约关系,通过引入鼠类天敌,控制草地害鼠数量,减轻鼠害程度的方法。常见鼠类天敌有兽类,如狐狸、黄鼬、黑鼬、黄鼠狼和艾虎等;猛禽类,如猫头鹰、鸢、草原隼、红隼、苍鹰、鹞和鸠等。目前,常用的生物防除技术有招鹰灭鼠法、养狐灭鼠法和生物毒素灭鼠剂法。生物防除法对草原无污染,不破坏食物链,有利于鼠类天敌的保护,有利于生态平衡和环境保护;同时具有制作简单,成本低廉,防效持久,在大面积天然草地巩固灭鼠效果中有着重要的推广价值。

生物防除中,也可使用对人畜无害、对鼠有害的微生物类进行灭鼠,目前处于研试阶段。澳大利亚曾利用黏液性病菌灭杀野兔,取得了一定效果。

②物理防除:是主要利用人工或简单的机械防除鼠类的技术总称。常用的灭鼠器械有鼠夹、弓形夹、捕鼠器、捕鼠笼、弓箭、地箭等。常用的物理防除方法有水淹法、充气法、沙埋法和挖洞法等。这种方法的优点为收效快、简单易行,无环境污染,具有广泛群众基础,缺点为需要大量的人力和物力,成本高,进度较慢,适合小范围或特殊环境条件下使用。

③化学防除:主要是使用有毒化合物防控害鼠的方法,包括胃毒剂、熏杀剂、绝育剂和驱避剂等。该方法经济、迅速、灭效高,较少受时间、地点及环境的限制,特别适用于草地大范围灭鼠。缺点为易造成环境污染,产生二次中毒,伤害有益生物及鼠类天敌。目前,常用化学灭鼠措施为毒饵法。

毒饵法是将毒物(如磷化锌、甘氟、氟乙酰胺、肉毒素和抗凝血灭鼠剂等)与鼠类食物(如谷物种子、胡萝卜和草颗粒等)配成一定浓度的毒饵,投放到鼠害发生区域,让鼠类食后中毒死亡的灭鼠方法。目前,生产中常用的毒饵有10%磷化锌面糊玉米毒饵(磷化锌:面糊:玉米比例为10∶8∶100)、杀鼠醚毒饵(小麦∶杀鼠醚母液∶热水比例为200∶1∶20)、C型(D型)肉毒杀鼠素毒饵(饵料∶水∶毒素比例为1 000∶80∶1)。投放时,将毒饵投放在洞口外跑道或洞内,散放均匀,切勿堆成大堆。

④综合防除:利用生物、物理和化学的方法,一是通过"生物农药+天敌控制"的核心技术对鼠害进行集中防治,降低鼠密度。二是实施以草原植被恢复为技术核心的生态措施,改变草原鼠类栖息环境,使之不适于鼠类生存,长期控制在不足为害的水平。

(3)我国草地主要虫害　我国草地每年均有虫害发生。据各地监测报道,我国发生较为严重的害虫有草原蝗虫、叶甲类害虫、草原毛虫、叶蛾类害虫和草地螟,其中草原蝗虫类危害面积最大。

草原蝗虫是对草原危害蝗虫的总称，主要包括亚洲飞蝗、意大利蝗、西伯利亚蝗、宽须蚁蝗、白边痂蝗、毛足棒角蝗、大垫尖翅蝗和西藏飞蝗等。

叶甲类害虫是对草原上造成危害的叶甲害虫的统称，主要包括阿勒泰叶甲、白茨叶甲、柽柳条叶甲、甘草叶甲、芦苇潜叶甲、沙葱萤叶甲和沙蒿金叶甲等。

草原毛虫是指对草原上造成危害的毛虫统称，主要包括青海草原毛虫、小草原毛虫、若尔盖草原毛虫、金黄草原毛虫、门源草原毛虫、久治草原毛虫、曲麻莱草原毛虫和黄斑草原毛虫等。

叶蛾类害虫是对在草原上造成危害的叶蛾科害虫的统称，主要包括白茨叶蛾和苦豆叶蛾等。

(4)草地虫害的防除方法

①生物防除：目前，生物防除技术多用于草原蝗虫和草原毛虫的防治，常用的生物技术包括微孢子治蝗、牧鸡(鸭)治蝗、人工招粉红椋鸟治蝗和草原毛虫病毒杀虫剂防除技术等。微孢子治蝗技术主要是将生物制剂(主要有蝗虫微孢子虫制剂或细菌灭蝗剂)采用喷雾和喷毒饵等方式施用，其施用生物制剂种类、剂量须根据发生区蝗虫所处虫龄及其虫口密度相关。牧鸡(鸭)治蝗主要是一种人为地在蝗虫发生区增加能大量捕食蝗虫天敌——鸡群或鸭群，提高蝗区蝗虫天敌的丰富度，降低蝗虫虫口密度。人工招粉红椋鸟治蝗技术利用粉红椋鸟惊人的捕食蝗虫能力，在蝗虫发生区模拟修建粉红椋鸟鸟巢，建造其栖息、繁殖、育雏的场所，达到抑制蝗虫增长的目的。

②化学防除：主要是在草原上害虫暴发时所采用的措施。一般将杀虫剂，如快杀灵、锐劲特、高效氯氰菊酯、溴氰菊酯、卡死克、敌杀死、辛硫磷等，配制成适宜浓度的溶液，然后喷施到虫害发生区，杀死害虫的方法。使用该法防除虫害时，尽量选择高效低毒、低残留、高选择性的农药，要严格按照农药使用剂量、操作规程使用，确保安全；喷施时注意正确的使用方法，作业人员的行走路线根据风向而定。走向最好与风向垂直或成大于45°的方向，并且从下风口向上风口逐渐推进，通常避免高温条件下喷药。

③物理防除：小范围尺度下，当草原区草原蝗虫及草原毛虫的虫口密度较低，处于轻度危害时，可采用简单的工具(如拉网、黏虫网等)进行扑杀；当蝗虫虫口密度较大时，可采用机械吸蝗虫机(如内蒙古研制的3CXH-220型吸蝗机)进行物理防除。对于草地螟的防治，在其成虫始见期开始至成虫发生末期或成虫迁入高峰期，可在草地上设置装有高压汞灯、频振式杀虫灯或黑光灯的灯光诱虫装置诱杀成虫。

10.3　特殊草地培育

特殊草地是指那些分布在一定的草地气候区域内，但植被和土壤基质又明显不同于区域主要草地类型的非地带性或半地带性草地。这些草地有的是在特殊的条件下自然形成的，有的是由于人为的活动而后天形成的，如沙地草地、盐碱化草地、撂荒地、矿区废弃地、风沙化草地等。特殊草地不仅在景观、草地群落结构、土壤条件、生产力等方面与当地地带性草地有明显差别，而且在管理措施、保护方式、利用方式、培育途径等方面都有其特殊性。由人为活动形成或强化的某类特殊草地，不论分布在哪种地带性草地区域，其特征都具有趋同性。因此，在培育和改良上也往往表现相似的规律性。近年来，随着人类干扰的加剧，特殊草地面积有不断扩大的趋势，使我国草地整体质量下降，生产力降低，生态状况恶化，甚至影响到当地农牧民的生产、生活以至于生存。

在我国，近期大量占有现有耕地种草养畜的可能性不大，天然草地由于条件及政策限制，可垦量已达到上限。因此，特殊类型的草地对于发展畜牧业就有着特殊重要的意义，其开发与利用潜力巨大。培育和改良特殊草地，是草地和牧场管理的一项长期而艰巨的任务。

10.3.1 沙地草地的培育

10.3.1.1 沙地草地的分布与特点

沙地草地是不同于沙漠草地的一种草地类型。我国的沙地主要分布在大致从东沿中蒙国境线到二连浩特一带向西南经阴山西端、贺兰山、乌鞘岭、青海湖、都兰至扎陵湖一线以东地区。比较集中连片、面积较大的主要沙地，如呼伦贝尔沙地、科尔沁沙地、松嫩沙地、浑善达克沙地、毛乌素沙地及共和盆地的沙地等，均镶嵌于草原带中，处于欧亚温带草原的东南部，呈不连续的分布格局。我国的温带草原与沙地基本上是在同一地理环境下、在同一地区、于同一时期形成的，因此沙地植被也表现为以草原植被为主的特征，形成在温性草原带中景观独特的草地类型。处于不同区域的沙地草地，由于反映地带性气候特征的水热条件的差异，被划分为不同的草原类型。但因为沙地草地独特的地形和土壤基质条件，给植物造就了一个特殊的生活环境，使其既受地带性草原植物的影响，又表现出很强的特殊性，在我国草地分类系统中，按亚类进行对待。

沙地草地有着共同特征，一是土壤基质的稳定性差，植被一旦遭到破坏，很容易产生次生沙漠化，特别是人类不合理的经济活动，如过牧、垦殖和过度利用沙地植物等，会加速次生沙漠化的形成和发展。二是土壤肥力差，营养贫瘠，适于生长耐贫瘠的植物。三是沙地热量丰富，昼夜温差大，热力效应显著。同时，与同一地带的其他土壤相比，沙土基质透水性好，保水性强，水质优越，地下径流循环条件好，土体中可给态水分较多，为沙生植物生长提供了得天独厚的条件。四是沙地草地植物往往具有抗风沙、耐干旱、适应强烈温差的特征。

我国温性沙地草地主要划分为沙地草甸草原、沙地草原和沙地荒漠草原 3 个类型，总面积为 1 049.7×10^4 hm^2，大部分分布于内蒙古自治区和东北 3 省，陕西、宁夏、青海和西藏部分地区也有分布。

10.3.1.2 沙化草地的培育措施

根据我国沙地草地分布范围广、条件复杂、成因多样、利用管理水平不一等特点，在培育中必须掌握因地制宜、分类指导、因需而育的原则，以防止沙化为主，采取多种有针对性的措施，在保护前提下治理，在适度利用基础上培育，实现可持续发展。

1. 工程技术措施

应用工程技术治理沙化草地的目的主要是先固沙，后治理，再培育。具体措施是利用柴、黏土、树枝、卵石、作物秸秆及其他材料，在流动沙丘上设置沙障或在沙丘表面覆盖，阻止沙丘流动。在沙化十分严重的草原区，草地植被变得稀疏，盖度下降，植物着生的土壤逐渐向沙质演化。沙丘固定，首先必须将土壤与流沙固定，然后再考虑草地植被的逐步恢复。沙障的作用是改变沙地下垫面的性质，降低风速，防止风蚀和阻沙。在沙地草地改良过程中，多采用方格式草沙障进行。该方法具有施工简便，收效快，便于后期采用生物措施等特点，但也存在成本高、防护期较短等不足。

(1)草方格沙障固沙种草　在流沙固定中，草方格沙障主要是增大地表粗糙度，削弱近地面层风速，引起流场结构和草方格沙障内气流场地和地表形态变化来实现固定流沙并阻滞沙丘前移。草方格沙障在我国各主要沙地的沙化控制中都普遍应用，在科尔沁沙地、浑善达克沙地、毛乌素沙地等草地的治理中发挥了重大作用。在草方格内于雨季种植岩黄芪属、锦鸡儿属、蒿属等灌木、半灌木及其他沙生植物，比在裸沙上直接种植效果要好得多。在宁夏、甘肃、新疆等地的沙漠边缘、路边等风沙危害严重区，草方格沙障在控制沙区风速方面的效果也很明显(表 10-8)。

表 10-8　地面粗糙度(Z_0)对风的削弱作用

地表性质	Z_0/cm	V_x/(cm/s)	V_Z/V_2	
			Z=1.0 m	Z=0.5 m
流沙	0.007	19.6	0.92	0.86
砾石平台	0.410	32.4	0.88	0.78
新 1.0 m×1.0 m 草方格沙障	1.517	41.0	0.86	0.72
旧 1.0 m×1.0 m 草方格沙障	1.886	43.0	0.84	0.70
新 2.0 m×2.0 m 草方格沙障	2.398	45.3	0.84	0.68

(引自卢光伟，2007)

注：Z_0 为空气动力学粗糙度；V_x 为 2 m 高处风速 5 m/s 时的摩阻速度；V_Z/V_2 为 Z 高度处风速与 2 m 高处风速的消减值。

草方格沙障材料主要是便宜易得的麦秸、稻草、芦苇、柳条及其他灌木条等。按 1.0 m × 1.0 m 或 2.0 m ×2.0 m 设计方格，沿方格线开 20 cm 左右深度的窄沟，把沙障材料垂直埋入沟中，外露 20～50 cm，厚度约 5 cm。外露的沙障高度要根据沙丘性质、坡度、风速等由工程技术人员确定。

设置草方格沙障时，应注意草方格效益与地表坡度的关系、多行沙障和前沿阻沙带的关系及临界沙障宽度等问题。包兰铁路的宁夏中卫市沙坡头区穿越腾格里沙漠，大量流动沙丘严重威胁着铁路的运行。对铁路两侧 500 m 以内的沙丘使用干稻草按每平方米插埋形成草格，有效遏制了沙丘的流动，保障了包兰铁路多年畅通无阻。近年来，该地区降水偏多，由于草方格能有效拦截降尘和聚集水分，许多草本植物开始生长，固沙效果更加显著。内蒙古鄂尔多斯地区采用草方格固沙结合种草种灌木，使许多过去的不毛之地，变成了绿洲，加上其他保护措施，近年来的植被覆盖度已达 30%～70%，植被分布的均匀度也明显提高。

(2)化学固沙　各种化学技术也能够有效地应用于沙地草地治理。多数的化学技术是针对草地土壤使用化学药剂。常用的化学药剂称之为化学固定剂。固沙的方法是在沙地表面喷洒一层固定剂作为胶结物，增加沙粒之间的胶结力来防止风蚀。目前，常使用的固定剂多为沥青乳剂和高分子化合物含聚丙烯酰胺的液体。用水稀释的沥青乳剂喷洒的沙地，沥青微粒停滞在沙表面或随水下渗而黏结沙粒，形成一层预防风蚀的多孔的固结沙层，能抵抗 9 m/s 的风速，在不受机械损坏时，可保持 2～3 年。

若将化学固沙与植物固沙相结合，效果更显著。在宁夏沙坡头腾格里沙漠边缘试验使用固沙剂，每平方米用量为 260 g，稀释比 1∶8，种植植物为紫花苜蓿和大麦。结果表明，新播种的大麦和紫花苜蓿经过喷洒固沙剂后，沙土表面下 5 mm 处温度提高 2～3 ℃，湿度保持在 3%～4%，大麦和紫花苜蓿的出苗率分别为 83%和 71%，而未喷洒固沙剂的土壤湿度则在出苗前下降到了 1.5%，加上地表沙土遭受风蚀，植物出苗率为 0。

2. 生物技术措施

生物技术又称生物改良技术，重点针对不同退化程度的沙地草地以及各个地区不同类型的退化草地进行培育改良的一种技术措施。生物技术就是利用生态生物学原理(或理论)，依靠草地植被自身的恢复潜力，在提高沙地草地稳定性的前提下，再施以种草、种树、施肥、灌溉等措施，增加植被数量，使草地土壤与植被共同向着正常稳定状态发展的技术措施。在实践中，生物技术的应用常与其他技术相结合，形成多种技术的复合措施，会收到更好的效果，缩短草地的恢复时间。

(1)沙地草地的封育改良　封育是沙地草地改良培育中最常用的技术措施。沙地草地封育改良的原理，就是去除造成沙地不稳定的外部干扰力，充分利用自然植被内部的恢复力稳定性和生态系统的自组织力，恢复草地的群落结构与功能。因为自然植被都具有这种特殊的能力，能够从草地之外源源不断地获得物质和能量的输入，如太阳辐射能、自然降水、氮素固定、植物种子等，经过群落自身的整合，实现自然更替，并在此过程中恢复生产力。如果是由于放牧造成的退化的沙化草地，禁牧封育 10 年后，多数植被特征指标均会出现优化(表 10-9)。

表 10-9　科尔沁沙质草地放牧和封育条件下植被特征指标变化

植被特征	草地状态	最小值	最大值	平均值	标准差	变异系数/%	分布类型
盖度/%	封育	40	72	56.06	8.03	14.3	正态
	放牧	28	60	42.50	7.57	17.8	对数正态
丰富度	封育	4	12	7.39	1.80	24.4	正态
	放牧	3	13	6.86	1.76	25.7	正态
平均高度/cm	封育	13.6	44.2	26.49	7.83	29.5	非正态
	放牧	6.1	24.6	13.36	3.74	28.0	非正态
密度/(株/m^2)	封育	29	332	120.10	61.06	50.8	对数正态
	放牧	29	370	150.95	72.28	47.9	正态
香浓-维纳多样性指数	封育	1.05	2.22	1.70	0.23	13.5	正态
	放牧	0.76	2.19	1.47	0.32	21.7	正态

(引自罗亚勇等，2008)

沙地草地的封育方法十分简单，只要求对封育的草地进行围栏。一般自然条件较好的沙地草地，如果多年生植物种还有较多分布，只是数量减少、生活力下降，经过一定时期封育完全可以恢复。如果草地破坏很严重，出现大量流动沙丘或风蚀穴，封育后可进一步采用其他工程措施，或种树种草，也完全可以恢复。在有条件的地方，封育后选择生产潜力大的区域进行施肥、灌溉等措施进行重点培育，可以较快受益，解决大面积封育后家畜食草问题。

（2）人工种草快速培育技术　人工种草是恢复和培育沙化草地植被的主要生物技术手段。主要是选择性地种植一些适应性强的牧草和灌木，直接快速恢复沙地草地植被，提高草地生产力。多数情况下，人工种草都采用补播的形式。如果补播技术措施得当，选择混合草种作为补播材料，效果比较明显（表10-10）。

表10-10　鄂尔多斯沙地草地补播当年和补播第三年群落状况和产草量

年限	草种	株高/cm	盖度/%	干草产量/(kg/hm²)
补播当年	沙米	15	5～10	200
	其他草	—	15	450
补播第三年	沙打旺	83	70	4 515
	沙蒿	82	5	406
	蒙古冰草	48	3	195
	柠条锦鸡儿	20	<1	72
	羊柴	127	<1	33
	其他草	—	<1	30
	合计	—	78	5 250

（引自安渊等，1997）

当补播面积很大，植被盖度不足30%时，采用飞播的方式效果最好。飞播速度快、均匀，节约成本，不受地形条件限制，还能抢雨抢种，已经成为我国沙地种草的常规技术。当进行局部补播时，可以采用人工撒播，或采用特制的牧草补播机播种，但要注意原生植被的植被盖度不可大于30%，否则会由于竞争关系，补播不易成功。在水分条件较好的地方或有灌溉条件的区域，通过人工种草可以直接把天然草地改造为栽培草地。

在沙地草地建植栽培草地，由于地下水相对丰富，热量充足，易于耕作，具有巨大的增产潜力。但沙地草地土壤肥力一般都较差，必须首先采取土壤改良措施，改善土壤结构，提高保水力，为牧草生长创造良好条件，然后再种草。土壤改良的主要目的是增加土壤有机质，提高养分含量。生产中无论是直接施用有机肥还是种植一年生豆科牧草压绿肥或通过根茬改良，都有明显的改土效果。从表10-11可以看出，在新垦沙地上种植不同绿肥对改土的作用效果，其中有机质含量和速效磷、速效钾含量都明显增加。

表10-11　不同绿肥作物种植处理对沙地土壤养分含量的影响

处理	有机质含量/%	速效养分含量/(mg/kg)		
		水解N	P_2O_5	K_2O
秣食豆压青	0.464	12.50	21.76	104.50
箭筈豌豆压青	0.285	7.90	14.89	95.05
草木樨割覆	0.435	10.75	14.32	130.31
秣食豆茬	0.370	12.50	18.32	146.11
秋耕后休闲(对照)	0.160	12.50	12.02	82.16

（引自魏兴琥等，1995）

需要注意的是，由于沙地土壤保肥能力差，透水性好，所以不提倡使用矿物质肥料。如果施用过多的矿物质肥料，一方面肥料成分很容易随水的下渗而流失，另一方面会对地下水造成污染，危害人畜健康。

10.3.2 盐碱草地的培育

10.3.2.1 盐碱草地的分布与特点

盐碱草地是指土壤中含有过量氯化物、硫酸盐、碳酸钠、硝酸盐等盐分，生长着各种盐生植物群落的草地。盐碱草地主要分布于我国北方广大干旱、半干旱地区。盐碱草地的形成往往与土壤水分蒸发强烈，盐分在上层土壤大量积聚有关。有些地方降水较多，盐碱土层埋藏较深，草原或草甸植被生长良好，但由于开垦或过度放牧造成表土流失，盐碱土层裸露，形成大量盐碱化草地。我国松嫩平原上分布有大量盐碱化草地，原来以羊草为主，并混生其他禾草，现已成为碱蓬-碱蒿-羊草组成的群落复合体。还有些地方，因不合理灌溉造成草地次生盐渍化，最终演变成盐化草地。近些年来，草地上许多湖泊干涸，河水断流，也留下大量的盐碱地，且一般在很长时间都为不毛之地。据报道，仅内蒙古自治区就有盐碱草地约 27×10^5 hm^2，含盐量多在 1%左右，高者达 5%～6%。在这些地方多数草原植物不能生长，只有些耐盐碱植物分布。在科尔沁草原上，草甸土壤的盐碱化过程相当普遍，碱化度极高，60 cm 土层内达 72.8%。在半荒漠、荒漠带的腾格里沙漠、乌兰布和沙漠和巴丹吉林沙漠中的几乎所有大小湖盆草地，植物均以盐生及耐盐植物为主，覆盖度 30%～35%，地下水位 0.5～1.5 m，土壤表层具有盐结皮或白色盐霜。多年来的过度放牧和采薪引起草地盐碱化程度加剧，湖盆萎缩，可利用的草地面积日渐缩小。新疆各大河流中下游及准噶尔、塔里木两盆地边缘的局部低洼地带均有较大面积的盐渍化草甸，约 331×10^5 hm^2。该类草地上出现了大面积不同程度的退化和盐碱化地段，近年来产草量仅为 20 世纪 50 年代末期的 1/2～2/3。

盐碱对植物的生长发育有极大的危害。大多数植物当土壤含盐量达 0.2%～0.3%时，生长就受到影响，且随含盐量增高危害加重。苜蓿具有一定的耐盐碱能力，但当土壤含盐量达 0.55%时，则不能出苗。盐碱草地的生产力一般不高。在重盐碱地上大多生长着品质低劣、牲畜不愿采食的碱蓬、盐爪爪等耐盐植物，对农牧业生产发展极其不利。盐碱对植物的危害首先是抑制根系生长。当土壤中积累了一定的可溶性盐类后，土壤溶液的浓度往往大于植物细胞液的浓度，造成细胞水分外渗，使根尖及新根呈黑褐色，严重时整个根系发黑霉烂，失去生活力，以致死亡。其次，在盐碱地植物吸收营养物质的同时，大量盐分进入植物体中。细胞液中盐分过多，氮素代谢受到影响，光合作用受阻，叶绿体内蛋白质的合成遭到破坏，新陈代谢减弱，加上根系生长受到抑制，致使整个植株矮小，叶子不能充分展开，缺绿，叶尖枯黄卷缩，受害严重时叶子或植株完全枯死。最后，盐碱对植物产生间接危害，主要是土壤的理化性状改变，地表板结或形成盐结皮。碱土通透性差，肥力减退，交换性钠离子稳定性强，使土壤"湿时一团糟，干时一把刀"，妨碍种子的发芽出苗，危害植物的生长发育。

盐碱土根据所含成分，可分盐土和碱土两大类。我国常见的盐碱土有盐渍化草甸土、草甸盐土、结皮盐土、沼泽盐土、碱化盐土和海滨盐土等。这些盐碱草地都不适合高强度利用，更不适于开垦。植被一旦受到破坏，极易形成退化，且不易恢复。

盐土和碱土的自然植被，在种类成分和生物学特性方面都不同于其他草地植被，对盐碱均有着特殊的适应性。混生在结皮碱土上的植物，主要是具旱生结构的小灌木、半灌木类，如蒿类植物、樟味藜等。内蒙古东部及东北地区的碱土常见的植物有碱蓬、獐茅、西伯利亚滨藜、西伯利亚蓼等。若碱土上有较厚的积沙，往往可以生长茂密的羊草等植物。

盐生植物从形态结构上看大多肉质多汁，根部细小，入土不深，叶面萎缩，有特殊的贮水组织，含有大量的灰分(高者可达干重的 45%以上)。盐生植物的生理特性是植物细胞液浓度高、渗透压高，使根能从含盐土壤中吸收生活所需要的营养物质。大部分盐土植物不适于干旱环境，喜生于潮湿或积水盐土上。我国北方盐生植物分布范围广泛，在形态、生理生态、解剖结构方面，十分明显地反映自然或生态条件的影响，指示着气候、土壤类型。如柽柳科、兰雪科、禾本科植物，藜科的海蓬子、细枝盐爪爪，菊科的蒙古雅葱等，可作为盐土的指示植物。

盐碱草地分布范围广，类型多样，成因复杂，对其进行培育改良属于世界性难题，比沙地草地改良治理要困难得多。由于盐碱草地面积大，土地多平整，土层深厚，地下水丰富，一旦得到改良，其利用潜力巨大。盐碱草地的培育就是一方面把已积累的盐分排除，另一方面防止盐分的进一步积累。为达到此目的，应根据各地自然经济特点，因地制宜地进行综合治理。在应用某一治理措施前，要对盐碱草地做比较全面的调查分析，特别是做好盐碱草地的土壤调查，了解土壤盐渍化的起因、现状和发展趋势。只有对盐碱草地有正确的认识，才有可能找到适当的治理途径。

10.3.2.2　盐碱草地培育措施

盐碱草地的治理培育措施很多，有水利措施、农业生物措施、物理措施和化学措施等。每一种措施的实施都有其局限性。实际上，每一项技术的应用，都需要同其他措施相结合，形成综合配套技术，才可能取得理想的效果。

1. 水利措施

水利措施就是通过建设水利工程设施来淋洗土壤盐分，降低地下水位，排除高矿化度的地下水。水利措施的实施需要有完整的排灌体系，对于一般规模的牧场来说难以实现。当把盐碱草地的培育改良纳入区域治理规划时，水利措施的效果还是非常显著的。水利措施中最常见的方式为引水压盐和排水洗盐，然后种植牧草。

引水压盐就是利用灌溉水的下渗作用，溶洗或带走土壤表层盐分。在水源附近的盐碱草地上，引水漫灌、喷灌或引洪淤灌等，都有很好的洗盐压碱作用。在可以打井的地方，特别是当上层水质差而深层水质好时，可利用深井水，起到上灌下排，以灌代排，洗碱排盐的作用。很多实验都表明灌水压盐都能很好地降低土壤盐渍化程度。

排水洗盐是改良盐碱草地的另一关键措施。排水洗盐可以淡化土壤盐分，为牧草生长创造适宜的生境条件。排水洗盐是通过建立水利工程设施，在盐碱草地加强灌溉和排水，排灌结合，降低地下水，起到淋盐洗碱的作用。具体做法是在地下水位高、含盐量大的地方，采取开沟排水，竖井排水等办法，降低地下水位，排除涝渍，减少地面盐分。

2. 农业生物措施

这里指的农业生物措施是指通过合理的耕作、种植、轮作、放牧、刈割和增施有机肥料等，实现盐碱草地的改良。当草地盐碱化程度较轻时，农业生物措施是十分有效的。

(1)合理耕作　在盐渍化草地上建立栽培草地时，实施耕作可使耕作层土壤疏松，减少土壤水和地下水的蒸发，防止底层盐分向上积累。根据经验，在我国北方内陆季风地区，初建草地时，最好在雨季后进行深耕，趁土壤盐分因雨淋下降尚未上返，尽早切断毛细管，阻止和抑制盐分上升。春季干旱多风，蒸发量大，为了保墒防盐，常采用浅春耕，避免返盐。夏季伏雨之前进行中耕，可以破坏地面板结，减缓地面径流，多积蓄雨水，增加土壤下渗水量，可增强淋盐效果。

(2)增施有机肥　增施有机肥可以补充土壤营养，改善土壤的物理性质，增强同期透水性，有利于土壤脱盐。有机肥料还可以对土壤中的盐分起到中和作用，抑制或减轻有害盐类对植物的毒害。在盐碱化的羊草草地上，采用围栏封育、浅翻耕及施肥对改善土壤营养状况有明显的作用(表10-12)。单从增加草地土壤养分来看，施肥使土壤中的全氮和速效氮含量分别增加了0.16%和30.90 mg/kg；土壤中全磷和速效磷含量分别增加0.27%和1.27 mg/kg；浅翻耕使土壤中的全氮和速效氮含量分别增加了0.22%和27.95 mg/kg，全磷和速效磷含量分别增加0.20%和1.85 mg/kg；封育使草地土壤中全氮和速效氮含量分别增加了0.20%和23.70 mg/kg，全磷和速效磷含量分别增加0.15%和1.30 mg/kg，三者效果相近。但施肥迅速增加了土壤有机质，改善了土壤结构，后效显著。

表10-12　围栏封育、浅翻耕和施肥措施对盐碱化草地土壤养分的影响

土壤元素	对照	围栏封育	浅翻耕	施肥
全氮/%	0.29	0.49	0.51	0.45
速效氮/(mg/kg)	54.6	78.31	82.55	85.5
全磷/%	0.11	0.26	0.31	0.38
速效磷/(mg/kg)	16.21	17.51	18.06	17.48
速效钾/(mg/kg)	58.3	72.67	82.73	82.66
Mn/(mg/kg)	6.57	6.67	6.63	6.71
Cu/(mg/kg)	2.11	2.4	2.43	2.41
Zn/(mg/kg)	10.25	19.7	18.16	10.4
Mo/(mg/kg)	0.21	0.27	0.31	0.26

(3)种植绿肥牧草　可用作绿肥的牧草，枝叶茂密，能增加地面的覆盖度，减少土壤水分蒸发，抑制土壤返盐；强大的根系，吸收土壤水分，经叶面蒸腾使地下水位下降，防止盐分向地表聚集。各地种植的耐盐碱绿肥植物种类很多，如星星草、碱茅、碱蓬、羊草、草木樨、稗子、冰草、虎尾草、碱蒿、新麦草、赖草等。这些植物在盐碱地具有易种植、耐盐碱、易改善土壤结构和通透性的特点，又能当作饲料，常被用于盐碱地的改良。

绿肥牧草的根茎叶翻入土壤中后，增加了土壤有机质含量。绿色茎叶及根经过微生物分解后，产生各种有机酸，可对土壤的酸碱起到一定的中和作用。在吉林省前郭县草原管理站牧草良种繁殖场种植绿肥牧草3年后，盐碱化草地土壤养分状况得到明显改善(表10-13)。种植绿肥植物前土壤pH为10.1～10.3，含盐量为1.00%～1.02%，氮、磷、钾缺乏。种植4种牧草后均增加了土壤中的氮、磷、钾含量，土壤盐含量及pH均有不同程度的降低。

3. 物理措施

改造盐碱化草地的常用物理性技术为“沙盖碱”，即在碱化土壤上覆盖一层20～30 cm厚的沙土，给牧草创造一层根系生长层。这项技术是人们在多年的生产实践中总结出来的，并形象地描述为“沙盖碱，赛金板”，意思是说这样改造过的草地产量高，同黄金一样珍贵。“沙盖碱”技术特点是方法简单，容易实施，见效较快，成本相对较低，效果持久。

表 10-13　种植绿肥牧草 3 年对盐碱草地土壤养分的影响

土壤元素	对照	敖汉苜蓿	军需 1 号野大麦	羊草	碱茅
全氮/%	0.29	0.79	0.41	0.47	0.39
速效氮/(mg/kg)	54.6	86.51	62.52	75.15	78.61
全磷/%	0.108	0.36	0.30	0.28	0.26
速效磷/(mg/kg)	16.21	27.54	21.06	19.46	17.58
速效钾/(mg/kg)	58.3	82.67	72.78	72.64	82.63
pH	9.57	9.15	8.83	8.91	8.67
含盐量/%	0.516	0.502	0.476	0.483	0.458

（引自胡克霞，2007）

“沙盖碱”技术的基本原理是碱土中交换性钠离子稳定，运动性差，使土壤本身透水性差，保水性强。当上层覆盖沙土后，就形成了上层通透性好、下层保水性好的复合环境，特别有利于大多数牧草和作物的生长。由于沙粒比盐碱土壤颗粒粗大，当沙粒与盐碱土混合后，能够产生两种作用：第一是混合的土壤颗粒之间的孔隙度较大，毛细管现象不明显，这样可以抑制地表通过毛细管蒸发水分，土壤中的盐分也不能上升到地表积聚；第二是原来的盐碱土壤由于沙土的混合，其渗透性增强，容易通过雨水淋溶土壤中的盐分。

在我国东北地区大量的羊草草原或草甸上，原生状态基本都是这种“下碱上沙”式土壤分层结构，特别适合根茎类禾草的生长。利用后出现的大量碱斑，主要是上层沙土被风蚀，使下层碱土暴露产生。“沙盖碱”技术的实施，主要是恢复草地原有的土壤状态。

“沙盖碱”技术在生产实践中也有很大的局限性。首先是“沙源”问题。要采用这种技术改造的盐碱草地附近应存在具有一定储量的沙土。其次是一次性投入相对较高，包括挖沙、运沙、铺沙、翻耕及种草、种草人工费等，成本一般是每公顷 3 000 元左右。最后是在利用“沙源”过程中必须考虑挖沙是否会造成“沙源”区植被破坏问题。与其他措施相比，“沙盖碱”后如果利用得当，不再出现新的侵蚀，效果可以维持多年，比较成本很低。

4. 化学技术

采用各种化学技术也能够有效地治理盐碱化草地生态系统。化学技术的关键问题是使用化学药剂。改良盐碱化土地使用的化学药剂称之为化学改良剂。这些化学改良剂绝大部分可以通过化学提取、合成的过程得到，例如工业、农业生产或生活中得到的副产品——玉米深加工过程中的废水、工业废渣中的磷石膏、工业与生活使用的煤渣废物等。

使用化学药剂改良盐碱草地的原理相对比较复杂，不能一概而论。对于盐碱化过程中的作用，盐碱改良剂主要表现在两个方面。第一是对盐碱土壤的中和、调节作用。盐碱土壤一般呈现较高的碱性，pH 大于 7，甚至高达 10 左右。化学改良剂的酸碱度正好相反，呈酸性，pH 小于 7。通过使用化学改良剂，土壤实现了酸碱的中和，可改善植物根系的生长条件。第二是使用化学改良剂能够改变土壤中的 Na^+、Mg^{2+}、Ca^{2+}、Cl^-、SO_4^{2-}、CO_3^{2-}、HCO_3^- 等可溶性盐离子浓度，尤其是对植物生长危害最大的 Na^+ 和 HCO_3^- 的浓度。所以，化学改良剂实际上是将土壤的化学性质，即酸碱性与离子浓度进行了改变，从而使土壤条件向有利于植物生长的方向变化。

化学改良剂的种类较多，大体上包括含钙类物质与酸性物质，且这些化学改良剂均为复合物质。在许多试验中应用的含钙类物质一般有石膏、过磷酸钙、磷石膏等，酸性物质有腐殖酸类肥料(草炭、煤渣)、硫黄、黑矾等。

施用化学改良剂治理盐碱化草地,既能利用化学物质的离子交换和酸碱中和作用,也能利用这些化学物质改变土壤的物理性质。如施用腐殖酸类肥料——草炭和煤渣,可在草炭和煤渣与土壤的混合过程中一并改善盐碱土壤的物理结构,增加土壤的通透性与保水性,由此提高草地土壤的淋溶洗盐和洗碱效果。

目前,应用热电厂脱硫废弃物-石膏改良碱化土壤表现出极好的前景。其原理是利用脱硫石膏中的 Ca^{2+} 替换土壤中的 Na^{+},使这些离子由不可淋溶状态变为可淋溶状态,使碱土变为盐土,同时增加了土壤的透水性,通过降水或灌溉把盐洗掉。经过清华大学和内蒙古农业大学多年研究试验,这一技术已经成熟,并开始大量推广应用,效果显著(表 10-14)。

表 10-14 脱硫废弃物-石膏改良碱化土壤效果

土壤类型	处理方式	pH	全盐量/%	可溶性盐含量/(cmol/kg)							代换量/(cmol/kg)		脱碱率/%
				CO_3^{2-}	HCO_3^-	Cl^-	SO_4^{2-}	Ca^{2+}	Mg^{2+}	$K^+ + Na^+$	总量	Na^+	
轻度碱土	对照区	7.72	0.165	0	0.182 2	1.1	0.28	0.16	0.04	1.353	1.542 2	0.828 2	—
	处理区	7.31	0.142 7	0	0.130 1	0.3	1.64	2.52	0.28	0.357 8	1.315 2	0.619 4	6.6
中度碱化	对照区	7.88	0.224 7	0.037	0.223 1	2.6	0.36	0.2	0.04	3.356	2.430 3	1.844 4	—
	处理区	7.38	0.168 6	0	0.197 1	0.9	1.74	2.66	0.31	0.083 1	1.837 2	0.842 2	10.09
重度碱化	对照区	8.25	0.353 8	0.134	0.278 9	4.2	0.68	0.2	0.04	5.494 9	3.352 7	2.644 8	—
	处理区	7.45	0.207 5	1	0.223 1	1.3	2.08	2.84	0.36	0.164 2	1.704 3	0.904 8	25.79

注:1 cmol=10^{-2} mol。

(引自陈欢等,2005)

在施用石膏之前,要对土壤进行多点化验并化验石膏的有效成分,根据耕层深度计算出需要化学交换的离子总量,从而确定石膏用量。石膏的使用量一般为 15～25 t/hm^2。施用石膏时,先把石膏均匀撒在土表,然后翻耕或旋耕土壤,在土温较高时均匀灌溉,以充分进行化学反应。有条件的地方最好采用喷灌。如果在初夏施入石膏,灌水后半个月即可种植牧草,在以后的 2～3 年表现出较好的效果。一般施用石膏一次,可维持 8 年以上。由于碱土土壤肥力很低,在施石膏的同时施入有机肥,改良效果会更好。

10.3.3 矿业废弃地的植被恢复

10.3.3.1 *矿业废弃地的分布与特点*

矿业废弃地是指为采矿活动所占用和破坏的非经治理而无法使用的土地。在我国草地区域,根据其形成途径可将矿业废弃地分为 3 种类型:一是剥离表土开采的废土废石及低品位矿石堆积形成的废土废石堆废弃地;二是利用各种分选方法分选出精矿后的剩余物排放形成的尾矿废弃地;三是挖沙、取土、采石后形成的裸露矿坑废弃地,如修路垫路基的挖土采石场及推土边坑,城镇建设的挖沙采石地和烧砖后的取土坑等。

在干旱草原区,植被和土壤基质一旦遭到破坏,恢复的速度非常缓慢,需要大量投入。目前,世界各国都非常重视矿业废弃地的植被恢复和重建工作。在土地培育和恢复过程中,只有植被几乎完全覆盖地表,且大多数为多年生植物时,土壤的侵蚀才能趋向于停止。所以,要因地制宜,根据土地不同条件,不同用途,采取不同措施,用人工培育的办法来加快植被的重建过程,逐渐减少水土流失,恢复草地景观。

在矿业废弃地植被恢复与重建中,煤矿开发后植被恢复与重建占有重要地位。国内外对此都进行了大量研究和实践,尤其在稳定地表和控制土壤坡度、坡型变化等与控制侵蚀的关系、控制地表侵蚀的覆盖材料和植被的选择等方面进行了深入的研究,取得了很好的经验。同时,在矿区的水土流失、土地资源动态、岩石侵蚀规律、环境污染及矿业废弃地植被的自然恢复与人工建植方面也做了大量研究,为此类草地培育提供了可参考的模式。

废弃地培育是一项复杂的系统工程,必须采用工程的、技术的、生物的、法律的、社会的等综合措施,才能取得理想的效果。草地上的矿业废弃地都存在水土流失、荒漠化、草原退化等问题,治理难度更大,不采用综合措施往往难以奏效。如位于鄂尔多斯高原的神府东胜矿区,气候和人为因素的影响,已使该区生境变得非常脆弱,土地沙化、荒漠化的面积已经超过 4.17 $\times 10^4$ km^2,占全区总面积的86%以上。对全国1 173家大中型矿山调查显示,产生水土流失面积1 706.7 hm^2,土地沙漠化所破坏的面积743.5 hm^2,综合治理投资的费用已达2 393.3万元。据估算,全国矿山开发占用草地面积约2.63$\times 10^5$ hm^2,每年还在继续增加。位于内蒙古境内的准噶尔黑岱沟露天煤矿是目前我国开发的最大露天煤矿之一。自1990年破土动工以来,上亿吨的剥离物堆置、填沟,形成矿区大面积无土壤结构、无地表植被的排土场。准噶尔煤田地处环境条件严酷、生态条件十分脆弱的黄土高原地区,如不能在煤田开采中和开采后迅速恢复植被,矿区和周围地区的自然生态将会迅速恶化。

矿业废弃地草地的恢复与重建技术的关键是地形的改造重塑、改良基质、建设植被。草地的功能将以生态维持为主,适当考虑进一步开发利用。

10.3.3.2　矿业废弃地的培育措施

矿业废弃地的培育传统上称为矿区土地复垦,是依据矿山生态学、土地经济学、环境科学、土壤学以及区域规划等理论,结合采矿工程特点,对开采所破坏的土地进行恢复、综合治理的综合工程技术。如仅从技术方法来考虑,重点是采取工程措施和生物措施来培育。恢复后的用途包括农业、林业、草业、渔业、旅游娱乐、城镇建设及复合利用等。之所以称为“复垦”,主要是为了恢复耕地,以农业种植为目的。而在干旱草地区进行矿业废弃地的培育不再以作物种植为目的,而是为了保持水土,增加植被,恢复景观,实现多途径利用。

1.地形改造重塑技术措施

在对治理区充分调查规划的基础上,依据治理的类型,对地形进行重塑。这包括对开采坑、塌陷区进行填充,排土场堆土整形改造、矸石山整形等技术,还有非填充性质的挖深堑、疏排、梯田式复垦、泥浆泵复垦和梯式动态复垦等办法。

采坑和塌陷区的填充主要用矸石和粉煤灰或矿区的固体废渣作为填充物料,不仅对矿坑进行填充,还兼有掩埋矿区固体废物,形成种植环境的功效。排土场堆土有上层土壤、基质、基岩、尾炭、矸石等,土堆往往很高,占地面积很大。堆土的边坡很陡峭,极不稳定,降水后易形成泥石流、坍塌、冲沟等,不整形改造就无法建植植被。一般要把边坡用推土机推缓、压实,或修成梯田状,专门修出栽树、种灌木、种草的位置。如果是为了观光旅游,更要在景观上设计重塑,重点整修。实际上,最理想的做法是在开矿时,把上层含植物种子的土层单独堆放,排土堆整形稳定后,把含种子的土壤按20 cm厚覆盖到土堆上,恢复原有植被。但目前多数地方由于生态监管机制不健全,很难做到这一点。这就需要采取更多的其他措施。矸石山整形与排土场堆土整形道理相同,但难度更大。

2. 土壤改良措施

矿业区土壤表土常发生周期性侵蚀，受干扰较大，常受重金属污染，养分贫乏，生物多样性减少，与周边正常土壤有很大区别。土壤改良包括改良其物理性质、化学性质和生物性质。改良方法很多，各有千秋。在实践中，一般都是多种方法并用，使土壤的物理性质、化学性质和生物性质均得到改善。

在地形改造重塑的基础上，首先进行的是物理改良。物理改良工程量大，投资费用高，但对土壤修复彻底，能为其他措施创造条件。其具体方法：一是翻土法，即深翻土壤，分散污染物到土壤深层，在污染物不扩散、能够分解的前提下达到稀释和自处理的目的。或者把含有大量固体物的土壤放到下层，不影响植物种植。二是换土法，就是把被污染土壤取走，投入新的干净土壤。此法只用于治理小面积污染土壤，对大面积污染不可用。三是客土法，向不适于植物生长或有污染的土壤内加入大量干净新鲜土壤，覆盖在表层或混匀。此方法稳定、彻底，但工程量大。有时在不稳定堆土边坡栽柳条或其他灌木沙障，通过浇水，使土层稳固，加强风化作用，促进植物生长床形成。其次是在有条件的地方，要在上层土壤中大量施入有机肥料，同时种植耐贫瘠的一年生植物，进行压青，逐渐对生草土层进行改造。

3. 植被恢复措施

植被恢复是矿业区草地培育中最重要的环节，也是主要目的。植被建植恢复过程是在地形改造重塑和土壤改良的基础上，进行立地评价、植物选择、播种栽植、灌溉施肥管理等。立地评价是在植被恢复前，对各种土壤条件进行评价，根据土壤条件正确选择适宜的植物，以保证成功率。植被调查对植物选择很重要，重点调查矿区未被破坏和受到破坏的自然环境中生长的植被，是植物选择的宝贵线索。植物选择时，一般要选择生长快、适应性强、抗逆性好的植物种类，其中最理想的植物应具有固氮、易栽培、好成活、适应性稳定、有较高的经济价值和生态价值等特点。建植方式是按生态学规律，先种植一年生及一二年生先锋植物，改良土壤，一二年后再种植多年生牧草或植树等。由于土壤肥力低，保水力不强，且不稳定，必须实施灌水和施肥，保证植物存活和生长。

目前，我国在矿业废弃地改造中选择使用的植物种主要有各种绿肥和固氮植物（沙打旺、草木樨、紫花苜蓿、杂花苜蓿、小冠花、胡枝子、红三叶草、白三叶草、百脉根、扁蓿豆、黄芪属植物等）、琥珀和景观植物（杨树、柳树、油松、杜松、云杉、侧柏、沙棘、柠条、国槐、紫穗槐等）及其他药用植物、花卉植物、经济植物等。需要注意的是，不论种植什么植物，都应首先选择乡土种，当地种，以保证其适应性和长期稳定性。

内蒙古环境保护研究所和内蒙古农业大学等单位在准噶尔露天煤矿排土场进行的植被恢复试验中，于 1992 年首先引入各类植物 99 种，经过 3 年多观察筛选，按照植物出苗率、成活率、越冬率对生长状况综合评价，选出适于排土场生长的草本植物种有：杂种苜蓿、紫花苜蓿、草木樨、沙打旺、草木樨状黄芪、冰草、老芒麦、披碱草等；灌木有沙棘、玫瑰、紫穗槐、丁香、沙柳；乔木有油松、杨树、云杉、侧柏、杜松、国槐、榆树。其中，草本植物以沙打旺、杂种苜蓿、紫花苜蓿和草木樨表现较为突出，它们产量高，根系多分布在 1 m 深、0.5 m 宽的范围内，主根最深大约 2 m，生态效益明显，表现出先锋植物的特性；灌木以沙棘最优，具有抗性强、生长快、根蘖能力强、根瘤量大的特点，第二年高度可增加 54 cm，枝条增加 10～25 条，每丛覆盖面积达 50～100 cm^2，根入土深度 1.5 m，平均每丛根瘤量在 10 g 以上；乔木以油松最佳，成活率达 90%，移栽第三年树高达 245 cm，增加高度为 40 cm。另外，杨树、柳树成活率高，生长速度快，成本低，易于推广。另外，选出的几种果树如苹果、梨、杏等，成活率均在85%以上，说明在排土场上可设置果园，既可观光，又可增加经济收益。

在植被建植结构和方式上，有灌草型、乔草型、乔灌草型和观赏型乔灌草型。灌草型以间行种植为主要方式，即灌成行，草成带，灌草占地面积比为1∶2和1∶1；乔草型的配置与灌草型相同；乔灌草型是乔灌行数比为1∶1或1∶2，行间距2～3 m，行间撒播牧草，占地面积比为乔木30%、灌木40%、草本30%。观赏型乔灌草为路两边间种乔、灌，间距1.5 m，草本以草坪为主，种于乔、灌之间与建筑物的空旷地带，中间点缀苹果树、杏树、李树等。在植物种配置上，以沙棘-沙打旺、油松-沙打旺和油松-沙棘-沙打旺表现最佳，形成了排土场植被恢复的特有景观。植物庞大根系的垂直和水平分布，在土壤中形成30～70 cm的网状结构，起到了固定土壤、保持水分、增加肥力、降低地表温度的作用。建植后，土壤有机质、速效氮、速效磷、速效钾、土壤含水率等都有所提高，地表温度降低。与建立人工植被前比较，冲刷沟的数量、深度和宽度均有大幅度减少，充分说明了乔灌草生态结构具有显著的生态效益。

思考题

1. 简述草地基况评价方法。
2. 简述草地退化的基本特征。
3. 退化草地恢复改良措施及技术要点有哪些？
4. 沙地和盐碱地草地治理培育的方法包括哪些？

参考文献

[1] 安渊，王育青，陈敏，等. 沙地草场补播技术及其生态效益研究. 草地学报，1997(1)：33-41.
[2] 曹子龙，郑翠玲，赵廷宁，等. 补播改良措施对沙化草地植被恢复的作用. 水土保持研究，2009(1)：90-92，97.
[3] 陈欢，王淑娟，陈昌和，等. 烟气脱硫废弃物在碱化土壤改良中的应用及效果. 干旱地区农业研究，2005(4)：38-42.
[4] 董乙强. 禁牧对中度退化伊犁绢蒿荒漠植和土壤活性有机碳组的影响. 乌鲁木齐：新疆农业大学，2016.
[5] 冯忠心，周娟娟，王欣荣，等. 补播和划破草皮对退化亚高山草甸植被恢复的影响. 草业科学，2013(9)：1313-1319.
[6] 郭孝，刘国英，陈桂荣，等. 朝鲜碱茅和星星草在中原地区适应性及改土效果的研究. 草业科学，1997(4)：18-20.
[7] 韩建国. 草地学. 3版. 北京：中国农业出版社，2007.
[8] 胡克霞，沈景林，赵云国，等. 种植牧草改良盐碱化草地试验研究. 草原与饲料，2007，(4)：25-28.
[9] 靳瑰丽，朱习雯，魏秀红，等不同方法对醉马草防控效果的比较. 草地学报，2017，25(3)：625-632.
[10] 景美玲，马玉寿，张金旭，等. 黑土滩人工草地植物群落及土壤水分对灌溉的响应. 江苏农业科学，2013，41(11)：388-391.
[11] 李希来. 补播禾草恢复“黑土滩”植被的效果. 草业科学，1996(5)：17-19.

[12] 李小龙，曹文侠，李文，等.划破草皮对不同地形高寒草甸草原土壤特征及地下生物量的影响.草业学报，2016，25(6)：26-33.
[13] 李小龙，曹文侠，徐长林，等.划破草皮对不同地形高寒草甸草原植被特征的影响.草地学报，2016(2)：309-316.
[14] 李学森，任继生，冯克明，等.天山山地草原补播改良的研究.草业科学，1996(3)：9-12.
[15] 刘兴元，龙瑞军，尚占环.草地生态系统服务功能及其价值评估方法研究.草业学报，2011，20(1)：167-174.
[16] 刘兴元，牟月亭.草地生态系统服务功能及其价值评估研究进展.草业学报，2012(6)：286-295.
[17] 龙瑞军.青藏高原草地生态系统之服务功能.科技导报，2007，25(9)：26-29.
[18] 卢光伟.草方格沙障在七墩滩风沙治理中的应用.甘肃水利水电技术，2007(3)：225-226.
[19] 罗亚勇，赵学勇，左小安，等.放牧与封育对沙质草地植被特征及其空间变异性的影响.干旱区研究，2008，25(1)：118-124.
[20] 毛绍娟，吴启华，祝景彬，等.藏北高寒草原群落维持性能对封育年限的响应.草业学报，2015(1)：21-30.
[21] 苗福泓，郭雅婧，缪鹏飞，等.青藏高原东北边缘地区高寒草甸群落特征对封育的响应.草业学报，2012(3)：11-16.
[22] 宋彩荣，王宁，彭文栋，等.补播对草地植被影响效果的研究进展.畜牧与饲料科学，2005(6)：32-34.
[23] 苏大学，张自和，陈佐忠，等.天然草地退化、沙化、盐渍化的分级指标：GB 19377—2003.北京：中国国家质量检查检验检疫总局，2003.
[24] 孙吉雄.草地培育学.北京：中国农业出版社，2000.
[25] 万秀莲，张卫国.划破草皮对高寒草甸植物多样性和生产力的影响.西北植物学报，2006，26(2)：377-383.
[26] 王德利，杨伟民.草地生态与管理.北京：化学工业出版社，2004.
[27] 王堃.草地植被恢复与重建.北京：化学工业出版社，2004.
[28] 王玉红，马天娥，魏艳春，等.黄土高原半干旱草地封育后土壤碳氮矿化特征.生态学报，2017，37(2)：378-386.
[29] 魏兴琥，杨喜林，施来成.新垦沙地绿肥改土试验.土壤肥料，1995(2)：42-44.
[30] 许鹏.草地资源调查与规划学.北京：中国农业出版社，2000.
[32] 许志信，李永强.草地退化对水土流失的影响.干旱区资源与环境，2003(1)：65-68.
[33] 杨合龙.封育对轻度退化下伊犁绢蒿荒漠植被及土壤养分的影响.乌鲁木齐：新疆农业大学，2015.
[34] 张信，胡艳莉，李维军，等.不同改良措施对典型草原植物群落及土壤的影响.干旱地区农业研究，2013(2)：106-110，151.
[35] 张永超，牛得草，韩潼，等.补播对高寒草甸生产力和植物多样性的影响.草业学报，2012(2)：305-309.
[36] 张英俊，周冀琼，杨高文，等.退化草原植被免耕补播修复理论与实践.科学通报，2020，65

(16):1546-1555.

[37] 赵同谦,欧阳志云,郑华,等.草地生态系统服务功能分析及其评价指标体系.生态学杂志,2004(6):155-160.

[37] 朱建宁,彭文栋,李永华,等.荒漠草原采用浅翻耕改良对土壤水分及牧草组成的影响研究.黑龙江畜牧兽医杂志,2014(23):108-111.

[38] Costanza R,Darge R,Groot R,et al. The value of the world's ecosystem services and natural capital. Nature,1997,387(6630):253-260.

第 11 章

草地牧场系统管理

本章学习目的与要求

1. 掌握草地牧场系统耦合概念和特点。
2. 熟悉草地牧场管理内容。
3. 掌握草地牧场经济预算指标。

牧草农业系统管理(草地牧场系统管理)是农业系统管理的一种。它是以草地系统为对象,以现代农业理论为指导,使这一系统在最大限度地获得饲草料以及生产畜产品的同时,能得到多重利用,且能维持草地系统安全与健康持续发展。草地牧场系统经营管理必须遵循市场机制下的运行规律与产业化经营原则,生产效益直接体现在家畜生产上,一般以牧场为经营单位,包括草畜经营管理、牧场组织、牧场规划和牧场管理等。

11.1　草地牧场系统耦合生产分析

11.1.1　草地牧场系统耦合生产的概念和特点

草地牧场系统一般包括草田轮作系统、草地生产系统和家畜利用系统等。任继周在论述草地农业系统中的界面论时指出,草地农业系统的界面相对于它所包围的内涵物,亦即系统本身的各个组分和它们之间的“序”。它是系统本身结构的组成部分,是系统本体活动的边界,越出这一边界,草地农业生态系统就不复存在。它在约束生态系统活动的同时,也有选择地输入和输出能量、元素和信息,以实现生态系统的开放功能。同理,这也适用于草地牧场系统。界面是生态系统与外界连通的中介,在正常情况下,界面根据生态系统本身的需要,调控生态系统的物质输入与输出,传递系统内外的信息。不同系统之间实现产品交换、互相补充与干扰,进而衍发为系统耦合生产。牧场各子系统是在人为强烈干预下的开放生态系统,通过系统内部自由能的积累,产生外延趋势,这种外延趋势成为不同子系统之间发生系统耦合的动力,且这种耦合往往是自觉或不自觉地形成。系统耦合带来系统进化,产生新的结构和功能。而系统界面上同质的因素是发生系统耦合和系统外延性得以显现的基础。系统耦合可以通过多种途径大幅度提高整体农业的生产水平。

草地牧场系统耦合生产模型见图 11-1。模型左边草田轮作系统包含了季节性牧草生产,摒弃了我国农田一直沿用的“弃耕”和“休耕”制,利用豆科牧草、一年生牧草及饲料作物参与粮食作物和经济作物的轮作,实行用地与养地相结合。季节性牧草的引入是农田系统结构调整中的活化剂,通过草田轮作培肥地力、提高单产,在保证粮食不减产的前提下,土地生产水平可提高 20%～100%。轮作的草地也是粮食产量的调节器,粮食有余时多种牧草;粮食不足时,将草地改为粮田,一年之内就能产出粮食,实现“藏粮于草”。模型右边草地系统是专指改良天然草原或重建的栽培草地。这和畜牧业发达国家一样,发展集约化高产栽培草地,以白三叶草(*Trifolium repens*)、红三叶草(*Trifolium pratense*)和紫花苜蓿(*Medicago sativa*)为基本成分,与多年生黑麦草(*Lolium perenne*)、猫尾草(*Phleum pratense*)、鸭茅(*Dactylis glomerata*)、草地早熟禾(*Poa pratensis*)、高羊茅(*Festuca elata*)、无芒雀麦(*Bromus inermis*)等混合。利用豆科牧草的根瘤菌固氮作用增加土壤氮素。同时,混播牧草质量好,粗蛋白质含量超 20%。牧草干物质产量高,一般为 15～30 t/hm^2。饲养的家畜主要为高产奶牛、青年肉牛、育肥羊等,饲养方式在牧草生长季以放牧加补饲为主,非生长季以舍饲为主。这样的栽培草地单位面积的畜产品产量很高,可达 300～500 畜产品单位(畜产品单位:中等肥瘦的放牧肉牛增重 1 kg/hm^2)。

草地牧场系统本身都比较复杂,内容涉及土壤、植物、动物和微生物。但土壤、植物与微生物由于地域的关系,多互为异质。草地牧场系统主要通过家畜这一同质元素发生耦合(家畜本身是一个系统，但这里将其视为一个元素）。生产的植物性产品（食物、纤维和油料等），只有不足 25％可以直接被人类使用，75％以上需要通过家畜转化为动物性产品（肉、奶、毛、皮等），这一部分的产值，至少与植物产品相当或更多。草地牧场系统效益更是直接从家畜身上体现。从图 11-1 的模型中可以看出，家畜是农田草地系统耦合生产的纽带。家畜消耗农田输出的作物秸秆、一年生饲草和草地输出的牧草，实现饲草生产供应与家畜生长需求的平衡配置，进行畜产品优化生产；同时家畜的采食、践踏、排泄以及圈肥等可调节农田、草地的物质循环与能量流动，调控农田草地的耦合生产，最大限度地提升土地资源的综合利用效率，也尽量减少人为等外力的输入，减少成本和污染，获取最佳的生态和经济效益。因此，草地牧场系统耦合生产的关键是如何利用家畜进行系统调节。管理的核心是减少系统营养物质的外流损失，避免外来能源和物质的输入，节约生产成本。

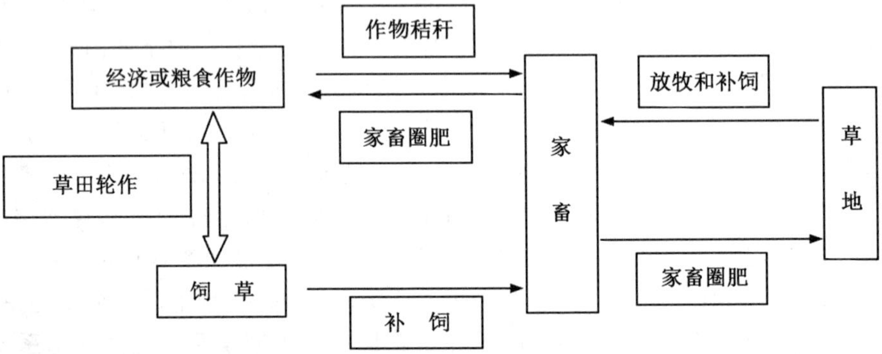

图 11-1　草地牧场系统耦合生产模型

11.1.2　草地牧场系统耦合生产关键技术

11.1.2.1　草田轮作技术

草田轮作是在一定的耕地面积和年限内，按一定顺序、有计划地轮换种植多年生（或一、二年生）牧草和农作物的一种合理利用土地的耕作制度。草田轮作地块形状为长方形（长：宽约为 5：1），在斜坡地耕作区长度的方向应与等高线平行，以防止水土流失。以粮食生产为主的草田轮作，牧草种植 2～3 年；以饲草生产为主的草田轮作，多年生牧草种植 4～6 年。轮作中需氮素多的作物安排在豆科牧草种植之后，多年生牧草安排在中耕作物之后，有利于防止杂草和虫害的侵袭。草田轮作模式已经在我国部分地区形成规模。有“一年生牧草-作物”轮作和“多年生牧草-作物”轮作 2 种类型。“一年生牧草-作物”轮作在我国主要有：南北方地区“玉米-光叶苕子或箭筈豌豆”，中部与南方等地“苏丹草/饲用玉米-多花黑麦草/冬牧 70 黑麦”和“水稻-多花黑麦草/紫云英/毛苕子”，西南地区“水稻-豆科绿肥”轮作等。“多年生牧草与作物”轮作主要是农牧交错带和东北地区“苜蓿-玉米”和“苜蓿-小麦”轮作等。

1. 草田轮作可以提高农田系统生产力，增强系统稳定性

由模型可以看出，草田轮作技术是增强农田草地系统耦合生产的关键技术之一。利用农田中“弃耕”和“休耕”地种植适宜的豆科牧草，如红三叶草、百脉根（*Lotus corniculatus*）、野豌豆（*Vicia sepium*）、苜蓿等。豆科牧草刈割利用 4～6 年后，再种植经济或粮食作物。在这一生产系统中，建议豆科牧草种植面积应为作物的 2 倍，这样土壤肥力就有 4～6 年氮素的积

累,然后再进行 2 年的作物种植。根据土壤肥力,豆科牧草在最后 1 年甚至可以作为绿肥翻入土壤。为了使豆科牧草有效地固定氮素,需要提供充足的磷、钾和其他营养元素(如 1 t 苜蓿干草相当于从土壤中带走 57 kg 的 P_2O_5 和 2 028 kg 的 K_2O)。另外,在种植作物的农田系统内部,由于主要作物(如粮食作物:水稻、玉米;经济作物:烤烟、棉花、麻类等)的生产都在夏秋两季,大田期 160～180 d,全年尚有 180～200 d 可以用来种植一年生豆科牧草,因而可以发展季节性栽培(短期)草地,尤其在我国水热条件好的南方地区,可以实现这一方式的草田轮作,而且近年来发展也很快。

牧草与作物相比,有其独特的优势,作物多数为一年生,其形成籽实的能力强,形成根系的能力较牧草弱得多。土地在长期耕作种植一年生作物的情况下,理化性质不断恶化,造成土壤退化。而牧草以发达的根系和土壤微生物的共同作用,促进了土壤理化性质的改善和团粒结构的形成,从而提高了土壤有机质含量。特别是豆科牧草,具有很强的固氮能力,种植豆科牧草就等于在田间建了一座小型氮素厂。栽培的豆科牧草根瘤菌的固氮量为 56 670 kg/hm^2;紫云英 1 年可以固氮 80 kg/hm^2,相当于 200 kg 尿素。

2. 改变土壤物理性状

有研究认为,在持续种植农作物而发生严重土壤退化时,安排一个阶段(3～10 年)的牧草种植,对土壤地力和结构的恢复以及农业的可持续发展具有重要意义。经过长期耕作的土壤,其物理性质可以在种植牧草几年后得到显著改善,表层或中层土壤的孔隙度显著提高,渗透率是持续耕作土壤的几倍。Scott 等研究指出,在玉米地种植牧草,可以改善土壤团聚体的稳定性。与单作玉米和休耕地相比,“玉米＋豆科牧草”及“大麦＋苜蓿”明显地改善了土壤团聚体稳定性。通常,被用来种植在作物下面、改善土壤物理性状的牧草大多是豆科植物,如白三叶草、红三叶草、苜蓿等。但实际上,非豆科牧草比豆科牧草改良土壤的潜力更大。

3. 改变土壤化学性状

在持续种植农作物一段时间后,土壤往往发生严重退化,用牧草与农作物轮作可以增加土壤氮素、有机质等。对小麦地来讲,一个时期的牧草种植,对防止土壤有机质碳和氮的减少有显著效果。牧草对小麦地土壤肥力的恢复主要表现在土壤氮含量、后作小麦对氮的吸收及产量等方面。研究表明,1.2 m 深度范围内,土壤氮含量分别比连作的小麦地增加 94.68 kg/hm^2 和 37 kg/hm^2。种植牧草后再种小麦,其蛋白质含量为 11.7%～15.8%,而连作的小麦为 8.0%～9.4%。小麦产量提高 110～136 kg/hm^2,对氮素的吸收增加 27～40 kg/hm^2。比较了长期单作小麦及小麦与地三叶草(*T. Subterraneum*)、小麦与羽扇豆(*Lupinus micranthus*)长期混作的土壤氮水平,结果显示土壤 0～15 cm 的氮水平,“地三叶草＋小麦”(239 kg N/hm^2)＞“羽扇豆 ＋小麦”(165 kg N/hm^2)＞小麦(99.5 kg N/hm^2)。豆科牧草和禾本科草在一起时,豆科牧草从根瘤菌获得的氮还可流向禾本科草,当三叶草从根瘤菌获得 1 kg N 时,禾本科草可受益 0.67 kg N。

4. 对土壤微生物特性的影响

牧草与农作物轮作过程中,土壤微生物量在牧草种植阶段显著增加,在种植农作物阶段降低。酸性缺磷土壤,谷类作物与禾草轮作或与禾草、豆科牧草轮作一段时间后,土壤微生物量氮、微生物量磷明显比长期单作谷物的土壤高,但微生物量碳两者相差不大。

除上述作用以外,牧草还可以增加水土保持能力,改善生态环境。在同样条件下,休闲地和庄稼地土壤冲刷量比草地大 40～100 倍，在降水多的地区，牧草保土力和保水力分别是作物的 300 倍和 1 000 倍。与几个禾谷类作物（如大麦、小麦、玉米等）相比较，从光能利用率看，优良牧草比农作物具有更高的光合生产率，如多年生黑麦草的光能利用率大约是小麦的 2 倍。

因此，通过草田轮作，将牧草引入农田系统，将直接提高农田土壤的质量，增强农田系统自身的弹性和稳定性。轮作豆科牧草是家畜蛋白质的重要来源之一，提高了系统的生产水平。

11.1.2.2 农田作物秸秆再利用技术

作物秸秆是农田草地系统耦合模型中农田系统输出的主要物质之一，尤其是仅以农作物为种植对象，没有输入饲草的农田系统，作物秸秆是系统输出的主要物质。因此，如何利用和管理好作物秸秆，对于系统耦合生产和真正做到禁烧秸秆至关重要。

秸秆是一种营养价值较低的粗饲料，粗蛋白质含量仅 2.7%～6.4%，而粗纤维含量却高达 35%～40%，且其中含有较多的木质素（6.5%～12.0%）。木质素含量越高，越不容易消化，代谢能也越低。此外，木质素不仅不能被动物吸收，还会影响对其他物质的消化吸收，从而降低了饲养价值，不适合高效畜牧业生产。这也是一些营养和畜牧专家反对过多地利用秸秆饲养家畜的原因。

秸秆还田免耕、少耕技术是近年来国内外都大力推行的耕作技术之一。一般而言，生产 1 kg 谷物就有 1 kg 秸秆。据 Prasad 估计，世界每年产生秸秆 10 亿 t 左右，但实际可能达 20 亿 t。美国年生产作物秸秆 4.5 亿 t，秸秆还田量占秸秆生产量的 68%。秸秆还田有利于土壤有机质和土壤全氮的积累，其年增加率平均为原耕层有机质含量的 0.01%上下。秸秆还田对增磷作用不明显，但对增钾作用十分显著。长期秸秆还田有利于增加作物产量，其幅度大致在 2%～5%，但也有少数并不增产。

秸秆还田后当年土壤保留 30%的秸秆中的有机碳，暂时减少了 CO_2 的排放量。但从长期的试验得出，绝大多数（97%）秸秆中的碳仍在若干年内以 CO_2 形式排放到大气中。在水田中秸秆还田会引起温室气体 CH_4 的倍量排放。目前普遍认为甲烷分子的增温潜势（GWP）是 CO_2 的 20 倍。据 IPCC 估计，世界上稻田 CH_4 排放量约占总排放量的 17%，而中国大致要占到 20%。

从农田草地系统耦合模型看，如果家畜有夜晚归圈的习惯，则势必会将大量营养元素带出草地和农田系统。因为家畜 70%以上的排泄物都发生在夜晚，因而草地及农田茬地的大量营养元素随着家畜的夜晚归圈而回归，形成营养元素的损失和卧圈地环境的污染。利用秸秆垫圈，同时做堆肥处理，最后以肥料的形式将营养元素再次输入农田草地循环系统，可以减少甚至防止营养元素的流失。美国每年生产的动物厩肥有 1.6 亿 t，其中 90%的厩肥是利用秸秆秕壳与家畜粪尿发酵而成，并回归土壤。国内近几年各地也研制试用了一批高效快速、不受农时限制的堆沤新技术，使秸秆堆肥受到农民的欢迎。“粪尿＋草”或秸秆是收集粪尿的有效方法。肉牛粪尿垫草与不垫草堆沤的肥料各种养分均有所增加（表 11-1）。常用的秸秆垫圈沤肥最简单的做法是将秸秆切成约 2 cm 的短截，撒于家畜夜晚归圈的地方，最低层厚约 50 cm，家畜第 2 天出圈后，再次撒秸秆 10 cm 厚，以减少家畜粪尿中气体挥发。这样日复一日即形成堆沤肥料。

表 11-1　肉牛粪尿垫草与不垫草堆沤后肥料养分的组成对比

粪尿处理系统	干物质/(kg/t)	有效 N/(g/kg)	全 N/(g/kg)	P_2O_5/(g/kg)	K_2O/(g/kg)
无垫草	6.75	1.80	4.95	3.15	4.50
垫草	22.50	3.60	9.45	8.10	11.70

11.2　牧场管理

11.2.1　牧场组织形式

所谓牧场，就是以草地和牲畜的经营为基础，以商品畜牧业生产为目的，具有一定基础设施和畜群规模，能够获得稳定经济收入的畜牧业生产单位。牧场的经营内容为适应市场需求的商品畜产品生产。在起步阶段可以一种牲畜为主，兼营其他 1～2 种牲畜。但牧场应向专营一种牲畜或某一产品的专业化生产方向发展。目前，我国牧场管理的目标是通过综合分析当地自然条件、生产价格、草地生产力和畜产品需求，优化放牧管理措施和家畜生产管理方式，获得高产优质畜产品，并实现草地最大经济收益和生态功能的发挥。牧场主要有以下几种基本组织形式。

(1)单户型　这类牧场主要是一家一户独立经营或以血缘和姻亲关系为纽带形成，具有比较持久的稳定性、经营管理的易操作性、物质利益的趋同性、生产要素利用上的灵活性、积累与消费的伸缩性、决策的随机性和经验性等特点。

(2)联户型　这类牧场是在家庭经营的基础上，由 2 个或 2 个以上牧户按照自愿、平等、互惠与互利的原则，采取合作、合资、入股等形式组成的牧场。这类牧场一般通过民主选举或按入股的大小，选举一名懂技术、会管理和威信高的人担任牧场主。

(3)联合型　这类牧场是按照专业化协作或经济合作原理，由若干个有一定经济技术联系的牧场或牧场与大型畜产品加工企业等按一定方式联合而成。通常的表现形式是联合公司、联营公司、企业集团或企业加基地等。联合型牧场的联合方式是多样而复杂的，经营管理水平较单户和联户型牧场要高。

11.2.2　牧场规划

11.2.2.1　规划原则

1. 因地制宜

牧场是建立在合理和充分利用当地自然资源和自然条件基础上的。在不同地区范围内，只有对当地特点进行全面调查和分析，才能建立起最佳的牧场。

2. 综合平衡

能源利用和经济效益的综合规划可提高生产率，从而避免对自然资源的过度消耗，保持良好的生态平衡。不能用简单、静止的观点和方法处理问题，必须把规划各年份、阶段及产前和产后之间的联系和制约关系加以综合考虑。

3. 总体优化

在牧场范围内，保持营养物质和能量平衡的相对稳定及经济效益的稳定增长，应充分利用太阳能资源,使能量在牧场中维持一个较好的、稳定的输入和输出。在营养物质和能量平衡的基础上寻求合理的生产布局和产品结构,使牧场在生态、经济和社会3个方面发挥出最佳的整体效益。

11.2.2.2 牧场规模

现阶段牧场的规模尚未定型。南方和北方,农区、半农半牧区和牧区的牧场规模有差别。一般以栽培、半栽培草地为主的牧场规模较小;以天然草地放牧为主的规模较大,经营较粗放;综合经营的规模较大;单一经营的较小。大体上,10～20 hm^2 以内属小型牧场,40～70 hm^2 属中型放牧场,70 hm^2 以上属大型牧场。

牧场的规模不宜太小。过小有如下缺点:①反映不出规模效益,不利于实现效益最大化;②难以实行划区轮牧和草地的培育建设,不利于牧场管理;③不利于机械作业和提高劳动生产率。

牧场规模也不宜过大。盲目扩大规模,超过经营能力,往往导致粗放经营。有关调查资料证明,在生产量少时,随着生产规模扩大产量增加,生产费用逐渐降低,利润率逐渐提高。但当费用降低,利润率提高到一定限度后,这种关系就不明显了。如果继续扩大规模,就会出现相反趋势,费用上升,利润率降低。

当图11-2中的费用率曲线降到最低点时,其横坐标上的产出能力即代表牧场的适宜规模。

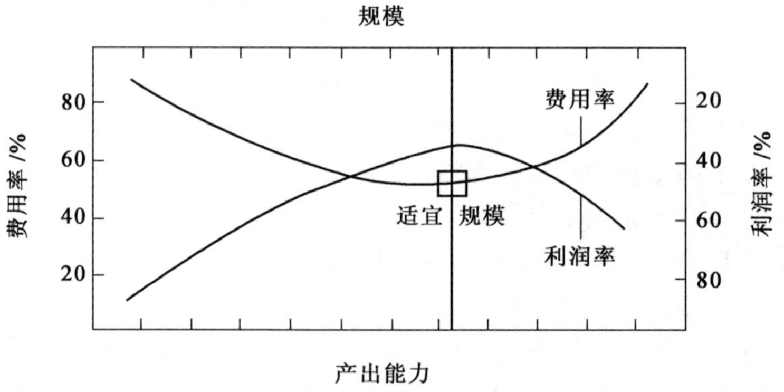

图11-2 家庭牧场适宜规模示意图

所谓牧场的适宜规模是指在一定生产力水平下,为达到最佳的投入产出效益,所能经营的最大土地面积和饲养家畜的数量。达到这种适宜规模的牧场,应该在一定的时间和空间内,采用先进的科学技术措施,充分利用本地资源,实现生态良性循环,获得最大生态和经济效益。这是牧场适宜规模的根本标志。

当前衡量规模效益的指标主要有:①土地生产率(即单位草地面积的年净产值);②劳动生产率(每个劳力的年净产值);③投资效益率(即产投比=产值/投入资金,一般用每百元投入资金的年净产值表示)。具体以哪种指标为主,应因地制宜地选择。在土地少劳力多的地区应以土地生产率为主;在土地多劳力少的地区宜以劳动生产率为主;至于资金收益率,无论在地多人少还是地少人多的地区都是同等重要的。

提高牧场规模效益的主要途径是:坚持适宜规模,调整好牧场内部产业结构,发展专业化、商品化和社会化的生产,不断提高劳动者素质和经营管理水平。

11.2.2.3　牧场布局

牧场的整体布局应遵循以下原则。

(1)场地选择(图 11-3)。首先,牧场基地应选择地势较高、地下水位低或排水良好的向阳平地,同时要远离污染源(如粪场、畜产品加工厂及污染环境的工厂等)。其次,离交通要道不能太近,至少要保持 2～3 km;但也不能太远,以便于物资和产品的运输。最后,要有必需的水源条件,水质要好。

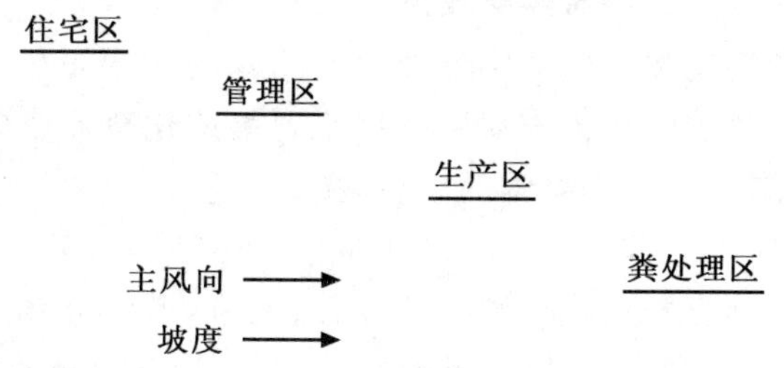

图 11-3　牧场各区配置示意图

(2)牧场各种设施的布局要均匀、紧凑、充分。

(3)家庭住房与牧场畜圈和放牧场之间需有一定的距离,以减少和消除环境的污染和疫病传播。

(4)棚圈应尽量靠近放牧地。割草地则应尽可能与贮存草料的干草棚等接近,以减少运草距离。

(5)牲畜饮水点的设置不宜固定和过分集中,以免来回践踏,破坏草地。可采用移动式水槽与送水管。

(6)合理设置牧道,并尽可能在道路两旁、场区之间。场界植树造林,搞好绿化,美化环境。

总之,牧场设施布局要讲究科学合理,既要舒适美观,又要便于管理。实践证明,布局合理的牧场有利于提高劳动生产率。一些畜牧业发达的国家都十分重视牧场布局的设计,如日本北海道一对夫妻经营的牧场布局如图 11-4 所示,这是一种节省人力的牧场布局。畜圈是无积粪的棚圈,因装有条形漏粪地板,牲畜粪便可以通过缝隙直接掉入粪池,从而使牛栏终日保持

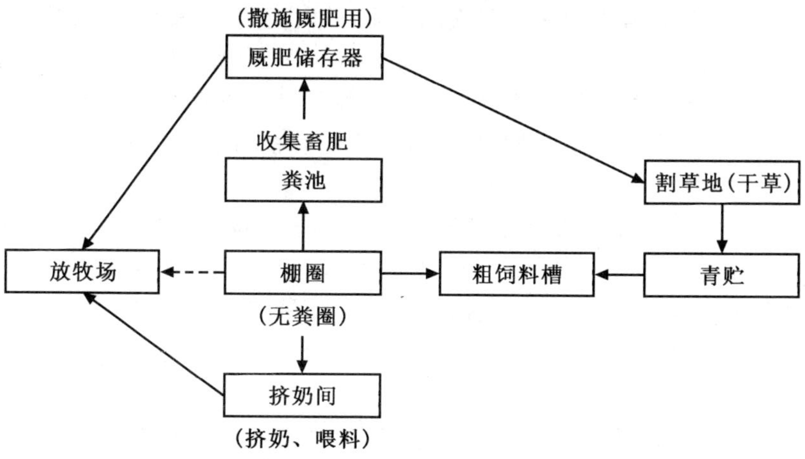

图 11-4　节省人力的牧场布局

清洁，又节省清扫牛圈的人工。放牧季节(挤奶时间除外)棚圈的门总是开着的，牛可自由出入棚圈和牧场，采食牧草或贮备干草。棚圈的一门通向草地，另一门通向靠近干草堆集的饲槽，割草地就在干草棚附近。舍饲期间，棚圈内设有青贮槽，家畜可自由采食青贮饲料。这种牧场布局的设施可省工省时，整个生产过程几乎可由一个人来完成。

11.2.3 牧场管理

11.2.3.1 牧场管理者应具备的经营理念

经营思想是从事经营活动和正确解决各种生产问题的指导思想。树立科学的经营思想，是确立正确的经营决策的关键。从传统草原畜牧业到集约化草原畜牧业，可以说是一次根本性变革，这要求生产经营者必须树立科学的思想观念。

1. 整体观念

每个牧场经营者都必须自觉地执行国家的方针、政策，遵纪守法，优先保证国家和集体利益，正确处理社会利益与本场利益、长远利益与眼前利益，以及整体利益与局部利益的关系，进行守法经营，文明经营。

2. 效益观念

经济效益是衡量牧场经营成果的最基本的尺度。每个牧场经营者都必须树立以提高经济效益为中心的思想，讲究投入、产出，追求利润的最大化应成为贯穿一切生产活动的经营原则，但不能是唯一原则，而兼顾生态效益和社会效益是经营好牧场的有力支柱。

3. 市场观念

市场是牧场的生存空间。树立正确的市场观念，就是要根据所处的市场状况采取对策。处于卖方市场时，就应以产定销，努力增加生产，扩大销售量；处于买方市场时，以销定产，努力拓宽销售渠道，扩大销售量，同时调整生产结构。

4. 竞争观念

牧场作为一个企业，必须树立敢于竞争和善于竞争的思想。首先是敢于竞争，要经得起市场的选择；其次要善于竞争，要了解市场竞争的规律性，掌握竞争的手段。市场竞争的一般规律是，由价格竞争发展到质量竞争，由质量竞争发展到服务竞争。对于一个低消费的社会来说，价格在竞争中是举足轻重的，这时竞争手段应重点放在制定相应的价格政策上。当社会发展到中等消费水平后，质量在竞争中就起支配作用，此时竞争手段就主要靠质量对策而不完全是价格对策了。当社会进入高消费阶段时，以优质服务保证产品使用的可靠性，就成为竞争的主要手段了。由于竞争的存在，牧场主就会产生一种紧迫感和危机感，只有根据市场的变化和需求，总结经验，吸取教训，不断研究制定新对策，才能使牧场不断发展。

5. 创新观念

牧场的生命力在于它的创新能力。创新不仅是指革新技术，同时也包括采取新的生产经营管理方式、销售方式等。

一个牧场如无创新观念，技术守旧，或者经营方式、管理方法和销售渠道墨守成规，会很快被市场淘汰，在竞争中消失。

6. 环境观念

环境是再发展的基础和保障，以牺牲环境所赢得的发展是不能持久的。因此，必须树立可持续发展的观念。在牧场管理中不仅要加强草地资源的保护、规划和建设，加强防止因超载过牧而引起草原沙化、碱化和退化等问题，还要科学处理家畜生产造成的废弃物污染问题。近年来，国家对环境保护越来越重视，出台了多项法律法规保护牧场环境，强调未来牧场的发展不能以损坏环境为代价。根据习近平总书记在中国共产党第二十次全国代表大会上的报告精神，尊重自然、顺应自然、保护自然，是全面建设社会主义现代化国家的内在要求。要推进美丽中国建设，要协同推进降碳、减污、扩绿、增长。牧场生长与经营需要科学治污、依法治污，统筹水资源、水环境、水生态治理，加强土壤污染源头防控，开展新污染物治理，严密防控环境风险。

7. 开发观念

有效的经营必须善于开发和利用可以利用的人力、资金、材料、能源、设备、信息、管理、时间和空间等资源。这些资源的广为开发和利用，能够极大地改善牧场的经营结构，特别是人力和管理资源的开发，可提高牧场的品质和竞争能力。即使是草场、畜群这两个看起来有限的资源，随着科学技术的不断进步和推广运用，其开发的深度和广度也是大有可为的。

8. 时间观念

在市场经济中，时间观念首先意味着对市场变化的信息掌握快、反应快和技术改造快。其次，时间观念要求严格遵守合同规定的交货时间，任何工作要按时完成，不可贻误工期。最后，时间观念要求提高工作效率，节约劳动时间。这是时间观念在现代化大生产中的一个重要体现。

11.2.3.2　明确牧场发展方向

牧场必须以内涵性扩大再生产为主攻方向，走优化资源配置，优化生产流程，在有限的草场上最大限度地增加产出的可持续发展的集约化道路。

草地畜牧业集约经营的特点是在主要环节上集中突破。草地畜牧业是一个非常庞大的系统工程，从组织生产、产品出售到初步加工，可以分解成大大小小的几十个环节，要想在短时期内迅速推动草地畜牧业的集约化起步，就必须抓住那些能够影响整个流程，具有直接产出成果的关键环节进行突破。各地畜牧业的基础和特点各有不同，因此选择的突破口各有不同，但在草地建设、畜种改良、繁殖成活、冬春舍饲和短期育肥这 5 个方面进行突破具有普遍意义。

1. 改良天然草地

改良天然草地是从被动利用草地转入主动建设，从饲草来源的不稳定转向稳定供给的标志。牧场应拥有天然草地、半栽培草地、栽培草地和饲料基地互为补充的稳定饲草来源。具备条件的牧场，应尽可能将天然草场全部改为半栽培草地和栽培草地的二元结构。

2. 加快畜种改良

要在实现家畜良种化的同时逐步实现母畜一级化、公畜特级化。可采用直接人工授精、胚胎移植等技术，努力提高畜种品质。优质畜产品生产是现代牧场的生产目标之一，优良畜种是现代牧场基本的生产资料。畜种改良可以使畜群结构更加优化，有效缓解草畜矛盾，增加牧场收入，同时提高牧场竞争力。

3. 提高繁殖成活率

在改善饲养管理条件的基础上，实现母畜全配全孕，仔畜全活全壮。条件具备时实行计划繁殖产仔技术。

4. 冬春舍饲

从补饲开始，逐步实现冬春半舍饲、舍饲，消除因冷季营养不良造成的繁殖成活率、保畜率、出栏率和绒毛品质与产量的下降，减少掉膘造成的损失。

5. 推行人工育肥

人工育肥是传统游牧畜牧业所没有的生产环节。推广这一新技术、新措施，可以有效地加快畜群周转，把投入各项生产活动中的资金尽快转化为经济效益。牧场的育肥应由易到难，由放牧育肥到舍饲育肥，由普通育肥到强化育肥，逐步发展。可以自繁殖自育肥，也可分散繁殖集中育肥，还可易地育肥或合作育肥。

11.2.3.3 制订生产计划

生产计划就是对一定时期内所从事的生产项目、任务及其所要达到的目标的整体安排。生产计划包括短期计划（以 1 个月或 1 年为期）和长期计划（1 年以上）两种。一般所说的生产计划都是年计划。制订生产计划，一要全面，能统观全局；二要详细、具体、明确；三要切合实际，即目标不要定得太高或太低；四要按时间顺序合理安排工作，分轻重缓急使用劳力。牧场的生产计划有以下几方面的内容。

1. 草畜平衡计划

家畜的饲料需要量计划，即根据所饲养的家畜营养需要推算出饲料需要量。家畜的营养需要等可查阅有关的家畜饲养标准进行较精确的估算。一般粗略估计可按绵羊体重的 5% 计算它的青干草需要量。大家畜按下列关系计算饲料需要量：1 头牛 = 5 只羊，1 头驴 = 4 只羊，1 匹马 = 4.5 只羊，1 峰驼 = 6 只羊。饲料产量预测及补饲计划，包括根据计划和资源投入情况估算各种饲料的产量及牧场饲料总产量；与家畜的饲料需要量比较计算出饲料盈亏状况，如多余饲料的处理、饲料缺乏的补充及来源等。补饲是根据非生长季节草地贮草量的变化而定。随着贮草量逐月减少，补饲量逐渐增加。在合理淘汰并在冷季保持基本繁殖和后备畜群的情况下，补饲量应以能保证畜群维持和生产（如母畜怀孕）营养需要为准。补充饲料包括干草、青贮草、各种块茎块根作物及精饲料。放牧地划区轮牧计划，是按照草地的牧草产量和家畜需要量计算所需放牧草地的面积[放牧家畜需草量(kg)/牧草产量(kg/hm^2)]，再根据当地牧草返青后生长速度确定第一个放牧周期天数（即牧草被采食后长到能再次放牧所需要的时间），最后计算出分区轮牧的小区数及每个小区的面积（草地总面积小区数）。各放牧小区面积加上一定数量的补充草地，即可设计初步的划区轮牧计划。

2. 饲料生产计划

根据畜群对牧草和饲料的需求量安排以下计划：①播种计划，如饲料粮（也有一部分粮食）种类、播种面积、种子数量、播种日期、播种方法、机具及劳动力等。②田间管理计划，如灌水次数、日期、追肥次数、施肥量和清除田间杂草措施等。③收割与贮藏计划，如收割时间与顺序、调制加工方法（包括干草与青贮）、所需机具与劳力等。

3. 畜群生产计划

畜群组织根据所需要的牲畜种类、品种选择和数目组建畜群，实行个体编号，按生产环节制订工作日历。如绵羊生产计划包括配种、妊娠检查和孕期管理、产羔、去势断尾、离乳分群、剪毛药浴、出圈转场、抓膘、补饲育肥、淘汰和兽医防疫等。

指标化管理即规范化或标准化管理，就是一切措施都要指标化，不能盲目地或随意地提出某一措施，指标化管理的所有指标都是从长期实践中不断摸索和总结出来的。草地放牧需要制订科学的放牧压（放牧强度）。家畜生产中还要根据具体情况制订产奶指标、增重指标、疫病防控指标、家畜繁殖率以及饲料 TMR 指标等，并按指标进行管理。目前，牧场指标化管理中的另一重要方面是畜产品养殖废弃物的处理。例如，粪污综合利用率和粪污处理设施装备配套率等都已成为畜牧生产单位或畜牧养殖区域的管理指标。这些指标是度量部门工作成绩的尺子，是牧草管理者管理牧场的重点监控内容。牧场管理要避免出现分指标、指标太多、涉及面太大以及不切实际指标等问题。

11.2.3.4　生产资料的购置

对一些小型的、生产中必需的生产资料应不惜资金购置以免影响生产。购买以前要做采购计划。购置生产资料应坚持因地制宜、因陋就简和艰苦创业的精神，暂时不需要的就不买。能合资购买的就合资购买。国外大部分牧场，它们的中、大型机具由于一户购置使用不合算，就由几户联合购置，共同使用。这既减少了不必要的开支，又提高了机具的使用效率。这在交通不便、商品经济不发达的地区是比较适用的，既可解决自家生产资料不足，又可解决部分商品的销售问题。

牧场置备生产资料还可用如下一些方式。

(1)租用　租用别人的机具，按工作时间付款。

(2)换用　两户之间不同性能机具暂时交换使用。

(3)共用　由两户以上联合投资购买，共同使用。

(4)委托服务　甲方将某一部分工作全部承包给乙方，乙方利用自己的机具及人力完成工作，从甲方得到一定的报酬。例如，私人将机耕任务、割草任务承包给企业，按工作数量、质量付给报酬。这样就减少了固定资产的投资。

11.2.3.5　合理安排劳动力

劳动力的合理使用关系到牧场生存和发展。劳动力使用合理就会创造财富，使用不合理就是一种损失。在劳动力的安排上一般会遇到劳动力不足和劳动力过剩两种情况。当劳动力不足时可采取帮工、雇工、包工和联营。

劳动力充足，就让富余劳力从事基本建设工作，例如翻地、清除草地杂草、修建畜圈、兴修水利和道路等。这些工作虽然不能立刻转移到产品中去，但会以生产资金的形式体现在所形成的固定资产上，作为生产资料而逐渐转移到产品中去。

另外，在劳动力使用上要根据每人体力、年龄、性别、技术水平及特长合理安排工作，尽量做到各尽所能。要实行分工负责制，以充分发挥每个人的主观能动性和特长，但又要便于互相协作、统一管理。

11.2.3.6　生产记录与统计

在牧场生产过程中，根据观测到的准确、完整的数据，详细、清楚地进行生产记录与统计。这是组织牧场生产、改善经营管理、提高工作效率和保证经济效益的重要依据。每一个牧场必须有专人负责，以一定的表格形式进行牧场的生产记录和统计。

11.2.3.7　市场信息与产品销售

牧场生产的产品要及时地销售出去，以加快资金的周转，扩大再生产，并满足社会消费需要。要防止产品的积压、变质，以免造成浪费。在中国特色市场经济日益发展的情况下，既有在互利条件下成立起来的服务组织，又有在竞争中的各种供销渠道供生产者选择。因此，牧场经营者在这方面应该细心研究。

11.2.3.8　牧场管理监测

1. 草地监测预警

草地监测通过建设固定监测点开展长期定位观测和研究，记录草地生态系统生态现象和过程，分析草地对人为干扰和气候变化的响应和适应，在草地生态建设中起着重要的基础性作用。草地监测以遥感技术、地理信息技术、全球定位系统技术为基础，应用先进的模型模拟技术，实现对复杂生态过程的模拟。世界各农林业推广或研究机构都把农业病、虫、鼠害监测预警作为一项重要的工作。在测报信息的分析、传递和发布手段上，日本和韩国早已实现了计算机网络化；美国、德国、荷兰、澳大利亚等国更多的则是把农业病、虫、鼠信息作为服务资源，通过互联网直接传递给农户。

草地监测是通过观测指示物指标来间接测量生态过程的一种方法。草地监测是有秩序地收集、分析和解释草地的信息(数据)，用于对短期和长期管理的指导。同时，以收集的这些指标物信息作为参考，对草地进行评价，判断草地状况是否达到所要求的目标和目的，从而及时判断和调整草地管理方法。及时高效的动态监测信息为安排草原生态建设和开展应急救灾提供了丰富的数据信息支持。

长期监测是对植物群落组成、盖度、结构等变化的测量，是对土壤资源状况长时间变化的测量。这对尽早察觉草地的变化，从而对草地管理方略作出必需的调整是非常重要的。短期监测包括日常观察和记载，可记载每天、每周、每月草地的基本情况，但没有必要去监测每一件事。短期监测一般用于调整管理，而不记载趋势。

草地监测的目的不只为了预测草地生产，更重要的目的是草地风险预警。提高监测预警能力，加快灾情调查速度，可以增强草原灾害预防能力。2005 年，全国畜牧总站研究开发了虫害信息管理系统软件，可以实时传送虫害发生与防控情况，为虫害预警提供了技术基础。发布灾害预警，建立草地灾害风险数据库和编制分灾种草原灾害风险区划图是草地农业风险管理的主要工作内容。

2. 家畜生产监测

现代牧场管理中自动化电子检测技术和牧场信息管理系统的运用把人从繁重复杂的牧场劳作中解放出来。牧场信息管理系统通过传感系统收集重要的数据，经系统计算、分析和整理后提供解决方案供牧场管理者参考。如通过计算机检测奶牛的体温升高和体温变化情况或者通过检测奶牛的运动量判断奶牛是否发情；对奶牛相关身体指标进行监测，通过系统的信息处理机制科学分析奶牛的生理状况；将家畜体重、活动量、编号、出生日期以及家畜病情诊断的历史信息等档案系统地存储在数据库中，便于后续的分析调查处理。阿菲牧是世界上第一个牧场系统软件，主要用于奶牛生产监测。它包括奶牛发情自动监测系统、挤奶管理系统、分群管理系统(通过自动挑选分隔需要关注的牛只)、称重和自动清洗系统。家畜生产监测的最主要作用是把牧场及家畜信息数据化，兽医、配种员和牧场管理者可以通过这些数据进行有效规划和现场跟踪。

现阶段科学家可以利用模型并结合分析技术达到草地载畜量预算和放牧羊营养监测的目的。基本方法包括利用遥感技术和样方法测定、估算草场产草量、使用数学模型和近红外分析法快速测定草场营养成分、通过测定个体放牧羊采食量和消化率等指标计算放牧羊营养物质摄入量并建立模型预测群体放牧羊采食量和采食牧草种类。

11.3 牧场经济预算

牧场预算在牧场管理中占有重要地位，是一个经营单元的核心，是对牧场生产计划和经营计划的重要补充。整个牧场的预算要考虑全部的成本和收入。在对成本管理中，首先要进行成本、产量和利润的分析。

11.3.1　成本—产量—利润分析

成本—产量—利润分析(cost-volume-profit analysis)，又称为盈亏平衡分析或保本分析、损益转折点分析。运用这种方法，可以合理处理成本与产量、利润的关系，正确地确定产品的生产量或销售量，达到降低成本，增加盈利的目的。成本—产量—利润分析的核心是计算盈亏平衡点。所谓盈亏平衡点，是指生产(或销售)产品的总收入，正好等于其总成本的那一点。它是牧场生产(或销售)盈亏的转折点。产量(或销售量)如在该点以下，就会发生亏损；反之，就有盈利。计算盈亏的方法主要有图解法和计算法两种。

11.3.1.1　图解法

坐标图的横轴代表销售量，纵轴代表成本和销售收入金额。根据有关资料，可以在图上画出 3 条直线，一是销售总收入线，二是固定成本线，三是总成本线。总成本等于固定成本加变动成本。销售总收入线和总成本线的相交点，就是盈亏平衡点(图 11-5)。该点表明利润为零，不赚也不亏。从盈亏平衡点向右表明可以获得利润，向左表明将发生亏损。销售总收入线和总成本线的垂直距离就是损益额。

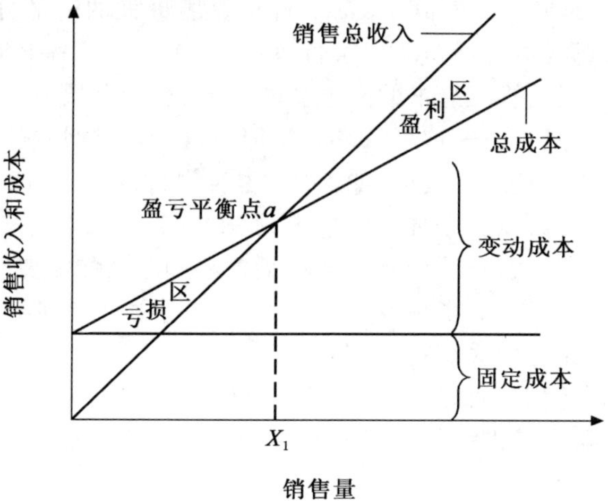

图 11-5　盈亏平衡点图解法示意图

11.3.1.2　计算法

计算法是按一定的代数方程式进行计算。保本点既可以用实物单位，如产量、销售量来表示，也可以用货币单位，如销售额来表示。具体计算方法有以下两种。

1. 产量(销售量)法

根据某一产量或销售量的固定成本和变动成本来确定保本点。其计算公式为：

$$盈亏平衡点的产量(或销售量)=\frac{固定成本}{单位产品销售价格-单位产品变动成本}$$

2. 销售额法

根据某一销售额的固定成本和变动成本确定盈亏平衡点。这种方法主要用于生产多种产品的牧场。其计算公式为：

$$盈亏平衡点的销售额=\frac{固定成本}{1-\frac{变动成本}{销售收入}}$$

11.3.2 牧场预算

预算要对经营状况特别是对支出和收入做个大致了解，避免超越自身的经营能力和经营条件盲目生产，以至于亏本破产。牧场的预算周期包括预算编制、批准、执行、决算编制和审批，也称“预算循环”。牧场的预算工作主要分为经济预算和工作预算。牧场经济预算主要包括牧场资产核算、家畜成本预算、饲料成本预算、家畜产出预算和牧场管理消耗品费用等。工作预算主要是指牧场生产各阶段应当完成的工作(如不同时期草地补播、施肥、奶牛繁育、饲料供应等)，工作预算费用则是以预算为标准所需要的费用。

预算工作中的成本控制对增加牧场经济效益，提高市场竞争力有重要的作用。成本控制要依据全面控制原则、经济效益原则、因地制宜原则、例外管理原则和责权结合原则。牧场的直接生产投入(如饲料、兽药、人工费等)为可变成本，只有控制可变成本才能提高经济效益。固定成本(如牧场建设等)则需要可变成本来稀释。实际上苛求低成本一定会带来很多负面效应，如家畜发病率上升、兽药支出增加等。饲草料是牧场最大的一部分成本，占总牧场成本的70%～80%。要控制牧场成本绝不是减少家畜口粮，而是用科学手段(如提高草地生产力)使家畜吃得更好，更健康。牧场管理追求的是家畜的健康，畜产品质量的提高和成本的降低。

下面是牧场预算的一般方法。这里只举一个简单例子，实际情况要详细得多。

第一，列出资产清单，开列所有资产(如土地、建筑物、机器、设备、家畜、现金及粮食等)的项目与价值，再开列出所有欠款。净资产值报表见表 11-2。

第二，列出家畜预算表。家畜的预算应当包括饲料和草地的需要、生产、损失、后备及出售的家畜数量与质量。总的来讲，家畜预算应当最充分地利用自产饲料和可利用的牧场、土地、劳力、机器和建筑物等。家畜预算表见表 11-3。

第三，制订作物种植计划。种植计划根据土地生产力及家畜对饲料与牧草的需要制订。产量估计应考虑当地土壤的长期平均产量和管理措施(如化肥、农药的施用等)，同时列出种子需要量。作物种植计划表见表 11-4。

表 11-2 净资产值报表 元

牧场资产		牧场债务	
牧场银行余额	4 200	应付票据	800
牧场存贷	1 000	短期应付贷款	1 200
粮食和饲料贮存	23 000	管理贷款	12 000
商品家畜	32 000	家畜贷款	12 000
繁殖家畜	70 000	机器贷款	30 000
机器与设备	98 000	土地租金	150 000
建筑物和牧场设施	50 000		
土地折价	325 000		
合计	603 200	合计	206 000
牧场净资产值＝牧场资产－牧场债务＝603 200－206 000＝397 200 元			

表 11-3　家畜预算表

母牛-犊牛管理	30 头母牛＋1 头公牛
产犊	25 头犊牛，母牛产犊率为 85%
后备牛	4 头
犊牛出售	24 头，平均体重 204.12 kg
出售淘汰母牛	4 头，平均体重 454.5 kg
草地需要	
天然草地 40 hm^2	放牧 7 头母牛(带犊)
公用放牧场	放牧 16 头母牛(带犊)
栽培草地 6.6 hm^2	放牧 7 头母牛(带犊)
茬地放牧	秋季放牧用
饲料需要	
栽培草地干草	30 头母牛＋11 头公牛＋4 头后备牛，平均需干草 700 kg/头，共需干草约 25 000 kg
割草地	20 hm^2，平均产干草 3 750 kg/hm^2
燕麦	4 100 kg
秸秆(垫草与饲草)	25 000 kg

表 11-4　作物种植计划表

种类/hm^2	面积/hm^2	单产/(kg/hm^2)	总产量/kg	种子/kg	饲料/kg	自用或出售总量/kg
小麦	10	4 000	40 000	1 200		38 800
燕麦	3.3	2 600	8 580	250	4 100	4 230
油菜	13.3	2 000	26 600	—	—	26 600
割用栽培草地	20	3 750	75 000	—	75 000	—
放牧用栽培草地	2.3	—	—	—	—	—
天然草地	26.6	—	—	—	—	—

第四，做一份现金支出账单，依据牧场计划把各种投入如化肥、农药及饲料的数量列出(表 11-5)。

第五，准备一份牧场收入小结(表 11-6)。

第六，计算牧场报酬。报酬总结是将现金支出、折旧及债务利息从估计的收入中减去，得出牧场的净收入(表 11-7)。

表 11-5　牧场现金支出表　　万元

项目	金额
机器操作(燃料、油料、修理等)	0.40
牧场建筑物(修理、保险)	0.06
种植费(肥料、农药、种子、作物保险)	0.86
家畜开支(兽医、医药、维生素、矿物质)	0.16
其他(电力、水费、税金)	0.13
雇请临时工	0.15
利息支付	0.18
现金支出合计	1.94

表 11-6 牧场计划收入小结

项目	计量单位	数量	自用或出售总量/kg	单价/(元/kg)	单价/(元/头)	金额/万元
小麦	hm^2	10	38 800	2.00		7.76
燕麦	hm^2	3.3	5 550	0.27		0.11
菜籽	hm^2	13.3	26 600	2.00		5.32
犊牛	头	24			2 000	4.8
淘汰母牛	头	4			4 000	1.6
其他						0.15
牧场收入合计						19.74

表 11-7 牧场报酬总结 万元

项目	金额	项目	金额
总收入	19.74	建筑物折旧	1.30
现金支出	1.94	其他支出*	2.50
机器折旧	0.62	牧场净收入	13.38

* 如债务或利息等,如果项目繁多应逐个列出。

以上各表中所列出的小麦等单产为中等管理水平的平均产量,生产中耕作条件不同产量差异很大。各表中价格为本书编写时的市场参考价。进行具体预算编写时应务必了解当地市场价格动态变化。

11.3.3 资金周转

11.3.3.1 资金量

牧场的生产和资金的使用,首先要估计资金的数量。资金数量是现有资金和借贷资金的总和。当牧场资金不足时往往要借贷资金以便进行正常生产。借贷资金的来源一般有私人借贷、银行贷款和入股投资。

11.3.3.2 资金的投入和循环

牧场的生产就是从拿钱(即货币资金)购买必需的生产资料开始(即产前),其中用于修建畜舍、购机具等的资金称为固定资金,把用于购买种子、雇临时工、水电、燃料和饲料等的费用称为流动资金。固定资金以物质形态全部参加生产过程。它的价值一部分转移到产品中去,另一部分以逐渐磨损(即有形和无形的磨损)的程度按折旧计入产品的成本中。其特点是周转速度慢。流动资金在一个生产周期中全部消费掉,其价值也全部转移到新产品上去,出售商品之后,以货币形式收回,完成一次周转。因此,在资金投入上要控制投入量,特别是控制固定资金的投入(根据经验,固定资金的投入量在总投入量中一般不超过 30%),不能乱花钱,尽量用最少的钱办更多的事情。用资金购买生产资料,使资金由货币变为生产形式(即生产资金),这就是资金流动的第一阶段。

第二阶段是生产过程,劳动者和生产资料结合生产出产品,使资金由生产形式变为商品形式。这是投入资金增值的主要阶段。

第三阶段是牧场出售自己的产品，并且获得盈利，产品形式又回到货币的形式。这就是资金的循环。

11.3.3.3　资金周转

周而复始的资金循环叫资金周转。资金周转的快慢表明牧场使用资金的效果。资金周转的时间是以资金通过生产领域（即产中）和流通领域（产前、产后）所需的时间。资金周转的速度一般以一年内资金周转的次数来表示。由于资金作为基本生产要素之一进入再生产过程，就参与了剩余产品的分割，因此，资金周转越快，每次资金循环的时间就越短，资金利用率就越高，资金增值（即创造）的纯收益就越多。加快资金的周转，可采取如下措施。

1. 提高固定资金的使用效果

其主要途径：一是保养好设备，延长使用寿命；二是科学地使用设备，充分利用设备的生产能力，提高利用率；三是提高折旧率（我国的设备往往要 20～30 年才能折旧完毕，而国外现在一般只有 5 年左右），根据条件及时更新设备，提高劳动生产率；四是提倡大、中型设备的共用、借用及互用，限制固定资金投资量。

2. 提高流动资金的使用效果

学习和采用新技术，提高劳动生产率，加快流动资金的周转速度。科学地估算物资的储备，既要保证生产需要，又不致造成积压。科学地分析市场情况和组织商品的销售，使产品适销对路，加快商品的出售，减少流通领域对资金的占用。

3. 提高货币资金的使用效果

货币只有投入生产，才有利于增值。要充分利用财力，恰当地投入生产，以便创造出更多的财富。

11.3.4　成本核算

牧场经过一个生产周期或一年后就要全面考察生产的经济效果。讲求经济效果，就要实行记账算账，对劳动占有、劳动消耗和它的成果加以计算、比较、分析，这就是经济核算。由于牧场是自主经营、自负盈亏和相对独立的经济实体，因此可以独立地进行经济核算。

牧场实行经济核算，是以自己销售产品的收入抵偿支出并获得盈利。成本主要指再生产产品的支出，包括生产资料费用（如购买家畜、饲草、种子、农药、燃料、劳动力等费用）、设备折旧费和劳务费等支出项目。这种核算叫成本核算。

产品的市场价格称之为销售价格。我们把产品成本与销售价格的差额称为牧场的盈利或者是纯收入，若销售价格＞产品成本，则牧场盈利。这时，销售价格－产品成本＝纯收入（或盈利）。若销售价格＜产品成本，则牧场亏损。这时，销售价格－产品成本＝亏损量（或亏本量）。

牧场的盈利水平，用盈利率来表示，有如下几种表达方式。

产值利润率＝利润/产品产值。

成本利润率＝利润/产品成本。

资金利润率＝利润/牧场占有的资金总量。

资金利润率比较全面地反映出牧场使用资金的经济效果。因此，它是一个反映牧场经营状况的极其重要的综合性指标。

11.4 典型牧场管理

11.4.1 北方农区肉牛养殖场

在中国北方农区，天然草地面积有限，植物生长期短。但农区每年都生产大量的农作物秸秆及粮食副产品，为肉牛养殖提供了极好的条件。近年来，牛肉的市场需求量逐年增加，价格稳定。饲养肉牛已成为农区农民收入的重要来源。

在草原牧区，春季休牧和退化草地禁牧措施的实施，要求肉牛饲养者提高牲畜的出栏率和商品率，加速畜群周转，保护草地资源，降低饲养成本。这样，每年都会有大批犊牛和架子牛转移到饲养条件较好的农区进行易地快速育肥，从而也促进了农区养牛业的发展，加速了农牧区肉牛饲养业的产业化分工，提高了区域化养殖水平和养殖效率，有利于各种资源的合理配置和先进养殖技术的推广应用。

农区肉牛养殖的特点是家庭为主，规模较小，分散经营，种养结合，灵活高效。农区养牛户分 3 种基本类型：第一种是单纯对架子牛进行育肥；第二种是单纯饲养母牛，以生产犊牛为商品；第三种是既饲养母牛生产犊牛，又进行架子牛育肥。饲养母牛的家庭也少量挤牛奶自用或销售。

从发展趋势看，第一种类型将成为农区养牛业的主流。下面介绍一个家庭育肥牛场的典型模式。

11.4.1.1 饲养规模

每年育肥两次，分夏秋季和冬季。夏秋季育肥是在 4—5 月份购进农区成年或青年黄牛、奶牛公犊及淘汰牛，饲养 20 头，育肥期 90 d 左右，在 7—8 月份出栏。冬季育肥是在 11 月份、12 月份购进架子牛，饲养规模 40 头，育肥 120 d 后出栏，最长育肥期为 150 d。

11.4.1.2 肉牛品种

当前育肥肉牛的品种比较丰富，常见的有蒙古牛、乌珠穆沁牛、夏洛来牛、利木辛牛、海福特牛、安格斯牛、短角牛和草原红牛等。除此之外，黑白花小公牛、淘汰的黑白花母牛也常用来育肥。为了达到最佳的育肥效果，架子牛应选择当地土种黄牛与优良品种的杂交一代或其他品种的杂交一代。育肥小公牛在 1 岁前不去势。

11.4.1.3 育肥牛来源

由草原牧区生产的犊牛和农区生产的犊牛在当地饲养到架子牛阶段，通过签订长期合同购买或进行临时性购买。夏秋季育肥牛可通过牲畜交易市场购买(图 11-6)。

11.4.1.4 饲料平衡

养殖场有可耕种土地 1.5 hm^2，其中一半种植玉米，一半种植苜蓿。玉米收获后主要作为精料来源，秸秆作为冬季牛的粗料。一般情况下，玉米籽实单产为 12 000 kg/hm^2，每年的收获量约为 9 000 kg。秸秆单产为 15 000 kg/hm^2，每年的干物质收获量为 11 250 kg。苜蓿多次刈割的干物质产量为 10 000 kg/hm^2，年收获量为 7 500 kg。

夏秋季育肥牛的饲料以苜蓿鲜草和精料为主。每头牛育肥期平均体重按 260 kg 计，每天每头牛喂 3 kg 混合精料，其中玉米粉占 80%，90 d 育肥期共需玉米 4 320 kg。每天每头牛食苜蓿干草为 4 kg，育肥期共需干草 7 200 kg。每天饲喂 8 kg 粉碎的玉米秸或其他青饲料。

冬季育肥牛的饲料以粉碎的玉米秸加混合精料为主。由于玉米秸秆不能被完全采食，每天每牛按 13 kg 计算，40 头架子牛日消耗 520 kg，育肥期 120 d，共需玉米秸秆 62 400 kg。混合精料每头每日为 4 kg，育肥期共需 19 200 kg。饲料配方见表 11-8。

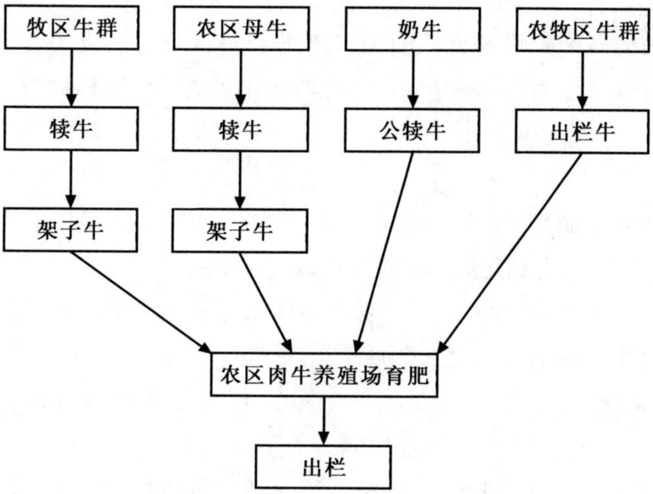

图 11-6　牛源采购及育肥出栏过程

表 11-8　冬季架子牛育肥典型饲料配方　　%

玉米	麦麸	胡麻饼	骨粉	食盐	尿素	小苏打	添加剂
65	15	15.8	1	0.5	1	0.7	1

该配方的营养指标为干物质 90.47%，代谢能 2.8 Mcal/kg，粗蛋白质 17.2%，钙 0.44%，磷 0.57%，可以完全满足牛的需要。需注意的是，前期饲喂量要少，按每千克体重 1%的量喂给，以后逐渐增加，最多时可达 5 kg/(d·头)。尿素和小苏打(碳酸氢钠)要用水溶解后与其他成分充分混合后饲喂，以防中毒，喂后不可立即饮水。根据此配方，共需玉米 12 480 kg。

饲养场全年需要外购饲料量大约为玉米籽实 7 800 kg，玉米秸秆 65 550 kg，麦麸 2 880 kg，胡麻饼 3 000 kg，以及少量其他添加剂。苜蓿的生产量可以满足需要。如果对玉米秸秆进行膨化或微贮处理，提高其采食率或缩短育肥期，都可以节省饲料，减少购入量，提高收益。有条件的话可增加青干草贮备，减少玉米秸秆用量，并减少精料用量。也可以租用其他农户土地，扩大自我种植。

11.4.1.5　快速育肥方法

为了达到科学饲养、快速育肥的目的，应掌握以下几个关键环节。

1. 科学分期

架子牛快速育肥一般需 90～120 d，在饲养上分为 3 个阶段，即育肥前期(适应期)、育肥中期和育肥后期。

2. 驱虫

为确保育肥牛的健康生长，在开始育肥前的 3～5 d，应对育肥牛进行一次统一彻底的驱虫。驱虫可用兽用敌百虫、丙硫苯咪唑等药物，一般驱虫率为 90%～100%。

3. 不去势

小公牛在一岁前不去势，往往具有很强的生长优势，肉的品质好。

4. 限运动

限制肉牛运动是提高肉牛快速育肥的关键措施。对育肥肉牛应实行一牛一桩的全舍饲喂养，拴系牛绳不易太长，一般为 50～60 cm，以防增大活动范围，互相碰撞。一般一头牛占 4～5 m^2 空间。

5. 刷拭

刷拭可增加牛体血液循环，提高牛的采食量，增加牛对饲养人员的亲近感。刷拭一般一日 2 次，喂牛后即可进行，先从头到尾，再从尾到头，反复刷拭。

育肥前期(预饲期)为 15 d 左右，也是架子牛转入强化育肥的适应期。新购入的架子牛，在饲料搭配上以优质粗饲料为主，适当增加食盐，并给予充足的饮水。从进场的 3～4 d 起可喂精料，日粮蛋白质含量为 12%，每天喂 1.5～2 kg，使其尽快适应舍饲育肥环境和饲养管理条件。

育肥中期为 50～60 d。这个时期育肥牛已完全适应各方面的条件，采食量增加，生长速度快，应增加各种饲料的喂给量，日粮蛋白质含量为 11%，精料日喂给量 3～4 kg，粗饲料自由采食，以满足牛快速生长的需要。

育肥后期为 30～45 d。这个时期脂肪沉积能力增强，应调整日粮的能量和蛋白质比例，增加日粮中的能量饲料，减少日粮中的蛋白质含量。日粮蛋白质含量为 10%，精料日喂给量为 5 kg。

育肥牛每天在固定的时间饲喂 2～3 次，每次饲喂 1.5～2 h。饲喂时按照每头育肥牛应供给的营养所确定的饲料量来饲喂，不可任意增减。一般的饲喂次序为先粗后精，即先喂干草(玉米秸秆)，再喂精料。冬季每天在喂饲后 0.5 h 饮水 1 次，中午再饮水 1 次，饮用 25 ℃的温水。夏秋季除按冬季的饮水次数外，增加一次夜间饮水。

肉牛生长的最适宜温度为 7～27 ℃，寒冷和暑热均影响牛的生长。为提高冬、夏季架子牛的育肥效果，牛舍必须冬暖夏凉。冬季实行舍饲，舍内温度保持在 5 ℃以上。夏季防暑降温，可采用在舍内安装电风扇或用凉水喷洒地面的方法降温。

11.4.1.6　卫生及粪便处理

在育肥牛饲养中，要保持圈舍和牛床的清洁卫生。对粪便要及时清理，保持通风干燥。对食槽也要定期清理，避免沙石、金属丝、塑料袋、粪块等混入料内。注意粪便的堆放要远离水源和住所，以免造成污染。夏季要防止降雨后形成粪便污水。牧场能否妥善处理养殖废弃物，是其能否持续发展的关键因素。目前，一些地区采用关停政策推行污染问题的解决。牧场需要改变粗放式的生产和经营模式，探索种养结合循环发展新模式，实现可持续发展。例如，北方地区的牛粪暖季发酵，制成熟化的有机肥施入耕地中；养牛户修建沼气池，生产沼气和肥料，既环保又卫生，是粪便处理较理想的方式。

养殖场的粪污处理关系到当地居民生活环境的改善，要尽量把粪污转化为农用有机肥或农用能源。规模化养殖场或大型养殖场要配置粪污处理设施。

11.4.2　奶牛场管理

11.4.2.1　人员组成

一个奶牛场的人员组成主要有牧场经理、财务经理、采购员、饲养员和挤奶工等。大型牧场还应增设行政部门、IT 部门、挤奶厅、兽医部门、繁育部门、犊牛部门、卫生部门和后勤部门等。家庭牧场人员组成相对简单，工作人员大多为身兼数职者。大规模牧场则更注重各部门人员的专业能力。

11.4.2.2　牛奶生产管理

牛奶生产管理的主要目的是提高牛奶产量和乳脂率，降低挤奶场所挤牛奶中的细菌总数、肠杆菌总数和嗜热菌总数等，确保各项指标符合标准。另外还需要监测奶牛体温和乳腺炎发生率等，做好奶牛健康管理。

11.4.2.3　奶牛繁育

每周进行奶牛孕检，日常记录奶牛怀孕率、产犊间隔、繁殖障碍淘汰率、青年牛产犊月龄和产后 50(55)～85 d 时参配率等，并保证各项指标合格。

11.4.2.4　犊牛管理

做好分娩管理，保证犊牛存活率；对新生牛犊进行消毒、打耳标、称重；犊牛出生 1 h 内饲喂初乳，18～24 h 后开始饲喂常乳，3 d 后开始给水并进行精料训练，保证犊牛岛不断水以及精料桶不缺精料；犊牛生长过程中要进行身高体重等生长监测；关注犊牛生病情况；做好犊牛舍卫生管理。

11.4.2.5　饲喂管理

饲喂管理比较复杂，不同品种、生育时期以及生产目标的奶牛日粮组成和饲喂方式有很大区别，因此饲喂时要对奶牛进行分群。如产奶牛和围产经产牛每天饲喂 3 次，干奶牛、头胎围产牛和青年牛每天饲喂 2 次，喂食量和饲喂时间也要根据奶牛分群和剩料情况进行调整。日粮配方下达后要制定《各牛舍每天日粮供应量》以及《送料时间顺序表》。配方更换要根据泌乳天数、产奶量各牛舍平均单产、干物质采食量、奶牛体重等综合考虑。更换配方时要逐渐过渡，过渡期为 7 d，以使奶牛可以适应新日粮。过渡期须注意观察牛的采食量和消化情况。

11.4.2.6　疾病防控

控制奶牛乳房炎、蹄病、产后瘫、胎衣不下、酮病、牛球虫等疾病发生率；提高疾病治愈率，降低淘汰率，严格预防传染病；巡圈时要保证能够 100％鉴定病牛；对泌乳牛定期进行保健修蹄。

11.4.2.7　卫生及粪便处理

与北方农区肉牛养殖场类似。

11.4.3　牧区羊场管理

11.4.3.1　划区轮牧

将放牧场地划分为多个放牧地与围封地。围封时间长短根据牧草生长恢复情况和家畜生产需要而定，一般优先考虑牧草恢复情况。放牧时制订放牧计划，明确放牧周期与放牧顺序，并根据放牧地牧草长势及牧草类型制定合理的补饲方案。

11.4.3.2 分群管理

为了便于管理,一般将羊群分为种公羊、成年母羊(又可分为妊娠母羊、哺乳母羊和空怀母羊)、后备母羊、羔羊和育肥羊,进行分群放牧和饲喂。分群放牧要根据放牧时间和放牧地点制定各羊群放牧顺序,避免重合。

11.4.3.3 羊只生产计划管理

羊场管理中要根据羊群生产性能制订短期或长期的生产、销售和消耗计划。羊只生产管理内容包括:羊只饲养前期的准备工作,如具体饲养方式的选择、羊场的布局等;饲养计划的编制,羊群结构组成与变化情况等。

11.4.3.4 饲料供应

牧区羊只生产中的饲料主要有两种:天然牧草和人工补饲饲料。天然牧草是牧区羊只生产的优选饲料。放牧不但节省成本还对畜产品品质的提高有重要作用,但是过多依赖放牧地势必造成草地的退化。因此,放牧一定要在合理放牧压(放牧强度)条件下进行。人工补饲一般是在放牧羊晚上归群后进行,合理补饲可以有效提高羊只生产性能。在牧草枯黄季,补饲是主要的饲料供应方式,要提前做好饲料储备。

11.4.3.5 羊群疾病防治

羊群疾病防治要做好疫苗注射计划,定期对羊舍消毒,及时诊断疾病和采取有效治疗,并对病羊进行隔离。

11.4.3.6 卫生及粪便处理

双层地板羊舍的羊只活动层地板有一定缝隙,羊粪可以从上层地板掉落并聚集于下层地板。下层地板呈抽屉式,可活动,或者上下层地板之间有一定空间以方便每天清理粪便。此外还需要定期对地板进行彻底清洗消毒。简易羊舍地板需人工每天进舍清理粪便,并定期进行消毒。牧场要严格执行环境保护法、畜禽规模养殖污染防治条例、土壤污染防治计划等法规。依牧场规模建设污染防治配套设施并保持正常运行,或者委托第三方进行粪污处理。

思考题

1. 草地牧场系统耦合生产的概念和特点是什么?
2. 牧场生产计划的制订包括哪些内容?
3. 举例说明牧场预算的一般方法。

参考文献

[1] 奥得姆. 系统生态学(中文版). 北京:科学出版社,1993.
[2] 蔡晓明. 生态系统生态学. 北京:科学出版社,2000.
[3] 道尔吉帕拉木. 集约化草原畜牧业. 北京:中国农业科技出版社,1996.
[4] 邓楠. 21世纪中国农业发展战略. 北京:中国农业出版社,2001.
[5] 符义坤,孟宪政,沈景林. 草地农学. 兰州:甘肃民族出版社,1996.
[6] 洪军,倪亦非,杜桂林,等. 我国天然草原虫害危害现状与成因分析. 草业科学,2014,31(7):1374-1379.
[7] 侯扶江,南志标,肖金玉,等. 重牧退化草地的植被、土壤及其耦合特征. 应用生态学报,2002,13(8):915-922.

[8] 蒋建生，任继周，蒋文兰. 草地农业生态系统的自组织特性. 草业学报，2002，11(2)：1-6.
[9] 蒋文兰，瓦庆荣，刘兴元. 贵州岩溶山区绵羊宿营法改良天然草地综合研究. Ⅰ. 绵羊宿营时间、强度及牧草混播组合的处理效果. 草业学报，1996，5(1)：17-30.
[10] 李文华. 生态农业——中国可持续农业的理论与实践. 北京：化学工业出版社，2003.
[11] 李镇清，任继周. 能网自组织与生态系统耦合. 草业学报，1995，4 (2)：6-10.
[12] 李自珍，何俊红. 生态风险评价与风险决策模型及应用——以河西走廊荒漠绿洲开发为例. 兰州大学学报，1999，35 (3)：149-156.
[13] 林而达. 减缓 CH_4 排放的技术选择与对策. 国家科委专家组研究报告，1992.
[14] 林慧龙，侯扶江. 草地农业生态系统中的系统耦合与系统相悖研究动态. 生态学报，2004，4(6)：1252-1258.
[15] 林慧龙，任继周，傅华. 草地农业生态系统中的能值分析方法评介. 草业学报，2005，14(4)：1-7.
[16] 林慧龙，肖金玉，侯扶江. 河西走廊山地-荒漠-绿洲复合生态系统耦合模式及耦合宏观经济价值分析——以肃南山地-张掖北山地区荒漠-临泽绿洲为例. 生态学报，2004，24(5)：965-971.
[17] 刘科，邢广忠，杨以亭. 秸秆饲料加工与应用技术. 北京：金盾出版社，2001.
[18] 刘兴元，王锁民，郭正刚. 半干旱地区农业资源的复合经营模式及生态经济耦合效应研究. 自然资源学报，2004，19(5)：624-631.
[19] 刘巽浩，高旺盛，朱文珊. 秸秆还田的机理与技术模式. 北京：中国农业出版社，2001.
[20] 马彩虹，赵先贵. 陕西省人口-耕地-粮食系统耦合态势研究. 干旱地区农业研究，2005，23(5)：217-221.
[21] 任继周，李向林，侯扶江. 草地农业生态学研究进展与趋势. 应用生态学报，2002，13(8)：1017-1021.
[22] 任继周，刘学录，侯扶江. 生物的时间地带性及其农学涵义. 应用生态学报，2002，13(8)：1013-1016.
[23] 任继周，南志标，郝敦元. 草业系统中的界面论. 草业学报，2000，9 (1)：1-8.
[24] 任继周，南志标，林慧龙. 以食物系统保证食物(含粮食)安全实行草地农业，全面发展食物系统生产潜力. 草业学报，2005，14(3)：1-10.
[25] 任继周. 藏粮于草施行草地农业系统——西部农业结构改革的一种设想. 草业学报，2002，11(1)：1-3.
[26] 任继周. 草地农业生态学. 北京：农业出版社，1995.
[27] 任继周. 草地农业系统持续发展的原则理解. 草业学报，1997，6(4)：2-6.
[28] 任继周. 草地农业系统的发展过程与展望. 草业学报，2001，10：35-43.
[29] 任继周. 回溯中国西南岩溶地区草地-畜牧系统的开发研究. 草业学报，1999，8(1)：1-11.
[30] 任继周. 轻视畜牧业将贻害中国农业. 光明日报，2002-10-18.
[31] 任继周. 系统耦合在大农业中的战略意义. 科学杂志，1999(6)：12-14.
[32] 任继周. 中国农业史的起点与农业对草地农业系统的回归——有关我国农业起源的浅议. 中国农史，2004，3：4-8.
[33] 史德宽. 农牧交错带在持续发展战略中的特殊地位. 草地学报，1999，7(1)：17-21.

[34] 斯佩丁. 草地生态学. 贾慎修，译. 北京：科学出版社，1983.
[35] 孙吉雄. 草地培育学. 北京：中国农业出版社，2000.
[36] 孙儒泳. 普通生态学. 北京：高等教育出版社，1993.
[37] 张卫建，谭淑豪，江海东，等. 南方农区草业在中国农业持续发展中的战略地位. 草业学报，2001，10(2)：1-7.
[38] 蒋文兰，张英俊，符义坤，等. 绵羊宿营法防除天然草地灌木杂草研究. 草业学报，1999(S1)：6.
[39] 张英俊. 农田草地系统耦合生产分析. 草业学报，2003，12 (6)：10-17.
[40] 朱邦长. 关于中国南方发展人工草地的一些问题. 中国南方草地畜牧业学术讨论会论文集，1993：91-94.
[41] Bell M J, Bridge B J, Harch G R, et al. Physical rehabilitation of degraded krasnozems using ley pastures. Australian Journal of Soil Research, 1997, 35(5):1093-1113.
[42] Chan K Y, Mead J A. Water movement and macropo rosity of an Australian Alfisol under different tillage and pasture conditions. Soil and Tillage Research, 1988, 14(4):301-310.
[43] Douglas J T, Goss M J. Stability and organic matter content of surface soil aggregates under different tillage and pasture conditions. Soil and Tillage Research, 1982, 2(2):155-175.
[44] Douglas J T, Koppi A J, Moran C J. Alteration of the structural attributes of a compact clay loam soil by growth of a perennial grass crop. Plant and Soil, 1992, 139(2):195-202.
[45] Greenland D J. Changes in the nitrogen status and physical condition of soils under pastures with special reference to the mainte-nance of fertility of Australian soils used for growing wheat. Soils and Fertilizers, 1971, 34:237-251.
[46] Gardner W K, Fawcett R G, Steed G R. Crop production on duplex soil in south-eastern Australia. Austrilian Journal of Experimental Agriculture, 1992, 32(7):915-927.
[47] Mitchell W H, Tell M R. Winter annual cover crops for no-tillage corn production. A grono my Journal, 1977, 69(4):569-573.
[48] Perfect E, Kay B D, van Loon W K P, et al. Factors influencing soil structural stability within a growing season. Soil Science Society of American Journal, 1990, 54(1):173-179.
[49] Prasad R, Power J F. Crop residue management. Advances in Soil Science, 1991, 15:205-251.
[50] Scott T W, Pleasant J M, Burt R F, et al. Contribution of ground cover, dry matter and nitrogen from intercrops and cover crops in a polyculture system. Agronomy Journal, 1987, 79(5):792-798.
[51] Stone J A, Buttery B R. Nine forages and the aggregation of a clay loam soil. Canadian Journal of Soil Science, 1989, 69(1):165-169.

附表 植物拉丁名

植物名	拉丁名
醉马草	*Achnatherum inebrians*
芨芨草	*Achnatherum spledens*
乌头	*Aconitum carmichaelii*
草乌头(北乌头)	*Aconitum kusnezoffii*
獐毛	*Aeluropus sinensis*
龙芽草	*Agrimonia pilosa*
冰草	*Agropyron cristatum*
沙生冰草	*Agropyron desertorum*
沙芦草	*Agropyron mongolicum*
小糠草	*Agrostis alba*
斗篷草	*Alchemilla japonica*
葱属	*Allium*
野葱	*Allium chrysanthum*
野蒜	*Allium macrostemon*
蒙古韭	*Allium mongolicum*
细叶葱	*Allium tenuissimum*
山韭	*Allium senescens*
看麦娘	*Alopecurus aequalis*
大看麦娘	*Alopecurus pratensis*
沙冬青	*Ammopiptanthus mongolicus*
紫穗槐	*Amorpha fruticosa*
无叶假木贼	*Anabasis aphylla*
北美草原三芒草	*Aristida oligantha*
杏	*Armeniaca vulgaris*
燕麦草	*Arrhenatherum elatius*
蒿属	*Artemisia*

续附表

植物名	拉丁名
变蒿	*Artemisia commutata*
沙蒿	*Artemisia desertorum*
冷蒿	*Artemisia frigida*
蒙古蒿	*Artemisia mongolica*
黄蒿	*Artemisia scoparia*
白沙蒿	*Artemisia sphaerocephala*
碱蒿	*Artemisia anethifolia*
野古草	*Arundinella anomala*
黄耆属	*Astragalus*
沙打旺	*Astragalus adsurgens*
黄耆	*Astragalus membranaceus*
紫云英	*Astragalus sinicus*
变异黄芪	*Astragalus variabilis*
草木樨状黄耆	*Astragalus melilotoides*
西伯利亚滨藜	*Atriplex sibirica*
燕麦	*Avena sativa*
饲用甜菜	*Beta vulgaris*
鬼针草	*Bidens pilosa*
格兰马草	*Boutelou gracilis*
臂形草	*Brachiaria eruciformis*
芜菁	*Brassica rapa*
无芒雀麦	*Bromus inermis*
雀麦	*Bromus japonicus*
拂子茅	*Calamagrostis epigeios*
沙拐枣	*Calligonum mongolicum*
荠菜	*Capsella bursapastoris*
柠条	*Caragana korshinskii*
小叶锦鸡儿	*Caragana microphylla*
锦鸡儿	*Caragana sinica*
苔草属	*Carex*
寸草苔	*Carex duriuscula*

续附表

植物名	拉丁名
黄囊苔草	*Carex korshinskyi*
草原苔草	*Carex liparocarpos*
雪松	*Cedrus deodara*
角果藜	*Ceratocarpus arenarius*
驼绒藜	*Ceratoides latens*
白屈菜	*Chelidonium majus*
虎尾草	*Chloris virgata*
蒿子秆	*Chrysanthemum carinatum*
毒芹	*Cicuta virosa*
刺儿菜	*Cirsium setosum*
无芒隐子草	*Cleistogenes songorica*
糙隐子草	*Cleistogenes squarrosa*
芹叶铁线莲	*Clematis aethusifolia*
党参	*Codonopsis pilosula*
紫芋	*Colocasia tonoimo*
飞燕草	*Consolida ajacis*
银灰旋花	*Convolvulus ammannii*
小冠花	*Coronilla varia*
牛心朴子(原名:华北白前)	*Cynanchum hancockianum*
狗牙根	*Cynodon dactylon*
鸭茅	*Dactylis glomerata*
胡萝卜	*Daucus carota*
小叶章	*Deyeuxia angustifolia*
马唐	*Digitaria sanguinalis*
稗子	*Echinochloa crusgalli*
稗草	*Echinochloa crusgalli*
沙枣	*Elaeagnus angustifolia*
披碱草	*Elymus dahuricus*
垂穗披碱草	*Elymus nutans*
老芒麦	*Elymus sibiricus*
麻黄	*Ephedra sinica*

续附表

植物名	拉丁名
木贼麻黄	*Ephedra equisetina*
问荆	*Equisetum arvense*
木贼	*Equisetum hyemale*
丁香	*Syzygium aromaticum*
狼毒	*Euphorbia fischeriana*
欧大戟	*Euphorbia virgata*
羊茅	*Festuca ovina*
草甸羊茅	*Festuca pratensis*
中华羊茅	*Festuca sinensis*
紫羊茅	*Festuca rubra*
线叶菊	*Filifolium sibiricum*
茴香	*Foeniculum vulgare*
贝母属	*Fritillaria*
顶冰花	*Gagea lutea*
龙胆	*Gentiana scabra*
串珠老鹳草	*Geranium transversale*
蝎子草	*Girardinia suborbiculata*
甘草	*Glycyrrhiza uralensis*
禾本科	*Gramineae*
梭梭	*Haloxylon ammodendron*
羊柴	*Hedysarum leave maxim*
向日葵	*Helianthus annuus*
狗娃花	*Heteropappus hispidus*
沙棘	*Hippophae rhamnoides*
大麦	*Hordeum vulgare*
天仙子	*Hyoscyamus niger*
枪刀菜	*Hypoestes cumingiana*
马蔺	*Iris lactea*
杜松	*Juniperus rigida*
盐爪爪	*Kalidium foliatum*
细枝盐爪爪	*Kalidium gracile*

续附表

植物名	拉丁名
嵩草属	*Kobresia*
长芒嵩草	*Kobresia longearistita*
卵穗细嵩草	*Kobresia schoenoides*
西藏嵩草	*Kobresia tibetica*
纤细嵩草	*Kobresia yangii*
木地肤	*Kochia prostrata*
洽草属	*Koeleria cristata*
鹤虱	*Lappula myosotis*
牧地山黧豆	*Lathyrus pratensis*
矮火绒草	*Leontopodium nanum*
胡枝子	*Lespedeza bicolor*
达乌里胡枝子	*Lespedeza davurica*
胡枝子属	*Lespedeza Michx.*
羊草	*Leymus chinensis*
赖草	*Leymus secalinus*
橐吾	*Ligularia sibirica*
百合属	*Lilium*
多花黑麦草	*Lolium multiflorum*
多年生黑麦草	*Lolium perenne*
百脉根	*Lotus corniculatus*
枸杞	*Lycium chinense*
苹果	*Malus pumila*
黄花苜蓿	*Medicago falcata*
金花菜	*Medicago polymorpha*
扁蓿豆	*Medicago ruthenica*
紫花苜蓿	*Medicago sativa*
杂花苜蓿	*Medicago varia*
白花草木樨	*Melilotus albus*
草木樨	*Melilotus officinalis*
薄荷	*Mentha canadensis*
桑	*Morus alba*

续附表

植物名	拉丁名
栉叶蒿	*Neopallasia pectinata*
白刺	*Nitraria tangutorum*
红豆草	*Onobrychis viciifolia*
高山棘豆	*Oxytropis alpina*
小花棘豆	*Oxytropis glabra*
冰川棘豆	*Oxytropis proboscidea*
甘肃棘豆	*Oxytropis kansuensis*
黄花棘豆	*Oxytropis ochrocephala*
毛瓣棘豆	*Oxytropis sericopetala*
野罂粟	*Papaver nudicaule*
牧冰草	*Pascopyrum smithii*
骆驼蓬	*Peganum harmala*
中亚白草	*Pennisetum centrasiaticum*
叉毛蓬	*Petrosimonia sibirica*
猫尾草	*Uraria crinita*
块茎糙苏	*Phlomis umbrosa*
芦苇	*Phragmites australis*
云杉	*Picea asperata*
半夏	*Pinellia ternata*
黑松	*Pinus thunbergii*
油松	*Pinus tabuliformis*
车前	*Plantago asiatica*
侧柏	*Platycladus orientalis*
桔梗	*Platycodon grandiflorus*
蓝雪科	*Plumbaginaceae*
一年生早熟禾	*Poa annua*
草地早熟禾	*Poa pratensis*
西伯利亚蓼	*Polygonum sibiricum*
黄精	*Polygonatum sibiricum*
加拿大杨	*Populus canadensis*
星毛委陵菜	*Potentilla acaulis*

续附表

植物名	拉丁名
鹅绒委陵菜	*Potentilla anserina*
沙鞭	*Psammochloa villosa*
新麦草	*Psathyrostachys juncea*
蕨	*Pteridium latiusculum*
杨树	*Populus tomentosa*
碱茅	*Puccinellia distans*
星星草	*Puccinellia tenuiflora*
白头翁	*Pulsatilla chinensis*
梨	*Pyrus bretschneideri*
毛茛	*Ranunculus japonicus*
杜鹃	*Rhododendron simsii*
洋槐	*Robinia pseudoacacia*
鹅观草	*Roegneria komji*
野蔷薇	*Rosa multiflora*
玫瑰	*Rosa rugosa*
黄刺玫	*Rosa xanthina*
酸模	*Rumex acetosa*
海蓬子	*Salicornia europaea*
柳树	*Salix babylonica*
沙柳	*Salix psammophila*
猪毛菜	*Salsola collina*
地榆	*Sanguisorba officinalis*
防风	*Saposhnikovia divaricata*
草地风毛菊	*Saussurea amara*
蒙古鸦葱	*Scorzonera mongolica*
绢蒿属	*Seriphidium*
海滨绢蒿	*Seriphidium maritimum*
伊犁绢蒿	*Seriphidium transiliense*
麻花头	*Serratula centauroides*
狗尾草	*Setaria vividis*
苦参	*Sophora flavescens*

续附表

植物名	拉丁名
国槐	*Sophora japonica*
苦马豆	*Sphaerophysa salsula*
瑞香狼毒	*Stellera chamaejasme*
针茅属	*Stipa*
贝加尔针茅	*Stipa Baicalensis*
长芒草	*Stipa bungeana*
针茅	*Stipa capillata*
沙生针茅	*Stipa glareosa*
大针茅	*Stipa grandis*
克氏针茅	*Stipa krylovii*
紫花针茅	*Stipa purpurea*
细茎针茅	*Stipa tenuissima*
柱花草	*Stylosanthes guianensias*
碱蓬	*Suaeda glauca*
獐牙菜	*Swertia bimaculata*
柽柳	*Tamaric aceae*
蒲公英	*Taraxacum mongolicum*
狗舌草	*Tephroseris kirilowii*
唐松草	*Thalictrum aquilegiifolium*
披针叶黄华	*Thermopsis lanceolata*
百里香	*Thymus mongolicus*
蒺藜	*Tribulus terrester*
杂三叶草	*Trifolium hybridum*
绛三叶草	*Trifolium incarnatum*
红三叶草	*Trifolium pratense*
白三叶草	*Trifolium repens*
地三叶草	*Trifolium subterraneum*
水麦冬	*Triglochin palustre*
弯果胡卢巴	*Trigonella arcuata*
小黑麦	*Triticosecale*
榆树	*Ulmus pumila*

续附表

植物名	拉丁名
宽叶荨麻	*Urtica laetevirens*
藜芦	*Veratrum nigrum*
广布野豌豆	*Vicia cracca*
毛苕子	*Vicia villosa*
苍耳	*Xanthium sibiricum*
结缕草	*Zoysia japonica*
霸王	*Sarcozygium xanthoxylon*